高等学校实验教学改革教材

生物工程技术与综合实验

杨　洋　主编

北京大学出版社
PEKING UNIVERSITY PRESS

内 容 简 介

本书共两篇,上篇为生物工程技术,下篇为生物工程实验。主要内容包括绪论、基因工程、细胞工程、发酵工程、酶工程、生物反应器和实验等方面的基本操作技术。应用上,包括了医药、能源、食品等,特别是生物能源、纤维素的利用等是目前生物工程领域的研究热点。教材突出生物工程实验的综合性与创新性,适合作为生物技术和生物工程专业本科实验教学的教科书;同时可供从事相关专业的科研技术人员学习和参考。

图书在版编目(CIP)数据

生物工程技术与综合实验/杨洋主编. —北京:北京大学出版社,2013.5
ISBN 978-7-301-22359-8

Ⅰ.①生… Ⅱ.①杨… Ⅲ.①生物工程-高等学校-教材 Ⅳ.①Q81

中国版本图书馆 CIP 数据核字(2013)第 070599 号

书　　　　名:	生物工程技术与综合实验
著作责任者:	杨　洋　主编
责 任 编 辑:	黄　炜
标 准 书 号:	ISBN 978-7-301-22359-8/Q • 0134
出 版 发 行:	北京大学出版社
地　　　址:	北京市海淀区成府路 205 号　100871
网　　　址:	http://www.pup.cn　新浪官方微博:@北京大学出版社
电 子 信 箱:	zpup@pup.cn
电　　　话:	邮购部 62752015　发行部 62750672　编辑部 62752038
	出版部 62754962
印 刷 者:	北京飞达印刷有限责任公司
经 销 者:	新华书店
	787 毫米×1092 毫米　16 开本　19.25 印张　460 千字
	2013 年 5 月第 1 版　2013 年 5 月第 1 次印刷
定　　　价:	40.00 元

前　　言

　　生物工程综合实验是实现生物工程专业培养目标的重要实践环节。在教学改革中，将零散的专业实验教学从理论教学中脱离出来，设立一门独立的生物工程综合实验课；将原来隶属于各门理论课的实验课剥离，重新整合、设计成"独立"的实验课程体系，进而与理论课程体系并驾齐驱，成为在人才培养目标上并重的既紧密联系又相对独立的两个支柱。经过修订后的生物工程本科教学计划中，独立开设了一门生物工程综合实验课，课程安排在专业理论教学结束后，分两个阶段进行：第一阶段在第六学期末，在学习完生物化学、微生物学、基因工程、微生物工程原理、生物工业下游技术、生物工程设备等必修课程后，是生物工程专业本科生集中进行的一次生物工程专业实验的系统操作。在这一阶段，要求学生掌握生物工程的基本实验操作和步骤，巩固所学的专业基础理论知识。第二阶段在第七学期中，根据学生自主选择的专业方向，结合专业方向开设的课程，设计相关实验。学生可以根据自己的兴趣爱好，结合后续教学环节，如毕业设计或论文和将来自己可能的工作方向，选修其中的任何一个方向或多个方向。实验课的课时安排则集中连续进行，使前一次实验为后一次实验做准备，实验内容环环相扣，保证实验的连续性，从而可得出比较准确的实验结果。实验内容覆盖了生物操作的上、中、下游的全过程，包括了好氧发酵、厌氧发酵等发酵类型，以及基因工程、细胞工程、酶工程和生物制药等操作技术。实验内容同时将过去简单的验证性实验转变为综合性、设计性实验。

　　本书分为生物工程技术（上篇）和生物工程实验（下篇）两部分，并对生物工程实验中涉及的实验技术、反应原理、流程安排等问题进行了较为详细的阐述。全书内容丰富，绪论部分对生物工程学主要进展进行了鸟瞰式的叙述；其他章节的内容涉及基因工程、细胞工程、发酵工程、酶工程、生物反应器的技术理论及实验，还包括生物制药技术及生物工程综合大实验等内容。本书在介绍不同的实验技术时，选取了各学科中有代表性的实验方法和研究技术，并结合科研、教学实践进行了比较和分析；附录还列出了一些常用试剂、缓冲溶液等的配制方法及一些常用数据和缩略语等。全书层次清晰，内容安排合理，针对性和应用性强。本书可供生物技术、生物工程及相关领域本科生及研究人员进行学习和参考。

　　本教材由广西大学生命科学与技术学院生物工程系杨洋主编。各部分编写工作分工如下：生物工程技术（上篇）第一、第二单元由粟桂娇编写，第三单元由阎欲晓、莫柏立编写,第四单元由莫柏立编写,第五单元由杨洋编写;生物工程实验(下篇)中基因工程实验(第一单元)由陆坚、卢春花编写,细胞工程实验(第二单元)由粟桂娇编写,发酵工程实验(第三、四单元)由粟桂娇、阎欲晓、朱萍编写,酶工程实验(第五单元)由莫柏立、杜丽琴、蒋承建编写,生物制药技术(第六单元)由卢洁、蒙健宗编写,生物工程综合大实验(第七单元)由粟桂娇、阎欲晓、杜丽琴编写。本教材在编写过程中,得到了学校、出版社的大力支持和帮助,谨在此一并表示衷心感谢。

由于编者水平有限,书中定会存在错误,敬请读者批评指正。

编者
2012 年 7 月

目　录

上篇　生物工程技术

下篇　生物工程实验

上　篇

生物工程技术

绪　　论

　　生物工程,又称生物工程技术,这些技术通过基因重组、细胞培养、细胞融合和酶反应等人为的控制,对生命有机体在分子水平、细胞水平、组织水平、个体水平进行不同层次的创造性的设计和改造,改变生物(动物、植物、微生物等)遗传性状,按照人类的需要创造出新产品或定向组建具有特定性状的新生物,最终造福于人类。

　　一般认为,生物工程技术主要包括:基因工程、细胞工程(遗传工程)、酶工程、微生物工程(发酵工程)、生物反应器工程(生化工程)等。

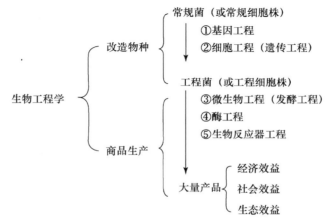

　　生物工程的产生发展涉及了许多学科,它既具有基础科学,如分子生物学、量子生物学、细胞生物学、遗传学、微生物学、化学、数学、物理学等,同时又涵盖了工程学的现代技术科学,所以它是一门新型的现代应用技术学科,是生命科学与工程科学相结合的交叉科学。

　　由于生物工程的发展,特别是基因重组技术的研究成功,使人类进入了按照自己的需要人工创造新生物的伟大时代,其意义不亚于原子裂变和半导体的发现。生物工程是世界新技术革命的三大支柱之一,也将是下一代新兴产业的基础技术。在一些发达国家,以生物工程为基础的工业部门,已成为国民经济的重要支柱。现代生物工程技术极大地改善了人类生活的质量,主要包括:更加准确地诊断、开发疫苗、预防或治疗遗传性疾病和传染病;开发可以生产化学药物、生物多聚体、氨基酸、酶类、各种食品添加剂的微生物;有效地提高作物的产量,获得具有抗病虫害、抗逆境、品质形状优良的农作物,培育品种优良的家畜及其他动物;简化从环境中清除污染物和废弃物的程序,并将这些污染物和废弃物再生转化为可利用的物质等。由此可见,生物工程为解决世界面临的能源、粮食、人口、资源以及污染等严重问题开辟了新途径,它的发展直接关系到医药卫生、轻工食品、农牧渔业以及能源、化工、冶金等传统产业的改造和新兴产业的形成。

第一单元　基因工程

第一节　基因工程概述

一、基因工程定义

基因工程是在分子生物学等学科综合发展的基础上,于 20 世纪 70 年代诞生的一门崭新的生物技术科学。基因工程,是在人工的预先设计下,在体外(细胞外)重新组合 DNA 的片段,再应用载体将重组的基因导入细胞体内,从而使细胞获得以前自身所没有的、新的遗传特性,即具有人工所控制的遗传特性,故有时又把基因工程称为基因的人工操作。

二、基因工程的基本操作过程

生物的遗传性状是由基因编码的遗传信息所决定的。基因工程操作首先通过分离或合成方法获得目的基因,才能在体外用酶进行"剪切"和"拼接",插入由病毒、质粒或染色体 DNA 片段构建成的载体,然后将重组体 DNA 导入微生物或动、植物细胞,使其复制,由此获得基因克隆,通过分子杂交等方法筛选获得所需的重组体克隆。基因还可通过 DNA 聚合酶链式反应(PCR)在体外进行扩增,借助合成的寡核苷酸在体外对基因进行定位诱变和改造。克隆的基因需要进行鉴定或测序。控制适当的条件,使转入的基因在细胞内得到表达,即能产生出人们所需要的产品或使生物体获得新的性状。这种获得新功能的微生物称为"工程菌",新类型的动、植物分别称为"工程动物"和"工程植物",或"转基因动物"和"转基因植物"。

上述步骤如图 1-1 所示。

三、基因工程技术的应用领域

基因工程有两方面用途:一是用于分子生物学研究,比如用于分离和纯化待定的基因,用于研究基因的表达和调控,从而阐明生物基因的组织和结构,以及抗体形成、细胞分化和肿瘤发生等重大生物学问题;二是用于改造生物,创造对人类有用的新品种或新物种。由于体外重组 DNA 的最终目的是要改变生物的遗传性,所以分子水平的操作和细胞水平的表达是基因工程的两个最基本的特点。

基因工程为生物学、医药学、遗传学、农业科学、环境科学和某些工业研究开拓了广阔的、革命性的发展前景。基因工程技术已经完全突破了经典的研究方法和研究内容,它形成了一个内容广泛而崭新的新领域。基因工程使人类从单纯地认识生物和利用生物的传统模式跳跃到能动地改造生物和创造生物的新时代,即,使人们从简单地利用现存的生物资源进行诸如发酵、酿酒、制醋和酱油等传统的生物技术时代,走向按人们需要而定向地

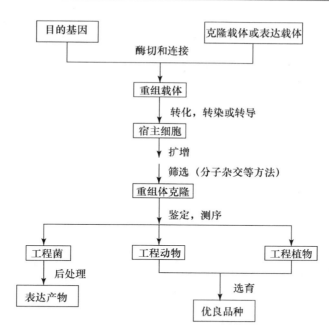

图 1-1 基因工程基本操作过程示意图

改造和创造具有新的遗传性品种的时代。

基因工程的潜力几乎是不可估量的。基因工程技术能把珍贵的人类激素基因插入到可以进行工业规模生产的微生物中,以生产大量的人类激素,如生长激素、胰岛素、促红细胞生成素等。农业科学已能利用基因工程技术来改良甚至创造新的作物新品种,例如,用适当的基因转移来增加玉米的赖氨酸含量,或使某些作物增加维生素含量、提高产量,把生长快的动物基因转移到家畜使其快速生长等。医学上除了用基因工程制药外,还在研究用简单的 DNA 转染来治疗某些癌症或某些遗传疾病。基因工程技术使得很多从自然界很难或不能获得的蛋白质得以大规模合成。20 世纪 80 年代以来,以大肠杆菌作为宿主,表达真核 cDNA、细菌毒素和病毒抗原基因等,为人类获得大量有价值的多肽类蛋白质开辟了一条新的途径。1981 年,美国拉温首先把血清蛋白基因转移到细菌中克隆成功。1983 年,美国、日本、荷兰的生物学家,用酵母菌作受体,用基因工程技术制成了乙型肝炎疫苗。此外,基因工程为疾病的诊断提供了分子检测手段——DNA 探针。DNA 探针是一小段能识别特定基因的 DNA 片段,它可以用来鉴定和分离有机体的遗传信息,已成功应用于寻找病毒、诊断遗传病、探测遗传损伤、诊断癌症等。

基因工程产品的生产是一项十分复杂的系统工程,可分为上游和下游两个阶段。上游阶段是研究开发必不可少的基础,主要是在实验室内进行分离目的基因、构建工程菌(细胞)。下游阶段是从工程菌(细胞)的大规模培养一直到产品的分离纯化、质量控制等,是将实验室成果产业化、商品化,它主要包括工程菌大规模发酵最佳参数的确立、新型反应器的研制、高效分离介质及装置的开发、分离纯化的优化控制、高纯度产品的制备技术等。工程菌的发酵工艺不同于传统的抗生素和氨基酸发酵,需要对影响目的基因的因素进行分析,对各种因素进行优化,建立适于目的基因高效表达的发酵工艺,以便获得较高产量的目的基因表达产物。

基因工程既是现实的生产力，更是巨大的潜在生产力，它已占据生物技术的核心技术地位。基因工程无疑是下一代新产业的基础技术，它将成为世界各国，特别是发达国家国民经济的重要支柱。在能源短缺、食品不足和环境污染这三大危机已开始构成全球社会问题的今天，基因工程及其伴随的细胞工程、酶工程、发酵工程和生化工程将是帮助人类克服这些难关的有力武器，是关系到各国经济乃至影响人类社会发展的关键因素之一。总之，基因工程好像一个神通广大的、奇异的"魔术师"，可以把不可能变成可能，可以把无用的生物变成有用的生物，它可帮助人类把许多奇妙的幻想变成现实。

第二节　基因工程实施的四大要素

一、工具酶

基因的重组与分离，涉及一系列相关联的酶促反应。我们把基因工程所要用的酶统称为工具酶。

（一）DNA 限制性内切酶和甲基化酶

DNA 限制性内切酶是一类能够识别双链 DNA 分子中的某种特定核苷酸序列，并由此切割 DNA 双链结构的核酸内切酶。限制性内切酶在基因工程中的主要作用是通过切割 DNA 分子，对含有特定基因的片段进行分离、分析。现在几乎在基因工程中所用的所有限制性内切酶都已商品化，注意查阅各公司的样本，就可以找到各种酶反应条件。

1. DNA 限制性内切酶的命名

由于发现了大量的限制酶，所以需要有一个统一的命名原则。现在通用的命名原则（按 Smith 及 Nathans 提出的原则）是：

（1）用细菌属名的头一个字母和种名的头两个字母，组成三个斜体字母的缩略语表示寄主菌的物种名称。例如，大肠杆菌（*Escherichia coli*）用 *Eco* 表示；流感嗜血菌（*Haemophilus influenzae*）用 *Hin* 表示；

（2）同一种细菌若有不同菌株，则在属名、种名后加上菌株的第一个字母或型；

（3）如同一菌株先后发现有几种不同的内切酶，则分别用罗马数字Ⅰ、Ⅱ、Ⅲ……表示。

如 *Eco*RⅠ：*E* 表示大肠杆菌属名 *Escherichia* 的第一个字母；*co* 表示种名 *coli* 头两个字母；R 表示菌株 RY13 的第一个字母；Ⅰ表示该菌株中第一个被分离出来的内切酶。

2. 限制酶的分类

根据限制酶结构和功能特性，主要可分为三类，即Ⅰ型酶、Ⅱ型酶、Ⅲ型酶。Ⅰ和Ⅲ型酶由于无切割特异性或特异性不强，不能产生可以利用的 DNA 片段，故不用于基因工程。Ⅱ型酶具有可以控制和预测的位点特异性切割的性质，并且产生固定的 DNA 片段，故用处很大，目前基因工程中所用的限制酶都是Ⅱ型限制酶。

3. Ⅱ型酶的基本特征

Ⅱ型酶只有一种多肽，并通常以同源二聚体形式存在。Ⅱ型酶具有如下基本特征：

（1）识别序列和切割位点都是专一的。

识别序列又称识别位点或靶序列，即特定的核苷酸顺序。限制酶的识别序列同 DNA 的来源无关，是对各种 DNA 普遍适用的。Ⅱ型酶识别序列最常见的是 4 或 6 个核苷酸。

Ⅱ型酶是一种位点特异性酶，能够识别双链 DNA 分子中的特定序列，并在特定部位上水解双链 DNA 中每一条链上的磷酸二酯键，从而造成双链缺口，切断 DNA 分子。正由于该酶的这一特性，使 DNA 在体外切割时总能得到同样的核苷酸顺序的 DNA 片段，并能构建来自不同基因组的 DNA 片段，形成杂合 DNA 分子。

（2）识别序列大多呈回文结构，也就是说，正读和反读都是一样的。

（3）具有特定的酶切位点，由此产生出特定的酶切末端。

所有限制酶切割 DNA 后，均产生含 $5'$-磷酸基（$5'$-P）和 $3'$-羟基（$3'$-OH）的末端。交错切割，则形成具有黏性末端的 DNA 片段；沿对称轴切割，则形成平末端。

（4）Ⅱ型酶限制-修饰系统是由两种酶分子组成的二元系统。

限制性内切酶和甲基化酶互为独立，但甲基化酶修饰与限制性内切酶识别位点相重叠的序列。

4. 同裂酶、不完全同裂酶和同尾酶

同裂酶和同尾酶是两种特殊的Ⅱ型酶。同裂酶指来源不同，但识别和切割相同的 DNA 序列的限制性内切酶。同裂酶能产生同样的切割，形成同样的末端，酶切后所得到的 DNA 片段连接后所形成的重组序列，仍可能被原来的限制酶所切割。如，$Eco47$ Ⅰ 与 Ava Ⅱ。不完全同裂酶指识别相同的 DNA 序列，但切割位点不完全相同。这类酶中有的对于切割位点上甲基化碱基的敏感性有所差别，故可用来研究 DNA 甲基化作用。如，限制酶 Hpa Ⅱ 和 Msp Ⅰ。

同尾酶指来源各异，识别的序列也不尽相同，但切割 DNA 后产生黏性末端相同的一类限制酶。由同尾酶所产生的 DNA 片段，是能够通过其黏性末端之间的互补作用而彼此连接起来的，因此在基因克隆实验中很有用处。由一对同尾酶分别产生的黏性末端共价结合形成的位点，称为杂种位点。这类杂种位点的结构，一般是不能再被原来的任何一种同尾酶所识别的。但也有例外。

5. 影响 DNA 限制性内切酶活性的因素

限制酶的活性单位定义为，某种限制酶在最适反应条件下，$1\ \mu g$ DNA 在 1 h 内完全酶切所需的酶量。一般以在 $20\ \mu L$ 反应体积中，$37^{\circ}C$ 条件下水解 $1\ \mu g$ DNA 的酶量定为 1 个酶活性单位。

与其他酶学反应一样，应用各种限制酶切割 DNA 时需要适宜的反应条件，比如温度、pH、离子强度等。研究表明，影响限制酶活性的主要因素有：

（1）DNA 的纯度。DNA 制剂中的某些污染物质，如，蛋白质、酚、氯仿、酒精、EDTA、SDS 以及高浓度的盐类，都有可能抑制酶的活性。为提高酶对低浓度 DNA 制剂的反应效率，可采用如下方法：① 提高酶的用量，平均每毫克底物 DNA 可高达 10 单位甚至更多；② 扩大酶催化反应的体积，以使潜在的抑制因素被相应地稀释；③ 延长酶催化反应的保温时间。另外，含有少量的 DNase 污染的 DNA 制剂会使 DNA 降解。避免的办法则是使用高纯度的 DNA，操作中注意防止 DNase 污染。

（2）DNA 的甲基化程度。限制性内切酶是原核生物限制-修饰体系的组成部分，因此识别序列中特定核苷酸的甲基化作用，便会强烈地影响酶的活性。

通常从大肠杆菌寄主细胞分离而来的质粒 DNA，混有两种甲基化酶：① dam 甲基化酶，催化 GATC 序列中腺嘌呤残基（即腺嘌呤的 N^6 位置上）甲基化；② dcm 甲基化酶，催化 CCA/TGG（即 CCAGG 或 CCTGG）序列内部的胞嘧啶残基（即胞嘧啶的 C^5 位置上）甲基化。因此，此类质粒 DNA，只能被限制性内切酶局部消化，甚至完全不被消化。为了避免产生这样的问题，在基因克隆中使用失去了甲基化酶的大肠杆菌菌株制备质粒 DNA。真核生物中目前只发现 5-甲基胞嘧啶。

（3）酶切的反应温度。不同的 DNA 限制性内切酶，具有不同的最适反应温度，而且彼此之间有相当大的变动范围，大多数是 37℃，但也有例外。反应温度低于或高于最适温度，都会影响限制性内切酶的活性，甚至最终导致完全失活。所以当需要终止酶切反应时，常用的方法为：65℃，处理 10 min（或 10～15 min）。

（4）酶解时间。注意酶在保温过程中活性的变化，从而确定合适的酶解时间。一般控制在 1 h 内。因为随着酶解时间的延长，限制酶的活性会部分失活，甚至完全丧失。

（5）DNA 的分子结构。DNA 分子的不同构型对酶的活性也有很大的影响，例如，切割超螺旋结构的质粒或病毒 DNA 所需的酶量，要比线性 DNA 高出许多倍，最高可达 20 倍。

（6）缓冲液。酶的缓冲液组分包括：$MgCl_2$、NaCl 或 KCl、Tris-HCl、β 巯基乙醇或二硫苏糖醇（DTT）以及牛血清白蛋白（BSA）等。各种成分均应无酶（特别是核酸酶）活性、无重金属污染。所有母液应过滤或高压除菌，然后冰冻保存并定期更换。几种试剂可混合配制成 10×浓缩母液，使用时用无菌水适当稀释即可。

（7）酶专一性（识别序列）的"松动"。在"非最适的"条件下（包括高浓度的限制性内切酶、甘油、有机溶剂；低离子强度；用 Mn^{2+} 取代 Mg^{2+} 以及高 pH 等等），有些限制性内切酶的识别序列的特异性便会发生松动，从其"正确"识别序列以外的其他位点切割 DNA 分子。限制酶的这种特殊的识别能力，通常称为星号活性。为了防止星号活性的出现，所有限制性内切酶的酶切反应均应在标准条件下进行。

（二）DNA 连接酶

同 DNA 限制性内切酶一样，DNA 连接酶也是体外构建重组 DNA 分子必不可少的基本工具酶。

用于将两段乃至数段 DNA 片段拼接起来的酶称为 DNA 连接酶。DNA 连接酶能催化一条 DNA 链的 3'-OH 和另一条 DNA 链的 5'-磷酸之间形成磷酸二酯键，从而具有 DNA 的合成、损伤 DNA 的修复以及 DNA 链中平头末端、黏性末端的连接等功能。

DNA 连接酶连接作用的分子机理为：① 与辅助因子形成酶-AMP 复合物；② 激活的 AMP 随后从 DNA 连接酶的赖氨酸残基转移到 DNA 一条链的 5'-磷酸基团上，形成 DNA-AMP 复合物；③ 3'-OH 对活跃的磷原子作亲核攻击，结果形成磷酸二酯键，同时释放出 AMP。

DNA 连接酶有大肠杆菌 DNA 连接酶和 T_4DNA 连接酶。大肠杆菌 DNA 连接酶由大肠杆菌染色体编码。连接反应中，用 NAD^+ 作能源辅助因子，分解产生 AMP。此酶可实现黏性末端的连接，但在基因工程中不常用。T_4 DNA 连接酶由大肠杆菌 T_4 噬菌体 DNA 编码，是从 T_4 噬菌体感染的大肠杆菌中纯化出来的，比较容易制备，有商品供应。该酶用 ATP 作为能源辅助因子，能实现黏性末端之间以及平末端之间的连接，是基因工程中最常用的连接酶。

另外，连接酶中还有一种 T_4 RNA 连接酶，此酶能催化单链 DNA 或 RNA 5′-磷酸基与另一条单链 DNA 或 RNA 的 3′-OH 之间形成共价连接。

DNA 连接酶一般具有如下特性：

（1）被连接的 DNA 链必须是双螺旋 DNA 分子的一部分，它不能连接两条单链的 DNA 分子或环化的单链 DNA 分子。

（2）连接反应温度一般为 4～15℃。连接酶的最佳反应温度为 37℃，但在这个温度下，黏性末端之间的氢键结合是不稳定的，因此，连接黏性末端的最佳温度应该界于酶作用速率和末端结合速率之间。实验表明，15℃ 对于连接反应和黏性末端氢键结合的稳定性都是合适的。

（3）连接反应的温度是影响转化效率的最重要参数之一。事实上，在 26℃ 下连接 4 h 的转化子数大约是 4℃ 下连接 23 h 的 90%，而且几乎比在 4℃ 下连接 4 h 多 26 倍以上。

（4）连接酶用量影响转化子数。连接平头末端时需要比连接黏性末端更多的酶量。平头末端 DNA 连接反应中，最适反应酶量大约是 1～2 单位；黏性末端 DNA 连接反应中，最适反应酶量仅为 0.1 单位。

（5）连接反应中需加入 ATP 或 NAD^+ 能源辅助因子。

（三）DNA 聚合酶

DNA 聚合酶（polymerase）在 DNA 复制过程中起着重要的作用。基因工程中很多步骤都需要 DNA 聚合酶催化 DNA 体外合成反应。这些酶作用时大多都需要模板，合成的产物序列与模板互补。

基因工程中常用的 DNA 聚合酶有：① 大肠杆菌 DNA 聚合酶 I（全酶）；② 大肠杆菌 DNA 聚合酶 I 大片段（Klenow 片段）；③ T_4 DNA 聚合酶；④ T_7 DNA 聚合酶及经修饰的 T_7 DNA 聚合酶（测序酶）；⑤ 耐高温的 DNA 聚合酶（Taq DNA 聚合酶）；⑥ 反转录酶（依赖于 RNA 的 DNA 聚合酶）等。

DNA 聚合酶共同特点：能够把脱氧核糖核苷酸连续地加到双链 DNA 分子引物链的 3′-OH 末端，催化核苷酸的聚合作用，而不发生从引物模板上解离的情况。这种聚合能力，是 DNA 聚合酶的一个重要特征。

到目前为止，已经从大肠杆菌纯化出三种不同类型的 DNA 聚合酶，即 DNA 聚合酶 I、II 和 III，简称分别为 pol I、pol II 和 pol III。pol I、pol II 的主要功能是参与 DNA 的修复过程，而 pol III 与 DNA 的复制有关。这三种酶中，只有 pol I 同 DNA 分子克隆的关系最为密切。

1. 大肠杆菌 DNA 聚合酶 I（全酶）

由大肠杆菌 pol A 基因编码的一种单链多肽蛋白质，pol I 酶有三种不同的酶催活性：① 5′→3′ 的 DNA 聚合酶活性；② 5′→3′ 的核酸外切酶活性；③ 3′→5′ 的核酸外切酶活性。

DNA 聚合酶 I 的主要用途：① 利用切刻平移（或切口平移）方法标记 DNA，制备

DNA 杂交探针；② 利用其 $5'→3'$ 核酸外切酶活性降解寡核苷酸作为合成 cDNA 第二条链的引物；③ 对 DNA 分子的 $3'$ 突出尾进行末端标记，用于 DNA 序列分析。

2. 大肠杆菌 DNA 聚合酶 I 大片段（Klenow 片段）

该片段又称为 Klenow 聚合酶或 Klenow 大片段酶，即大肠杆菌 pol I（全酶）用枯草杆菌蛋白酶处理得到的 $76×10^3$ dal 大片段分子，或用基因工程手段去除全酶中 $5'→3'$ 外切酶活性片段而得。它具有 $5'→3'$ 聚合酶活性和 $3'→5'$ 的核酸外切酶活性，失去了全酶的 $5'→3'$ 外切酶活性。

Klenow 聚合酶主要用途（或功能）：① 修补经限制酶消化的 DNA 所形成的 $3'$ 隐蔽末端；② cDNA 克隆中第二条链 cDNA 的合成；③ DNA 序列测定；④ 标记 DNA 片段的末端。选择具有 $3'$ 隐蔽末端的 DNA 片段作放射性末端标记最为有效。

3. T_4 DNA 聚合酶

从 T_4 噬菌体感染的大肠杆菌培养物中纯化出来的一种特殊的 DNA 聚合酶，由噬菌体基因 43 编码，具有两种酶催化活性：① $5'→3'$ 的聚合酶活性；② $3'→5'$ 的核酸外切酶活性（比大肠杆菌聚合酶要高 200 倍）。此酶可作用于所有的 $3'$-OH 末端基团，而不管其是平头末端还是 $3'$ 或 $5'$-黏性末端，并且几乎不存在序列特异性的差异。

T_4 DNA 聚合酶主要用途（或功能）：① 补齐单链末端；② 应用 T_4 DNA 聚合酶的取代合成法标记 DNA 平头末端或隐蔽的 $3'$-末端。

4. 反转录酶

反转录酶是一种依赖于 RNA 的 DNA 聚合酶。它以 RNA 为模板指导三磷酸脱氧核苷酸（dNTPs）合成互补 DNA（cDNA），是分子生物学中最重要的核酸酶之一。这种酶需要 Mg^{2+} 或 Mn^{2+} 作为辅助因子。

此酶具有 $5'→3'$ 聚合酶活性和 RNA 酶 H 活性。当存在 RNA 或 DNA 模板及带 $3'$-OH 的 RNA 或 DNA 引物时，其催化如下反应：

$$DNA_{OH} \text{ 或 } RNA_{OH} \xrightarrow[\text{dATP、dTTP、dCTP、dGTP、}Mg^{2+}]{\text{反转录酶}} \begin{array}{l} DNA—(pdN)_n+nPP_i \\ RNA—(pdN)_n+nPP_i \end{array}$$

另外可使 RNA：DNA 杂交体中的 RNA 被持续地、特异性地降解掉，从而免去对反转录后的 RNA 模板用 NaOH 水解的步骤。

商品化的反转录酶分别来源于鼠反转录病毒和禽反转录病毒，称为鼠源反转录酶和禽源反转录酶。禽源反转录酶使用最普遍，通常来源于鸟类骨髓母细胞瘤病毒（avian myelobastosis virus，AMV）的反转录酶。

反转录酶的最主要用途是以真核 mRNA 为模板合成 cDNA，构建 cDNA 文库，进而分离出特定蛋白质编码的基因。

5. 耐高温的 DNA 聚合酶（Taq DNA 聚合酶）

这是一种耐高温的依赖 DNA 的 DNA 聚合酶，有商品出售。由于其最佳作用温度为 $75\sim80℃$，目前广泛用于聚合酶链式反应（polymerase chain reaction，PCR）及 DNA 测序。

6. 末端转移酶（末端脱氧核苷酸转移酶）

从动物胸腺和骨髓中提取纯化而得。此酶能催化 $5'$-脱氧核苷三磷酸（dNTPs）进行

$5' \rightarrow 3'$ 方向的聚合作用,逐个地将脱氧核苷酸加到线性 DNA 分子的 3'-OH 末端。该酶在反应中不需要模板(但需 Co^{2+})的存在就可以催化 DNA 分子发生聚合反应,而且还是一种非特异性的酶,4 种 dNTPs 中的任何一种都可以作为它的前体物。

末端转移酶主要用途之一是:分别给外源 DNA 片段或 cDNA 及载体分子加上互补的同聚尾,以使它们可以重组起来。

（四）核酸外切酶

核酸外切酶(exonuclease)是一类从多核苷酸链的一头开始按顺序催化降解核苷酸的酶。

按作用特异的差异,核酸外切酶可分为单链 DNA(ssDNA)的核酸外切酶(大肠杆菌核酸外切酶Ⅰ和大肠杆菌核酸外切酶Ⅶ)和双链 DNA(dsDNA)的核酸外切酶(大肠杆菌核酸外切酶Ⅲ,λ 噬菌体核酸外切酶,T_7 噬菌体基因 6 核酸外切酶等)。

（五）单链核酸内切酶——S1 核酸酶

S1 核酸酶是一种高度单链特异的核酸内切酶。催化 RNA 和单链 DNA 分子降解成为 5'-单核苷酸,但不能使天然构型的双链 DNA 和 RNA-DNA 杂种分子发生降解。酶的活性表现需要低水平的 Zn^{2+} 存在,最适 pH $4.0 \sim 4.3$,一些螯合剂,诸如 EDTA 和柠檬酸,都能强烈地抑制 S1 核酸酶活性,当 pH 为 4.9 时,酶活下降 50%。

（六）碱性磷酸酶

碱性磷酸酶的来源有两种:一种是细菌碱性磷酸酶(简称 BAP),这种酶是热抗性的酶,终止它的作用很困难;另一种是小牛肠碱性磷酸酶(简称 CIP),这种酶在 SDS 中加热到 68℃ 就可以完全失活,且比 BAP 的比活性高出 $10 \sim 20$ 倍。大多数情况下优先选用,故应用更广泛。

该酶催化核酸分子脱掉 5'-磷酸基团,从而使 DNA(或 RNA)片段的 5'-磷酸末端转换成 5'-OH 末端。这就是所谓的核酸分子的脱磷酸作用。

碱性磷酸酶的主要用途:① 用于需要 5'-末端标记[32]P 的 DNA 片段的制备。可在标记之前用碱性磷酸酶处理,除去 5'-磷酸基团,然后在 T_4 多聚核苷酸激酶催化下,用 $[\gamma\text{-}^{32}P]ATP$ 进行末端标记,继而可进行序列分析。② 在 DNA 的体外重组中,用碱性磷酸酶处理,去除载体 DNA 5'-磷酸基团,可防止载体自我环化,提高重组 DNA 的检出率。注意,外源的 DNA 片段不能用碱性磷酸酶处理,这样才能保证它的 5'-磷酸基团同载体质粒的 3'-OH 基团进行共价连接。

（七）DNA 酶和 RNA 酶

1. DNA 酶Ⅰ

DNA 酶Ⅰ(DNaseⅠ)是随机水解双链或单链 DNA 的一种内切酶。它可使 DNA 分子降解成带有 5'-磷酸末端的单核苷酸和寡核苷酸的混合物。

在重组 DNA 研究中,必须注意防止 DNA 酶的污染,否则会导致样品 DNA 的降解。常采用的措施如下:器皿或试剂高温处理;样品加 EDTA 或采用低温抑制以破坏酶的活性等。

2. RNA 酶

RNA 酶中 RNA 酶 A 作用于嘧啶核苷酸的 $3'$-磷酸根上，切开与相邻核苷酸连接的 $5'$-磷酸键；RNA 酶 T_1 只作用于鸟嘌呤核苷酸的 $3'$-磷酸根上，切开与相邻核苷酸连接的 $5'$-磷酸键。

操作 RNA 样品时，必须戴手套、口罩，不许互相交谈；实验用器皿需高温处理（250℃，4 h），或用 RNA 酶的抑制剂处理。

基因工程工具酶为基因的分离、重组、修饰、突变提供了必要的手段，关于它们在应用中的反应条件、注意事项可以参阅各种相关"分子克隆"实验指南及各生物工程公司所提供的样品手册。

二、基因工程载体

携带外源基因进入受体细胞的工具被称为载体（vector）。它能运载外源 DNA 有效地进入受体（宿主）细胞，通过载体 DNA 复制使外源 DNA 得到复制、扩增、传代乃至表达。

作为基因工程载体的基本条件：① 能自我复制并能带动插入的外源基因一起复制。② 载体 DNA 分子中有一段不影响它们扩增的非必需区域，且该区域内具有合适的限制性内切酶位点，插在其中的外源基因可以像载体的正常组分一样进行复制和扩增。③ 容易从宿主细胞中分离纯化，具有合适的筛选标记，如抗药性基因等。④ 在细胞内拷贝数要多，这样才能使外源基因得以扩增。⑤ 载体的相对分子质量要小，这样可以容纳较大的外源 DNA 插入片段。载体的相对分子质量太大将影响重组体或载体本身的转化效率。⑥ 在细胞内稳定性高，这样可以保证重组稳定传代而不易丢失。

基因工程载体常分为两大类：克隆载体和表达载体（有胞内表达载体和分泌表达载体）。

常用的基因工程载体有细菌质粒载体（主要指人工构建的质粒）、λ 噬菌体载体、柯斯质粒载体、单链 DNA 噬菌体 M13 和病毒载体等。

（一）质粒载体

1. 质粒的一般特性

质粒是细菌染色体外能够自我复制的环形双链 DNA 分子。就分子大小而言，质粒 DNA 仅占细胞染色体的一小部分，一般约为 $1\%\sim3\%$，但却编码着一些重要的非染色体控制的遗传性状，赋予寄主细菌一些额外的特征，如抗性特征、代谢特征、修饰寄主生活方式的因子以及其他方面的特征等。对抗生素的抗性是质粒的最重要的编码特征之一，如抗氨苄青霉素（amp^r）、四环素（tet^r）或卡那霉素（kan^r）等抗生素的抗性基因。具有特殊标记意义的基因（如抗药性基因等）称为质粒的报告基因（或标记基因）。质粒的报告基因在 DNA 重组工作中具有重要意义。通过质粒的报告基因的表达可使宿主细胞呈现一些可观察到的细胞生物学特性，通过质粒赋予细胞的表型可识别和筛选重组体 DNA 的转化子细胞。利用这些遗传标记，可用来证明载体已进入宿主细胞，从而将含有目的基因的宿主细胞从其他细胞中挑选出来。

2. 质粒的类型

根据质粒 DNA 中是否含有接合转移基因，可以分为两大类群：① 接合型质粒，又称为自我转移的质粒；② 非接合型质粒，又称为不能自我转移的质粒。大多数质粒属接合型质粒，但从基因工程安全角度讲，非接合型质粒更适合用作克隆载体。

由于质粒的存在，寄主细胞便获得了各自不同的性状特征，我们可根据这些特征来鉴别 F、R 或 Col 质粒。F 质粒又叫 F 因子或性质粒。它们能够使寄主染色体上的基因和 F 质粒一起转移到原先不存在该质粒的受体细胞中。R 质粒通称抗药性因子。它们编码一种或数种抗生素抗性基因，并且通常能够将此种抗性转移到缺乏该质粒的适宜的受体细胞，使后者也获得同样的抗生素抗性能力。Col 质粒编码控制大肠杆菌素合成的基因，即所谓产生大肠杆菌素因子。大肠杆菌素是一种毒性蛋白，它可以使不带有 Col 质粒的亲缘关系密切的细菌菌株致死。在 Col 质粒和 R 质粒中，既有属于接合型的，也有属于非接合型的。

3. 质粒 DNA 的复制类型

根据宿主细胞所含拷贝数的多少，可使质粒分成两种不同的复制型。

一种是低拷贝数的质粒，每个宿主细胞中仅含有 1～3 份拷贝，我们称这类质粒为"严紧型"复制控制的质粒；其复制与宿主菌密切相关，受宿主菌蛋白合成影响，蛋白合成停止，质粒 DNA 复制也停止。另一种是高拷贝数的质粒，每个宿主细胞中可含有高达 10～60 份拷贝（有的高达 200 份拷贝），这类质粒被称为"松弛型"复制控制的质粒；其复制通常不受宿主菌蛋白合成的影响，当宿主菌蛋白合成停止时，质粒 DNA 仍可继续复制，甚至可将数十份增至几千份。

所以，通常选用松弛型质粒作为基因工程载体，以期在质粒插入外源基因后，可在子代细菌的重组质粒中获得高产量的目的基因。但有些情况下，高拷贝给宿主菌带来毒害作用时，可选用严紧型质粒。

（二）质粒载体的构建及类型

1. 天然质粒用作克隆载体的局限性及人工改造

天然质粒一般是指那些没有经过以基因克隆为目标的体外修饰改造的质粒。在大肠杆菌中，常见的可用于基因克隆的天然质粒有 ColE1、RSF2124 和 pSC101 等。但天然质粒用作基因克隆载体存在着不同程度的局限性，如，pSC101 是第一个用于基因克隆的天然质粒，但其相对分子质量较大，是一种严紧型复制控制的质粒，拷贝数较低，且只有一个抗生素抗性基因，无法使用插入失活技术选择重组子分子。因此科学工作者便在天然质粒基础上进行了修饰改造，例如，当质粒太大时，使拷贝数相应减少，不利于提高基因克隆的产量和纯度，也不利于对重组质粒进行分析。人工改造则可去除一些非复制必需区段和不含选择性标记区段。当质粒有着对同一限制性内切酶的许多切点时，用这种限制性内切酶进行酶切时往往有好几个片段，这就失去了作为载体的特性，因此需要对这类具有多酶切位点的载体加以人工改造，只留下该酶的一个酶切位点。目前已发展出来一批相对分子质量低、拷贝数高、选择记号多的质粒载体，pBR322 质粒就是其中的优秀代表。

2. 理想质粒载体应具备的基本条件

一般来说，一种理想的用作克隆载体的质粒必须满足以下几个条件：① 具有复制起点，能自我复制，即本身是复制子；② 具有 1～2 个选择性标记，如抗生素抗性基因，为寄主细胞提供易于检测的表型特征；③ 具有一种或多种单一的限制酶识别位点；④ 具有较小的相对分子质量和较高的拷贝数，易于操作。

3. 质粒载体的选择标记

绝大多数的质粒载体都是使用抗生素抗性记号，而且主要集中在四环素抗性（Tet^r）、氨苄青霉素抗性（Amp^r）、链霉素抗性（Str^r）以及卡那霉素抗性（Kan^r）等少数几种抗生素抗性标记上。

4. 质粒载体构建的类型及选择

根据具体克隆实验的要求，构建和选用恰当的质粒载体。

（1）高拷贝数的质粒载体。如果克隆的目的仅仅是为了分离大量的高纯度的克隆基因的 DNA 片段，通常选用 ColE1、pMB1 或它们的派生质粒。因为它们具有相对分子质量低、拷贝数高的优点，而且在没有蛋白质合成的条件下仍能继续复制。

（2）低拷贝数的质粒载体。低拷贝数的质粒载体，如，pSC101 质粒及其派生质粒 pLG338、pLG339 及 pHSG415 等，其特点为体积小、拷贝数低、制备大量的克隆 DNA 很困难，但它们在一些特定场合中有着特殊的用途。例如，克隆编码表面结构蛋白质的一些基因（如 *ompA* 基因）；调节代谢活动的蛋白质编码基因（如 *polA* 基因）等。

（3）失控的质粒载体。采用失控的质粒载体，可解决高拷贝数带来的寄主细胞的致死效应和低拷贝数克隆基因的表达能力下降等问题。如 pBEU1、pBEU2 及其改良载体，这种质粒载体的复制控制是温度敏感型的，也就是说在不同的温度下，拷贝数会有显著的变化。

（4）插入失活型的质粒载体。选用失活型质粒，将外源 DNA 片段插入到会导致选择记号基因（如 *tet*^{r}、*amp*^{r}、*cml*^{r} 等）失活的位点，就有可能通过抗生素抗性的筛选，大幅度地提高获得阳性克隆的概率，如 pBR322（Tet^r、Amp^r）、pBR325（Tet^r、Amp^r、Cml^r）等。

（5）正选择的质粒载体。应用只有突变体或重组体分子才能正常生长的培养条件进行选择，发展了一系列正选择质粒载体。这种质粒载体具有直接选择记号，并且可赋予寄主细胞相应的表型。通过选择具有这种表型特征的转化子，便可大大降低需要筛选的转化子数量，从而减轻实验工作量，提高选择的敏感性，如 pKN80、pUR2、pTR262 等。

（6）表达型的质粒载体。按特殊设计构建的、能使克隆在其中特定位点的外源真核基因的编码序列，在大肠杆菌中正常转录并翻译成相应蛋白质的克隆载体特称为表达载体。

（三）常用的质粒载体

1. pBR322 质粒载体

pBR322 质粒是按照标准的质粒载体命名法则命名的。"p"表示它是一种质粒；"BR"分别取自该质粒的两位主要的构建者 F. Bolivar 和 R. L. Rodriguez 姓氏的头一个字母；"322"指实验编号，以与其他质粒载体（如 pBR325、pBR327 等）相区别。

pBR322 由三个不同来源的部分组成：第一部分来源于 pSF2124 质粒易位子 Tn3 的

氨苄青霉素抗性基因(amp^r)；第二部分来源于 pSC101 质粒的四环素抗性基因(tet^r)；第三部分来源于 ColE1 的派生质粒 pMB1 的 DNA 复制起点(ori)。

（1）pBR322 的基本结构。全长 4363 bp，属松弛型，含 amp^r 和 tet^r 两个标记基因，有众多单一的限制酶切位点，排列顺序已全部测定。

（2）pBR322 的优点。① 具有较小的相对分子质量（4363 bp），易于自身 DNA 的纯化，而且即使克隆了一段大小达 6 kb 的外源 DNA 之后，其重组体分子的大小也仍然在符合要求的范围之内。② 具有 tet^r 和 amp^r 两种抗生素抗性基因，可供作转化子的选择记号，采用插入失活效应检测重组体质粒。③ 具有较高的拷贝数，而且经过氯霉素扩增之后，每个细胞中可积累 1000～3000 个拷贝。这为重组体 DNA 的制备提供了极大的方便。

（3）pBR322 克隆外源基因的程序。① 外源 DNA 片段同 pBR322 都经 Bam H Ⅰ 酶切，形成相同的单链黏性末端；② 通过 DNA 连接酶可以构成重组 DNA 分子；③ 根据转化子的抗性筛选重组 DNA 分子；④ 扩增细菌，大量回收质粒 DNA，从而达到大量扩增外源 DNA 的目的。

2. pUC 质粒载体

常用的 pUC 载体是在 pBR322 质粒载体的基础上，组入了一个在其 5′-端带有一段多克隆位点（multiple cloning sites，MCS）的 $lacZ'$ 基因，而发展成为具有双功能检测特性的新型质粒载体系列。加入的这一段多克隆位点是人工合成的，各位点密集排列，由常用的限制性内切酶所能识别的序列组成，也称多接头或限制性酶切位点库。

pUC 质粒取名为 pUC 是因为它是美国加利福尼亚大学（University of CaLifornia）的科学家 J. Messing 和 J. Vieria 于 1987 年首先构建的。一个典型的 pUC 系列的质粒载体包括四个组成部分：① 来自 pBR322 质粒的复制起点（ori）；② 氨苄青霉素抗性基因（amp^r），但其 DNA 核苷酸序列已经发生了变化，不再含有原来的核酸限制性内切酶的单识别位点；③ 大肠杆菌 β 半乳糖苷酶基因（$lacZ$）的启动子及其编码 α-肽链的 DNA 序列，此结构特称为 $lacZ'$ 基因；④ 位于 $lacZ'$ 基因中的靠近 5′-端的一段多克隆位点（MCS）区段，但它并不破坏该基因的功能。

与 pBR322 质粒载体相比，pUC 质粒载体系列具有许多方面的优越性，是目前基因工程研究中最通用的大肠杆菌克隆载体之一。其优点如下：① 具有更小的相对分子质量和更高的拷贝数。② 适于用组织化学方法检测重组体，大大节省了时间。$lacZ'$ 基因编码 α 多肽，参与 α 互补作用，可产生 β 半乳糖苷酶，因此可应用 XgaL-IPTG 显色技术检测转化子。当无外源基因插入时，平板显示蓝色菌落，当有外源基因插入时，则为白色菌落（重组体）。此外，由于含有 amp^r 抗性基因，也可通过 Amp 对转化体进行筛选。所以该质粒具有双功能检测特性。③ 具有多克隆位点 MCS 区段。MCS 区段上的酶切位点一般都是单一的，在质粒其他部位都不再有这些位点。这样就提供了质粒单独或联合使用时的便利，并可在选用任一种或几种酶作酶切后能产生合适的 DNA 片段。这些片段有合适的末端接头，也简化了对外源 DNA 片段进行限制性酶酶切作图的工作。

3. 其他

（1）pGEM 系列多功能载体

此类载体是由 pUC 质粒衍生而来，它们都含有由不同噬菌体编码的依赖于 DNA 的

RNA 聚合酶转录单位的启动子。可从 Promega 公司买到各类衍生质粒,如 pGEM-3Zf。

这类载体具有多种功能。一个载体在手,便可根据需要进行体外转录、分子克隆、对重组体进行组织筛选、测序以及基因表达等一系列实验。这种多功能载体使研究者避免了不少烦琐的重复操作,提高了工作效率。

(2) 大肠杆菌所用的表达载体

按特殊设计构建的,能使克隆在其中特定位点的外源真核基因的编码序列,在大肠杆菌中正常转录并转译成相应蛋白质的载体称为表达载体。

表达载体与克隆载体的区别:① 强的启动子,一个强的可诱导的启动子可使外源基因有效地转录;② 在启动子下游区和 ATG(起始密码子)上游区有一个好的核糖体结合位点序列(SD);③ 在外源基因插入序列的下游区要有一个强的转录终止序列,保证外源基因的有效转录和质粒的稳定性。如 pBV221/pBV220 表达载体是我国科学家构建的表达载体,属胞内表达载体,其表达产物位于细胞质中。pTA1529 是分泌表达载体的例子,其同细胞内表达载体的区别是在启动子之后有一个信号肽编码序列。

目前质粒载体的发展很快,很多载体已经商品化,不同的实验室也可根据需要构建各自的载体,只要掌握了载体应具备的基本特征,可以举一反三,构建出所需要的载体。

(四) 噬菌体载体

噬菌体是一类细菌病毒的总称,其作为载体,可插入长 10～20 kb 甚至更大的一些外源 DNA 片段。又由于噬菌体有较高的增殖能力,有利于目的基因的扩增,从而成为基因工程研究的重要载体之一。野生型的噬菌体必须经过改造,才能成为比较理想的基因工程载体。噬菌体中最先被改造成为载体的是 λ 噬菌体。

1. 双链噬菌体载体——λ 噬菌体载体

野生型的 λ 噬菌体本身不适宜作为克隆载体使用,主要原因是 λDNA 对大多数常用的限制性内切酶有较多的切割位点。λ 噬菌体的人工改造:① 除去非必需区段,被外源 DNA 片段取代;② 除去左右两臂必要区域中的限制性内切酶切点,并在非必要区域中插入多种限制性内切酶的切点,这样可以克隆来自不同种类酶的大小范围广的 DNA 片段。③ 插入选择性位点,如 lac 基因。经改造 λ 噬菌体载体的主要类型有插入型载体和置换型载体两类。插入型载体是只具有一个限制酶位点供外源 DNA 插入的 λ 噬菌体载体。属于这种类型的载体有 λgt、λBV、λNM 等系列。这类载体一般用于 cDNA 文库的构建及小片段的克隆,可容纳 10 kb 以内外源 DNA 片段。置换型载体,又称取代型载体,指的是非必需区两侧有一对限制性酶切位点的 λ 噬菌体载体,如 Charon 系列、λEMBL 系列等都属于这种类型的载体。这类载体可用于基因组 DNA 文库的构建,可克隆约 20 kb 的大片段。

2. 单链噬菌体载体

最常见的单链噬菌体载体是 M13 和它的改建噬菌体。这一类噬菌体具有质粒载体的全部优越性,而且还表现出一系列其他载体所不具备的优越性,在基因克隆的许多实验中,例如异源双链 DNA 分析、互补 RNA 的分离以及 DNA 序列分析等,都具有相当重要的用途。M13 克隆体系由 M13 噬菌体和寄主菌株(如 JM101、JM105 等)两个部分组成。

（五）柯斯质粒载体

在实际的研究,特别是有关真核基因的结构与功能的研究中,需要比 λ 噬菌体载体等具有更大克隆能力的新型载体。1978 年,J. ColLins 和 B. Hohn 等人构建的一种新型的大肠杆菌载体——柯斯质粒(cosmid),满足了这样的要求。

所谓柯斯质粒,是指一类由人工构建的含有 λ 噬菌体 DNA 的 *cos* 位点和质粒复制子的特殊类型的质粒载体。构建的柯斯质粒载体主要由以下几部分组成:① λ 噬菌体的 *cos* 位点;② 质粒的复制子;③ 一个或两个抗生素的抗性基因,如 pHC79 具有 *amp*^r 和 *tet*^r 两个抗生素抗性基因;④ 一个或多个限制性内切酶单一切割位点。

柯斯质粒载体的特点大体上可归纳为:① 具有 λ 噬菌体的特性;② 具有质粒载体的特性;③具有高容量的克隆能力;④ 具有与同源序列的质粒进行重组的能力。

（六）噬菌粒载体

噬菌粒载体(phasmid 或 phagemid)是由质粒载体和单链噬菌体载体结合而成的新型载体系列。噬菌粒载体 pUC118 和 pUC119 噬菌粒是一对目前常用的基因克隆载体,分别由 pUC118 和 pUC119 质粒与野生型 M13 噬菌体的基因间隔区(IG)重组而成。

（七）真核细胞用载体

由于真核细胞基因表达调控要比原核细胞基因复杂得多,所以用于真核细胞克隆和表达的载体也不相同。目前所用的真核载体大多是所谓的穿梭载体(shuttle vector),这种载体可以在原核细胞中复制扩增,也可以在相应的真核细胞中扩增、表达。由于在原核体系中基因工程的重组、扩增、测序等易于进行,所以利用穿梭载体,首先把要表达的基因装配好后再转到真核去表达,这为真核细胞基因工程的操作提供了很大的方便。

作为真核细胞表达载体应该具备如下的条件:

（1）含有原核基因的复制起始序列(如 ColE1 复制起始序列 *ori*)以及筛选标记。这样便于在 *E. Coli* 细胞中进行扩增和筛选。

（2）含有真核基因的复制起始序列(如 SV40 病毒的复制序列)、酵母的 2μ 质粒的复制起始序列(ARS)以及真核细胞筛选标记。

（3）含有有效的启动子序列,保证在其下游的外源基因进行有效的转录起始。

（4）RNA 聚合酶 Ⅱ 所需的转录终止和 polyA 加入的信号序列。

（5）合适的供外源基因插入的限制性内切酶位点。

当然,对于外源基因的高效表达,还必须考虑到其他多种因素。

（八）人工染色体

λ 噬菌体为基础构建的载体一般只接纳大小在一定范围内的插入片段。如 λ 噬菌体只能容纳 24kb 左右,柯斯质粒也只能容纳 35～45 kb。但许多基因过于庞大而不能作为单一片段克隆于这些载体之中,特别是哺乳动物、人类、水稻基因组工作需要能容纳更长 DNA 片段的载体。如人凝血因子Ⅷ的基因长约 180 kb;肌营养不良基因长约 1800 kb。

1987 年,由 OLson 等人首先提出了建立酵母人工染色体(YAC)的方法,使克隆

DNA 大片段的工作有了可循之径。目前已组建了一系列的人工染色体。

1. 酵母人工染色体(yeast artificial chromosome,YAC)

YAC 是在酵母细胞中克隆外源 DNA 大片段的克隆体系,是由酵母染色体中分离出来的 DNA 复制起始序列(ARS)、着丝点、端粒以及酵母选择性标记组成的能自我复制的线性克隆载体。YAC 载体可插入 100~2000 kb 的外源 DNA 片段。

YAC 载体转化效率比细菌转化低几个数量级,但足以满足用 YAC 载体构建完整哺乳动物基因组 DNA 文库的要求,成为分离和鉴定哺乳动物基因组大片段的重要新手段。

YAC 载体系统目前还具有一些局限性,如用其克隆外源基因易出现嵌合体;某些克隆不稳定,有从插入序列丢失其内部区段的倾向;YAC 克隆不容易与 15Mb 的酵母自身染色体相分离,给制备 YAC 克隆带来不便。前两者可以通过将 YAC 文库转化入重组体缺失的品系来减少嵌合体形成和不稳定性的问题,而与酵母自身染色体分离难则可通过发展 BAC、PAC 来克服。

2. 细菌人工染色体(bacterial artificial chromosome,BAC)

BAC 是以细菌 F 因子(细菌的性质粒)为基础组建的细菌克隆体系,其特点是拷贝数低,稳定,比 YAC 易分离,其对外源 DNA 的包容量可以达 300 kb。BAC 可以通过电穿孔导入细菌细胞。其不足之处是对无选择标记的 DNA 片段的产率很低。

3. P1 派生人工染色体(P1-derived artificial chromosome,PAC)

PAC 是将 BAC 和 P1 噬菌体克隆体系(P1-clone)的优点结合起来所产生的克隆体系,其可以包含 100~300 kb 的外源 DNA 片段。

到目前为止,尚未发现插入序列出现嵌合体和不稳定性。由于 P1-clone 载体含有卡那霉素抗性基因,所以便于筛选。另外,这种质粒在宿主细胞中以单拷贝存在而避免了因多拷贝所造成的克隆不稳定性。

4. 哺乳动物人工染色体(mammalian artificial chromosome,MAC)

MAC 是一类正在研究中的人工染色体。如果能从哺乳动物细胞中分离出复制起始区、端粒以及着丝点,就可以组建 MAC。MAC 的用途如下:① 使人们能确定对精确的有丝和减数分裂所必需的 DNA 片段的大小;② 可通过 MAC 研究哺乳类细胞中染色体的功能;③ 可利用 MAC 的巨大包容性对大而复杂的基因进行功能分析以及用于体细胞基因治疗等。由于 MAC 将在宿主细胞中自主复制,它们将不作为插入到病人基因组的插入突变剂而发生作用,它们可以将整套的基因,甚至将一串与特定遗传病有关的基因及其表达调控序列转入到受体细胞中,使基因治疗变得更有效。

三、目的基因的获得

基因工程主要是通过人工的方法分离、改造、扩增并表达生物的特定基因,从而深入开展核酸遗传研究或者获取有价值的基因产物。通常将那些已被或者准备要被分离、改造、扩增或表达的特定基因或 DNA 片段,称为目的基因。

目的基因的制取是基因工程实施的四大要素之一。要从数以万计的核苷酸序列中挑选出非常小的所感兴趣的目的基因,是基因工程的第一个难题。要想获得某个目的基因,必须对其有所了解,然后根据目的基因的性质指定分离的方案。有时人们对某一目的基因的性质、结构尚无所知,而获得这一基因(新基因),分析该基因的结构与机能的关系,揭示基因表达的调控规律,是分子生物学研究的任务之一。随着基因工程理论与技术的不断进步,如今已有很多基因被分离出来。应用的方法有:酶促逆转录合成法、化学合成法、物理化学法等。

(一)基因文库的构建与基因的分离

基因文库(或克隆文库)是一组细菌克隆,每个克隆含有一个带有某一供体生物不同DNA 片段的质粒或噬菌体载体;这种文库的大小具有 95%~99% 的可能性使基因组DNA 的每一片段至少存在于一个克隆中。一个基因文库一旦建立,任一特定的克隆都可被回收用于研究其所携带的基因,因而在需要克隆某一特定基因时就避免了逐个巡查克隆的耗时过程。

(二)化学法合成目的基因

如果已知某种基因的核苷酸序列,或者根据某种基因产物的氨基酸序列,仔细选择密码子,可以推导出该多肽编码基因的核苷酸序列,就可以将核苷酸或寡核苷酸片段,一个一个地或一片段一片段地缩合起来,成为新的核苷酸片段。基因的化学合成法自从 DNA合成仪问世以来,已不存在太难的技术问题,只是原料(如寡核苷酸)价格较为昂贵。

化学法合成目的基因大致可分为以下几类:磷酸二酯法、亚磷酸三酯法、寡核苷酸连接法(基因片段的全化学合成和基因的化学-酶促合成)。

(三)制取目的基因的其他方法

1. 物理化学方法分离目的基因

其基本原理在于,利用 DNA 分子的两条链存在 G≡C、A=T(GC 间 3 个氢键,AT 间2 个氢键)碱基配对的这一特性,以达到从生物基因组分离目的基因的目的。

目前采用的主要方法有密度梯度离心法、单链酶法、分子杂交法。

2. 鸟枪法分离基因

这是一种从生物基因组提取目的基因的方法,又称为霰弹法。首先利用物理方法(如剪切力、超声波等)或酶化学方法(如限制酶)将生物细胞染色体 DNA 切割成为基因水平的许多片段,继而将这些片段混合物随机地重组入适当的载体,转化后在受体菌(如大肠杆菌)中进行扩增,再用适当的筛选方法筛选出所要的基因。

由于目的基因在整个基因组中太少、太小,在相当程度上还得靠碰运气,故用该法分离基因要求有简便的筛选方法(如受体菌为营养缺陷型)。

3. 直接从特定的 mRNA 分离基因

如果在细胞中特定 mRNA 含量非常高,如哺乳动物的网织红血细胞中珠蛋白 mRNA的比例占总 mRNA 量的 90% 以上。这样就可以通过 mRNA→cDNA→dsDNA 的途径而绕过建立 cDNA 文库这一步,直接得到基因。

4. 从蛋白质入手分离编码此蛋白的基因

如果手中有足够量可产生抗体的来源于真核细胞的蛋白质,可以通过双抗体免疫法分离出此蛋白质的基因。

5. 利用 PCR 或 RT-PCR 分离基因

PCR 指聚合酶链式反应,又称无细胞克隆系统或特异性 DNA 序列体外引物定向酶促扩增法。它可将微量的 DNA 特异性地扩增至上百万倍。PCR 技术的出现使基因的分离(特别是对原核基因的分离)和改造变得简便很多。

只要知道基因的核苷酸序列,就可以设计适当的引物从染色体 DNA 上将所要的基因扩增出来。反转-PCR(RT-PCR)使得人们可以从 mRNA 入手,通过反转录得到 cDNA,在适当的引物存在下,通过 PCR 将基因扩增出来。

四、受体细胞

带有外源 DNA 片段的重组分子在体外构成之后,需要导入适当的寄主细胞进行繁殖。寄主细胞也叫宿主细胞、受体细胞。寄主细胞包括原核寄主细胞(最主要的是 *E. coli* K12 突变体菌株、其次为枯草芽孢杆菌),低等真核寄主细胞(最主要的是酵母菌)和高等动植物的真核细胞。

重组基因的高效表达与所用的寄主细胞关系密切,选择适当的寄主细胞有时又是重组基因高效表达的前提。选择寄主细胞的一般原则应该是:① 使所用的表达载体所含的选择性标记与寄主细胞基因型相匹配,从而易于对重组体进行筛选;② 遗传稳定性高,易于进行扩大发酵(培养),易于进行高密度发酵而不影响外源基因的表达效率;③ 寄主细胞内内源蛋白水解酶基因缺失或蛋白酶含量低,利于外源蛋白表达产物在细胞内积累;④ 可使外源基因高效分泌表达;⑤ 对动物细胞而言,所选用的寄主细胞具有对培养的适应性强,可以进行贴壁或悬浮培养,可以在无血清培养基中进行培养;⑥ 寄主细胞在遗传密码子的应用上无明显偏倚性;⑦ 无致病性;⑧ 具有好的转录后加工机制等。

第三节　基因工程实验操作技术及操作要点

一、核酸提取与纯化

进行基因操作离不开 DNA 或 RNA。提取和纯化 DNA(或 RNA)是最基础和最常用的实验操作。DNA 提取和纯化的一般步骤如下:

(一)细胞破碎

1. 方法
细菌可采用溶菌酶,真核类可用匀浆器或反复冻融处理。

2. 注意事项
(1) 防止核酸酶污染。措施:将容器、试剂经高温处理;低温(4℃),以抑制酶的活性;加入 EDTA,以除去核酸酶的辅助因子 Mg^{2+};加入 SDS 抑制核酸酶,还可促使大肠杆菌细胞裂解。

(2) 尽可能避免机械力把大分子 DNA 扯断。

（二）去除蛋白质

最常使用的方法是用苯酚/氯仿抽提法纯化DNA样品，去除蛋白质。苯酚是一种蛋白质表面变性剂，氯仿则主要使蛋白质表面变性，有助于去除蛋白质，同时可除去残留的苯酚。异戊醇可消泡，保持离心层稳定，有助于离心。使用这种方法的优点是方便，对核酸的影响很小；缺点是蛋白质的去除不彻底，还须进行纯化。

（三）纯化

核酸中常含有的杂质为糖类、蛋白质和其他核酸。可采用各种相应的酶（如，淀粉酶、蛋白酶、核酸酶）将杂质分解。解体后的杂质仍需进一步去除以使样品纯化。低分子物质可采用透析法或乙醇沉淀去除DNA中的杂质。高分子物质可采用酚法，加入适当浓度的CsCl可使蛋白质去除干净。不同分子大小的DNA可采用CsCl、蔗糖或甘油等进行密度梯度离心或平衡梯度离心。

二、基因重组技术

基因重组是基因工程的核心。所谓基因重组，就是利用限制性内切酶和其他一些酶类，切割和修饰载体DNA和目的基因，将两者连接起来，使目的基因插入可以自我复制的载体内，形成重组DNA分子，然后再转入受体细胞，以期这种外源性的目的基因在受体细胞内得以正确表达。

目前已知有三种方法可以用来在体外连接DNA片段：① 用DNA连接酶连接具有互补黏性末端的DNA片段；② 用T_4DNA连接酶直接将平头末端的DNA片段连接起来，或用末端脱氧核苷酸转移酶给具平头末端的DNA片段加上poly(dA)-poly(dT)尾巴之后，再用DNA连接酶连接；③ 先在DNA片段末端加上化学合成的衔接物或接头，使之形成黏性末端之后，再用DNA连接酶连接。这三种方法虽有差异，但其共同点都是利用了DNA连接酶具有连接和封闭单链的功能。

基因重组是靠T_4DNA连接酶将目的基因与其载体共价连接，按照DNA片段的末端性质不同，可有以下几种不同的连接（重组）方法。

（一）黏性末端的连接

1. 连接的方式

（1）分子间的连接。是指不同的DNA片段通过互补的黏性末端之间的碱基配对而彼此连接。

（2）分子内的连接。是指由同一片段的两个互补末端之间的碱基配对而自我连接形成环形分子。

2. 黏性末端DNA片段连接的一般程序

具黏性末端的DNA片段的连接比较容易，也比较常见。其实验的一般程序为：① 选用一种或两种对载体DNA只具唯一限制位点的限制酶作位点特异的切割；② 把经过同样限制酶酶切消化的外源DNA和载体DNA混合，加入DNA连接酶；③ 退火形成双链结合体；④ 筛选含有杂种质粒的克隆；⑤ 扩增，分离出大量纯化的重组体DNA分子。

经限制酶切割后,所产生的黏性末端有两种可能:一种是产生带有非互补突出端的片段,当这个片段与特定载体上相匹配的切点相互补,经 T_4 连接酶连接后即产生定向重组体;另一种产生带有相同突出端的片段。当带有相同末端的外源 DNA 片段同与其相匹配的酶切载体相连接时,在连接反应中外源 DNA 片段和载体本身都可能产生自我环化或形成串联寡聚物。其中载体 DNA 分子的自我环化,是最常见的干扰重组的因素。

在这种情况下,要想提高正确连接效率,一般要在酶切过的线性载体双链 DNA 的 $5'$ 端经碱性磷酸酶处理后去磷酸化,以防止载体 DNA 的自我环化。同时要仔细调整连接反应混合物中两种 DNA 的浓度比例,以便使所需要的连接产物的数量达到最佳水平。

(二) 平头末端 DNA 片段的连接

具有平头末端的酶切载体只能与平头末端的目的基因连接。T_4 DNA 连接酶可催化相同和不同限制酶切割的平端之间的连接。

平头末端连接比黏性末端连接要困难得多,其连接效率很低,只有黏性末端连接效率的 1%。故在平头末端 DNA 片段连接工作中,常以提高 DNA 浓度,同时提高连接酶量,以期获得比较满意的连接结果。

现在基因克隆实验中,常用的平头末端 DNA 片段连接法,主要有同聚物加尾法、衔接物连接法及接头连接法。这些连接方法的应用,使平头末端 DNA 片段的连接效率大大提高。

1. 同聚物加尾法

同聚物加尾连接是利用同聚物序列之间的退火作用完成的连接。利用末端转移酶在 DNA 片段的 $3'$ 末端添加同聚物造成延伸部分(如 dA 及 dT 碱基)。所加的同聚物尾巴的长度并没有严格的控制,但一般只要 $10\sim40$ 个残基就已足够。按照同样的方法,也可以给一种 DNA 分子 $3'$ 末端加上 poly(dG),给另一种 DNA 分子加上 poly(dC)尾巴,使两个不同的 DNA 分子连接起来。

2. 衔接物连接法

衔接物(linker)指用化学方法合成的一段由 $10\sim12$ 个核苷酸组成,具有一个或数个限制酶识别位点的平头末端的双链寡核苷酸短片段。

将衔接物接在目的基因片段和载体 DNA 上,使它们具有新的内切酶切点,应用相应的内切酶切割,就可以分别得到互补的黏性末端,然后进行黏性末端连接。

该法兼具同聚物加尾法和黏性末端法的各自优点,而且还可根据实验工作的不同要求,设计具有不同限制酶识别位点的衔接物,并大量制备,极大提高了平头末端 DNA 片段之间的连接效率。对于一些有多克隆位点的克隆载体来说,该法是特别适用的。此外,还避免了线性载体分子自我再连接的问题,提高了克隆的效率,且操作更加理想适用。

3. DNA 接头连接法

当待克隆的 DNA 或基因内部含有与所加的衔接物相同的限制位点,采用衔接物连接法是不适用的。一种公认的较好的替代办法是改用 DNA 接头连接法。DNA 接头(adapter)指一类人工合成的一头具某种限制酶黏性末端,另一头为平头末端的特殊的双链寡核苷酸短片段。利用该法可用于 cDNA 克隆。使用该法时,要克服 DNA 接头彼此间的配对连接,就要对 DNA 接头的末端的化学结构进行必要的修饰与改造。

三、基因转移技术

外源基因能否成功地导入寄主细胞,与寄主细胞的性质与导入的方法有密切的关系。下面介绍几种重组体导入寄主细胞的常用方法。

（一）外源基因导入原核细胞的方法

1. 重组体 DNA 分子的转化或转染

转化(transformation)是感受态的大肠杆菌细胞捕获和表达质粒载体 DNA 分子的生命过程。转染(transfection)则是指感受态的大肠杆菌细胞捕获和表达噬菌体 DNA 分子的生命过程。无论是转化还是转染,其关键的因素都是用 $CaCl_2$ 处理大肠杆菌细胞,提高膜的通透性,使寄主细胞处于感受态,从而使外源 DNA 分子能够容易地进入细胞内部。

所谓感受态,就是细菌吸收转化因子(周围环境中的 DNA 分子)的生理状态。处在感受态的菌体有摄取各种外源 DNA 分子的能力。

在细菌中,能发展感受态的细胞只占极少数,而只有发展了感受态的细胞才能稳定地摄取外来的 DNA 分子,而且,细菌的感受态是在短暂的时间内发生的,保持感受态的时间约 1~2 天,感受态一般出现在生长对数期后期。

通常制备高效转化的感受态细胞的方法:在冰浴中(0~4℃),用一定浓度(50~100 mmol/L)的 $CaCl_2$ 处理对数生长期的细菌。也可采用 Rb^+、Mn^{2+}、K^+、二甲亚砜(DMSO)、二硫苏糖醇(DTT)或氯化己胺钴处理制备感受态细胞。

细菌的转化频率受许多因素的制约:① 受体菌、转化细胞的生理状态及其在 $CaCl_2$ 处理和贮藏之后的成活率;② 转化 DNA 的浓度、纯度和构型、相对分子质量;③ 许多细菌都具有限制修饰体系,严重地影响了转化的频率;④ 转化的环境条件,如温度、pH、离子浓度等。

为提高转化的频率,必须采取必要的措施:① 转化前,载体应用碱性磷酸酶处理;② 转化之后,采用环丝氨酸富集。

受体菌经过 Ca^{2+} 处理,在低温中与外源 DNA 分子相混合。DNA 分子转化的复杂过程如下:① 吸附:完整的双链 DNA 分子吸附在受体菌的表面。② 转入:双链 DNA 分子解链,单链 DNA 进入受体菌,另一链降解。③ 自稳:外源质粒 DNA 分子在细胞内复制成双链环状 DNA。④ 表达:供体基因随同复制子同时复制,并被转录、翻译。

2. 体外包装的 λ 噬菌体的转导

噬菌体颗粒能够将其 DNA 分子有效地注入寄主细胞的内部。根据这种特性,设计一种使用体外包装体系的特殊的转导技术,即所谓的体外包装颗粒的转导。它先将重组的 λ 噬菌体 DNA 或重组的柯斯质粒 DNA 包装成具有感染能力的 λ 噬菌体颗粒,然后经由在受体细胞表面上的 λ DNA 接受器位点,使这些带有目的基因序列的 DNA 注入大肠杆菌细胞。在体外包装重组体的 λ DNA 是基因操作中的一项重要技术,它十分有效地提高了 λ 噬菌体载体的克隆效率。

（二）外源基因导入真核细胞的方法

1. 酵母的转化

（1）利用酵母的原生质球进行转化。首先酶解酵母细胞壁，产生原生质球，再将原生质球置于 DNA、$CaCl_2$ 和多聚醇（如聚乙二醇）中进行转化。多聚醇可使细胞壁具有穿透性，并允许 DNA 进入。

（2）利用锂盐进行转化。该法不需要消化酵母细胞壁，产生原生质球，而是将整个细胞暴露在锂盐（如 0.1 mol/L LiCl）中一段时间，再将其与 DNA 混合，经过一定处理后，即可获得转化体。

2. 植物细胞的转化及其他基因转移方法

（1）叶盘法。叶盘法是植物细胞转化常用的方法，目前已成为双子叶植物基因导入的主要手段。

（2）电击法。又称为高压电穿孔法（简称电穿孔法）、电转化法，是指利用脉冲电场将 DNA 导入受体细胞的方法。该法可用于将 DNA 导入动、植物及细菌细胞。

该方法的基本原理在于，在很强的电压下，细胞膜会出现电穿孔现象。在多数哺乳动物细胞和植物细胞上施加短暂、高压的电流脉冲，结果在质膜上形成纳米大小的微孔，DNA 能直接通过这些微孔，或者作为微孔闭合时所伴随发生的膜组分重新分布而进入细胞质中。

该法的主要优点为，对于磷酸钙 DNA 共沉淀法以及其他技术难以转化的细胞系，电穿孔法仍可适用。但是要决定特定细胞系的最佳转化条件必须进行大量工作。电转化的效率是用化学方法制备感受态细胞的转化率的 10～20 倍，且制备用于电转化的细胞要比制备感受态细胞容易得多。

该法需要专门仪器：电穿孔仪。厂商会提供装置的有关操作规程。

（3）高速微型子弹射击法，又称为基因枪法。它是将 DNA 吸附在由钨制作的微型子弹（直径约为 1.2 μm）表面，通过特制的手枪，将子弹高速射入完整的细胞和组织内。

这一技术目前广泛用于植物基因工程、基因治疗以及基因免疫等研究。利用基因寻靶的载体，将外源基因重组后，通过基因枪法，将重组体导入受体细胞内，再通过同源重组整合于细胞染色体的特定部位，实现外源基因的持续表达。

3. 哺乳动物细胞基因导入法

（1）磷酸钙沉淀法。这是一种经典而简单的方法。细胞具有摄取磷酸钙微结晶与 DNA 共沉淀物的能力，几乎所有的双链 DNA 都可以通过这种方法导入细胞，而且可在电子显微镜下清楚地看到细胞吞噬 DNA-磷酸钙复合颗粒。

（2）脂质体载体法。即用脂质体包埋核酸分子，然后将其导入细胞。

脂质体（liposome）是一种人工膜，是由脂质双分子层组成的环形封闭囊泡，无毒，无免疫原性。其制备方法很多，其中以反相蒸发法最适于包装 DNA。

脂质体作为体内或体外输送载体的方法，一般都需要将 DNA 或 RNA 包囊于脂质体内，然后进行脂质体与细胞膜融合，将基因导入细胞。在体外，脂质体作为基因载体可将基因转化到细菌、真菌、植物原生质和动物细胞；在动物体内可将基因转入肝细胞、血管内皮细胞、神经组织和肺。外源基因在体内外均可瞬时表达或稳定表达。

（3）显微注射法。该法又称为微注射法，它是将目的基因重组体通过显微注射装置直接注入细胞核中。显微注射法常用于转基因动物的研究，是创造转基因动物的有效途径。

显微注射法需要专门的仪器，设备要求高，且很昂贵，操作人员要具备一定的操作技巧。

（4）DEAE 葡聚糖转染技术。二乙胺乙基葡聚糖（diethy-L-aminoethy-L-dextran，DEAE-dextran）是一种相对分子质量较大的多聚阴离子试剂，能促进哺乳动物细胞捕获外源 DNA，因此被用于基因转染技术。

二乙胺乙基葡聚糖促进细胞捕获 DNA 的机理还不清楚，可能是因为葡聚糖与 DNA 形成复合物而抑制了核酸酶对 DNA 的作用，也可能是葡聚糖与细胞结合而引发了细胞的内吞作用。

总之，基因的导入方法有多种多样，可根据具体需要进行选择。

四、分子杂交技术

利用碱基配对的原理进行分子杂交是核酸分析的重要手段，也是鉴定基因重组体最通用的方法。

（一）原理

两条不同来源的核酸单链如果具有互补的碱基序列，就能特异结合，形成双链的杂交体。由于这种结合是在不同来源的 DNA 片段之间进行的，所以称为"分子杂交"。用分子杂交技术，可通过已知的 DNA 或 RNA 片段检测未知的核酸样品，从而确定未知样品中是否具有与已知序列相同的序列，并判定其与已知序列的同源程度。只要具有互补的核苷酸序列，分子杂交可发生在任何两条单股核酸链之间：DNA-DNA、DNA-RNA 或 RNA-RNA。分子杂交非常灵敏，可以测出 $10^{-9} \sim 10^{-12}$ g 的核酸，即使互补序列的浓度低到每个细胞只有一分子也能检测出来。

（二）核酸探针

具有一定已知序列的核酸片段再带上一定的探针标记就构成了核酸探针。探针小至只有十几个核苷酸，大至几百或几千个核苷酸。要检测未知样品，核酸探针必须具有某些可供观测的特性，否则无法判定探针与被测核酸片段是否结合及杂交体的含量。目前主要以同位素、生物素或地高辛标记法制备核酸探针（同位素 ^{32}P 或 ^{125}I 为放射性标记；生物素、地高辛等为非放射性标记）。就目前来看，用非放射性方法进行核酸杂交，其灵敏度不如放射性方法高，但有些已接近或达到放射性分析的水平。由于非放射性标记探针具有安全、稳定、使用方便等优点，且在 −20℃条件下可保存半年至一年，不会影响使用效果，因而，非放射性方法是一种正在发展的大有前途的方法。

核酸探针的制备方法有切刻平移法、末端标记法等。

DNA 切刻平移：在 DNA 分子的单链缺口上，DNA 聚合酶Ⅰ的 $5' \rightarrow 3'$ 核酸外切酶活性和聚合作用可以同时发生。这就是说，当外切酶活性从缺口的 $5'$ 侧移去一个 $5'$-核苷酸之后,聚合作用就会在缺口的 $3'$ 侧补上一个新的核苷酸。由于 pol I 不能够在 $3'$-OH 和 $5'$-磷酸之间成键,因此随着反应的进行,$5'$ 侧的核苷酸不断地被移去,$3'$ 侧的核苷酸又按序地增补,于是缺口便沿 DNA 分子合成的方向移动。这种移动特称为切刻平移。

带放射性同位素标记的 DNA 杂交探针,在基因分离与操作中都经常要用到。应用切刻平移法制备 DNA 杂交探针,其典型的反应体系为:总体积 25 μL,含 1 μg 纯化的特定的 DNA 片段,适量的 DNA 酶 I、pol I、α-^{32}P-dNTPs 和未标记的 dNTPs(dATP、dGTP、dCTP、dTTP)。其中,DNA 酶 I 的作用是使 DNA 分子造成断裂或缺口;pol I 的作用为切刻平移,使反应混合物中的 ^{32}P 标记的核苷酸取代原来的未标记的核苷酸,并最终形成从头到尾都被标记的 DNA 分子,这就是所谓的 DNA 分子杂交探针。

应用核酸探针进行检测时,先在碱性条件下加热,或用其他变性剂,使探针双链 DNA 之间的氢键破坏,解离成单链。被测样品也同样处理成单链。将这两种单链 DNA 混合,经一定时间的杂交反应,如果两者具有同源序列,则可结合成双链分子。分子杂交的结果,通过放射自显影的方法来确定。

根据被测 DNA 的来源及处理方法,核酸杂交可分为原位杂交、斑点杂交、印迹杂交等类型。

(三)核酸杂交类型

1. 原位杂交

原位杂交(*in situ* hybridization)亦称菌落杂交或噬菌体杂交(图 1-2)。

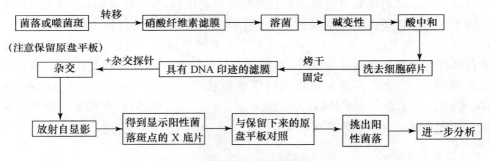

图 1-2 菌落杂交或噬菌体杂交

硝酸纤维素膜具有吸附 DNA 的功能;溶菌的目的在于释放出 DNA,并使 DNA 解离成单链。

通过一定的物理学方法将 DNA 或 RNA 从凝胶上转移到固体支持物,然后同液体中的探针进行杂交。DNA 或 RNA 从凝胶向滤膜转移的过程称为印迹,故这种杂交也称为印迹杂交。

2. 斑点印迹杂交(dot blotting)和狭线印迹杂交(slot blotting)

此类印迹杂交是将待测的核酸样品(主要是病毒样品),使用特殊设计的加样装置(多孔过滤进样器),能够一次同步转移到硝酸纤维素滤膜上,并有规律地排列成点阵或线阵,经变性处理,使其解离为单链,再经过干烤固定,与制备的核酸探针进行杂交。此方法常用于病毒核酸的定量、定性检测。

3. Southern 印迹杂交(萨瑟恩 DNA 印迹杂交)

该方法又称凝胶电泳压印杂交技术,是 Southern 于 1975 年建立的一种 DNA 转移方法。

该技术根据毛细管作用的原理,使在电泳凝胶中分离的 DNA 片段转移并结合在适当的滤膜上,然后通过同标记的核酸探针的杂交作用检测这些被转移的 DNA 片段的实验方法。该法一方面可定位地确定 DNA 中的特异序列,另外还可确定特异 DNA 片段相对分子质量的大小及其含量。

Southern 印迹杂交试验步骤:① 大分子的基因组 DNA,经一种或数种核酸限制性内切酶消化,形成相对分子质量较小的 DNA 片段群体。② DNA 酶切消化物通过琼脂糖凝胶电泳分离。③ 电泳凝胶经碱变性,酸中和,然后进行 Southern 印迹转移,使凝胶中的 DNA 谱带原位转移到硝酸纤维素滤膜上。由于干滤纸的吸引作用,凝胶中的单链 DNA 便随电泳缓冲液一起转移。这些 DNA 分子一旦同硝酸纤维素滤膜接触,就会牢牢缚结在上面,而且是按照它们在凝胶中的谱带模式,原样地被吸印到滤膜上。滤膜孔径的选择:DNA$<$1 kb,0.1 或 0.2 μm;DNA$>$1 kb,0.45 μm。早期杂交选用的是硝酸纤维素滤膜,它的缺点是容易破碎,因而近年被尼龙滤膜所取代。尼龙膜具有很强的抗张性,易于操作,而且与核酸的结合能力更强。在使用尼龙滤膜的情况下,DNA 是以天然的形式,而不是以变性的形式,从电泳凝胶中转移到膜上。因此,DNA 在尼龙滤膜上进行原位碱变性。④ 滤膜烤干后,同^{32}P 标记的 DNA 分子探针杂交。在 80℃下烘烤 1~2 h,DNA 片段就会稳定地固定在滤膜上,然后将滤膜移放在加有放射性同位素标记探针的溶液中进行杂交。这些探针一旦同滤膜上的单链 DNA 杂交之后,就很难再解链。因此可以用漂洗去掉游离的没有杂交上的探针分子。⑤曝光后在 X 光底片上显现杂交的 DNA 谱带。其过程为杂交膜→洗涤→塑料纸包住→同 X 光底片一起曝光→显现杂交的 DNA。

Southern 印迹杂交方法十分灵敏,在理想的条件下,应用放射性同位素标记的特异性探针和放射自显影技术,即便每电泳条带仅含有 2ng 的 DNA 也能被清晰地检测出来。它几乎可以同时用来构建出 DNA 分子的酶切图谱和遗传图,在分子生物学及基因克隆实验中的应用极为普遍。

4. Northern RNA 印迹杂交(诺塞恩 RNA 印迹杂交)

Southern 印迹杂交技术不能直接应用于 RNA 吸印转移,1979 年发展了 Northern 印迹杂交技术,该技术将 RNA 分子从电泳凝胶转移到硝酸纤维素滤膜或其他化学修饰(如叠氮化)的活性滤纸上进行核酸杂交。

Northern 杂交与 Southern 杂交相比有两点不同:① 转移的对象不同。Northern 杂交是将 RNA 变性及电泳分离后,将其转移到固相支持物上的过程;而 Southern 印迹杂交转移的是 DNA。② RNA 电泳前不需像 DNA 那样进行酶切,但也需变性,不过变性方法是不同的,它不能用碱变性(因为碱变性会导致 RNA 的降解)。

5. Western 印迹杂交(韦斯顿蛋白质杂交技术)

Western 印迹杂交是将蛋白质经电泳分离后从凝胶中转移到固相支持物上,然后用特异性的抗体进行检测。它与 Southern 印迹杂交不同在于探针的性质不同,在 Western 印迹杂交中使用的探针是抗体(蛋白质),而 Southern 印迹杂交的探针为 DNA。

五、PCR 技术

聚合酶链式反应(polymerade chain reaction)即 PCR 技术,诞生于 1985 年,是根据生物体内 DNA 复制的某些特点而设计的在体外对特定 DNA 序列进行快速扩增的一项新技术,又称基因的体外扩增。它可以在试管中建立反应,经数小时之后,就能将极微量的目的基因或某一特定的 DNA 片段扩增数十万倍,乃至千百万倍,无需通过烦琐费时的基因克隆程序,便可得到足够数量的精确的 DNA 拷贝。这种技术操作简便,容易掌握,结果也较为可靠,为基因的分析与研究提供了一种强有力的手段,对整个生命科学的研究与发展产生了深远的影响。

(一) PCR 技术的基本原理及特点

1. 基本原理

PCR 技术利用了 DNA 聚合酶依赖于 DNA 模板及与模板配对引物的特性,模拟体内复制过程,在附加一对引物之间诱发聚合酶链式反应,并使之循环不断地扩增。

由于在 PCR 反应中所选用的一对引物,是按照与扩增区段两端序列彼此互补的原则设计的,因此每一条新生链的合成都是从引物的退火结合位点开始,并沿着相反链延伸。这样,在每一条新合成的 DNA 链上都具有新的引物结合位点。

PCR 反应中,按照双链 DNA 的高温变性(链的分离)、引物与模板的低温退火(引物杂交)和适温下引物延伸(DNA 合成)三个步骤反复循环,该循环又称温度循环周期。每一循环中所合成的新链,又都可以作为下一次循环的模板。PCR 的特定 DNA 序列产量随着循环次数呈指数增加,迅速达到大量扩增的目的。

2. PCR 技术的特点

(1) 特异性强——能够指导特定 DNA 序列的合成。事实上,新合成的 DNA 链的起点是由加入在反应混合物中的一对寡核苷酸引物在模板 DNA 链两端的退火位点决定的。即引物的位置将决定合成的 DNA 序列。

(2) 敏感性高。正由于 PCR 有惊人的扩增能力,实际应用中已能将被认为不可检出的极微量的靶 DNA 成百万倍以上地扩增到足够的检测分析量。

(3) 快速。整个 PCR 操作过程需 3~4 h 即可完成。一般标本处理约 30~60 min,PCR 扩增 2 h,加上产物分析(用一般的琼脂糖凝胶电泳分析即可),可在 4 h 内完成全部试验。对检测标本纯度要求低,不用分离病毒,DNA 粗制品及总 RNA 均可作为反应起始物。可直接应用于临床标本,如血液、尿液、分泌物等。

(4) 简便。扩增产物可直接供作序列分析和分子克隆,摆脱了烦琐的基因分析方法。已固定的和包埋的组织或切片亦可用于检测。

(5) 可扩增 RNA 或 cDNA。

(6) 对起始材料质量要求低。

(7) 具有一定程度单核苷酸错误掺入。

错配率一般只有约万分之一。但这种错误并不意味着 PCR 产物一定会发生序列改变。Innis 发现,错误掺入的碱基有终止链延伸的作用倾向,这就使得发生了的错误不会再扩大。

（二）PCR 反应体系

PCR 反应体系中基本成分包括 DNA 聚合酶、引物、模板、4 种脱氧核苷三磷酸（dNTPs）和适宜的缓冲液。

1. DNA 聚合酶

常用 *Taq* DNA 聚合酶。这种 DNA 聚合酶具有耐高温的特性，其最适的活性温度为 72℃，连续保温 30 min 仍具有相当的活性，而且在比较宽的温度范围内都保持着催化 DNA 合成的能力，一次加酶即可满足 PCR 反应全过程的需求。

2. 引物

引物指两条人工合成的与模板 DNA 区段两端互补的寡核苷酸链。其实质为单链 DNA，一对分别位于模板 DNA 区段的两侧，每条链各合成一条。它的序列是根据所希望扩增的 DNA 片段而设计的。

引物长度 15～30 bp，且与单链 DNA 模板的 3′端互补。经验告诉我们，引物设计的正确与否是关系到 PCR 扩增成败的关键因素。引物太短，就可能同非靶序列杂交，得到非预期的扩增产物；引物过长，使其同模板 DNA 的杂交速率下降，结果在反应循环周期内无法完成同模板 DNA 的完全杂交，从而降低了 PCR 反应的速率。

PCR 扩增时，是从引物的 3′端开始按照 5′→3′的方向延伸。因此，引物 3′端的碱基必须与模板的碱基互补，才能有效地延伸；相反，对其 5′端的碱基要求较低。

两引物在模板 DNA 上结合位点之间的距离决定了扩增区段的长度。实验表明，1 kb 之内是理想的扩增跨度，2 kb 左右是有效的扩增跨度，而超过 3 kb 就无法得到有效的扩增。

引物的碱基组成一般为（G＋C）％占 50％～60％，应尽量避免数个嘌呤或嘧啶的连续排列。一对引物之间不能有 2 个以上的碱基互补，特别是 3′端，引物之间的碱基互补会形成引物二聚体，引物本身应避免有回文序列。

3. 模板

模板影响 PCR 效果主要有两方面因素，一是模板的纯度，二是模板 DNA 的量。

4. dNTP

dNTP 是 dATP、dCTP、dGTP、dTTP 的总称。dNTP 储存液必须约为 pH 7.0，其浓度一般为 2 mmol/L，分装后置−20℃环境下保存。典型的 PCR 扩增体系中，两种 dNTP 的终浓度为 20～200 μmol/L。

5. 缓冲溶液

Mg^{2+}：必需的，需根据预试验确定本实验最佳浓度。Mg^{2+} 浓度太低会无 PCR 产物，太高又会导致非特异的产物产生。通常情况下，要求反应体系中 Mg^{2+} 浓度为 0.5～2.5 mmol/L；Tris-HCl 为 10 mmol/L（pH 8.3，20℃）；KCl 为 50 mmol/L，有利于引物与模板退火，高于该浓度的 KCl 或 50 mmol/L NaCl 对 *Taq* DNA 聚合酶有抑制作用；明胶或血清白蛋白（100 μg/mL）及非离子去污剂（如 Tween 20）等，对 *Taq* DNA 聚合酶有抑制作用。

（三）PCR 温度循环周期

PCR 反应的每一个温度循环周期都是由 DNA 高温变性、引物低温退火和反应适温延伸 3 个步骤组成的。如此周而复始，重复进行，直至扩增产物的数量满足实验需要为止。

每一步骤的具体温度和时间依具体操作确定。

1. 变性温度与时间

通常情况下，94～95℃变性 1 min 就足以使模板 DNA 完全变性。若低于 94℃，则需延长变性时间。

2. 引物退火(复性)温度与时间

引物与模板退火的温度和所需的时间取决于引物的碱基组成、长度和溶液中引物的浓度。合适的退火是低于引物本身的实际变性温度(T_m)5℃。引物越短，复性温度越低。

3. 延伸温度与时间

引物延伸温度一般为 72℃（较复性温度高 10℃左右），延伸时间视目标 DNA 片段长短和浓度而定。

4. 循环数

循环数决定着扩增程度，常规 PCR 一般为 25～40 次循环，在其他参数均已优先的条件下，最适循环数取决于靶序列的初始浓度。循环次数太少，得不到一定的产物量；循环次数太多时，扩增反应的后期，正常的反应几乎停止，呈现平台效应。

（四）应用

（1）可用于 DNA 的扩增与克隆，制备单链或双链 DNA 探针，也可用于定位诱变、DNA 测序和 RNA 分析。

（2）在临床医学上，可用于检测病原体、诊断遗传病以及对癌基因的分析确定。

（3）用于法医检测中，以鉴别个体或判定亲缘关系。

当用多对引物进行 PCR 时，可得到对个体特定的条带图谱，称为"指纹图谱"。从作案现场得到的痕量血液、体液、毛发、皮屑等经 PCR 得到的指纹图谱即可用来指证嫌疑犯。此外还能确定个体间的亲缘关系，该技术称为随机多态 DNA 分析（randon ampLified polymorpHic DNA，RAPD）。

六、基因文库构建和筛检

根据构建方法的不同，基因文库分为基因组文库、cDNA 文库。

基因组文库是指将基因组 DNA 通过限制性内切酶部分酶解后所产生的基因组 DNA 片段随机地同相应的载体重组，再引入到相应的宿主细胞中繁殖和扩增（克隆），所产生的代表了基因组 DNA 的所有序列的克隆群体。简单地说，即用基因工程的方法，人工构建的含有某一生物基因组 DNA 的各种片段的克隆群。

利用纯化的总 mRNA 在逆转录酶作用下合成互补的 DNA 即 cDNA，再在 DNA 聚合酶的催化下合成双链 cDNA 片段,与适当的载体结合后转入受体菌,扩增得到的 cDNA 克隆群称为 cDNA 文库。

cDNA 文库与基因组文库的主要差别:① 基因组文库克隆的是任何基因,包括未知功能的 DNA 序列,cDNA 文库克隆的是具有蛋白质产物的结构基因,包括调节基因。② 基因组文库克隆的是全部遗传信息,不受时空影响;cDNA 文库克隆的是不完全的编码 DNA 序列,因它受发育和调控因子的影响。③ 基因组文库中的编码基因是真实基因,含有内含子和外显子;而 cDNA 克隆的是不含内含子的基因。还需指出,从真核基因组 DNA 文库所分离得到的基因序列包含有内含子序列,因此不能直接在原核细胞中进行表达。

(一)基因组文库的构建过程

基因组文库构建的基本步骤:

(1) 制备可供克隆的 DNA 片段(细胞染色体大分子 DNA 的提取和大片段 DNA 的制备)。例如,要建立某种生物的基因组文库通常是提取其染色体 DNA,用限制内切酶或机械剪切的方法剪成一定长度的 DNA 片段。这两种方法各有优缺点。机械剪切随机性高,片段较大,但得到的片段不带黏性末端;限制酶法的随机性差,但可得到黏性末端。

(2) 载体 DNA 的制备。载体的选择视克隆 DNA 片段的大小而定。构建真核生物基因组文库时,通常采用经过改造的 λ 噬菌体或柯斯质粒(黏粒载体),因为它们具有更大的克隆容量(约为 24 kb 和 40 kb),可使构成完整基因组 DNA 文库所需的重组子数目大大减少,从而减轻了克隆和筛选大量重组子所需的工作。建立原核生物基因组文库时,由于基因组小,克隆数目不会很大,可把 DNA 片段切得短些,可选用 λ DNA 或一般质粒。若做 cDNA 文库则多用质粒。

(3) 载体与外源 DNA 片段连接。

(4) 重组体转化与克隆。采用的受体菌多数是大肠杆菌,也可用枯草杆菌。转入方法有:质粒转化或 λ-DNA 及柯斯质粒的体外包装。将重组分子高效引入受体细胞以获得大量的独立克隆,如果克隆数目足够大,那么整个基因组(99%以上)都将包括在基因组文库内。基因组文库构建规模即基因组文库应含有的克隆数(N)或重组克隆体数目。构成完整基因组文库所需要的重组子的数目(克隆数),主要取决于基因组的大小和目的基因片段的大小两个参数。而目的基因片段的大小又与载体的容量密切相关。一般说,DNA 片段大,则重组子数目减少,筛选基因容易,但分析工作困难。DNA 片段小,重组子数目增大,从而加大了筛选的难度。通常选一个折中的长度,常用的长度是 20 kb。1975 年,Clarke 和 Carbon 提出了一个统计学公式来计算这一重组子数目,即

$$N = \frac{\ln(1-P)}{1-f}$$

式中,N:所需的重组子数目;f:单个重组体中插入 DNA 片段的平均大小与基因组 DNA 总量之比;P:选出某一基因的概率,通常期望为 99%(当 $P=99\%$ 时,公式可简化为 $N=4.61\ G/f$)。

表 1-2 列出了几种不同生物基因文库中各种因素关系。

表 1-2　几种不同生物基因组文库中各种因素关系

基因组文库	DNA 片段大小/kb	基因组大小/bp	重组子数目	概率/(%)
大肠杆菌	20	4.5×10^6	1030	99
酵母	20	2×10^7	4600	99
果蝇	20	1.65×10^8	38000	99
兔	20	3×10^9	690000	99
兔	45	3×10^9	307000	99

（5）重组 DNA 的筛选和鉴定。基因组文库建成之后，要从文库中筛选某个基因或特定序列，可采用核酸分子杂交法。

（二）酶促逆转录合成法——cDNA 文库的构建与基因的分离

真核生物基因组 DNA 十分庞大，其复杂度是蛋白质和 mRNA 的 100 倍左右，而且含有大量的重复序列。因此，无论是采用电泳分离技术还是通过杂交的方法，都难以直接分离到目的基因片段。这个问题通过由 mRNA 产生的 cDNA 进行克隆而得以部分解决。由于 cDNA 文库只包括被转录成 mRNA 的那些基因序列，即不含内含子的功能基因，所以其复杂性比基因组文库要低得多。但由于细胞内的基因在表达的时间上并非是统一的，具有发育的阶段性和时间性，有些则需要特殊的环境条件，所以，cDNA 文库不可能构建得十分完整，也就是说任何一个 cDNA 文库都不可能包含某一生物全部编码基因。

前面已经提到，从真核基因组 DNA 文库所分离得到的基因序列包含有间隔序列（又称内含子），因此不能直接在原核细胞中进行表达，因为大肠杆菌不能够从真核基因的初级转录本上移去间隔序列。而成熟的真核 mRNA 分子内，其间隔序列已在拼接过程中被删除掉了，因此使用 mRNA 为模板反转录的 cDNA，为真核生物在原核生物细胞内表达提供了基础。此外，由于 cDNA 文库也要比基因组文库小，这在基因的克隆和筛选方面具有很大的优势，正因为如此，构建 cDNA 文库，并用适当的方法从中筛选目的基因，已成为从真核生物细胞中分离纯化目的基因的常规方法。

构建 cDNA 文库通常包括如下步骤：① 分离表达目的基因的组织或细胞；② 从组织和细胞中制备总体 RNA 或 mRNA；③ 由逆转录酶合成第一条 cDNA 链；④ 第二条 cDNA链的合成；⑤ cDNA 的甲基化和接头的加入；⑥ 双链 cDNA 同载体的连接；⑦ 重组体转化与克隆，构成含该 mRNA 全部遗传信息的 cDNA 文库。

此时，采用适当的方法则可从 cDNA 文库中筛选出目的基因，即从 cDNA 文库中获得特定的 cDNA 克隆和对目的 cDNA 克隆进行鉴定。

七、重组体克隆的筛选与鉴定

通过转化、转染和转导等导入方式，重组体 DNA 分子被导入受体细胞，经过培养得到大量所需转化子菌落或转染噬菌斑。下一步需要将重组体的转化子细胞或转染噬菌体群体从其他细胞群体中分离出来，并要鉴定无性繁殖的外源基因确实为目的基因，这一过程即为筛选（screening）或选择（selection）。直接筛选是针对载体携带某种或某些报告基因和目的基因而设计的筛选方法，特点是直接测定基因或基因表型。间接筛选不直接鉴定基因，而是利用其他方式，如利用特异抗体与目的基因表达产物相互作用，进行重组体的筛选。

具体分类如下：

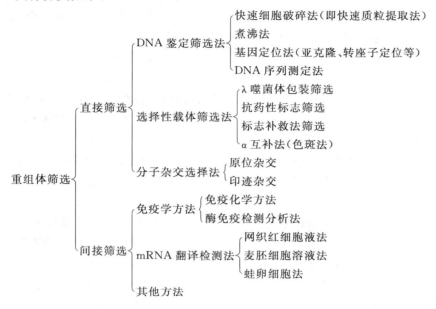

（一）遗传检测法

这种方法属直接筛选法，可分为根据载体表型特征和根据插入序列的表型特征选择重组子两种方法。

1. 根据载体表型特征选择重组子的直接选择法

在基因工程中所使用的所有载体分子，都带有一个可选择的遗传标记或表型特征。质粒以及柯斯质粒具有抗药性标记或营养标记，而对于噬菌体来说，噬菌斑的形成则是它们的自我选择特征。根据载体分子所提供的遗传特征进行选择，是获得重组体 DNA 分子群体必不可少的条件之一。

（1）抗药性标记插入失活选择法。如果载体携带某种抗药性标记基因，如 amp^r、tet^r 或 kan^r 等，转化后，只有含有这种抗药性基因转化子的细菌才能在含有该抗生素的培养基中生存并形成菌落，得以筛选出来。

此外，重组子筛选工作有时需要"负性标记筛选"——即利用外源 DNA 片段的插入失活效应。

如果载体的酶切位点上有明显的选择标志，当外源基因插入这个酶切位点能使宿主细胞的表型发生变化，从而便于重组体筛选。例如，pBR322 质粒上有两个抗生素抗性基因：抗氨苄青霉素基因（amp^r），其上有单一的 $Pst\ I$ 位点；抗四环素基因（tet^r），其上有 $Sal\ I$、$BamH\ I$ 位点。当外源 DNA 片段插入到 $Sal\ I$/$BamH\ I$ 位点时，使抗四环素基因失活，这时含有重组体的菌株从 $amp^r tet^r$ 变成为 $amp^r tet^s$。这样，凡是在含有 Amp 的平板上生长，而在含有 Amp 和 Tet 的平板上不能生长的菌落，就有非常大的可能是所要的重组体。

负性标记筛选是基因重组中常用的重组子筛选手段，但转化菌中是否含有重组质粒，需要进行另外一次选择才能判定,即插入失活筛选出来的克隆并不完全是含有目的基因的重组体。由于所使用的试剂质量(如限制性内切酶和连接酶的纯度)或操作方面的问题,自身环化的载体分子有时也会失去特定的遗传标记。尽管如此,作为初级筛选,插入失活无疑是一种简便快速的方法,它使以后的鉴定减少盲目性,并大大减少了工作量。

(2) β-半乳糖苷酶显色反应选择法,又称 α 互补法(色斑法)筛选。这是一种"正性标记选择",可以直接在转化菌落中挑出含有质粒的细菌,操作更为简便。

如 pUC 系列、M13 系列等,就是根据 α-互补原理构建的一系列可利用 β-半乳糖苷酶显色法直接筛选的载体。什么是 α 互补呢?人们发现 lacZ 基因(β-半乳糖苷酶基因)的突变体 M15(缺失第 11～41 位氨基酸残基)缺乏野生型 lacZ 基因产物分解 X-gaL 的能力。但在 M15 突变体的抽提物中加入 β-半乳糖苷酶的第 3～92 位氨基酸残基的肽段(α 肽)则能恢复 M15 分解 X-gaL 而显示蓝色的能力。这样一种基因内互补现象称为 α 互补。现在已经清楚,α 肽只需保持第 9～59 个氨基酸残基就具有这种基因的内互补作用。lacZ 基因 α 肽序列中,含有一系列不同限制酶的单一识别位点,其中任何一个位点插入外源基因,都会阻断读码结构,使 lacZ 基因表达中断,α 肽失去活性,结果转化菌产生的菌落不是蓝色而是白色,即可检测出含有外源基因的重组体克隆。

(3) λ 噬菌体包装筛选。λ 噬菌体作为外源 DNA 的载体,需要进行体外包装,也就是将其包装成为成熟具有感染力的噬菌体颗粒。置换型的 λ 噬菌体,只有插入了外源 DNA 的噬菌体 DNA 才能形成足够长度的 DNA 片段被包装起来。相反,如果没有外源 DNA 的插入,由左右两臂直接融合起来的缺损基因,由于长度不足,不能被包装。这样就提供了一个挑选重组体 λ DNA 的性能,因此这种方法本身就有筛选性。

2. 根据插入序列的表型特征选择重组体分子的直接选择法

(1) 依据的基本原理:转化进入的外源 DNA 编码的基因,能够对大肠杆菌寄主菌株所具有的突变发生体内抑制或互补效应,从而使被转化的寄主细胞表现出外源基因编码的表型特征。

(2) 标志补救法筛选:利用营养突变株的标志补救特性来进行重组子的筛选。如果克隆的基因能够在大肠杆菌表达,而且表达的产物能与宿主菌的营养突变互补,那么就可以利用营养突变株进行筛选。

根据克隆片段为寄主提供新的表型特征选择重组子 DNA 分子的直接选择法,是受一定条件限制的,它不但要求克隆的 DNA 片段必须大到足以包含一个完整的基因序列,而且还要求所编码的基因能够在大肠杆菌寄主细胞中实现功能表达。

(二)物理检测法

常用的物理检测法有凝胶电泳检测法和 R-环检测法两种。

1. 凝胶电泳检测法

这是重组体的初步筛选方法,是根据外源基因插入的重组质粒与载体 DNA 之间的相对分子质量的差异来甄别重组体的。通常带有插入片段的重组体在相对分子质量上会有所增加,比野生型大。由于质粒 DNA 的电泳迁移率与其相对分子质量大小成比例,因此,重组体在凝胶中泳动会缓慢些。

2．R-环检测法

R-环是指 RNA 通过取代与其序列一致的 DNA 链而与双链 DNA 杂交,被取代的 DNA 单链与 RNA-DNA 杂交双链所形成的环状结构。应用 R-环检测法可以鉴定出双链 DNA 中存在的与特定 RNA 分子同源的区域。R-环结构可以在电子显微镜下观察到,并以此可检测出重组体分子。

（三）核酸杂交筛选法

核酸杂交筛选法参见分子杂交技术。

（四）免疫化学检测法

免疫化学检测法是一种间接筛选方法,利用特异性抗体与目的基因表达产物相互作用进行筛选。该法特异性强,灵敏性高,尤其适用于不为宿主提供任何选择标志基因时的筛选。利用该法可以从基因文库中筛选出含有特殊重组质粒的菌落。

（五）DNA-蛋白质筛选法

DNA-蛋白质筛选法(Southwestern screening)专门设计用来检测同 DNA 特异性结合的蛋白质因子。

（六）利用 PCR 方法确定基因重组体

利用合适的引物,以从初选出来的阳性克隆中提取的质粒为模板进行 PCR 反应,通过对 PCR 产物的电泳分析来确定目的基因是否重组入载体中。

（七）DNA 的序列分析

DNA 的序列分析是指某一段 DNA 分子或片段的核苷酸排列顺序的测定,也就是测定组成 DNA 分子的 A、T、G、C 的排列顺序。测序的结果是最直接、最客观反映转化子中有无目的基因的方法。

目前主要采用酶促法、化学降解法和自动化测序法对 DNA 进行序列分析。无论是 DNA 的手工测序,还是自动化测序,所基于的测序原理仍然主要是 Sanger 建立的双脱氧链终止法及 Maxam-Gilbert 的化学降解法。

1．酶促法（Sanger 双脱氧链终止法）

（1）基本原理。利用 DNA 聚合酶所具有的两种酶促反应的特性：①DNA 聚合酶能够以单链 DNA 为模板,在有引物链存在时,合成出准确的 DNA 互补链;②DNA 聚合酶能够利用 $2',3'$-脱氧核苷三磷酸(ddNTP)作为底物,使之掺入寡核苷酸链的 $3'$ 末端,从而终止 DNA 链的生长（即不能再连接 dNTP 或 ddNTP）。

在 ddNTP 失去了一个在 dNTP 中存在的 $3'$-OH,而在 DNA 链的合成过程中,正常的 $5'\rightarrow3'$ 磷酸二酯键的形成需要 $3'$-OH 的参与,因此 ddNTP 的形成会导致 DNA 链合成的终止。

（2）一般步骤。① 制备 DNA 单链;② 在 4 支试管中分别加入人工合成的引物 DNA

和制备的 DNA 单链；③ 分别加入 4 种 dNTP，其中 1 种带有 ^{32}P 同位素标记；④ 4 个管分别加入 1 种 ddNTP；⑤ 加入 DNA 聚合酶 I 的 Klenow 大片段；⑥ 适当温育，反应结束后走胶，放射自显影，读胶。

实践经验表明，适当地调整 ddNTP 和 dNTP 的比例，便能够获得良好的电泳谱带模式。当 dNTP：ddNTP＝1：100 时，DNA 谱带的分离效果较佳，可读出多于 200 个以上的核苷酸序列。

2. 化学降解法（Maxam-Gilbert 化学修饰法）

几乎在酶促法发展的同时，1977 年又发展出了一种以化学修饰为基础的 DNA 序列分析法。

该法的基本原理是，采用不同的化学试剂水解具末端放射性标记的 DNA 片段，造成碱基的特异性切割。有的试剂专一性地水解 ATP，有的水解 GTP，有的水解 TTP 或 CTP，使 DNA 在不同位置上水解产生大小不一的片段。经凝胶电泳分离和放射自显影后，便可根据 X 光底板上所显现的相应谱带，直接读出待测 DNA 片段的核苷酸顺序。

该法关键在于：①待测定的 DNA 限制片段，可以是双链也可以是单链，但其末端（3′末端或 5′末端）必须带有放射性标记的 ^{32}P-磷酸基团；②在 DNA 的 4 种核苷酸碱基中，有 1～2 种发生特异性的化学切割反应。这种化学切割反应包括碱基的修饰作用、修饰的碱基从糖环上转移出去以及在失去碱基的糖环部位发生 DNA 链的断裂等三个主要的内容。

与进行合成反应的双脱氧法不同，化学降解法是对待测 DNA 进行化学降解，所测序列来自原 DNA 分子而不是酶促合成反应所产生的拷贝，因此，化学降解法有着双脱氧法所不具有的特殊用途。例如，不需要进行体外酶促反应；只要是具有 3′末端标记和 5′末端标记 DNA，无论是单链的还是双链的，均可用此法进行核苷酸序列分析；采用不同的末端标记方法，例如，3′末端标记或相反的 5′末端标记，能够同时测定出彼此互补的两条 DNA 链的核苷酸顺序，如此便可以互作参照进行彼此核查；可以对合成的寡核苷酸进行测序；可以分析诸如甲基化等 DNA 修饰的情况等。然而，化学降解法所能测定的序列长度要比 Sanger 法短一些，它对放射性标记末端 250 个核苷酸以内的 DNA 序列测定效果最佳。随着 M13 噬菌体载体和噬粒载体的发展，合成引物唾手可得，加上酶学方法的改进以及双链 DNA 测序技术的发展，如今，双脱氧链末端合成终止法远比化学降解法应用得广泛，成为 DNA 测序的最佳选择方案。事实上，目前大多数测序策略都是为 Sanger 法而设计的。无论是酶促法还是化学法，其主要限制因素都是在于序列胶的分辨能力。

3. 自动化测序法

酶促法和化学法无疑是目前公认的两种最通用、最有效的 DNA 序列分析法。但在实际应用中，它们都存在一些共同的缺点有待解决。两种 DNA 序列分析法的缺点：① 使用放射性同位素，该物质对操作人员有辐射危害，且保藏、处理和运输相当麻烦；② 操作步骤烦琐，效率低，速度慢，特别是结果判断的读片过程，乏味而且费时。

Prober 等 1987 年将链终止法加以改进，并与电子计算机程序的自动化技术相结合，加快了测序过程。1988 年，J. K. ELder 等人提出了 DNA 序列放射自显影图片自动判读法，为实现"读片过程"的自动化提供了一种途径。此外，对于无同位素标记的 DNA 序列自动分析体系也取得了重大进展。采用荧光剂四甲基罗丹明取代同位素，预先标记 M13

引物 DNA,而后按照酶促法进行测序。所不同的是,在电泳凝胶的侧面,固定上一个激光通道小孔,在凝胶板的上面装上一套荧光信号感受器。电泳过程中,当 DNA 条带在电场的作用下,经过激光通道小孔时,带有荧光剂标记的 DNA 在激光的激发下便产生出荧光,感受器感受到这种荧光信号后,通过信号转换器把它转换为电信号,再输入计算机进行数据处理,最后通过打印机把所测得的序列直接打印出来。这样,便完成了 DNA 序列测定。运用这种系统,读片速度为 250～300 bp/h。现在自动读片装置已被广泛应用于基因的结构测定和基因组 DNA 的全序列分析工作中。

综上所述,我们介绍了几种基因重组体筛选及最后如何确证所克隆基因序列正确性的方法。在应用时要根据具体情况选择恰当的方法,本着先粗后精的原则,对重组体进行逐步的分析。

八、生物芯片

生物芯片是指通过微电子、微加工技术在芯片表面构建的微型生物化学分析系统,以实现对细胞、DNA、蛋白质及其他生物组分的快速、敏感、高效的处理。生物芯片可以分为 DNA 芯片、蛋白质芯片及其他芯片三类,其中前两者属于检测芯片。DNA 芯片可以通过杂交来检测样品中的核酸,也可以利用双链 DNA 与蛋白质的相互作用来检测蛋白质;蛋白质芯片利用蛋白质间的相互作用(如抗原-抗体反应或受体-配体之间的特异作用)来进行检测。其他生物芯片有样品制备芯片、核酸扩增芯片、毛细管电泳芯片等,即在芯片上分别进行样品的分离、扩增、生化反应等过程。

DNA 芯片技术是指在固相支持物上原位合成寡核苷酸或直接将大量 DNA 探针以显微打印的方式有序地固化于支持物表面,然后与标记的样品杂交,通过对杂交信号的检测分析,即可得出样品的遗传信息(基因序列及表达的信息)。由于常用计算机硅芯片作为固相支持物,所以称为 DNA 芯片。采用上述方法制备的 DNA 芯片,其固定的探针可以是 cDNA、寡核苷酸或来自基因组的基因片段,这些探针固化于芯片形成基因探针阵列。

思考与习题

(1) 简述基因工程的应用和新进展。
(2) 简述生物工程、基因工程的定义。
(3) 基因工程的基本操作过程是怎样的?
(4) 基因工程实施的四大因素是什么?
(5) 作为基因工程的工具酶有哪些要求?现常用的有哪些?
(6) 什么是 DNA 限制性内切酶?影响 DNA 限制性内切酶活性的因素有哪些?
(7) 作为基因工程的克隆载体有哪些要求?
(8) 作为基因工程的克隆载体的宿主有什么样的要求?
(9) 构建基因工程表达载体时应注意什么因素?
(10) 在基因工程领域中有哪些新技术?

第二单元 细 胞 工 程

第一节 细胞工程概述

　　细胞工程技术属于细胞生物学与遗传学的交叉领域,主要利用细胞生物学的原理和方法,结合工程学的技术手段,按照人们预先的设计,有计划地保存、改变或创造细胞遗传物质,以获得新的生物物种、品种或特种细胞产品的一门综合性技术。

　　指导细胞工程技术开发的基础理论是体细胞遗传学和分子遗传学。近年来细胞工程的开发和应用主要集中在:体细胞杂交、快速无性繁殖、细胞育种、次生代谢产物等方面。体细胞杂交又称细胞融合,是通过生物学、化学或物理学的方法,使两个不同种类的体细胞融合在一起,从而产生出具有两个亲本的新的遗传性状的细胞。细胞融合的范围很广,从种间、属间、科间一直到动物界与植物界之间都可进行。快速无性繁殖是利用植物组织、植物细胞的全能性进行的。细胞育种是指在细胞水平上筛选突变株系,进而再生成苗,产生具有优良性状的新类型品种,这是细胞工程的另一重要内容。这一方法能在一定程度上改变传统的劳动密集型育种结构。细胞大量培养有用次生代谢产物是植物细胞工程又一个重要应用领域。通过细胞工程技术,刺激植物体内某些重要次生代谢产物的合成和积累,然后进行分离、提纯,如某些名贵药物、香精、色素等,实现植物产品的工业化生产。早在1964年我国就开始进行人参细胞培养。1980年以后,我国研究者相继开展了紫草、三七、红豆杉、青蒿、红景天和水母雪莲等植物的细胞大量培养和研究,并利用生物反应器进行药用植物的细胞大量培养的小试和中试。其中新疆紫草中试的规模达到100 L,并小批量生产了紫草素,用于研制化妆品及抗菌、抗病毒和抗肿瘤药物。红豆杉细胞大量培养在我国也获得初步成功,从细胞培养物中得到了珍贵的抗癌药物紫杉醇,但产率还有待提高。

　　细胞工程的重大意义:动物细胞的融合,有可能人工地创造出目前自然界中还没有的新的生物物种,经过体细胞杂交获得崭新的植物杂种或杂交细胞株,可能对生物学和医学中的许多理论和实践提供新的突破口;某些次生产物的工业化生产,将根本解决某些主要经济植物的原料供应问题。它既节约成本,又少占耕地,更能充分供应,满足了各方面的需要。利用植物细胞的全能性,某些特别珍稀的植物资源可得以加速繁殖,使珍贵的种质资源得以保存。无性系加速繁殖的广泛采用,将会引起农业结构的重大革命变化;筛选合乎期望的突变体细胞株,再生植株培育新品种,其效力和经济效益将为传统的诱变育种所望尘莫及;细胞工程技术所研创出的培养物,运输方便,不需检查,在引种工作中以培养物代替种子,可以为加速世界性的资源交流作出贡献;应用细胞工程的无性繁殖方法,可以免除有性分离产生的一切消极因素,通过无性繁殖的杂种种苗以固定杂种优势,维持优良品种的种性。

细胞工程的研究内容主要包括以下几个方面：

（1）动植物细胞与组织培养。主要包括细胞培养、组织培养和器官培养。

（2）细胞融合。是指采用一定的方法使两个或几个不同的细胞（或原生质体）融合为一个细胞，用于生产新的物种或品系及产生单克隆抗体。

（3）染色体工程。是指按人们的需要来添加、消减或替换染色体的一种技术，主要用于新品种的培育。

（4）胚胎工程。主要是对动物的胚胎进行某种人为的工程技术操作，获得人们所需要的成体动物，包括胚胎分割、胚胎融合、细胞核移植、体外受精、胚胎培养、胚胎移植、性别鉴定、胚胎冷冻技术等。

（5）细胞遗传工程。主要包括动物克隆和转基因技术。转基因技术是指将外源基因通过一定的方法和手段，整合到受体染色体上，得到稳定、高效表达，并能遗传给后代的实验技术。转基因技术是改变生物遗传性状的有效途径，已在微生物、植物、动物上得到应用。

细胞培养在整个生物技术产业的发展中起到了很关键的作用。比如，基因工程药物或疫苗在研究生产过程中很多是通过细胞培养来实现的。基因工程乙肝疫苗很多是以中华仓鼠卵巢（CHO）细胞作为载体；细胞工程中更是离不开细胞培养，杂交瘤单克隆抗体完全是通过细胞培养来实现的，即使是现在飞速发展的基因工程抗体也离不开细胞培养。正在备受重视的基因治疗、体细胞治疗也要经过细胞培养过程才能实现，发酵工程和酶工程有的也与细胞培养密切相关。

第二节 细胞培养的基本原理与技术

一、体外培养的概念

体外培养（in vitro culture），就是将活体结构成分或活的个体从体内或其寄生体内取出，放在类似于体内生存环境的体外环境中，使其生长和发育的方法。

（1）组织培养。是指从生物体内取出活的组织（多指组织块）在体外进行培养的方法。

（2）细胞培养。是指将活细胞（尤其是分散的细胞）在体外进行培养的方法。

（3）器官培养。是指从生物体内取出的器官（一般是胚胎器官）、器官的一部分或器官原基在体外进行培养的方法。

二、细胞培养的一般过程

（一）准备工作

准备工作对开展细胞培养异常重要，工作量也较大，应给予足够的重视，准备工作中某一环节的疏忽可导致实验失败或无法进行。准备工作的内容包括器皿的清洗、干燥与消毒，培养基与其他试剂的配制、分装及灭菌，无菌室或超净台的清洁与消毒，培养箱及其他仪器的检查与调试。

（二）取材

在无菌环境下从机体取出某种组织细胞（视实验目的而定），经过一定的处理（如消化分散细胞、分离等）后接入培养器皿中，这一过程称为取材。如是细胞株的扩大培养则无取材这一过程。机体取出的组织细胞的首次培养称为原代培养。

取材后应立即处理，尽快培养，因故不能马上培养时，应将组织块切成黄豆般大的小块，置4℃的培养液中保存。取组织时应严格保持无菌，同时也要避免接触其他的有害物质。取病理组织和皮肤及消化道上皮细胞时容易带菌，为减少污染可用抗生素处理。

（三）培养

将取得的组织细胞接入培养瓶或培养板中的过程称为培养。如是组织块培养，则直接将组织块接入培养器皿底部，几个小时后组织块可贴牢在底部，再加入培养基。如是细胞培养，一般应在接入培养器皿之前进行细胞计数，按要求以一定的量（以每毫升细胞数表示）接入培养器皿并直接加入培养基。细胞进入培养器皿后，立即放入培养箱中，使细胞尽早进入生长状态。

正在培养中的细胞应每隔一定时间观察一次，观察的内容包括细胞是否生长良好，形态是否正常，有无污染，培养基的pH是否太低或太高（由酚红指示剂指示），此外，对培养温度和CO_2浓度也要定时检查。

原代培养一般有一段潜伏期（数小时到数十天不等），在潜伏期细胞一般不分裂，但可贴壁和游走。过了潜伏期后细胞进入旺盛的分裂生长期。细胞长满瓶底后要进行传代培养，将一瓶中的细胞消化悬浮后分至2～3瓶继续培养。每传代一次称为"一代"。二倍体细胞一般只能传几十代，而转化细胞系或细胞株则可无限地传代下去。转化细胞可能具有恶性性质，也可能仅有不死性而无恶性。

（四）冻存及复苏

为了保存细胞，特别是不易获得的突变型细胞或细胞株，要将细胞冻存。冻存的温度一般用液氮的温度－196℃，将细胞收集至冻存管中加入含保护剂（一般为二甲亚砜或甘油）的培养基，以一定的冷却速度冻存，最终保存于液氮中。在极低的温度下，细胞保存的时间几乎是无限的。复苏一般采用快融方法，即从液氮中取出冻存管后，立即放入37℃水中，使之在1 min内迅速融解，然后将细胞转入培养器皿中进行培养。冻存过程中保护剂的选用、细胞密度、降温速度及复苏时温度、融化速度等都对细胞活力有影响。

三、细胞培养液

细胞的生长需要一定的营养环境，用于维持细胞生长的营养基质称为培养基，即指所有用于各种目的的体外培养、保存细胞用的物质，就其本意上讲为人工模拟体内生长的营养环境，使细胞在此环境中有生长和繁殖的能力。它是提供细胞营养和促进细胞生长增殖的物质基础。细胞培养基的组成成分主要有：水、氨基酸、维生素、碳水化合物、无机离子及其他一些核酸降解物、激素等。

细胞培养基种类繁多，包括天然培养基、合成培养基、无血清培养基、无蛋白培养基与限定化学成分培养基等。

（一）天然培养基

天然培养基是指来自动物体液或利用组织分离提取的一类培养基。体外培养细胞目前广泛使用的天然培养基是血清。另外，各种组织提取液、促进细胞贴壁的胶原类物质对培养某些特殊细胞也是必不可少的。

目前用于组织培养的血清主要是牛血清，培养某些特殊细胞也用人血清、马血清等。水解乳蛋白为乳白蛋白经蛋白酶和肽酶水解的产物，含有丰富的氨基酸，是常用的天然培养基，可用于许多细胞和原代细胞的培养。由于天然培养基制作过程复杂、批间差异大，因此逐渐被合成培养基所替代。

（二）合成培养基

合成培养基是根据天然培养基的成分，用化学物质模拟合成、人工设计、配制的培养基。它有一定的配方，是一种理想的培养基。目前合成培养基已经成为一种标准化的商品，从最初的基本培养基发展到无血清培养基、无蛋白培养基，多达 10 多种，有的培养基仍在不断进行改良，并且还在不断发展。合成培养基基本组分包括四大类物质：无机盐、氨基酸、维生素、碳水化合物。

常用细胞合成培养基，如 MEM 细胞培养基系列、DMEM 细胞培养基系列、RPMI-1640 细胞培养基系列、199 细胞培养基系列、水解乳蛋白细胞培养基等。

（三）无血清技术及其培养基

经历了天然培养基、合成培养基后，无血清培养基和无血清培养成为当今细胞培养领域的一大趋势。采用无血清培养可降低生产成本，简化分离纯化步骤，避免病毒污染造成的危害。

无血清培养基是指不需要添加血清就可以维持细胞在体外较长时间生长繁殖的合成培养基。但是它们可能包含个别蛋白或大量蛋白组分。虽然基础培养基加少量血清所配制的完全培养基可以满足大部分细胞培养的要求，但对有些实验却不适合，如观察一种生长因子对某种细胞的作用，这时需要排除其他生长因子的干扰作用，而血清中可能含有各种生长因子。

无血清培养基的基本配方为基础培养基及添加组分两大部分。添加组分包括以下几大类物质：

（1）促贴壁物质。一般为细胞外基质，如纤连蛋白、层粘连蛋白等。它们还是重要的分裂素以及维持正常细胞功能的分化因子，对许多细胞的繁殖和分化起着重要作用。纤连蛋白主要促进来自中胚层细胞的贴壁与分化，这些细胞包括成纤维细胞、肉瘤细胞、粒细胞、肾上皮细胞、肾上腺皮质细胞、CHO 细胞、成肌细胞等。

（2）促生长因子及激素。是指针对不同细胞添加不同的生长因子。激素也是刺激细胞生长、维持细胞功能的重要物质，有些激素是许多细胞必不可少的，如胰岛素。

（3）酶抑制剂。培养贴壁生长的细胞，需要用胰酶消化传代，在无血清培养基中必须含酶抑制剂，以终止酶的消化作用，达到保护细胞的目的。最常用的是大豆胰酶抑制剂。

（4）结合蛋白和转运蛋白。其中常见的如转铁蛋白和牛血清白蛋白。牛血清白蛋白的添加量比较大，它可增加培养基的黏度，保护细胞免受机械损伤。

（5）微量元素。其中硒是最常见的。

当细胞在无血清、无蛋白培养基中培养时，由于缺乏血清中的各种黏附贴壁因子，如纤粘连蛋白、层粘连蛋白、胶原、玻表粘连蛋白，细胞往往以悬浮形式生长。

目前，血清仍是动物细胞培养中最基本的添加物，尤其是在原代培养或者细胞生长状况不良时，常常会先使用有血清的培养液进行培养，待细胞生长旺盛以后，再换成无血清培养液。为了使细胞适应无血清培养，关键是使所培养细胞处于对数生长中期，活细胞率>90％，并以较高的起始细胞接种。

（四）无蛋白培养基与限定化学成分培养基

无蛋白培养基即不含有动物蛋白的培养基。无血清培养基仍含有较多的动物蛋白，如胰岛素、转铁蛋白、牛血清白蛋白等。从生物技术发展的趋势来看，不含动物蛋白的培养基有广泛的应用前景，许多利用基因工程技术重组的蛋白质最终要应用于人体，如果再生长过程中使用了含有动物蛋白质的培养基，纯化过程就比较复杂，最终要达到一定的质量标准也有一定的难度。无蛋白培养基就是为了适应这发展趋势而出现的，许多无蛋白培养基添加了植物水解物以替代动物激素、生长因子的作用。市场上已有适合多种细胞生长的无蛋白培养基。

限定化学成分培养基（chemical defined medium，CDM）是指培养基中的所有成分都是明确的，它同样不含有动物蛋白，同样也没有添加植物水解物，而是使用了一些已知结构与功能的小分子化合物，如短肽、植物激素等。这种培养基更有利于分析细胞的分泌产物。目前已经有适合于293细胞、CHO细胞、杂交瘤细胞生长的CDM问世，上海恒利安生物科技有限公司生产的水解乳蛋白培养基就属于CDM。

（五）其他细胞培养用液

在细胞培养过程中，除了培养基外，还经常用到一些平衡盐溶液、消化液、pH调整液等。平衡盐溶液主要是由无机盐、葡萄糖组成，它的作用是维持细胞渗透压平衡，保持pH稳定及提供简单的营养，主要用于取材时组织块的漂洗、细胞的漂洗、配制其他试剂等。取材进行原代培养时常常需要将组织块消化解离形成细胞悬液，传代培养时也需要将贴壁细胞从瓶壁上消化下来，常用的消化液有胰酶溶液和EDTA溶液，有时也用胶原酶溶液。pH调整液常用的有HEPES液和$NaHCO_3$溶液。

四、细胞培养的基本方法

通常，体外培养的生物成分无外乎两种结构形式：其一是小块组织或称为组织块，一般称为外植块；其二是将生物组织分散后制成的单个细胞，一般称为分离的细胞或者分散的细胞。单个细胞分散存在于培养液或其他平衡盐溶液、缓冲溶液中，称为细胞悬液。

狭义的细胞培养主要是指分离（散）细胞培养，广义的细胞培养的概念还包括单（个）细胞培养。细胞培养分为群体培养和克隆培养：群体培养是将含有一定数量细胞的悬液置于培养瓶中，让细胞贴壁生长，汇合后形成均匀的单细胞层；克隆培养是将高度稀释的游离细胞悬液加入培养瓶中,各个细胞贴壁后,彼此距离较远,经过生长增殖,每一个细胞形成一个细胞集落(即克隆)。

(一)体外培养细胞的分型

1. 贴附型

大多数培养细胞贴附生长,属于贴壁依赖性细胞,大致分成以下四型:

(1)成纤维细胞型。胞体呈梭形或不规则三角形,中央有卵圆形核,胞质突起,生长时呈放射状。除真正的成纤维细胞外,凡由中胚层间充质起源的组织,如心肌、平滑肌、成骨细胞、血管内皮等常呈本型形态。培养中细胞的形态与成纤维类似时皆可称为成纤维细胞。

(2)上皮型细胞。细胞呈扁平不规则多角形,中央有圆形核,细胞彼此紧密相连成单层膜。生长时呈膜状移动,处于膜边缘的细胞总与膜相连,很少单独行动。起源于内、外胚层的细胞,如皮肤表皮及其衍生物、消化管上皮、肝胰、肺泡上皮等,皆呈上皮型形态。

(3)游走细胞型。散在生长,一般不连成片,胞质常突起,可活跃游走或变形运动,方向不规则。此型细胞不稳定,有时难以和其他细胞相区别。

(4)多型细胞型。有一些细胞,如神经细胞难以确定其规律和稳定的形态,可统归于此类。

2. 悬浮型

此型见于少数特殊的细胞,如某些类型的癌细胞及白血病细胞。胞体圆形,不贴于支持物上,呈悬浮生长。这类细胞容易大量繁殖。

(二)培养细胞的生长和增殖过程

体内细胞生长在动态平衡环境中,而组织培养细胞的生存环境是培养瓶、培养皿或其他容器,生存空间和营养是有限的。当细胞增殖达到一定密度后,则需要分离出一部分细胞和更新营养液,否则将影响细胞的继续生存,这一过程叫传代。每次传代以后,细胞的生长和增殖过程都会受一定的影响。另外,很多细胞在体外的生存也不是无限的,存在着一个发展过程。所有这一切,使组织细胞在培养中有着一系列与体内不同的生存特点。

1. 培养细胞生命期

所谓培养细胞生命期,是指细胞在培养中持续增殖和生长的时间。正常细胞培养时,不论细胞的种类和供体的年龄如何,在细胞全生存过程中,大致都经历以下三个阶段:

(1)原代培养期。也称初代培养,即从体内取出组织接种培养到第一次传代阶段,一般持续1~4周。此期细胞呈活跃的移动,可见细胞分裂,但不旺盛。初代培养细胞与体内原组织在形态结构和功能活动上相似性大。细胞群是异质的,也即各细胞的遗传性状互不相同,细胞相互依存性强。

(2)传代期。初代培养细胞一经传代后便改称为细胞系。在全生命期中此期的持续时间最长。在培养条件较好情况下,细胞增殖旺盛,并能维持二倍体核型,呈二倍体核型的细胞称二倍体细胞系。为保持二倍体细胞性质,细胞应在初代培养期或传代后早期冻存。一般情况下当传代10~50次,细胞增殖逐渐缓慢,以致完全停止,细胞进入第三期。

（3）衰退期。此期细胞仍然生存，但增殖很慢或不增殖；细胞形态轮廓增强，最后衰退凋亡。

在细胞生命期阶段，少数情况下，在以上三期任何一点（多发生在传代末或衰退期），由于某种因素的影响，细胞可能发生自发转化。转化的标志之一是细胞可能获得永生性或恶性性。细胞永生性也称不死性，即细胞获持久性增殖能力，这样的细胞群体称无限细胞系，也称连续细胞系。无限细胞系的形成主要发生在第二期末，或第三期初阶段。细胞获不死性后，核型大多变成异倍体。细胞转化亦可用人工方法诱发，转化后的细胞也可能具有恶性性质。细胞永生性和恶性性非同一性状。

2. 组织培养细胞一代生存期

所有体外培养细胞，包括初代培养及各种细胞系，当生长达到一定密度后，都需做传代处理。传代的频率或间隔与培养液的性质、接种细胞数量和细胞增殖速度等有关。接种细胞数量大、细胞基数大、相同增殖速度条件下，细胞数量增加与饱和速度相对要快（实际上细胞接种数量大时，细胞增殖速度比稀少时要快）。连续细胞系和肿瘤细胞系比初代培养细胞增殖快，培养液中血清含量多时细胞增殖比少时快。以上情况都会缩短传代时间。

所谓细胞的"一代"，仅系从细胞接种到分离再培养时的一段时间，这已成为培养工作中的一种习惯说法，它与细胞倍增一代非同一含义。如某一细胞系为第 153 代细胞，即指该细胞系已传代 153 次。它与细胞世代或倍增不同，在细胞一代中，细胞能倍增 3～6 次。

细胞传一代后，一般要经过以下三个阶段：

（1）潜伏期（latent phase）。细胞接种培养后，先经过一个在培养液中呈悬浮状态的悬浮期。此时细胞质回缩，胞体呈圆球形，接着是细胞附着或贴附于底物表面上，称贴壁，悬浮期结束。细胞贴附于支持物后，除先经过前述延展过程变成极性细胞，还要经过一个潜伏阶段，才进入生长和增殖期。细胞处在潜伏期时，可有运动活动，基本无增殖，少见分裂相。细胞潜伏期与细胞接种密度、细胞种类和培养基性质等密切相关。初代培养细胞潜伏期长，约 24～96 h 或更长，连续细胞系和肿瘤细胞潜伏期短，仅 6～24 h；细胞接种密度大时潜伏期短。当细胞分裂相开始出现并逐渐增多时，标志细胞已进入指数增生期。

（2）指数增生期。这是细胞增殖最旺盛的阶段，细胞分裂相增多。指数增生期细胞分裂相数量可作为判定细胞生长旺盛与否的一个重要标志。一般以细胞分裂（mitotic index，MI）表示，即细胞群中每 1000 个细胞中的分裂指数。体外培养细胞分裂指数受细胞种类、培养液成分、pH、培养箱温度等多种因素的影响。一般细胞的分裂指数介于 0.1%～0.5%，初代细胞分裂指数低，连续细胞和肿瘤细胞分裂指数可高达 3%～5%。pH 和培养液血清含量变动对细胞分裂指数有很大影响。指数增生期是细胞一代中活力最好的时期，因此是进行各种实验最好的和最主要的阶段。在接种细胞数量适宜情况下，指数增生期持续 3～5 天后，随细胞数量不断增多，生长空间渐趋减少，最后细胞相互接触汇合成片。

（3）停滞期。细胞数量达饱和密度后，细胞遂停止增殖，进入停滞期。此时细胞数量不再增加，故也称平顶期。停滞期细胞虽不增殖，但仍有代谢活动，继而培养液中营养渐趋耗尽，代谢产物积累、pH 降低。此时需做分离培养，即传代，否则细胞会中毒，发生形态改变，重则从底物脱落死亡，故传代应越早越好。传代过晚（已有中毒迹象）能影响下一代细胞的机能状态。

（三）原代培养

原代培养即第一次培养，是指将培养物放置在体外生长环境中持续培养，中途不分割培养物的培养过程。对于原代培养的概念，应注意以下几点：① 培养物一经接种到培养器皿（瓶）中就不在分割，任其生长繁殖；② 原代培养中的"代"并非细胞的"代"数，因为培养过程中细胞经多次分裂已经产生多代子细胞；③ 原代培养过程中不分割培养物不等于不更换培养液，也不等于不更换培养器皿。

正常细胞培养的世代数有限，只有癌细胞和发生转化的细胞才能无限生长下去。所谓转化即是指正常细胞在某种因子的作用下发生突变而具有癌性的细胞。目前世界上许多实验室所广泛传用的 HeLa 细胞系就是 1951 年从一位名叫 Henrietta Lacks 的妇女身上取下的宫颈癌细胞培养而成。此细胞系一直沿用至今。

原代培养是建立各种细胞系（株）必经的阶段，其是否成功与组织污染与否、供体年龄、培养技术和方法、适宜培养基的选择等多种因素有关。目前常用的原代细胞培养有鸡胚成纤维细胞及猪肾、猴肾、地鼠肾等原代细胞。

原代培养的基本过程包括取材、培养材料的制备、接种、加培养液、置培养条件下培养等步骤，在所有的操作过程中，都必须保持培养物及生长环境的无菌。

多数情况下，分散的细胞若属于贴壁依赖型细胞，就能黏附、铺展于培养器皿和载体表面生长而形成细胞单层，这种培养方式称为单层细胞培养，又叫贴壁培养。少数情况下，培养的细胞没有贴壁依赖性，可通过专门设备使细胞始终处于悬浮状态在体外生长，这种形式称为悬浮培养。

（四）传代培养

当原代培养成功以后，随着培养时间的延长和细胞不断分裂，一方面细胞之间相互接触而发生接触性抑制，生长速度减慢甚至停止；另一方面也会因营养物不足和代谢物积累而不利于生长或发生中毒。此时就需要将培养物分割成小的部分，重新接种到另外的培养器皿（瓶）内，再进行培养。这个过程就称为传代或者再培养。对单层培养而言，80％汇合或刚汇合的细胞是较理想的传代阶段。

（五）生长曲线

细胞接种入培养瓶后，先进入 2～24 h 的延迟期，然后进入指数生长期（即对数期），汇合成单层进入缓慢生长或停滞期（即平台期）。每种细胞系的这些生长期都是特征性的，只要环境条件保持恒定，每一次测定结果应该是可重复的。

五、细胞分离技术

将组织块分离（散）成细胞悬液的方法有多种，最常用的是机械解离细胞法、酶学解离细胞法以及螯合剂解离细胞法。

从原代组织中获得单细胞悬液的一般方法是酶解聚。细胞暴露在酶中的时间要尽可能的短，以保持最大的活性。常用的酶有胰蛋白酶、胶原酶、Disp 酶等。

六、细胞的冻存与复苏

为了防止因污染或技术原因使长期培养功亏一篑;培养细胞因传代而迟早会出现变异;出于寄赠、交换和购买的需要,培养细胞从一个实验室转运到另一个实验室,最佳的细胞保存策略是进行低温保存。这对于维持一些特殊细胞株的遗传特性极为重要。现简要介绍深低温保存法的特点。细胞深低温(−70～−196℃)保存的基本原理是:在−70℃以下时,细胞内的酶活性均已停止,即代谢处于完全停止状态,故可以长期保存。

1. 细胞的冻存

为避免污染造成的损失,最小化连续细胞系的遗传改变和避免有限细胞系的老化和转化,需要冻存哺乳细胞。冻存细胞前,细胞应该特性化并检查是否污染。

冻存细胞的普通培养基有两大类。对于包含有血清的培养基,有如下几种可供参考的培养基:① 包含10%甘油的完全培养基;② 包含10%DMSO的完全培养基;③ 50%细胞条件培养基和50%含有10%甘油的新鲜培养基;④ 50%细胞条件培养基和50%含有10%DMSO的新鲜培养基。对于无血清培养基,可供参考的培养基成分为:① 50%细胞条件无血清培养基和50%包含有7.5%DMSO的新鲜的无血清培养基;② 包含有7.5%DMSO和10%细胞培养级BSA的新鲜无血清培养基。

2. 冻存细胞的复苏

冻存细胞较脆弱,要轻柔操作。冻存细胞要快速融化,并直接加入完全生长培养基中。若细胞对冻存剂(DMSO或甘油)敏感,先离心去除冻存培养基,然后将其加入完全生长培养基中。

七、培养物的污染及防止

1. 细胞培养物的污染

按现代的观念,凡是混入培养环境中对细胞生存有害的成分和造成细胞不纯的异物都应视为污染。根据这一概念,组织培养污染物应包括生物(真菌、细菌、病毒和支原体)、化学物质(影响细胞生存、非细胞所需的化学成分)、细胞(非同种的其他细胞)。其中微生物最为多见。另外,随着使用细胞种类增多,不同细胞交叉污染,尤其是HeLa细胞的污染也时有发生,从而造成细胞不纯。污染物,特别是微生物常通过空气、器材、操作、血清、组织样本等途径进入培养体系,造成污染。

常见的污染细菌有大肠杆菌、假单胞菌、葡萄球菌等。细菌污染大多数可以改变培养液pH,使培养液变浑浊、变色。用相差显微镜观察,可见满视野都是点状的细菌颗粒,原来的清晰培养背景变得模糊,大量的细菌甚至可以覆盖细胞,对细胞的生存构成威胁。用青霉素、链霉素可以有效预防细菌污染。

细胞污染真菌种类繁多,形态各异,但是污染后易于发现,大多呈白色或浅黄色小点漂浮于培养液表面,肉眼可见;有的散在生长,镜下可见呈丝状、管状、树枝状,纵横交错穿行于细胞之间。念珠菌和酵母菌卵圆形,散在细胞周边和细胞之间生长。真菌生长迅速,能在短时间内抑制细胞生长,产生有毒物质杀死细胞。抗真菌制剂对预防和排除真菌污染有效。

细胞培养(特别是传代细胞)被支原体污染是个世界性问题,是细胞培养中最常见的、干扰试验结果的污染。但由于不易被察觉,有些污染的细胞仍在被应用。据查,目前各实验室使用的二倍体细胞和传代细胞中约有11%的细胞受到支原体污染。支原体污染后,由于它们不会使细胞死亡,可以与细胞长期共存,培养基一般不发生浑浊,细胞无明显变化,因而外观上给人以正常感觉,实际上细胞受到多方面潜在影响,如引起细胞变形,影响DNA合成,抑制细胞生长等。

2. 污染的预防

防止污染,预防是关键,预防措施应该贯穿整个细胞培养的始终。

(1) 器皿准备中的预防。用于细胞培养的器皿应该严格消毒,做到真正洁净;应该无菌的物品,要做到消毒严格、真正无菌;器皿的运输、贮存过程中,要严格操作,谨防污染。

(2) 开始操作前的预防。应当按厂家规定,定期清洗或更换超净台的空气滤网,请专职人员定期检查超净台的空气净化标准;检查培养皿是否有消毒标志,有条件的实验室可以使用一次性用品;检查新配制的培养液,确认无菌方可使用;操作前提前半小时启动超净台的紫外灯消毒;操作应戴口罩,消毒双手。

(3) 操作过程中的预防。主要包括:超净台内放置的所有培养瓶瓶口不能与风向相逆,不允许用手触及器皿的无菌部分,如瓶口和瓶塞内侧;在安装吸管帽、开启或封闭瓶口操作时要经过酒精灯烧灼,并在火焰附近工作;吸取培养液、细胞悬液等液体时,应专管专用,防止污染扩大或造成培养物的交叉污染;使用培养液前,不易较早开启瓶口;开瓶后的培养瓶应保持斜位,避免直立;不再使用的培养液应立即封口;培养的细胞在处理之前不要过早地暴露在空气中;操作时不要交谈、咳嗽,以防唾沫和呼出气流引发污染;操作完毕后应将工作台面整理好,并消毒擦拭工作面,关闭超净台。

(4) 其他预防。及早冻存培养物;重要的细胞株传代工作应有两个人独立进行;购入的未灭活血清应采取56℃水浴灭活30 min,使血清的补体和支原体灭活;为了避免诱导抗药细菌,应定期更换培养系统的抗生素,或尽可能不用抗生素;对新购入的细胞株应加强观察,防止外来的污染源;定期消毒培养箱。

3. 污染的排除

培养的细胞一旦污染应及时处理,防止污染其他细胞。通常选用高压灭菌法处理被污染的细胞,然后弃掉。如果有价值的细胞被污染,并且污染程度较轻,可以通过及时排除污染物,挽救细胞恢复正常。常用的排除微生物污染的方法有以下几种:

(1) 抗生素排除法。抗生素是细胞培养中杀灭细菌的主要手段。各种抗生素性质不同,对微生物作用也不同,联合应用比单用效果好,预防性应用比污染后应用好;如果发生微生物污染后再使用抗生素,常难以根除。

(2) 加温除菌。其根据为支原体耐热性能差的特点。有人将受支原体污染的细胞置于41℃中作用5~10 h(最长可以达18 h)杀灭支原体。但是41℃对细胞本身也有较大影响,故在处理前,应先进行预试验,确定最大限度杀伤支原体而对细胞影响较小的处理时间。

(3) 动物体内接种。受微生物污染的肿瘤细胞可以接种到同种动物皮下或腹腔,肿瘤细胞能在体内生长,而动物体内免疫系统可消灭微生物,在体内培养一定时间后,再取出进行培养繁殖。

（4）与巨噬细胞共培养。在良好的体外培养条件下，巨噬细胞可以存活 7～10 天，并可以分泌一些细胞因子支持其他细胞克隆的生长。与体内情况相似，巨噬细胞在体外条件下仍然可以吞噬微生物并将其消化。利用 96 孔板将极少培养细胞与巨噬细胞共培养，可以在高度稀释培养细胞、极大地降低微生物污染程度的同时，更有效地发挥巨噬细胞清除污染的效能。本方法与抗生素联合应用效果更佳。

第三节　植物细胞培养技术

植物细胞培养包括植物器官、组织、细胞、原生质体、胚和植株的培养。它是在植物组织技术基础上发展起来的，是指在离体条件下培养植物细胞的方法。将愈伤组织或其他易分散的组织置于液体培养基中，进行振荡培养，使组织分散成游离的悬浮细胞，通过继代培养使细胞增殖，获得大量的细胞群体。小规模的悬浮培养在培养瓶中进行，大规模培养可利用发酵罐生产。

目前植物细胞培养的应用领域主要涉及以下三个方面：① 有用代谢物质的生产；② 珍贵植物和名贵花卉等种苗的快速繁殖；③ 进行植物细胞遗传、生理、生化和病毒方面的研究。

一、利用植物细胞技术生产有用代谢产物的优点

（1）在完全人工控制的条件下一年四季不断进行生产，不受地区、季节、土壤及有害生物的影响。

（2）代谢产物的生产完全在人工控制条件下进行，可以通过改变培养条件和选择优良培养体系得到超整株植物产量的代谢产物，例如，通过新疆紫草的细胞培养获得了比原植株含量高 6 倍的紫草素。

（3）在无菌条件下完成，能排除病菌及虫害对药用植物的侵扰。

（4）减少大量用于种植原料的农田，以便进行粮食作物的生产。

（5）有利于研究植物的代谢途径，还可以利用基因工程手段探索或创造新的合成路线，得到新的有价值的物质。

（6）对有效成分的合成路线进行遗传操作，以提高所需的次生代谢产物含量，也可以进行特定的生物转化反应，大规模生产我们所需的有效次生代谢产物。

（7）有利于细胞筛选、生物转化、寻找新的有效成分。

（8）作为解决资源问题的较为有效的途径而成为当代生物技术的重要发展领域。

二、植物细胞培养流程和方法

植物细胞培养与微生物细胞培养类似，可采用液体培养基进行悬浮培养。

对于植物细胞培养来说，不同的培养基往往导致细胞和代谢物生产率的差异，因此必须选择和设计一种适合于培养对象的培养基。一般使用事先调整好的合成培养基。其组成包括细胞生长必要的无机盐类（大量和少量元素）、维生素、植物生长激素和糖。常用的植物组织细胞培养基有 Gamborg's B5、LS、MS、NN 和 White 培养基等，这些培养基主要

在无机盐的比例上有较大的差别。

植物组织培养最基本的是无菌操作。无菌培养的组织有植物组织、生长点、叶、根、子房、胚珠、花丝、花柱、花瓣、花药和花粉等。有关这些组织培养的具体操作可参考有关实验书籍。组织培养使用的设备、器具和设施包括灭菌装置、无菌操作台、显微镜、恒温培养箱等。

植物组织细胞的分离,一般采用次亚氯酸盐的稀溶液、福尔马林、酒精等消毒剂对植物体或种子进行灭菌消毒。种子消毒后在无菌状态下发芽,将其组织的一部分在半固体培养基上培养,随着细胞增殖形成不定型细胞团(愈伤组织),将此愈伤组织移入液体培养基振荡培养。如植物体也可采用同样方法将消毒后的组织片愈伤化,可用液体培养基振荡培养,愈伤化时间随植物种类和培养基条件而异,慢的需几周以上。一旦增殖开始,就可用反复继代培养加快细胞生殖。继代培养可用试管或烧瓶等,大规模的悬浮培养可用传统的机械搅拌罐、气升式发酵罐。其流程见图 2-1。

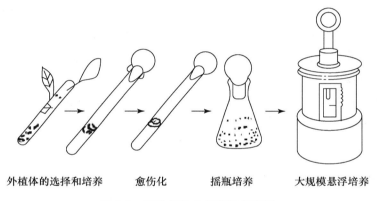

外植体的选择和培养　　愈伤化　　摇瓶培养　　大规模悬浮培养

图 2-1　植物细胞大规模培养流程

三、植物细胞培养方法

植物细胞培养根据不同的方法可分为不同的类型。以培养对象划分,可分为单倍体细胞培养和原生质体培养;以培养基划分则为固体培养和液体培养;以培养方式划分,又可分为悬浮培养和固定化细胞培养。对于工业化生产有用植物代谢物来说,采用液体悬浮培养较为有利。

1. 单倍体细胞培养

单倍体细胞培养主要用花药在人工培养基上进行培养,可以从小孢子(雄性生殖细胞)直接发育成胚状体,然后长成单倍体植株;或者是通过组织诱导分化出芽和根,最终长成植株。

2. 原生质体培养

植物的体细胞(二倍体细胞)经过纤维素酶处理后可去掉细胞壁,获得的除去细胞壁的细胞称为原生质体。该原生质体在良好的无菌培养基中可以生长、分裂,最终可以长成植株。实际过程中,也可以用不同植物的原生质体进行融合与体细胞杂交,由此可获得细胞杂交的植株。

3. 固体培养

固体培养是在微生物培养的基础上发展起来的植物细胞培养方法。固体培养基的凝固剂除去特殊研究外,几乎都使用琼脂,浓度一般为 2％～3％,细胞在培养基表面生长。原生质体固体培养则需混入培养基内进行嵌合培养,或者使原生质体在固体-液体之间进行双相培养。

4. 液体培养

液体培养也是在微生物培养的基础上发展起来的植物细胞培养方法。液体培养可分为静止培养和振荡培养两类。静止培养不需要任何设备,适合于某些原生质体的培养。振荡培养需要摇床,使培养物和培养基保持充分混合以利于气体交换。

5. 悬浮培养

植物细胞的悬浮培养是一种使组织培养物分离为单细胞并不断扩增的方法。在进行细胞培养时,需要提供容易破裂的愈伤组织进行液体振荡培养,愈伤组织经过悬浮培养可以产生比较纯净的单细胞。用于悬浮培养的愈伤组织应该是易碎的,这样在液体培养条件下能获得分散的单细胞,而紧密不易碎的愈伤组织就不能达到上述目的。

6. 固定化培养

固定化培养是在微生物和酶的固定化培养基础上发展起来的植物细胞培养方法。该法与固定化酶或微生物细胞类似,应用最广泛的、能够保持细胞活性的固定化方法是将细胞包埋于海藻酸盐或卡拉胶中。

四、植物细胞的大规模培养技术

目前用于植物细胞大规模培养的技术主要有植物细胞的大规模悬浮培养和植物细胞或原生质体的固定化培养。

1. 植物细胞的大规模悬浮培养

悬浮培养通常采用水平振荡摇床,可变速率为 30～150 r/min,振幅 2～4 cm,温度 24～30℃。适合于愈伤组织培养的培养基不一定适合悬浮细胞培养。悬浮培养的关键就是要寻找适合于悬浮培养物快速生长,有利于细胞分散和保持分化再生能力的培养基。

由于植物细胞有其自身的特性,尽管人们已经在各种微生物反应器中成功进行了植物细胞的培养,但是植物细胞培养过程的操作条件与微生物培养是不同的。与微生物细胞相比,植物细胞要大得多,其平均直径要比微生物细胞大 30～100 倍。同时植物细胞很少是以单一细胞形式悬浮存在,而通常是以细胞数在 2～200 之间,直径约为 2 mm 的非均相集合细胞团的方式存在。根据细胞系来源、培养基和培养时间的不同,这种细胞团通常由以下几种方式存在:① 在细胞分裂后没有进行细胞分离;② 在间歇培养过程中细胞处于对数生长后期时,开始分泌多糖和蛋白质;③ 以其他方式形成黏性表面,从而形成细胞团。当细胞密度高、黏性大时,容易产生混合和循环不良等问题。

由于植物细胞的生长速度慢,操作周期就很长,即使间歇操作也要 2～3 周,半连续或连续操作更是可长达 2～3 个月;同时由于植物细胞培养基的营养成分丰富而复杂,很适合真菌的生长,因此,在植物细胞培养过程中,保持无菌是相当重要的。

所有的植物细胞都是好气性的,需要连续不断地供氧。由于植物细胞培养时对溶氧的变化非常敏感,太高或太低均会对培养过程产生不良的影响,因此,大规模植物细胞培养对供氧和尾气氧的监控十分重要。与微生物培养过程相反,植物细胞培养过程并不需要高的气液传质速率,而是要控制供氧量,以保持较低的溶氧水平。

对植物细胞培养来说,在要求培养液充分混合的同时,CO_2 和氧气的浓度只有达到某一平衡时,才会很好地生长,所以植物细胞培养有时需要通入一定量的 CO_2 气体。

2. 植物细胞或原生质体的固定化培养

经过多年的研究发现,与悬浮培养相比,固定化培养具有很多优点:① 提高了次生物质的合成、积累;② 能长时间保持细胞活力;③ 可以反复使用;④ 抗剪切能力强;⑤ 耐受有毒前体的浓度高;⑥ 遗传性状较稳定;⑦ 后处理难度小;⑧ 更好的光合作用;⑨ 促进或改变产物的释放。

1979 年,Brodelius 首次将高等植物细胞固定化培养以获得目的次级代谢产物,此后,植物细胞的固定化培养得到不断的发展,逐步显示其优势。不完全统计,约有 50 多种植物细胞已成功地进行了固定化培养。植物细胞的固定化常采用海藻酸盐、卡拉胶、琼脂糖和琼脂材料,均采用包埋法,其他方式的固定化植物细胞很少使用。

原生质体比完整的细胞更脆弱,因此,只能采用最温和的固定化方法,通常也是用海藻酸盐、卡拉胶和琼脂糖进行固定化。

第四节　动物细胞培养技术

动物细胞培养是指在体外培养动物细胞的技术,即在无菌条件下,从机体中取出组织或细胞,或利用已经建立的动物细胞系,模拟机体内的正常生理状态下生存的基本条件,让细胞在培养容器中生存、生长或繁殖的方法。

近年来,随着基因工程和细胞工程技术的不断发展,动物细胞已成为大规模生产一系列有商品价值的生物制品的重要宿主。杂交瘤技术的建立使人们能够通过细胞融合得到抗特定抗原的单克隆抗体。基因重组动物细胞能够表达原核生物和低等真核生物所不能正确表达的糖蛋白和复杂结构与修饰的多肽。用动物细胞生产生物产品,已成为近年来生物技术工业中十分重要的组成部分。

一、动物细胞生长特性及分类

(1) 细胞生长缓慢,易污染,培养需用抗生素。
(2) 细胞大,无细胞壁,机械强度低,环境适应性差。
(3) 需氧少,不耐受强力通风与搅拌。
(4) 群体生长效应,贴壁生长(锚地依赖性)。
(5) 培养过程产品分布细胞内外,成本高。
(6) 原代培养细胞一般繁殖 50 代即退化死亡。

依据在体外培养时对生长基质依赖性差异,动物细胞可分为两类:① 贴壁依赖型细胞:需要附着于带适量电荷的固体或半固体表面才能生长,大多数动物细胞,包括非淋巴组织细胞和许多异倍体细胞均属于这一类。② 非贴壁依赖型细胞:无需附着于固相表面即可生长,包括血液、淋巴组织细胞、许多肿瘤细胞及某些转化细胞。

培养细胞的最适温度相当于各种细胞或组织取材机体的正常温度。人和哺乳动物细胞培养的最适温度为 35～37℃。偏离这一温度,细胞正常的代谢和生长将会受到影响,甚至死亡。总的来说,培养细胞对低温的耐力比高温高。温度不超过 39℃时,细胞代谢强度与温度成正比;细胞培养置于 39～40℃环境中 1 h,即受到一定损伤,但仍能恢复;当温度达 43℃以上时,许多细胞将死亡。当温度下降到 30～20℃时,细胞代谢降低,因而与培养基之间物质交换减少,这时可看到细胞形态学的改变以及细胞从基质上脱落下来,当培养物恢复到初始的培养温度时,它们原有的形态和代谢也随之恢复到原有水平。

二、动物细胞培养基本工艺

动物细胞培养基本工艺可以分为三个阶段:

(1)准备阶段。包括设备的准备、清洗、消毒,培养基的配制和除菌,细胞种子的复苏、鉴定和扩增。细胞培养过程要求高,准备工作费力、费时,而且必须仔细,保证高标准,提高成功率。

(2)细胞培养阶段。包括细胞接种,培养工艺参数(如溶解氧浓度、pH、搅拌转速等)的调整,取样分析(如细胞计数、营养成分分析等),培养基更换等。

(3)产物生产阶段。包括培养基更换,病毒准备和接种或产物表达诱导剂的加入,培养上清液的收获,取样分析(如细胞密度、感染率、存活率、产物浓度、抗原性等)。在有些系统中,第二和第三阶段是不可分开的,如单抗生产和某些重组蛋白的表达过程。

三、动物细胞大规模培养技术

(一)大规模培养技术应用简介

所谓动物细胞大规模培养技术是指在人工条件下(设定 pH、温度、溶氧等),在细胞生物反应器中高密度大量培养动物细胞用于生产生物制品的技术。目前可大规模培养的动物细胞有鸡胚、猪肾、猴肾、地鼠肾等多种原代细胞及人二倍体细胞、CHO(中华仓鼠卵巢)细胞、BHK-21(仓鼠肾细胞)、Vero 细胞(非洲绿猴肾传代细胞,是贴壁依赖的成纤维细胞)等。

动物细胞是一种无细胞壁的真核细胞,生长缓慢,对培养环境十分敏感。采用传统的生物化工技术进行动物细胞大量培养,除了要满足培养过程必需的营养要求外,有必要建立合理的控制模型,进行 pH 和溶氧(DO)的最佳控制。细胞生物反应器可通过微机有序地定量地控制加入动物细胞培养罐内的空气、O_2、N_2 和 CO_2 四种气体的流量,使其保持最佳的比例来控制细胞培养液中的 pH 和溶氧水平,使系统始终处于最佳状态,以满足动物细胞的生长对 pH 和溶解氧的需要。

由于动物细胞培养技术在规模和可靠性方面都在不断发展,且从中得到的蛋白质也被证明是安全有效的,因此人们现在对动物细胞培养的态度已经发生了改变。许多人用和兽用的重要蛋白质药物和疫苗,尤其是那些相对较大、较复杂或糖基化的蛋白质,动物细胞培养是首选的生产方式。

目前已实现商业化的产品有:口蹄疫疫苗、狂犬病疫苗、牛白血病病毒疫苗、脊髓灰质炎病毒疫苗、乙型肝炎疫苗、疱疹病毒疫苗、巨细胞病毒疫苗、α及β干扰素、血纤维蛋白溶酶原激活剂、凝血因子Ⅷ和Ⅸ、促红细胞素、松弛素、生长激素、蛋白C、免疫球蛋白、尿激酶、激肽释放酶及200种单克隆抗体等。其中,口蹄疫疫苗是动物细胞大规模培养方法生产的主要产品之一。1983年,英国Wellcome公司就已能够利用动物细胞进行大规模培养生产口蹄疫疫苗。美国Genentech公司应用SV40为载体,将乙型肝炎病毒表面抗原基因插入哺乳动物细胞内进行高效表达,已生产出乙型肝炎疫苗。英国Wellcome公司采用8000 L Namalwa细胞生产α-干扰素。英国Celltech公司用气升式生物反应器生产α、β和γ干扰素;用无血清培养液在10 000 L气升式生物反应器中培养杂交瘤细胞生产单克隆抗体。美国Endotronic公司用中空纤维生物反应器大规模培养动物细胞生产出免疫球蛋白G、A、M和尿激酶、人生长激素等。

(二)大规模培养常用方法

根据动物细胞的类型,可采用贴壁培养、悬浮培养和固定化培养等三种方法进行大规模培养。

1. 贴壁培养

贴壁培养(attachment culture)是指细胞贴附在一定的固相表面进行的培养。贴壁依赖型细胞在培养时要贴附于培养(瓶)器皿壁上,细胞一经贴壁就迅速铺展,然后开始有丝分裂,并很快进入对数生长期。一般数天后就铺满培养表面,并形成致密的细胞单层。

细胞贴壁的表面,要求具有净阳电荷和高度表面活性。对微载体而言还要求具一定电荷密度;若为有机物表面,必须具有亲水性,并带阳电荷。

贴壁培养系统主要有转瓶、中空纤维、玻璃珠、微载体系统等。

(1)转瓶培养系统。培养贴壁依赖型细胞最初采用转瓶系统培养。转瓶培养一般用于小量培养到大规模培养的过渡阶段,或作为生物反应器接种细胞准备的一条途径。细胞接种在旋转的圆筒形培养器——转瓶中,培养过程中转瓶不断旋转,使细胞交替接触培养液和空气,从而提供较好的传质和传热条件。现在使用的转瓶培养系统包括二氧化碳培养箱和转瓶机两类。

(2)反应器贴壁培养。此种培养方式中,细胞贴附于固定的表面生长,不因为搅拌而跟随培养液一起流动,因此比较容易更换培养液,不需要特殊的分离细胞和培养液的设备,可以采用灌流培养获得高细胞密度,能有效地获得一种产品;但扩大规模较难,不能直接监控细胞的生长情况,故多用于制备用量较小、价值高的生物药品。

CelliGen、CelliGen PlusTM和Bioflo3000反应器是常用的贴壁培养式生物反应器,用于细胞贴壁培养时可用篮式搅拌系统和圆盘状载体。此载体是直径6 mm无纺聚酯纤维圆片,具很高表面积与体积比$(1200 \text{ cm}^2/\text{g})$,利于获得高细胞密度。篮式搅拌系统和载体培养是目前贴壁细胞培养使用最多方式,用于杂交瘤细胞、HeLa细胞、293细胞、CHO细胞及其他细胞培养。此种方式培养细胞,细胞接种后贴壁快。

(3)微载体培养。微载体培养是目前公认的最有发展前途的一种动物细胞大规模培养技术,其兼具悬浮培养和贴壁培养的优点,放大容易。目前微载体培养广泛用于培养各种类型细胞,如293细胞、成肌细胞、Vero细胞、CHO细胞,生产疫苗、蛋白质产品。

微载体是指直径在$60\sim250 \mu m$,能适用于贴壁细胞生长的微珠。一般是由天然葡聚糖或者各种合成的聚合物组成。自 Van WezeL 用 DEAE-Sephadex A 50 研制的第一种微载体问世以来,国际市场上出售的微载体商品的类型已经达十几种以上,包括液体微载体、大孔明胶微载体、聚苯乙烯微载体、PHEMA 微载体、甲壳质微载体、聚氨酯泡沫微载体、藻酸盐凝胶微载体以及磁性微载体等。常用商品化微载体有三种:Cytodex1、2、3,Cytopore 和 CytoLine。

微载体培养原理是将对细胞无害的颗粒-微载体加入到培养容器的培养液中,作为载体,使细胞在微载体表面附着生长,同时通过持续搅动使微载体始终保持悬浮状态。

贴壁依赖性细胞在微载体表面上的增殖,要经历黏附贴壁、生长和扩展成单层三个阶段。细胞只有贴附在固体基质表面才能增殖,故细胞在微载体表面的贴附是进一步铺展和生长的关键。黏附主要是靠静电引力和范德华力。细胞能否在微载体表面黏附,主要取决于细胞与微载体的接触概率和相融性。

2. 悬浮培养

悬浮培养(suspension culture)是指细胞在反应器中自由悬浮生长的过程。主要用于非贴壁依赖型细胞培养,如杂交瘤细胞等。该技术是在微生物发酵的基础上发展起来的。

无血清悬浮培养是用已知人源或动物来源的蛋白或激素代替动物血清的一种细胞培养方式,它能减少后期纯化工作,提高产品质量,正逐渐成为动物细胞大规模培养的新方向。

3. 固定化培养

固定化培养(immobilization culture)是将动物细胞与水不溶性载体结合起来,再进行培养。上述两大类细胞(即贴壁依赖型细胞和非贴壁依赖型细胞)都适用,具有细胞生长密度高,抗剪切力和抗污染能力强等优点,细胞易与产物分开,有利于产物分离纯化。制备方法很多,包括吸附法、共价贴附法、离子/共价交联法、包埋法、微囊法等。

第五节　组织细胞的培养方法

体内组织细胞在体外培养时,所需培养环境基本相似,但由于物种、个体遗传背景及所处发育阶段等的不同,各自要求条件有一定差别,所采取的培养技术措施亦不尽相同,现介绍各组织细胞培养的要点。

1. 上皮细胞培养

上皮细胞,包括腺上皮,是很多器官如肝、胰、乳腺等的功能成分,又由于癌起源于上皮组织,故上皮细胞培养特别受到重视。但上皮细胞培养中常混杂有成纤维细胞,培养时生长速度往往超过上皮细胞,并难以纯化,同时上皮细胞难以在体外长期生存,因此纯化和延长生存时间是培养关键。

体内上皮细胞生长在胶原构成的基膜上,因此培养在有胶原的底物上可能利于生长。另外,人或小鼠表皮细胞培养在以 3T3 细胞为饲养层(用射线照射后)时,细胞易生长并可发生一定程度的分化现象。降低 pH、Ca^{2+} 含量和温度,向培养基中加入表皮生长因子,均有利于表皮细胞生长。

2. 内皮细胞培养

内皮细胞易于从大血管分离培养成单层细胞,对于研究内皮细胞再生、肿瘤促血管生长因子(TAF)等有很大价值。研究人内皮细胞培养以人脐带静脉灌流消化法最为简便。

3. 神经细胞培养

神经细胞(神经元)不易培养,只有在适宜情况下,如接种在胶原底层上,或加入神经生长因子和胶质细胞因子时,可出现一定程度的分化,长出突起等现象,但很难使之增殖。而神经胶质细胞是神经组织中比较容易培养的成分。

人、鼠等脑组织可用于神经胶质细胞培养,不仅能获得生长的胶质细胞,也可形成能传代的二倍体细胞系。一般说来,胶质细胞在培养中生长不稳定,不易自发转化,但对外界因素仍保持很好的敏感性,可用 ROUS 病毒和 SV4 等诱发转化。

4. 肌组织细胞培养

各种肌组织均可用于培养,以心肌和骨骼肌较实用。

5. 巨噬细胞培养

巨噬细胞属免疫细胞,有多种功能,是研究细胞吞噬、细胞免疫和分子免疫学的重要对象。巨噬细胞容易获得,便于培养,并可进行纯化。巨噬细胞属不繁殖细胞群,在条件适宜下可生活 2～3 周,多用做原代培养,难以长期生存。巨噬细胞也建有无限细胞系,大多来自小鼠,如 P331、S774A.1、RAW309Cr.L 等,均获恶性,培养中呈巨噬细胞形态和吞噬功能,易于传代和瓶壁分离,但难以建株。培养巨噬细胞可用各种方法和各种来源来获取细胞,以小鼠腹腔取材法最为实用。

6. 肿瘤细胞的培养

肿瘤细胞在组织培养中占有核心的位置,首先癌细胞是比较容易培养的细胞。当前建立的细胞系中癌细胞系是最多的。另外,肿瘤对人类是威胁最大的疾病。肿瘤细胞培养是研究癌变机理、抗癌药检测、癌分子生物学极其重要的手段。肿瘤细胞培养对阐明和解决癌症将起着不可估量的作用。

肿瘤细胞培养成功关键在于取材、成纤维细胞的排除、选用适宜的培养液和培养底物等几个方面。在具体培养方法方面,肿瘤细胞培养与正常组织细胞培养并无原则差别,初代培养应用组织块和消化培养法均可。

(1)取材。人肿瘤细胞来自外科手术或活检瘤组织。取材部位非常重要,体积较大的肿瘤组织中有退变或坏死区,取材时尽量避免用退变组织,要挑选活力较好的部位。癌性转移淋巴结或胸腹水是好的培养材料。取材后宜尽快进行培养,如因故不能立即培养,可贮存于 4℃ 中,但不宜超过 24 h。

(2)培养基。肿瘤细胞对培养基的要求不如正常细胞严格,一般常用的 RPMIL640、DMEM、Mc-Coy5A 等培养基等皆可用于肿瘤细胞培养。肿瘤细胞对血清的需求比正常细胞低,正常细胞培养不加血清不能生长,肿瘤细胞在低血清培养基中也能生长。肿瘤细胞对培养环境适应性较大,是因肿瘤细胞有自泌性,能产生促生长物质之故。但这并不说明肿瘤细胞完全不需要这些成分。培养肿瘤细胞仍需加血清和相关生长因子。

(3)成纤维细胞的排除。成纤维细胞常与肿瘤细胞同时混杂生长,致难以纯化肿瘤细胞,而且成纤维细胞常比肿瘤细胞生长得快,最终能压制肿瘤细胞的生长,因此排除成纤维细胞成为肿瘤细胞培养中的关键。排除成纤维细胞有多种方法,如机械刮除法、反复贴壁法、消化排除法、胶原酶消化法等。

 思考与习题

(1) 简述细胞工程的定义和研究的内容。
(2) 细胞培养液的主要成分有哪些?
(3) 简述植物细胞培养的重要意义。
(4) 植物细胞培养的方法有哪些?
(5) 简述动物细胞培养的基本工艺。
(6) 简述动物细胞工程的应用和新进展。

第三单元　发 酵 工 程

发酵工程又称微生物工程,是生物工程的重要内容之一。发酵工程主要是指利用微生物的特定性状和功能,通过现代化工程技术生产有用物质或直接应用于工业化生产的技术体系;是将传统发酵与 DNA 重组、细胞融合、分子修饰和改造等新技术结合并发展起来的现代发酵技术。它在整个生物工程中,在获得经济效益和社会效益等方面起重要的杠杆作用。因此,发酵工程是生物细胞产物通向工业化的必由之路,是生物工程的基础和归宿。

第一节　发酵工程概述

一、发酵工程研究内容和特点

发酵工程研究解决从投入原料到获得最终产品整个过程的工艺和设备问题,以期实现工业化生产。其内容包括两大部分:发酵部分(微生物反应过程)和提取部分(后处理或下游加工过程)。

(1)发酵部分。发酵部分包括菌种的特性和选育、培养基的特性、选择及其灭菌理论、发酵醪的特性、发酵机理、发酵过程动力学、氧的传递、溶解、吸收理论;空气灭菌;连续培养和连续发酵的控制与自动化等。

(2)提取部分。提取部分包括细胞破碎、分离;醪液输送、过滤、除杂;离子交换、电渗析、逆渗透、超滤;溶媒萃取、蒸发、蒸馏过程和单元操作;结晶、干燥、包装等过程和单元操作;凝胶过滤、沉淀分离;发酵产物的分离提纯过程的控制和自动化等理论。

从传统的酿造技术发展起来的发酵工程发展非常迅速,形成了与其他学科不同的特点:

① 发酵过程是极其复杂的生物化学反应,与微生物细胞息息相关。通常在常温常压下进行,反应安全,要求条件也比较简单。

② 发酵醪(包括固相、液相、气相,还含有活细胞体或菌丝体)属非牛顿流体,其特性影响因素很多,与微生物工程整个过程都有关联,研究难度较大。

③ 具有严格的灭菌系统,以防止杂菌污染。如空气除菌系统,培养基灭菌系统,设备的清洗、灭菌等。

④ 反应以生命体的自动调节方式进行,因此数十个反应过程能够像单一反应一样,在同一发酵罐内进行。

⑤ 后处理阶段。为了适应菌体与发酵产物的特点,需采取一些特殊的工艺措施并选用合适的设备。如酶类的发酵,在后处理过程中要避免过热。

二、发酵工程的基本过程

见图 3-1 所示。

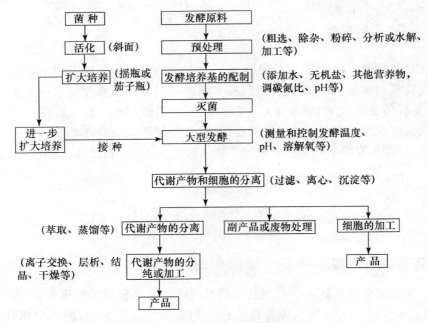

图 3-1　微生物工业发酵的基本过程

三、发酵工程技术的应用

微生物工程按其应用的目的和范围大体可分为五类：① 微生物菌体的生产与应用：酵母；单细胞蛋白（SCP）；药用真菌、微生物杀虫剂等。② 酶制剂的生产与应用：以蛋白酶、糖化酶、淀粉酶为主（约占 90％以上），主要用于食品和轻工业中。③ 微生物代谢产物的制取与应用：氨基酸、抗生素等生理活性物质。④ 微生物的生物转化发酵：发酵工业中最重要的生物转化是甾体转化。⑤ 微生物机能的利用：微生物对有毒化合物、高分子化合物的分解净化；细菌冶金；化学转换有机废水（渣）的处理与利用；提高石油开采率和石油加工；宇宙开发；利用基因工程菌株开拓发酵工程新领域等。

微生物工业涉及的领域日趋广阔，从最初的酿酒工业、食品工业发展到化学工业、医药工业、轻工业、农业和环保等领域，在国民经济中占有越来越重要的地位。发酵产品涉及千家万户，人人都离不开它，具有广泛的社会效益。在世界各国中，以美国微生物工业的规模最大、产值最高，其次是日本。在这些发达国家中，微生物工业的总产值约占国民经济总生产值的 5％，其中以医药产品尤为重要，产值约占 20％，医用抗生素的用量约占临床用药的 50％。我国微生物工业自新中国成立后才得以迅速发展，但与先进发达国家相比，还有相当差距。目前，我国抗生素的生产已具有一定的规模，其产值也占医药品总产值的 20％左右。另外还有一些高新的生物技术产品，如干扰素，已在国内建厂投产，打破进口干扰素长期垄断我国医药市场的局面。

浩瀚的大海是个万能的聚宝盆，生活在海洋中的微生物是其中的一部分。今后的生物工程研究,将向海洋、宇宙等人类未涉足的领域扩展。海洋占地球面积 70％,有人说海洋能给人类提供的食物将会超过农业耕种面积的 1000 倍! 我国海岸线很长,资源丰富,其潜在的应用价值还有待深入研究和开发。可见,微生物工程的潜力是巨大的,随着科学技术的发展,它必将给人类创造出更多的物质财富。

第二节　菌种与种子扩大培养

一、微生物工业菌种

　　微生物具有体积小、种类多、分布广、繁殖快、便于培养和容易发生变异等特点,并且在生产中不易受时间、季节、地区的限制,所以在工业生产上越来越广泛地被重视和应用。微生物工业发酵所用的微生物称为菌种。

　　微生物工程的工业生产水平由三个要素决定,即生产菌种的性能、发酵及提纯工艺条件和生产设备。其中第一步——优良菌种的获得是至关重要的。不是所有的微生物都可作为菌种,只有经过精心选育,达到生产菌种要求的微生物才可作为菌种。

　　（一）微生物工业对菌种的一般要求

　　尽管工业用微生物菌种多种多样,但作为大规模生产,选择菌种应遵循以下原则:

　　（1）要求的培养基原料廉价,来源充足;发酵周期短,且代谢产物产量高。农副产品,如木薯粉、糖蜜、玉米粉等常可用作培养基原料。

　　（2）培养条件要求不高,且易于控制。

　　（3）根据代谢控制的要求,选择单产高的营养缺陷型突变菌株或调节突变菌株、野生菌株。采用这些菌种发酵后,所产不需要的代谢产物少,而且产品相对容易分离,下游技术能用于规模化生产,因为后处理是菌种实现产业化的关键。

　　（4）抗噬菌体能力强。可选育抗噬菌体能力强的菌株,使其不易感染噬菌体。

　　（5）纯种,不易变异退化,以保证发酵生产和产品质量的稳定性。这不仅可以保障发酵工业高产、稳产,而且为菌种的进一步改良,产品质量的提高,成本的下降,应用基因工程技术创造了很好的条件。

　　（6）菌体不是病原菌,不产生任何有害的生物活性物质和毒素（包括抗生素、激素和毒素等）,以保证安全。即菌种对人、动物、植物和环境不应该造成危害,还应注意潜在的、慢性的、长期的危害。要对菌种进行充分评估,严格防护。

　　（二）生产菌种的来源

　　生产菌种的主要来源三个方面:自然环境、在收集的菌株中筛选和购置。

　　1. 自然环境

　　工业微生物所用菌种的根本来源是自然环境,包括从土壤、水、动物、植物、矿物、空气等样品中,筛选分离到生产所需的发酵产品的菌株,经培育改良后可能成为菌种。

　　一般菌种分离纯化和筛选步骤如下:标本采集→标本材料的预处理→富集培养→菌种初筛→菌种复筛→性能鉴定→菌种保藏。

2. 收集菌株筛选

已知所需发酵产品产生菌的种名,则尽量多收集该种菌的不同菌株。菌株可向世界各地微生物或培养物保藏单位、各种微生物实验室免费索取或购置。然后对这些菌株进行筛选。

筛选生产菌种主要过程如图 3-2 所示:

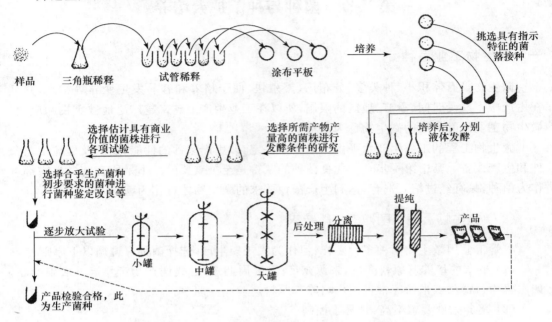

图 3-2　筛选生产菌种主要过程的示意图

3. 购置生产菌种

一般都是购置专利菌种,或向生产单位购置产量高的菌种。对专利发明中的微生物菌种要送到指定的保藏机构保藏。国际上承认的具有法律效力的权威保藏单位,目前为28 个,其中包括武汉大学的中国典型培养物保藏中心(简称 CCTCC),中科院微生物研究所的中国普通微生物菌种保藏中心(简称 CGMCC)。

需要生产菌种可向专利发明人购置,由保藏该发明专利菌种的机构提供。如果向生产单位购置,由生产单位直接提供或由其委托的菌种保藏单位提供。

购置的菌种如果符合生产菌种的要求可直接用于发酵生产。但应该注意的是,绝大多数卖主,都不愿意将最好的菌种出售或放在保藏单位保藏。如果所购菌种不符合生产菌种的要求,仍需进行未达要求的相关试验,直到达到各项要求,才可用于商业性生产。

（三）工业上常用的微生物

工业上常用的微生物有细菌、放线菌、酵母菌和霉菌。随着发酵工业自身的发展,以及遗传工程逐步进入到发酵过程,病毒、藻类等也正在逐步地成为生产用菌。除这些工业用菌外,还经常遇到在细菌和放线菌中生长的噬菌体。

工业上常用的细菌大多是杆菌,如枯草芽孢杆菌、醋酸杆菌、大肠杆菌等。工业上常用的酵母菌如啤酒酵母（又称酿酒酵母），除应用于啤酒、白酒、果酒、酒精等发酵外，还被利用提取核酸、麦角固醇、细胞色素 c、凝血质和辅酶 A 等。工业上常用的几种霉菌，如：黑曲霉是生产柠檬酸和葡萄糖酸的重要菌种；根霉能分泌淀粉酶，能将淀粉转化为糖，可作为常用的糖化菌种；青霉菌可作为生产青霉素的重要菌种，还可用来生产有机酸、维生素和酶制剂等。放线菌的最大经济价值在于能产生多种抗生素，即主要用来生产抗生素。从微生物中发现的抗生素有 60% 以上是放线菌产生的。如灰色链霉菌产链霉素；龟裂链霉菌产土霉素；金霉素链霉菌产金霉素等。

二、种子扩大培养

种子的扩大培养是发酵生产的第一道工序，又称菌种的扩培，其目的和任务是提供数量足够、高质量的生产种子供发酵用。

种子的扩培应根据菌种的生理特性，选择合适的培养条件来获得代谢旺盛、数量足够的种子。这种种子接入发酵罐后，将使发酵生产周期缩短，设备利用率提高。因此种子液质量的优劣对发酵生产起着关键性的作用。

（一）种子扩大培养的过程

种子扩大培养过程可以分为：在固体培养基上生产大量孢子的孢子制备过程；在液体培养基上生产大量菌体的种子制备过程。

1. 孢子或芽孢的制备

孢子制备是菌种扩培的开始，孢子的质量、数量对以后菌丝的生长、繁殖和发酵产量都有明显的影响。不同的菌种，孢子制备过程和条件各异。

（1）放线菌孢子。其制备一般采用琼脂斜面培养基。培养基中含一些适合产孢子的营养成分即可，如麸皮、豌豆浸汁、蛋白胨和一些无机盐等，碳氮源不要太丰富（碳源约为 1%，氮源少于 0.5%），一般情况下采用干燥或限制营养可诱导孢子的形成。斜面培养温度大多数为 28℃，少数 37℃，培养时间为 5～14 天（生长较慢）。

菌种进入种子罐有两种方法：孢子进罐法和摇瓶菌丝进罐法。孢子进罐法可减少批与批之间的差异，操作简单，便于控制孢子质量，目前，这已成为发酵生产的一个方向。摇瓶菌丝进罐法适合生长缓慢的放线菌，可缩短种子在种子罐内的培养时间。如果培养时间长，易出现染菌等问题，因此放线菌多采用摇瓶菌丝进罐法。

（2）霉菌孢子。其制备一般以大米、小米、麸皮、麦粒等天然农产品作为产孢子培养基。该培养基营养成分适合，表面积较大，可获得大量的孢子。培养温度一般 25～28℃，培养时间 4～14 天。

（3）细菌芽孢。其制备一般采用碳源限量而氮源丰富的斜面培养基，培养温度大多数为 37℃，少数为 28℃，培养时间不产芽孢的菌体一般 1～2 天，产芽孢菌体 5～10 天。

（4）酵母菌。酵母菌一般培养温度为 28～30℃。

不同菌种有不同的培养温度和发酵温度。

2. 种子制备

（1）摇瓶种子制备。摇瓶种子培养基要求营养比较丰富完全，易被菌体分解吸收，氮源丰富有利于菌丝生长。但原则上各营养成分不宜过浓,应接近种子罐培养基配方。

（2）种子罐种子制备。种子罐种子制备的工艺过程,因菌种不同而异,一般可分为一级种子、二级种子和三级种子的制备。种子罐级数是指制备种子需逐级扩大培养的次数。孢子（或摇瓶菌液）被接入到体积较小的种子罐中,经培养获得的种子称一级种子,把一级种子转入发酵罐内发酵,称二级发酵。将一级种子接入体积较大的种子罐后培养获得的种子称二级种子,二级种子转入发酵罐内发酵,称三级发酵。

种子罐级数主要取决于菌种生长繁殖速度的快慢及发酵设备的合理应用。放线菌一般采用二级种子,即使用两个种子罐,三级发酵;细菌一般采用一级种子,即一个种子罐,二级发酵。种子罐的级数越少,越有利于生产过程的简化及发酵过程的控制,避免因种子生长异常造成发酵的波动。

（二）工业微生物的培养类型

工业微生物的培养类型有静置培养法和通气培养法。静置培养法又称嫌气性发酵,如酒精发酵等;通气培养法又称好气性发酵,如氨基酸发酵等。用于种子扩大培养的方法主要有液体摇瓶培养法、表面培养法、固态培养法。大规模工业生产常用的培养方法则包括固体培养、浅盘液体培养、深层液体培养、载体培养、两步法液体深层培养等。

1. 固体培养

固体培养（固体发酵）是一种使微生物在固体表面上生长的发酵方法。可分为浅盘和深层固体培养。其优点是固体曲的酶活力高,投资少、设备简单、操作容易,并可因地制宜利用各种农副产品及其下脚料进行生产,如高粱、薯干、豆饼、麸皮、谷糠、稻壳等;缺点是厂房面积大,劳动强度大,不便于机械化操作。

2. 液体深层培养法

液体深层培养法指在液体培养基内部（而不仅仅在表面）进行的微生物培养过程。该法是在青霉素等抗生素生产中发展起来的技术,并已成为当前发酵工业的主要培养方法。

液体深层培养法可采用分批式、补料分批式或连续式等多种形式。该法的优点是:① 液体悬浮状态是很多微生物的最适合生长环境;② 在液体中,菌体及其底物、产物（包括热）易于扩散,使发酵可在均质或拟均质条件下进行,便于控制,易于扩大生产规模;③ 液体输送方便,易于机械化操作;④ 厂房面积小,生产效率高,易进行自动化控制,产品质量稳定;⑤ 产品易于提取、精制等。缺点在于:① 易感染杂菌,无菌操作要求高;② 发酵耗费的动力较多,设备较为复杂,需要较大投资。

3. 载体培养和两步法液体深层培养

载体培养是近年新发展的一种培养方法,其特征是以天然或人工合成的多孔材料（如脲烷泡沫塑料块等）代替麸皮之类的固态基质作为微生物生长的载体,营养成分可严格控制,载体可重复使用,且经得起蒸汽加热和药物灭菌。

两步法液体深层培养在酶制剂和氨基酸生产方面应用较多。在酶制剂生产中,由于微生物生长与产酶最适条件差异很大,为了取得最大量的活性酶,就必须给菌种在各个生理时期创造不同的条件,所以每一步菌种相同而培养条件不同。这样将菌种生长条件（营养期）与产酶条件（自我繁殖期）区分开,有利于控制各个生理时期的最适条件。在氨基酸生物合成中,每一步的菌种和培养基均不相同。第一步属有机酸发酵或氨基酸发酵,第二步则将第一步产物通过微生物酶作用合成所需氨基酸。目前主要应用在那些不能利用直接发酵生产的氨基酸合成上。

(三)影响种子质量的主要因素

种子质量的优劣对发酵生产起着关键性的作用。种子质量的优劣,主要取决于菌种本身的遗传特性和培养条件。

1. 培养基

培养基要求组成简单、来源丰富、价格便宜、取材方便,培养基的原材料投料前要化验分析,进行质量控制;营养成分适当丰富和完全,氮源和维生素含量较高,使菌丝粗壮并具有较强的活力;种子罐培养基的成分尽可能与发酵罐培养基接近,使种子能比较容易适应发酵罐的培养条件,以略稀薄为宜。因为种子培养目的不是为了获得尽可能多的发酵产物,而发酵培养基一般较浓。

2. 种龄与接种量

(1)种龄。种龄指种子培养时间。在工业发酵中,最适种龄应取菌种的对数生长期。因为此时的种子适应环境快,生长繁殖快,可大大缩短调整期。种龄过小,前期生长缓慢、泡沫多、发酵周期延长以及因菌体量过少而菌丝结团,引起异常发酵等;种龄过老则导致生产能力衰退。

最适种龄因菌种不同而异。一般细菌 $7\sim24$ h,霉菌 $16\sim50$ h,放线菌 $21\sim64$ h。

种龄对于形成芽孢的菌尤为重要,过多的芽孢会使延滞期延长。最适种龄应通过多次试验来确定。

(2)接种量。接种量指移入的种子液体积和接种后培养基体积的比例。① 接种量的大小与菌种特性、种子质量、发酵条件等有关。不同微生物的接种量不同:如多数抗生素发酵的接种量为 $7\%\sim15\%$,有时可加大到 $20\%\sim25\%$,霉菌一般为 10%。② 接种量的大小与生产菌种在发酵罐中生长繁殖的速度有关:生长速度快,宜采用小的接种量;生长速度慢,宜采用大的接种量。

采用大接种量的优点:缩短发酵周期,加快产物的形成,节约动力消耗,提高设备利用率,减少杂菌污染。但接种量过大,则使菌体生长过快,培养基过稠,造成营养基质缺乏或溶氧不足而不利于发酵;接种量过小,生长缓慢,发酵周期延长,菌丝量少,还可能产生菌丝团,导致发酵异常等。

实现大接种量的方法有:① 双种法,即将两个种子罐的种子液接入一个发酵罐。② 倒种法,指取部分发酵液作为另一个发酵罐的种子。当种子罐染菌或种子质量不理想时可采用该法。③ 混种进罐法,即将种子液和部分发酵液作为另一个发酵罐的种子。当两个种子罐有一只染菌时可采用该法。以上三种方法运用得当,有可能提高发酵产量,但染菌和菌种变异机会增加。

3. 培养温度

温度对于种子培养是最关键的因素之一。种子培养应选择最适生长温度,大多数微生物培养温度在 $25\sim37$℃。注意选择的不是最适发酵温度,一般最适生长温度和最适发酵温度是不同的。例如,啤酒酵母的发酵温度是 10℃,而生长温度却是 25℃。种子培养的控温措施一般采用热交换设备,如夹套、排管、蛇管等。

4. pH

种子培养基的 pH 要求比较稳定,以适合菌的生长和发育。pH 的变化会引起各种酶活力的改变,对菌丝形态和代谢途径影响很大。一般高碳源培养基倾向于向酸性 pH 转移,高氮源培养基倾向于向碱性 pH 转移。pH 调节方法:使用酸碱溶液、缓冲液以及各种生理缓冲剂(如生理酸性或生理碱性的盐类)。

5. 通气和搅拌

种子培养过程中通气搅拌的控制也很重要。通气可供给菌体适量的溶解氧,满足菌种生长与合成酶的需求;搅拌可提高通气效果,利于培养液的热交换,利于营养物质和代谢物的分散,促进微生物的繁殖。各级种子罐或者同级种子罐的各个不同时期的需氧量不同,应区别控制。一般前期需氧量较少,后期需氧量较多,此时应适当增大供氧量。

通气搅拌不足可引起菌丝结团、菌丝黏壁等异常现象。但过度的剧烈搅拌,则会导致泡沫过多,酶易变性,污染杂菌的机会增加。所以在培养阶段的各个时期,如何控制好通气和搅拌应通过多次试验去确定。

6. 泡沫

培养过程中产生的泡沫,与微生物的生长和合成酶有关。大量的泡沫会影响氧的吸收,妨碍 CO_2 的排除,不利于发酵,而且影响设备的利用率,甚至发生跑料,招致染菌。

消泡的措施主要采用化学消泡和机械消泡。工业发酵中常在培养基中加入消泡剂。消泡剂是一种表面活性剂,能降低泡沫的表面张力。常用的消泡剂有植物油脂、动物油脂和一些化学合成的高分子化合物(如新型的有机硅聚合物硅油、硅酮树脂等)。

7. 染菌的控制

染菌是发酵工业的大敌,在生产过程中,应及时发现染菌并恰当处理,保证生产的正常进行。染菌的原因来自设备本身结构、灭菌不彻底、空气净化不好、无菌操作不严、菌种不纯等。为防止染菌,应在接种前后、种子培养及发酵过程中按时取样,进行无菌检查,以便及早发现杂菌,及时找出染菌的原因,采取相应补救措施。

8. 种子罐级数的决定

种子罐级数的决定取决于:① 菌种的性质、接种量等;② 产物的品种及生产规模;③ 因工艺条件的改变需进行适当调整。种子罐级数愈少,愈有利于简化工艺及控制。级数少可减少种子罐污染杂菌的机会,减少消毒及值班工作量,减少因种子罐生长异常而造成发酵的波动等。

第三节　培养基及其制备

一、培养基的营养成分

工业微生物绝大部分都是异常型微生物,即在其生长和繁殖过程中需要诸如碳水化合物、蛋白质等一系列外源有机物提供能量和构成特定产物需要的成分。培养基指由人工方法配制而成的,专供微生物培养、分离、鉴别、研究和保存用的混合营养物制品。培养基作为微生物的营养来源,其营养成分主要包括碳源、氮源、无机盐、特殊生长因子、水和前体等物质。

二、培养基的类型

微生物培养基的种类很多,据不完全统计,常用的有 1700 种以上。培养基的分类方法有多种,一般常以培养基营养物质的来源(成分)、培养基制成的形式、用途来区分。培养基按其生产用途可分为孢子(斜面)培养基、种子培养基和发酵培养基三种。

1. 孢子培养基

孢子培养基是使菌体迅速生长,产生较多的孢子,供菌体繁殖孢子的一种固体培养基。生产上常用的孢子培养基有麸皮培养基、小米培养基、大米培养基等。

对孢子培养基的要求:能使菌体生长快,产生孢子数量大、质量好,且不会引起菌种变异。

孢子培养基的基本特点:碳、氮源不宜多,否则只长菌丝,少长或不长孢子;无机盐浓度要适当控制,否则会影响孢子的颜色和孢子量。

2. 种子培养基

种子培养基是满足菌种生长的培养基。目的是为下一步发酵提供数量较多、强壮而整齐的种子细胞。一般要求氮源、维生素丰富,原料要精。最后一级种子培养基成分最好能接近发酵培养基。

种子培养基的一般要求:营养丰富、完全,氮和维生素的含量高些;培养基中加入一些易于吸收利用的速效碳、氮源,便于孢子发芽生长,保证球形;pH 要稳定;最后一级应尽可能接近发酵培养基,常加入少量发酵合成期才大量需要的物质。

3. 发酵培养基

发酵培养基是提供菌体生长繁殖和提供产物合成所需营养成分的培养基。

发酵培养基的作用使接种菌丝生长并能高效表达,获得高的发酵产量,同时组分尽可能单一,以保证高的得率。

发酵培养基的一般要求:① 营养丰富完全,有利于产物合成;② 不能大量加入速效碳、氮源,应和慢碳、氮源相结合;③ 在产物分泌期间,pH 保持稳定;④ 加入适量合成所需的物质,如前体等,进行定向发酵;⑤ 采用中间补料,以提高发酵单位;⑥ 原料应考虑生产成本,在大规模生产时,原料应该价廉易得,还应有利于下游的分离提取工作。

三、工业发酵培养基的设计和最优化

培养基的组成直接影响到微生物的生长、繁殖和代谢以及代谢产物的合成。合理的培养基配比可以充分发挥生产菌种的生物合成能力,达到最佳的发酵效果。

配制工业发酵培养基的一般要求:① 原料尽量做到经济合算,价廉易得,质量稳定;② 营养丰富,浓度恰当,合成的菌体量和产物量最大,发酵副产物少;③ 黏度适中,具有适当的渗透压;④ 原料彼此之间不发生化学反应;⑤ 对生产中除发酵以外的其他方面,如通气、搅拌、提取、纯化及废弃物处理等带来的困难最少等。

目前还不能完全从生化反应的基本原理来推断和计算出适合某一菌种的培养基配方,只能在生物化学、细胞生物学等的基本理论指导下,参照前人的经验,再结合所用菌种和产品的特性,先确定一个培养基配比。然后采用摇瓶、玻璃罐等小型发酵设备,按照一定的实验设计和实验方法选择出较为合适的培养基。一般培养基设计要经过以下几个步骤:① 根据前人的经验和培养要求,初步确定可能的培养基组分;② 通过单因素实验确定适宜培养基成分;③ 以统计学方法确定各成分的适宜浓度。常用的实验设计有均匀设计、正交试验设计、响应面分析等。

第四节　培养基与设备灭菌

一、常用灭菌方法

灭菌则指用物理或化学方法杀死或除去环境中所有的微生物,包括营养细胞、细菌芽孢和孢子。消毒指用物理或化学方法杀死物料、容器、器具内外的一切病原微生物,一般只能杀死营养细胞而不能杀死细菌芽孢。消毒不一定能达到灭菌要求,而灭菌则可达到消毒的目的。

发酵工业中,灭菌技术的应用广泛而重要。接种前通过灭菌技术杀灭所有微生物,防止杂菌和噬菌体污染,以保证纯种培养。

工业上常用的灭菌方法主要有:干热灭菌法、湿热灭菌法、辐射灭菌法、化学药品灭菌法、介质过滤除菌法。

二、培养基和设备灭菌

(一)加热灭菌原理

在灭菌方法中,以湿热灭菌最好。微生物对热的抵抗力常用"热阻"来表示。一般说灭菌是否彻底,是以能否杀灭热阻大的芽孢杆菌为指标。

微生物的热死是指微生物受热失活。微生物的热死规律即对数残留定律。在灭菌过程中,微生物由于受不利环境条件(如高温等)的作用,随时间而逐渐死亡,其减少的速率($-\mathrm{d}N/\mathrm{d}t$)与某一瞬间的残留的活菌数 N 成正比,这就是"对数残留定律",即

$$-\frac{\mathrm{d}N}{\mathrm{d}t} = kN \tag{1}$$

式中,N:菌的残留个数,个;t:灭菌时间,s;k:反应速率常数(或称菌比死亡速率),1/s;$\mathrm{d}N/\mathrm{d}t$:菌的瞬间变化速率,个/s。

式(1)移项积分,得

$$\int_{N_0}^{N_t} -\frac{\mathrm{d}N}{N} = k\int_0^t \mathrm{d}t$$

$$\ln\frac{N_0}{N_t} = kt \quad \text{或} \quad t = \frac{1}{k}\ln\frac{N_0}{N_t} \quad \text{或} \quad t = \frac{2.303}{k}\lg\frac{N_0}{N_t} \tag{2}$$

由(2)式可知,灭菌时间 t 取决于污染程度(原有活菌数 N_0)、灭菌程度(残留菌数 N_t)和 k。如要求彻底灭菌,即 $N_t=0$,则 $t\to\infty$,生产上不可行。实际上采用 $N_t=0.001$(即1000 批次灭菌中只有 1 次是失败的)。培养基中的各种微生物不可能逐一加以考虑,一般只考虑芽孢细菌和细菌的芽孢数之和作为 N_0 计算依据较为合理。反应速率常数 k 是微生物耐热性的一种特征,与菌种特性、灭菌温度有关。各种微生物在相同条件下的 k 值是不同的,k 值越小,此微生物越耐热。同一种微生物在不同温度下的 k 值也不同,温度越高,k 值越大,则灭菌时间显著缩短。由公式(2),测定在一定温度下经受热时间后菌的残存数,即可计算出该温度下的 k 值。

(二)培养基灭菌温度的选择

培养基在灭菌过程中,除了菌的死亡外,还伴随着培养基成分的破坏。实验证明,在高压加热情况下,氨基酸及维生素极易破坏,仅 20 min 就有 50% 的赖氨酸、精氨酸及其他碱性氨基酸被破坏,甲硫氨酸也有相当数量被破坏。因此在发酵生产中必须选择一定的工艺条件,既能达到灭菌目的,又能使培养基成分的破坏降至最低限度。

(三)影响培养基灭菌的其他因素

影响培养基灭菌的其他因素有培养基的成分、pH、颗粒、泡沫等。培养基成分中,油脂、糖类及一定浓度的蛋白质会增加微生物的耐热性,故灭菌温度要高些。高浓度的盐类、色素则削弱其耐热性,故较易灭菌。pH 越低,灭菌温度越短。在 pH 约 6~8 时,微生物最易死亡;pH<6,微生物最易死亡。培养基原料颗粒越小,越易于灭菌。泡沫对灭菌极为不利,应采取措施消泡(如加消泡剂等)。

(四)培养基的灭菌方法

工业生产中培养基的灭菌方法有分批灭菌和连续灭菌。

1. 分批灭菌

将配制好的培养基输入发酵罐内,用直接蒸汽加热,达到灭菌要求的温度和压力后维持一定时间,再冷却至发酵要求的温度,这一工艺过程称为分批灭菌或实罐灭菌,简称实消。分批灭菌不需要其他的附属设备,投资少,操作简便,灭菌效果可靠,染菌危险性小,对蒸汽的要求较低,一般在 0.3~0.4 MPa 即可满足要求,对固体物质含量高的培养基比较适合,是国内外生产中常用的灭菌方法。其缺点在于加热和冷却时间较长,营养成分有一定的损失,罐利用率低,不能采用高温快速灭菌工艺,大型发酵罐不宜采用这种方法。但对于极易发泡或黏度很大难以应用连续灭菌的培养基,即使对于大型发酵罐也不得不采用实罐灭菌。

分批灭菌的灭菌时间 $t_总=t_1+t_2+t_3$,其中:t_1 为升温阶段所需的时间;t_2 为保温阶段所需的时间;t_3 为冷却阶段所需的时间。操作中,尽可能缩短 t_1、t_3,合理设计 t_2。

生产中习惯采用维持时间为 30 min。这比理论计算时间长,原因如下:① 培养基灭菌时,杀灭微生物的有效时间为保温时间;② 杀灭时由于热量的散失,以及装置内某些部位传热效果较差,可能发生装置或培养基局部温度偏低的情况;③ 当培养基中含有固体颗粒时,因颗粒的热阻较大,颗粒内的微生物不易被杀死等。

粗略计算灭菌时间时,可以不计升温和冷却阶段杀死的菌数,而认为培养基中所有的菌均在保温时杀灭,这样可简单地利用公式求得灭菌时间。如果考虑升温、冷却阶段的灭菌作用,则计算复杂很多。而直接用保温阶段的灭菌速度常数来计算灭菌时间反而较安全些。

2. 连续灭菌

将配制好的培养基在发酵罐外经过一套灭菌设备连续加热灭菌,快速冷却后送入已灭菌的发酵罐内的工艺过程称连续灭菌,简称连消。连续灭菌的优点:① 可采用高温快速灭菌工艺,营养成分破坏少,提高生产率;② 蒸汽负荷均衡,锅炉利用率高;③ 热能利用合理,适合实行自动化控制;④ 降低劳动强度。缺点:① 增加一套连续灭菌设备,投资较大,增加了染菌的机会;② 蒸汽用量虽平稳,但气压一般要求高于 0.5 MPa(表压);③ 发酵罐、加热器、维持罐和冷却器等要先进行灭菌,才能进行连续灭菌;④ 不适于黏度大或固形物含量高的培养基灭菌。

连续灭菌的灭菌时间仍可以利用公式:

$$t = \frac{1}{k}\ln\frac{N_0}{N_t} \quad 或 \quad t = \frac{2.303}{k}\lg\frac{N_0}{N_t}$$

计算求得。

以采用的连续灭菌的设备和工艺条件分,连续灭菌有三种形式:① 由加热塔(连消塔)、维持罐和冷却器组成的连消系统;② 由热交换器组成的连续灭菌系统;③ 蒸汽直接加热培养基的连续灭菌系统。

三、培养基与设备、管道的灭菌条件

(一)杀菌锅内灭菌

固体培养基,蒸汽压力 0.098 MPa,维持 20～30 min;液体培养基,蒸汽压力 0.098 MPa,维持 15～20 min;玻璃器皿及用具灭菌,蒸汽压力 0.098 MPa,维持 30～60 min。

(二)空罐灭菌及管道灭菌

空罐灭菌指种子罐、发酵罐、计量罐、补料罐等罐体的灭菌。一般要求:① 直接用蒸汽进行灭菌,罐内蒸汽压力 0.15～0.2 MPa,罐温 125～130℃,维持时间 30～45 min;② 有关管道,如补料管路、消泡剂管路、移种管路等可与空罐一起灭菌,灭菌过程中,从有关阀门、边阀排出空气,并使蒸汽通过,达到死角灭菌;③ 灭菌完毕,关闭蒸汽后,不能立即冷却,待罐内压力低于空气过滤器压力时,引入无菌空气保压 0.098 MPa(以避免罐压迅速下降产生负压而抽吸外界空气或罐体被压扁),待灭菌的培养基输入罐内后,才可以开冷却系统进行冷却。

(三)空气过滤器和分过滤器

灭菌时,先排出过滤器中的空气,从过滤器上部通入蒸汽,并从上、下排气口排气,维持压力 0.147 MPa(表压)灭菌 2 h。灭菌完毕后,自上端输入压缩空气,自上而下吹干过滤介质。

（四）种子培养基实罐灭菌

先在夹层通蒸汽预热至 80℃，再从取样管、进风管、接种管进蒸汽，进行直接加热，同时关闭夹层蒸汽，于 121℃维持 30 min，然后依次关闭各排汽、进汽阀门，立即引入无菌空气以保持罐压，开夹层或蛇管冷却水冷却。注意，引入无菌空气前，罐内压力必须低于过滤器压力，否则培养基（或物料）将倒流入过滤器内，后果严重！夹层通蒸汽预热的目的：① 防止培养基被稀释。若直接导入蒸汽，由于培养基与蒸汽的温差过大会产生大量的冷凝水。② 防止物料外溢。若直接导入蒸汽容易造成泡沫急剧上升而引起物料外溢。

（五）发酵培养基实罐灭菌

从夹层或盘管蒸汽预热至 90℃，使物料溶胀并均匀受热，从取样管、进风管、接种管进蒸汽直接加热到 121℃，维持 30 min，然后依次关闭各排汽、进汽阀门，立即引入无菌空气以保持罐压，开夹层或蛇管冷却水冷却。

（六）发酵培养基连续灭菌

一般培养基灭菌温度为 130℃，维持 5 min。

（七）消泡剂灭菌

灭菌温度 121℃，维持 30 min。

第五节　发酵工艺控制

发酵的工艺过程，不同于化学反应过程。在发酵过程中进行着极其复杂的生物化学反应，且与微生物细胞的生命息息相关。因此，在发酵生产中要受许多因素的影响和工艺条件的制约。即使是同一菌种，在不同的厂家生产水平也不一样。主要原因在于设备、原材料来源、培养条件等存在差异。一般菌种的生产性能越高，使其表达应有的生产潜力所需的环境条件就越难满足。高产菌种比低产菌种对工艺条件的波动更为敏感。总之，发酵水平取决于菌体本身的性能和适宜的环境条件（如培养基、发酵温度、pH、溶氧等）。工艺控制的目的就是要为生产菌创造一个最合适的环境，使所需要的代谢活动得以最充分的表达。

一、发酵工艺控制

（一）发酵温度的控制

发酵时温度的变化主要是影响菌体生长的速度、发酵强度、酶活性等。在一定的温度范围内，温度越高，发酵时间越短。一般真菌发酵的温度控制在 25～30℃范围内，细菌和放线菌约控制在 37℃。例如，枯草杆菌的最适生长温度为 34～37℃，黑曲霉的最适生长温度为 28～32℃等。发酵过程中由于菌体生长过程中营养物质的代谢会产生大量的热量,搅拌带来的摩擦热,还有蒸发、辐射带走一定的热量,这些产热和散热因素的不平衡,有时会引起发酵温度发生波动的现象。在发酵过程中需要控制发酵的温度,保证微生物的发酵生产处于适合产物合成的温度。

(二)pH 的控制

培养基的 pH 与细胞的生长繁殖、产物的生成关系密切,在发酵过程中必须进行调节控制。细胞发酵合成产物的最适 pH 与生长最适 pH 往往有所不同。例如,发酵生产碱性蛋白酶的最适 pH 为碱性(pH 8.5～9.0),生产中性蛋白酶的 pH 以中性或微酸性(pH 6.0～7.0)为宜,而酸性条件(pH 4～6)有利于酸性蛋白酶的生产。

有些细胞可以同时产生若干种产物,在生产过程中,通过控制培养基的 pH,往往可以改变各种产物之间的产量比例。例如,黑曲霉可以生产 α-淀粉酶,也可以生产糖化酶,在培养基的 pH 为中性范围时,α-淀粉酶的产量增加而糖化酶减少;反之在培养基的 pH 偏向酸性时,则糖化酶的产量提高而 α-淀粉酶的量降低。再如,采用米曲霉发酵生产蛋白酶时,当培养基的 pH 为碱性时,主要生产碱性蛋白酶;培养基的 pH 为中性时,主要生产中性蛋白酶;而在酸性的条件下,则以生产酸性蛋白酶为主。

随着细胞的生长繁殖和新陈代谢产物的积累,培养基的 pH 往往会发生变化。这种变化的情况与细胞特性有关,也与培养基的组成成分以及发酵工艺条件密切相关。例如,含糖量高的培养基,由于糖代谢产生有机酸,会使 pH 向酸性方向移动;含蛋白质、氨基酸较多的培养基,经过代谢产生较多的胺类物质,使 pH 向碱性方向移动;以硫酸铵为氮源时,随着铵离子被利用,培养基中积累的硫酸根会使 pH 降低;以尿素为氮源的,随着尿素被水解生成氨,培养基的 pH 会上升,然后又随着氨被细胞同化而下降;磷酸盐的存在,对培养基的 pH 变化有一定的缓冲作用。在氧气供应不足时,由于代谢积累有机酸,可使培养基的 pH 向酸性方向移动。

因此,在发酵过程中,必须对培养基的 pH 进行适当的控制和调节。调节 pH 的方法可以通过改变培养基的组分或其比例;也可以使用缓冲液来稳定 pH;或者在必要时通过滴加适宜的酸、碱溶液的方法调节培养基的 pH,以满足细胞生长和产物合成的要求。

(三)溶解氧的控制

微生物的生长繁殖和产物的生物合成过程需要大量的能量。为了获得足够的能量,微生物必须获得充足的氧气,使从培养基中获得的能源物质经过有氧降解而生成大量的ATP。微生物细胞一般只能吸收和利用溶解氧。由于氧难溶于水,一般情况下培养基中的溶解氧并不多。在发酵过程中必须不断供给氧,使培养基的溶解氧保持在一定的水平。

调节溶解氧的方法主要有以下几种:

(1)调节通气量。通气量是指单位时间内流经培养液的空气量(L/min),也可以用培养液体积与每分钟通入的空气体积之比(VVM)表示。例如,1 m³ 培养液,每分钟流经的空气量为 0.5 m³,即通气量为 1∶0.5;每升培养液,每分钟流经的空气为 2 L,则通气量为1∶2 等。在其他条件不变的情况下,增大通气量,可以提高溶氧速率。反之,减少通气量,则使溶氧速率降低。

(2)调节氧的分压。提高氧的分压,可以增加氧的溶解度,从而提高溶氧速率。通过增加发酵容器中的空气压力,或者增加通入的空气中的氧含量,都能提高氧的分压,而使溶氧速率提高。

(3) 调节气液接触时间。气液两相的接触时间延长,可以使氧气有更多的时间溶解在培养基中,从而提高溶氧速率。气液接触时间缩短,则使溶氧速率降低。可以通过增加液层高度,降低气流速度,在反应器中增设挡板,延长空气流经培养液的距离等方法,以延长气液接触时间,提高溶氧速率。

(4) 调节气液接触面积。氧气溶解到培养液中是通过气液两相的界面进行的。增加气液两相接触界面的面积,将有利于提高氧气溶解到培养液中的溶氧速率。为了增大气液两相接触面积,应使通过培养液的空气尽量分散成小气泡。在发酵容器的底部安装空气分布器,使气体分散成小气泡进入培养液中,是增加气液接触面积的主要方法。装设搅拌装置或增设挡板等可以使气泡进一步打碎和分散,也可以有效地增加气液接触面积,从而提高溶氧速率。

(5) 改变培养液的性质。培养液的性质对溶氧速率有明显影响,若培养液的黏度大,在气泡通过培养液时,尤其是在高速搅拌的条件下,会产生大量泡沫,影响氧的溶解。可以通过改变培养液的组分或浓度等方法,有效地降低培养液的黏度;设置消泡装置或添加适当的消泡剂,可以减少或消除泡沫的影响,提高溶氧速率。

以上各种调节方法可以根据菌种、产物、生物反应器、工艺条件的不同选择使用,以便根据发酵过程耗氧速率的变化而及时有效地调节溶氧速率。若溶氧速率低于耗氧速率,则细胞所需的氧气量不足,必然影响其生长繁殖和新陈代谢,使产物的产量降低。然而,过高的溶氧速率对产物的发酵生产也会产生不利的影响。一方面会造成浪费,另一方面,高溶氧速率也会抑制某些产物的生物合成,如青霉素酰化酶的合成等。此外,为了获得高溶氧速率而采用的大量通气或快速搅拌,也会使某些细胞(如霉菌、放线菌、植物细胞、动物细胞、固定化细胞等)受到损伤。所以,在发酵生产过程中,应尽量控制溶氧速率,使其等于或稍高于耗氧速率。

(四) 泡沫的控制

发酵过程中由于通气搅拌、代谢气体的产生、培养基中有蛋白质类的表面活性剂的存在等因素的影响,不可避免地会产生泡沫。泡沫的产生对发酵过程有较大的影响。泡沫过多会造成装料系数减少、氧的传递效率降低、增加染菌的概率等,因此控制泡沫是发酵过程中的一项重要内容。常用的消泡方法分为物理方法和化学方法。物理方法常用消沫桨将泡沫打破,而化学方法则是向发酵液中加入化学消泡剂。最常用的消泡剂是聚氧丙烯甘油和聚氧乙烯氧丙烯甘油。

除了上述条件外,搅拌、压力、CO_2 浓度等也都会对发酵过程造成影响,也是需要注意的。

二、杂菌和噬菌体的防治

(一) 工业发酵染菌的危害

染菌是发酵工业的大敌。发酵中染菌可引起下列后果:① 生产菌与杂菌同时生长,结果丧失了生产能力。② 在连续发酵过程中，杂菌的生长速度快于生产菌，结果以杂菌占优势。③ 杂菌会污染最终产品，影响产品外观及内在质量，如，生产 SCP 中杂菌的污染。④ 杂菌所产生的物质，不利于产物的提取。⑤ 杂菌降解了所需的产物，使产量下降或得不到产品。⑥ 发酵时污染噬菌体，可使产生菌发生溶菌现象。⑦ 增加三废处理难度，进而影响环境保护等。所以发酵生产中做好染菌的防治是非常重要的。

染菌对不同品种发酵的影响是不同的。如青霉素发酵，在发酵前期、中期或后期都易感染能产生青霉素酶的杂菌，降解青霉素，使产量下降或一无所获。柠檬酸发酵中主要防止前期染菌。谷氨酸发酵中一般较少污染杂菌，但要防止噬菌体污染。肌苷、肌苷酸发酵中易受杂菌污染。

感染不同种类和性质的杂菌对发酵的影响也有区别。如青霉素发酵中，感染细短产气杆菌的危害大于粗大杆菌；链霉素发酵中，感染细短杆菌、假单孢杆菌和产气杆菌的危害大于粗大杆菌；四环素发酵主要防止双球菌、芽孢杆菌和荚膜杆菌污染；柠檬酸发酵主要防止青霉菌污染；谷氨酸发酵防止噬菌体污染；肌苷、肌苷酸发酵防止芽孢杆菌污染。

不同污染时间对发酵的影响也不同。种子培养期染菌比较容易，危害极大，应严格控制。发现后应灭菌后弃去，并对种子罐、管道进行检查和彻底灭菌。发酵前期也容易染菌，此时杂菌消耗营养成分和氧分，严重干扰生产菌种的生长和产物合成，要特别防止该时期染菌。发现后，应迅速重新灭菌，补充必要的营养成分（若体积大时，先放出部分受污染发酵液），重新接种发酵。发酵中期染菌一般挽救处理困难，危害性极大。应尽量做到早发现，快处理。处理方法应根据各发酵的特点和具体情况来决定。如，抗生素发酵，可将另一罐发酵正常、单位高的发酵液的一部分输入染菌罐，同时采取降低通风量，少流加糖，以抑制杂菌繁殖。发酵后期染菌，染菌量不大时，可继续发酵；污染严重，破坏性较大，可采取提前放罐。染菌程度愈大，对发酵的危害愈大。如1～2个杂菌，对发酵不会带来影响。染菌常导致发酵液黏度增加，使过滤困难，严重影响产物提取收率和产品质量。当含较多蛋白质和其他杂质时，影响下道工序的正常进行。此外，染菌增加了三废处理难度，进而影响环境保护。

（二）染菌的检查与判断

染菌通常通过三个途径发现：发酵液直接镜检、无菌试验、发酵液的生化分析。其中无菌试验是判断染菌的主要依据。

1. 镜检

通常的检查方法是革兰氏染色法，染色后在高倍显微镜下观察。根据生产菌与杂菌之间菌体形态和菌落特征的差异，判断是否染菌。

2. 无菌试验

目前常用的方法主要有以下几种：① 平板划线培养或斜面培养检查法。将需要检查的样品在无菌平板或斜面培养基上划线，分别置27℃、37℃培养。一般8 h后即可观察。噬菌体的检查可采用双层平板培养法。② 肉汤培养法。直接用装有酚红肉汤的无菌试管取样，放置27℃和37℃分别培养24 h，定时观察试管内肉汤培养基的颜色变化（红→黄或产生浑浊），同时取样镜检。该法常用于检查培养基和无菌空气是否带菌，也可以生产菌作为指示菌,用于噬菌体检查。

在正常生产过程中,种子罐和发酵罐每隔 8 h 取样一次,进行无菌检查。无菌检查的结果一般需要 8～12 h 才能作出判断。为了缩短判断时间,有时向培养基中加入赤霉素、对氨基苯甲酸等生长激素以促进杂菌生长。无菌试验取样少,当发酵罐污染菌量不多时,可能不能检出,所以还不能肯定发酵罐未被污染。例如,1 个杂菌/35 m³,不能检出;1 个杂菌/mL,能检出。

3. 发酵液的生化分析

染菌可以从发酵过程的异常现象,如溶解氧(DO)、pH、排气中 CO_2 含量和菌体酶活力等异常变化来判断。DO 水平异常变化显示染菌。好气性发酵具有一定的 DO 水平,而且不同发酵阶段其 DO 水平不同。以谷氨酸发酵为例,正常的 DO 曲线在发酵初期,DO 基本不变。到了对数生长期,DO 迅速下降,并维持一定水平,当 DO>5%,pH、温度、加料等对 DO 影响不大。发酵后期 DO 上升。当发酵污染好气性杂菌,DO 下降,趋近于 0,并长时间不能回升。污染非好气性杂菌,DO 上升。污染噬菌体,生产菌的呼吸作用受抑制,DO 很快上升。可见 DO 变化比菌浓度变化更灵敏。

CO_2 含量与糖代谢有关。当染菌时,糖代谢发生变化(加快或减慢),从而引起 CO_2 含量的异常变化。污染杂菌时,糖耗加快,CO_2 含量升高。污染噬菌体时,糖耗减慢,CO_2 含量下降。所以也可根据 CO_2 的变化来判断是否染菌。

（三）发酵染菌率和染菌原因分析

发酵染菌率指一年内发酵染菌的批数与总投料发酵批数之比。染菌原因可从染菌时间、染菌的类型、染菌的规模等来分析。如早期染菌(接种后 12 或 24 h)可能的原因有:种子带菌、培养基或设备灭菌不彻底、接种操作不当、空气带菌等。中后期可能的原因有:中间补料污染、设备渗漏、操作不当、空气带菌等。污染耐热的芽孢杆菌,可能是培养基或设备灭菌不彻底。污染球菌、无芽孢杆菌等不耐热菌则可能是种子带菌、设备渗漏、空气带菌、操作问题等。污染浅绿色菌落(G⁻ 杆菌、球菌),可能来源于水,即冷却盘管渗漏。污染霉菌,一般是灭菌不彻底或无菌操作不严引起。

当种子罐、大批发酵罐染菌,而且污染的是同一种菌时,主要是空气系统问题,如空气过滤器失效、空气管道渗漏等;其次是接种的问题(一般接种后留下一部分继续培养,可判断是否因接种而造成染菌)。种子罐不染菌,发酵罐染菌,其原因一般是种子罐与发酵罐之间的管路、发酵罐周围环境、中间补料、加消泡剂等所致。个别发酵罐连续染菌,其原因一般是设备问题,如罐内有死角、阀门渗漏、罐体破损、冷却系统渗漏(蛇形管或排管穿孔),有时不易察觉。个别发酵罐偶然染菌,原因最为复杂,各种染菌途径都有可能引起。

第六节　下游加工过程

由微生物菌体发酵、动植物细胞组织培养以及发酵反应过程获得的生物原料,将其提取、浓缩、纯化及成品化的过程,称为下游加工过程。下游加工过程的质量决定整个生物加工过程的成败,合理设计下游加工过程可降低目标产品的成本,实现大规模商业化生产。

一、下游加工过程的特点

（1）成分复杂。发酵液是含有细胞、细胞碎片、蛋白质、核酸、脂类、糖类、无机盐等多物质的多相体系。

（2）产品浓度很低。一些新兴生物技术产品，待处理物料中产品浓度很低，传统发酵一般为 $1\%\sim10\%$，活性物质则为 $0.01\%\sim1\%$。如，L-异亮氨酸为 2.4%，青霉素为 3.6%，每千克产品中核黄素仅含几克、胰岛素仅含几十毫克，而且对热、pH 不稳定，有些甚至对光不稳定。

（3）产品收率低。由于起始浓度低、杂质多，而成品纯度要求高，常需多步骤操作，使产品收率下降。

（4）生物活性物质的稳定性差。pH、温度、离子强度等变化常常造成产物的失活。如酶蛋白除具有一级结构外，还具有一定立体构象的二级、三级结构，甚至四级结构，才呈现出生物活性。为保持分离操作后这些生物活性物质的功能，过度增加剪切率的操作是不合适的。

（5）生物安全问题。当生物技术产品是食品或药物时，溶媒的使用受到一定的限制，应考虑它们在品质或气味上是否污染产物。萃取及色谱的分离介质、甚至膜分离技术中膜材料的选择，有时也受到限制。对于基因工程产品，应注意生物安全问题，要防止菌体扩散，特别是对前几步操作，要求在密封环境下进行。

二、下游加工的一般工艺过程

目标产物的分离纯化在现代生物工业中占很重要的地位，它对产品的纯度和安全性以及产品收率和成本起决定作用。目标产物分离纯化步骤可以有不同组合，分离提取、精制方法、相关装备也多种多样，但大多数产物的分离纯化过程常常按生产过程的顺序分为四个阶段（图 3-3）。

下游技术按生产过程的四个阶段可归纳如下：

（1）预处理和固液分离。发酵液预处理的主要目的在于，改变发酵液的物理性质，包括增大悬浮液中固体粒子的尺寸，降低液体黏度；相对纯化，去除发酵液中的部分杂质（高价无机离子和杂蛋白质），以利于后续各步操作；尽可能使产物转入便于后处理的一相中（多数是液相）。

（2）提取（初步纯化）。这一步骤的目的是除去与产物性质有较大差异的物质。常用的方法有盐析、溶剂萃取、离子交换色谱、吸附等。

（3）精制（高度纯化）。该阶段是去除与产物化学物理性质较接近的杂质。常用的方法有层析（凝胶层析、离子交换层析、疏水层析、亲和层析）、电泳技术等。

（4）成品加工。经过提取和精制后，要根据产品应用要求，对目的产物进行浓缩、过滤除菌、去热原、干燥等过程，以利于产品的使用、储藏、运输及销售。

产品的收率和质量控制应是贯穿下游技术工艺过程主线。下游技术的步骤越多，提取时得率也越低。尽量减少分离操作步骤，可以减少损失，提高总收率。

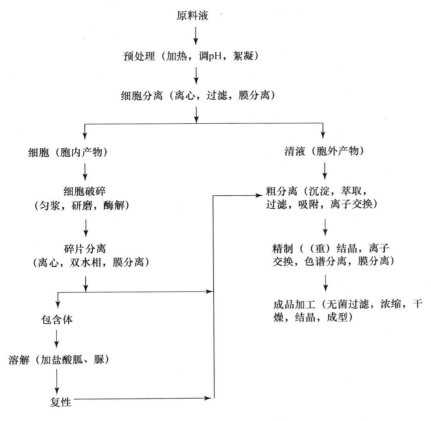

图 3-3　生物分离的一般流程

三、下游加工中常用的分离纯化方法

（一）发酵液的预处理和固液分离

1. 预处理的方法

发酵液预处理方法主要有：降低发酵液的黏度；调整 pH；加入电解质使其发生凝聚反应；加入絮凝剂；加入助滤剂；加入反应剂等，通过这些方法改变发酵液的过滤特性，同时也具有一定的纯化作用。

（1）高价无机离子的去除方法

① 钙离子。可用草酸，草酸溶解度较小，用量大时，可用其可溶性盐，如草酸钠。反应生成的草酸钙还能促使蛋白质凝固，提高滤液（也称为原液）质量。但草酸价格较贵，注意回收。

② 镁离子。可用三聚磷酸钠，与镁离子形成可溶性络合物。也可用磷酸盐处理，能大大降低钙离子和镁离子的浓度。

③ 铁离子。可加入黄血盐，使形成普鲁士蓝沉淀。

（2）杂蛋白的去除。杂蛋白的存在会降低离子交换树脂和大网格树脂的吸附量，如采用溶剂萃取，会发生乳化，影响两相分离。此外，在常规过滤和膜过滤时，还会使滤速下降,使膜受到污染。

①　沉淀法。调等电点沉淀是一种常用的方法,因羧基的电离度比氨基大,所以大多数蛋白质的等电点都在酸性范围(pH $4.0 \sim 5.5$),但仅靠调等电点还不能使大部分蛋白质沉淀。蛋白质是两性物质,在酸性溶液中,能与一些阴离子物质(如三氯乙酸盐、水杨酸盐、钨酸盐、苦味酸盐、鞣酸盐和过氯酸盐等)形成沉淀;在碱性溶液中,能与一些阳离子(如 Ag^+、Cu^{2+}、Zn^{2+}、Fe^{3+}、Pb^{2+} 等)形成沉淀。

②　变性法。变性蛋白溶解度较小,最常用热变性,加热不仅能使蛋白变性,还可降低液体黏度,提高过滤速率;还可以采取其他方法,如大幅度调节 pH,加酒精、丙酮等有机溶剂或表面活性剂。但变性法存在一定的局限,如,加热法只适用于对热较稳定的目的产物;极端 pH 也会导致某些目的产物失活,且需消耗大量酸碱;而有机溶剂法通常只适用于所处理的液体数量较少的场合。

③　吸附法。加入某些吸附剂或沉淀剂吸附杂蛋白而将其除去。如四环素生产中,采用黄血盐和硫酸锌的协同作用生成亚铁氰化钾的胶状沉淀来吸附蛋白。在枯草芽孢杆菌发酵中,加入氯化钙和磷酸氢二钠,两者生成凝胶,把蛋白质、菌体及其他不溶性粒子吸附并包裹在其中而除去。

2. 固液分离

固液分离的方法很多,生物工业中常规方法有分离筛、重力沉降、浮选分离、离心分离、过滤等。用于发酵液固液分离的主要是离心分离和过滤。不同性状的发酵液应选择不同的固液分离方法和设备。

3. 微生物细胞的破碎

(1) 胞外产物。微生物的代谢产物有的分泌到细胞或组织之外,例如细菌产生的碱性蛋白酶,霉菌产生的糖化酶等,称为胞外产物。

对于胞外产物,只需直接将发酵液预处理及过滤,获得澄清的滤液,作为进一步纯化的出发原液。

(2) 胞内产物。微生物的代谢产物还有许多存在于细胞内,例如青霉素酰化酶、碱性磷酸酯酶等,称为胞内产物。对于胞内产物,则需首先收集菌体进行细胞破碎,使代谢产物转入液相中,然后再进行细胞碎片的分离。

细胞破碎方法很多,可以分为机械破碎法、物理破碎法、化学破碎法和酶降解法等。在实际使用中应当根据细胞的特性、产物的特性等具体情况选用适宜的细胞破碎方法,有时也采用两种或两种以上的方法联合使用以便达到细胞破碎的效果。有关这些方法的比较见表 3-1。

表 3-1　各种细胞破碎方法比较

方　法	原　理	适用范围	优缺点
高压匀浆法	高速剪切,碰撞使细胞壁和膜撕破	细菌,放线菌	规模大,操作简便,能耗大,易引起酶变性
高速珠磨法	摩擦,碰撞	各种微生物细胞	适应面大,规模小,损失大能量小
超声波破碎法	空化引起冲击波和剪切力	各种细胞	简便,噪声大,规模小
酶溶法	酶解	各种微生物	选择性高,通用性差,成本高
化学渗透法	改变细胞壁和细胞膜的通透性	各种微生物	选择性好,时间长,效率低,破壁率不超过 50%

选择合适的破碎方法需要考虑下列因素:细胞的数量;所需要的产物对破碎条件(温度、化学试剂、酶等)的敏感性;要达到的破碎程度及破碎所必要的速度;尽可能采用最温和的方法;具有大规模应用潜力的生化产品应选择适合于放大的破碎技术。

(二)膜分离技术

膜分离技术是用高分子半透膜作为选择障碍层,膜两侧压力差或电位差为推动力,允许某些组分透过而保留混合物中其他成分,从而达到分离的目的。膜分离技术的核心是膜,膜的选择性能是分离技术的关键。目前应用于发酵工业中的膜分离技术有微孔过滤、超滤和反渗透、电渗析等。

1. 膜分离技术的特性

膜分离技术具有如下的特性:膜分离过程不发生相变,节能;膜分离过程在常温下进行,特别适用于热敏性物质浓缩分离;由于只是用压力差或电位差作为膜分离推动力,装置简单,操作容易,易于控制与维修,设备费用低;物料在通过膜的迁移中不会发生性质的改变;系统密闭循环,防外来污染;选择性好,可对不同分子大小的物质进行分级分离。

在生物技术中,分离对象主要是发酵液,通常含有生物体、可溶性大分子和电解质等复杂混合物,其主要组成见表 3-2;几种主要的膜过程特性列于表 3-3 和表 3-4。

表 3-2　液体中可能存在的主要成分及大小

组　分	相对分子质量	大小/nm	组　分	相对分子质量	大小/nm
酵母和真菌			酶	$10^4 \sim 10^6$	$2 \sim 10$
细菌		$300 \sim 10^4$	抗体	$300 \sim 10^3$	$0.6 \sim 1.2$
胶体		$100 \sim 10^3$	单糖	$200 \sim 400$	$0.8 \sim 1.0$
病毒		$30 \sim 300$	有机酸	$100 \sim 500$	$0.4 \sim 0.8$
蛋白质	$10^4 \sim 10^6$	$2 \sim 10$	无机离子	$10 \sim 100$	$0.2 \sim 0.4$
多糖	$10^4 \sim 10^6$	$2 \sim 10$			

表 3-3　各种膜分离技术分离范围

膜过程	分离机理	分离对象	孔径/nm
粒子过滤	体积大小	固体粒子	＞10 000
微滤	体积大小	0.05～10 μm 的固体粒子	50～10 000
超滤	体积大小	1000～1 000 000 的大分子,胶体	2～50
纳滤	溶解扩散	离子,分子量①＜100 的有机物	＜2
反渗透	溶解扩散	离子,分子量＜100 的有机物	＜0.5
渗透蒸发	溶解扩散	离子,分子量＜100 的有机物	＜0.5

① 无特别说明,表中"分子量"指"相对分子质量"。

表 3-4　几种主要膜分离技术特征

名　称	膜结构	驱动力	应用对象	示　例
微滤	对称微孔膜(0.05～10 μm)	压力(0.05～0.5 MPa)	消毒、澄清、细胞收集	溶液除菌、澄清,果汁澄清、细胞收集、水中颗粒物去除
超滤	不对称微孔膜(1～50 nm)	压力(0.2～1 MPa)	细粒子胶体去除,可溶性中等或大分子分离	溶液除菌、澄清,注射用水制备,果汁澄清、除菌,酶及蛋白质分离、浓缩与纯化,含油废水处理,印染废水处理,乳化液分离、浓缩等
反渗透	带皮层的不对称膜、复合膜(＜1 nm)	压力(1～10 MPa)	小分子溶质脱除与浓缩	低浓度乙醇浓缩,糖及氨基酸浓缩,苦咸水、海水淡化,超纯水制备
透析	对称或不对称膜	浓度梯度	小分子有机物和无机离子的去除	除去小分子有机物或无机离子,乳制品脱盐,蛋白质溶液脱盐等
电渗析	离子交换膜	电位差	离子脱除,氨基酸分离	苦咸水、海水淡化,纯水制备,锅炉给水,生产工艺用水
渗透蒸发	致密膜或复合膜	浓度梯度	小分子有机物与水的分离	醇与水分离,乙酸与水分离,有机溶剂脱水,有机液体混合物分离(如脂烃与芳烃的分离等)

2. 膜分离技术的应用

（1）分离菌体。

利用微滤或超滤操作进行菌体的错流过滤分离是膜分离法重要应用之一,悬浮液在过滤介质表面作切向流动,利用流动的剪切作用将过滤介质表面的固体(滤饼)移走,是一种维持恒压高速过滤技术。错流过滤法透过通量大、菌体回收率高、不用添加助滤剂和絮凝剂,适合大规模连续操作。

膜分离技术也可用于药物的除菌和除微粒。以前药物的灭菌主要采用热压法。但是热压法灭菌时,细菌残骸仍留在药品中。而且对于热敏性药物,如胰岛素、血清蛋白等不能采用热压法灭菌。对于这类情况,微孔膜有突出的优点,经过微孔膜过滤后,细菌被截留,无细菌残骸残留在药物中。常温操作也不会引起药物的受热破坏和变性。许多液态药物,如注射液、眼药水等,用常规的过滤技术难以达到要求,必须采用微孔膜技术。

（2）除去发酵液中代谢废物。

在发酵过程中,菌体的代谢作用除获得所需的产品外,还产生大量其他代谢物,当这些产物的浓度达到一定值时,能强烈抑制主反应进行,将发酵与膜分离结合,能减轻或解除产物的反馈抑制效应。例如葡萄糖氧化酶在发酵过程中产生的分解代谢产物能阻止其生物合成,将发酵与透析装置结合,当发酵进行到某一时刻,将发酵液在膜内侧循环,透析液在外侧循环。两循环液速率之比为 $1700\ \text{mL/h}：729\ \text{mL/h}$,搅拌转速为 $800\ \text{r/min}$,温度 $28℃$,得到的葡萄糖氧化酶产量是常规工艺的 $1.3\sim1.5$ 倍。

（3）发酵产物提取。

从发酵液中提取浓缩产品是一重要工序,许多厂家采用蒸发浓缩来提取产品,能耗高,投资大。近几十年来,国内外研究者对膜分离技术用于提取浓缩产品做了大量的工作。如发酵法生产柠檬酸,在分离菌丝体后的发酵液中,除柠檬酸外尚有不少金属离子、无机物离子、糖及其他中性物质。传统的提取工艺里先将柠檬酸以钙盐形式沉淀,再加入硫酸对柠檬酸钙进行酸解而得到柠檬酸。此法劳动强度大,得率低,污染大。柠檬酸为电解质,故采用电渗析很容易使柠檬酸与糖类及中性物质分离,而随柠檬酸根一起迁移的其他离子则通过离子交换树脂除去,这样柠檬酸得率高。

应用超滤技术对酶进行浓缩提纯,比传统的减压浓缩、盐析及有机溶剂溶液的方法,其制品的纯度、回收率都较高。无锡酶制剂厂采用醋酸纤维素超滤膜组件浓缩 α-淀粉酶取代传统的硫酸铵沉淀法,可浓缩 $4\sim5$ 倍,平均收率达 95%,酶活力 $>1200\ \text{U/mL}$。目前,美国、法国、德国和日本等应用丹麦 DDS 公司生产的超滤膜装置对酶进行浓缩精制,用来生产蛋白酶、葡萄糖苷酶、凝乳酶、果胶酶、胰蛋白酶、葡萄糖氧化酶、肝素和 β-半乳糖苷酶等。

传统的发酵罐与超滤机组合而成的系统可用于连续发酵。在这种细胞膜反应分离系统中,反应产物可借助于膜分离系统进行分离,从而使液相产物始终保持在较低浓度下,降低了产物抑制作用。结果表明,当进料浓度和稀释率一定时,连续发酵系统中细胞浓度比间歇式发酵提高 $1\sim2$ 个数量级,乙醇生产率比间歇式发酵高 $10\sim20$ 倍,葡萄糖利用率达 100%。Melzoch 等人将管式超滤膜和发酵罐耦合,实现了发酵连续化,发酵得到的乙醇在膜上分离,细胞 100% 截留,稀释率为 $0.03\sim0.3\ \text{h}^{-1}$,底物浓度 $50\sim300\ \text{g/L}$,最大乙醇产率为 $15\ \text{g/(L·h)}$,最大浓度达 $80\ \text{g/L}$。

（4）膜生物反应器的应用。

膜生物反应器是膜分离过程与生物反应过程耦合的生物反应装置,应用于微生物发酵能提高发酵生产率,国外应用膜生物反应器研究过的发酵体系有丙酮-丁醇生产、乳酸生产、柠檬酸生产、D-山梨糖醇转化成 L- 山梨糖醇的生产等,但目前这些应用大多停留在实验室阶段,存在的最大问题是膜的寿命和污染问题。另外,酶膜反应器的研究也较迅速,已研究的酶膜反应体系有纤维素酶水解纤维素、β 糖苷酶水解纤维二糖、蛋白水解、淀粉水解、麦芽糖水解、富马酸酶水解富马酸、脂肪酶合成甘油酯、葡萄糖氧化、酶法生产 L-氨基酸等,主要以水解和氧化反应为主。采用多层酶膜体系和两相生物催化反应体系,还能将低分子底物和产物分离。

（5）液膜分离技术在生物化学中的应用。

在生物化学中,为了防止酶受外界物质的干扰而常常需要将酶"固定化"。利用液膜封闭来固定酶比其他传统的酶固定方法有如下的优点：① 容易制备；② 便于固定相对分子质量低的和多酶的体系；③ 在系统中加入辅助酶时，无需借助小分子载体吸附技术（小分子载体吸附往往会降低辅助酶的作用）。

（三）吸附和离子交换法

1. 固体吸附

吸附是指一种物质从一相转移到另外一相的现象。如果吸附仅仅处于表面，称为表面吸附；如果被吸附的物质遍及整个相，则称为吸收。

固体吸附很早就进入了工业生产，如除臭、脱色、吸湿、防潮等方面。固体吸附在生物工业中也有广泛应用，如在酶、蛋白质、核苷酸、抗生素、氨基酸等产物的分离、精制中，可应用选择性吸附的方法；发酵工业中空气的净化和除菌也离不开吸附过程，在产品精制中，常用到各类吸附剂进行脱色、除热原等杂质。

生物分离过程常用的吸附剂见表3-5。活性炭常用于生物产物的脱色和除臭过程，有机高分子吸附剂中多孔性聚乙烯苯和多孔性聚酯等树脂具有大网格细孔结构，此类吸附剂机械强度高，使用寿命长，选择吸附性好，吸附质易洗脱。

表 3-5　生物分离中常用的吸附剂

吸附剂	平均孔径/nm	比表面积/(m² · g⁻¹)
活性炭	1.5～3.5	750～1500
硅胶	2～100	40～700
活性氧化铝	4～12	50～300
硅藻土		～10
多孔性聚苯乙烯树脂	5～20	100～800
多孔性聚酯树脂	8～50	60～450
多孔性醋酸乙烯树脂	～6	～400

2. 离子交换吸附

离子交换树脂是能在溶液中交换离子的固体，其分子可分为两部分：一是具有多价高分子基团的惰性骨架；二是与多价基团电性相反的可移动的活性离子，它可以与溶液中带有相同电荷的离子发生交换现象。

离子交换树脂在发酵产品的提取、浓缩、纯化、分离、脱盐、转化、中和及脱色等操作单元上有着广泛的应用。具有高效、操作简便、易于自动化、减少三废、有利于保护环境的优点。

（1）离子交换原理：

离子交换树脂不溶于酸、碱、有机溶剂。其单元结构分为三部分：惰性的、不溶性的、具有三维立体结构的网络骨架，与骨架以共价键相连的活性基团以及与活性基团以离子键络合的可移动的活性离子。当树脂浸在水溶液中时，活性离子因热运动，在树脂周围运动。树脂内外溶液存在渗透压，水分渗入内部，造成树脂膨胀。骨架上活性离子在水溶液中发生离解，在较大范围内自由移动，扩散到溶液中。同时，同类型离子也能从溶液中扩散到树脂骨架的网格内；两种离子之间浓度差使它们产生交换作用，浓度差越大，交换速度越快。

（2）离子交换吸附技术的应用：

① 反离子的交换。指树脂从一种反离子转变成另一种反离子，是通过过量置换反离子处理树脂来实现的。

② 物质的浓缩。指用树脂吸附，再用另一个高亲和力的物质洗脱。

③ 离子排出。指利用离子交换法排出溶液中的带电离子。

④ 在离子交换树脂上进行分配色谱，从而可以对相似物质进行分离。

（四）萃取法

利用溶质在互不相溶的两相之间分配系数的不同而使溶质得到纯化或浓缩的方法称为萃取。生物产物中，有机酸、氨基酸、抗生素、维生素、激素和生物碱等生物分子可用萃取法进行分离和纯化。萃取法根据参与溶质分配的两相不同而分为多种，如液固萃取、液液有机溶剂萃取、双水相萃取和超临界流体萃取法，每种方法均各具特点，适合于不同种类生物产物的分离纯化。

1. 萃取和反萃取

萃取是利用液体或超临界流体为溶剂提取原料中目标产物的分离操作。用来萃取产物的溶剂称为萃取剂。以液体为萃取剂时，如果含有目标产物的原料也为液体，操作称为液液萃取。如果目标产物的原料为固体，则称为液固萃取。在液体萃取中，根据萃取剂种类和形式不同又分为有机溶剂萃取、双水相萃取、液膜萃取和反胶束萃取。

将目标产物从有机相转入水相的萃取操作称为反萃取。对于一个完整的萃取过程，常在萃取和反萃取操作间增加洗涤操作，目的是除去与目标产物同时萃取到有机相中的杂质，提高目标产物纯度。

2. 分配定律

萃取是一种扩散分离操作，实现萃取分离的主要因素是不同溶质在两相中分配不同。将料液和萃取剂放在分液漏斗中充分振摇后，静置分为两相，萃取液（Ⅰ）和萃余液（Ⅱ），有部分溶质从第二相转移到第一相，最后在两相间平衡。即：

$$c_1/c_2 = \frac{萃取相溶质浓度}{萃余相溶质浓度} = K$$

式中，c_1、c_2 可用质量分数、体积分数、摩尔浓度（mol/L）或效价浓度（U/mL）表示；K 称为分配系数，在一定的温度和压力下，K 为常数。

上述分配系数是以相同分子形态存在于两相中的溶质浓度之比。但在大多数情况下，溶质在各相中并非以同一分子形态存在，如青霉素萃取中，青霉素在水相中有部分以游离分子形态存在（Pen—COOH），有部分以电离成阴离子形式存在（Pen—COO⁻），而在有机相中完全以有机酸分子形态存在。因此萃取中测定的是溶质在水相中的总浓度（$c_{HA}+c_A^-$），即用溶质在两相中的总浓度之比表示溶质的分配系数，称为表观分配系数 $K_{表观}$。

$$K_{表观} = \frac{c'_{HA}}{c_{HA}+c_A^-}$$

c'_{HA} 表示有机溶剂相中青霉素游离分子的浓度，c_{HA} 表示水相中青霉素游离分子的浓度，c_A^- 表示水相中青霉素阴离子的浓度。

当料液中除含有溶质 A 外，还含有溶质 B 时，由于 A、B 两者的分配系数不同，如 A 的分配系数较 B 大，则萃取相中 A 的浓度就比 B 高，A 和 B 就得到了分离。

萃取剂对溶质 A 和溶质 B 的分离能力的大小用分离因素表示:

$$分离因素 = \frac{c_{1A}/c_{2A}}{c_{1B}/c_{2B}} = \frac{K_A}{K_B}$$

式中 c_{1A}、c_{2A}、c_{1B}、c_{2B} 分别表示萃取相和萃余相中溶质 A、B 的浓度。分离因素表示萃取剂对溶质 A、B 的分离能力的大小,表示溶质 A 和溶质 B 的分离效果。分离因素越大,分离效果越好。

3. 萃取方式和理论收得率

萃取操作流程可以分成单级萃取和多级萃取。多级萃取又分为多级错流萃取和多级逆流萃取。

(1)单级萃取。单级萃取即使用一个混合器和一个分离器的萃取操作。如图 3-4 所示,料液(F)和萃取液(S)进入混合器混合接触达平衡后,在进入分离器得到萃取液(L)和萃余液(R),萃取相送至回收器,萃余相是废液。

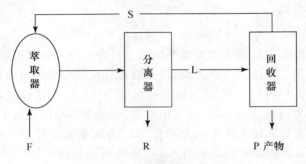

图 3-4　单级萃取流程

设 K 为分配系数,V_F 为料液体积,V_S 为萃取剂体积,E 为萃取平衡后,溶质在萃取相与萃余相中的质量比值,则

$$E = \frac{K \cdot V_S}{V_F}$$

令未被萃取的体积分数为 φ,则

$$\varphi = \frac{1}{(E+1)}$$

则单级萃取理论收率:

$$1 - \varphi = \frac{E}{(E+1)}$$

(2)多级萃取。单级萃取流程简单,但由于只萃取一次,萃取收率不高,为提高收率常采用多级萃取,多级萃取又有逆流和错流的区别,它们各自的流程见图 3-5 和图 3-6。

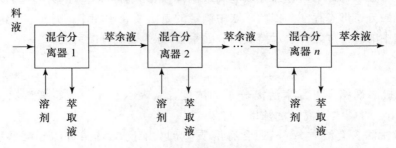

图 3-5　多级错流萃取流程

图 3-6 多级逆流萃取流程

多级错流萃取流程的特点是：每级均加入新鲜溶剂，溶剂消耗量大，得到的萃取产物浓度低，但萃取完全。

多级逆流萃取的特点是：料液走向和萃取剂走向相反，只在最后一级加入萃取剂，萃取剂消耗量少，萃取产物平均浓度高，产物收率最高。

由理论推导，经 n 次萃取后，两种多级萃取方式的理论收率分别为：

$$1-\varphi=1-\frac{1}{(E_1+1)(E_2+1)\cdots(E_n+1)} \qquad \text{（多级错流萃取）}$$

$$1-\varphi=\frac{E^{n+1}-E}{E^{n+1}-1} \qquad \text{（多级逆流萃取）}$$

4. 生化大分子常用的萃取方法

（1）超临界流体萃取。

超临界流体是处于临界温度和临界压力以上的非凝缩性的高密度流体。超临界流体无明显气液分界面，即不是气体，也不是液体，是一种气液不分的状态，具有优异的溶剂性质，黏度低，密度大，有良好的流动、传质、传热、溶解性能。流体处于超临界状态时，其密度接近液体密度，并且流体溶解度随超临界流体密度的增大而增大。超临界流体萃取正是利用这种性质，在较高温度下，将溶质溶解于流体中，然后降低流体溶液的压力或升高流体溶液的温度，使溶解于超临界流体中溶质溶解度降低而析出。

为了使超临界流体萃取过程能进行有效分离，超临界流体作为萃取溶剂应具备以下条件：① 化学性质稳定，不与提取物发生化学反应，对设备腐蚀性小；② 临界温度低，操作温度应低于提取物分解变质温度；③ 临界压力低，节省动力；④ 纯度高，溶解度好，减少溶剂循环量；⑤ 来源方便，价格低廉。

用超临界萃取方法提取天然产物时，一般用 CO_2 作萃取剂，因为 CO_2 的临界温度和临界压力（$T_c=31.1℃$，$p_c=7.38$ MPa）低，使得操作条件温和，且 CO_2 无毒、稳定，不燃烧，不破坏环境，可以避免氧化，还具有价格低廉的优点。

超临界流体萃取技术基本工艺流程（图 3-7）为：原料经除杂、粉碎或轧片等处理后装入萃取器中，系统冲入超临界流体并加压。物体在超临界流体作用下，可溶成分进入超临界流体相。流出萃取器的超临界流体相经减压、调温或吸附，可选择性地从超临界流体相分离出

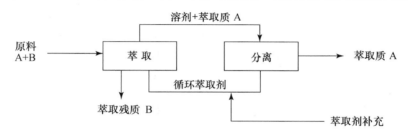

图 3-7 超临界流体萃取的基本过程

萃取物的各组分,超临界流体再经调温和压缩回到萃取器循环使用。

超临界流体萃取在生物、食品等工业中得以广泛应用。

① 食品工业。运用该技术可以对咖啡豆脱咖啡因,可以萃取啤酒花中的有效成分;还可以利用超临界流体萃取技术脱除啤酒中的乙醇,制成无醇啤酒。在医药工业中用于乳制品脱胆固醇,从鱼油中提取多不饱和脂肪酸 DHA 和 EPA 以及从天然动植物中提取卵磷脂、麦胚油、大蒜油、南瓜子油、食用香料(如八角油、茴香油)、食用色素(如辣椒红、番茄红、β-胡萝卜素)等。

② 医药工业。中草药中含有大量天然活性物质,超临界萃取技术是提取这些活性成分的最好手段之一。超临界流体萃取技术还可以用于抗生素的回收、医药制品的精制脱杂。在抗生素等医药产品生产过程中,经常使用丙酮、甲醇等有机溶剂,这些有机溶剂难以用一般的方法完全去除,而超临界流体萃取技术可以有效地解决这一问题。

③ 精细化工。超临界流体萃取技术可用于天然香料和香精的提取。目前已研究从桂花、茉莉花、菊花、梅花、米兰、百里香、薰衣草、迷迭香中提取香精,从薄荷中提取香料,从芹菜、芫荽籽、砂仁中提取精油。

(2) 双水相萃取。

双水相萃取选取(aqueous two-phase extraction,ATPE)两种水溶性不同的聚合物或一种聚合物和无机盐的混合溶液,在一定的浓度下,它们就自然分成互不相溶的两相,当被分离物质进入双水相体系后,由于表面性质、电荷间作用和各种作用力(如憎水键、氢键、离子键)等因素的影响,它们在两相间的分配系数 K 不同,导致其在两相中的浓度不同,从而达到分离的目的。

由于双水相萃取条件较为温和,不会导致被分离物质的失活,该技术已应用于生物大分子的分离和纯化,并且在生物小分子的分离、抗生素提取、中药有效成分提取分离方面应用较广。在双水相体系中,常见的水溶性高聚物有:聚乙二醇(PEG)、聚丙二醇、甲基纤维素、聚丙烯乙二醇、吐温、聚氧乙烯类表面活性剂等。聚乙二醇/无机盐体系等为最常用的双水相体系。常见的双水相体系见表 3-6。

表 3-6　常见的双水相系统

类　　型	上相组分	下相组分
非离子型聚合物/非离子型聚合物	聚丙二醇	甲基聚丙二醇、聚乙二醇、聚乙烯醇、聚乙烯吡咯烷醇酮
	聚乙二醇	聚乙烯醇、聚乙烯吡咯烷酮、葡聚糖
	乙基羟乙基纤维素	葡聚糖
	甲基纤维素	葡聚糖、羟丙基葡聚糖
非离子型聚合物/无机盐	聚丙二醇	硫酸钾
	聚乙二醇	硫酸镁、硫酸钾、硫酸铵、甲酸钠
高分子电解质/高分子电解质	硫酸葡聚糖钠盐	羧甲基纤维素钠盐
	羧甲基葡聚糖钠盐	羧甲基纤维素钠盐
非离子型聚合物/低分子量组分	葡聚糖	丙醇
	聚丙烯乙二醇	磷酸钾、葡萄糖
	甲氧基聚乙二醇	磷酸钾

① 双水相萃取的工艺流程。双水相萃取流程图见图 3-8。

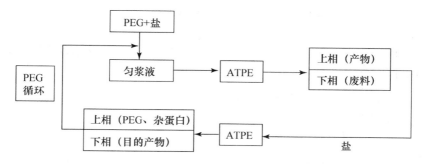

图 3-8　双水相萃取流程图

②　双水相萃取技术的应用。双水相萃取技术可用于抗生素生产中。利用双水相萃取的抗生素有红霉素、乙酰螺旋霉素、青霉素、万古霉素等。用 PEG 3350/K_2HPO_4 系统对青霉素发酵液进行处理,青霉素 G 的分配系数达 13～14.5,收率达 93％～97％,而苯基乙酸的分配系数为 0.25,细胞碎片和固体残渣沉积在相界面和下相中,这样,只采用一步双水相萃取就可以使青霉素和杂质得到有效分离,且不存在青霉素的降解和乳化。

双水相萃取还可用于蛋白质和生物酶分离提纯中。在近几年的报道中,双水相萃取已用于多种蛋白质和生物酶的分离,如 MoniCa 等利用聚乙二醇/磷酸盐双水相体系提取天然发酵物中的碱性木聚糖酶。确定最佳体系是 22％PEG 6000,10％K_2HPO_4 和 12％ $NaCl$,活性酶产率达 98％。此外,研究利用双水相萃取分离酶还有青霉素酰化酶、α-淀粉酶、酸性脂肪酶、半乳糖酶、黑曲霉糖化酶等。

中草药中含有大量成分十分复杂的有机化合物。这类具有独特功能和生物活性的化合物,是疾病预防与治疗的基础物质,主要包括黄酮、多酚、萜类等,双水相萃取技术作为一种新型萃取技术已成功应用于此类天然产物的分离纯化。

(五)色谱(层析)技术

色谱分离是一组相关技术的总称,也称层析分离。它是一种物理分离方法,利用混合物中各组分物理化学性质的差别,使各组分在固定相和流动相中分布程度不同,从而以不同的速率移动,达到分离目的。色谱分离技术优点是分离效率高,设备简单,操作方便,操作条件温和,不易使物质变性,适合于不稳定的大分子有机化合物的分离纯化。

1. 吸附层析

吸附层析是指混合物随流动相通过由吸附剂组成的固定相时,由于吸附剂对不同活性物质具有不同的吸附亲和力而使混合物分离的层析方法。

吸附作用力可以是物理吸附,也可以是化学吸附,如范德华力、静电作用、共价键及氢键等。传统吸附层析以无机材料作为吸附剂,如氧化铝、硅胶、活性炭、膨润土、氧化肽等,以后又发展了疏水层析、金属螯合层析、共价层析等,这些吸附剂是有机质通过化学修饰后完成的。

2. 分配层析

分配层析的流动相和固定相都是液体。固定相吸附在一种多孔物质上,为载体,而载体空隙间液体为流动相,如载体为滤纸,则为纸层析。常用的载体有硅胶、硅藻土、纤维素,固定相用水、缓冲溶液或饱和有机溶剂涂渍到载体上,流动相为水与固定相液体互不相溶的有机溶剂或水-有机溶剂混合液。

根据固定相和流动相极性和非极性差别,固定相极性大于流动相极性的称正相层析,正相(分配)层析适合于分离极性化合物。固定相极性小于流动相极性的称为反相(分配)层析,反相分配层析适合于分离从极性到非极性的宽范围化合物。

3. 离子交换层析

离子交换层析是利用离子交换剂作为固定相,其可电离的离子与流动相中具有相同电荷的溶质离子进行可逆交换,由于混合物中不同溶质对交换剂具有不同的亲和力而达到分离目的。离子交换层析适合于离子和在溶剂中可电离的物质的分离。大多数生物大分子是极性的,可以电离,所以离子交换层析在生物大分子分离纯化中占主导地位。

常用的离子交换纤维素类型见表 3-7。

表 3-7　常用的离子交换纤维素类型

类　型		交换剂名称	缩　写	解离基团	交换容量/$(mmol \cdot g^{-1})$	pK
阳离子交换剂强酸型	强酸型	磷酸纤维素	P	$-O-P_3H_2$	$0.7\sim7.4$	pK_1 L$\sim$2
		甲基磺酸纤维素	SM			pK_2 6.0$\sim$6.5
		乙基磺酸纤维素	SE	$-O-CH_2-CH_2-SO_3H$	$0.2\sim0.3$	2.2
	弱酸型	羧甲基纤维素	CM	$-O-CH_2-COOH$	$0.5\sim1.0$	36
阴离子交换剂强碱型	强碱型	三乙基氨基乙基纤维素	TEME	$-O-CH_2-CH_2-N(C_2H_5)_3$	$0.5\sim1.0$	10
	弱碱型	二乙基氨基乙基纤维素	DEAE	$-O-CH_2-CH_2-N(C_2H_5)_2$	$0.1\sim1.1$	$0.1\sim0.5$
		氨基乙基纤维素	AE	$-O-CH_2-CH_2NH_2$	$0.1\sim0.5$	
		Ecteola 纤维素	ECTE-OLA	$-N^+(CH_2-CH_2-OH)_3$	$0.3\sim1.0$	$7.4\sim7.6$

离子交换层析是蛋白质、肽、核酸等生物产物的主要纯化手段,其原理不仅具有通用性,应用范围广,且选择性高,料液处理量大,能达到浓缩效果;优化操作条件可大幅度提高分离选择性,产品回收率高;所需柱较短;此外,商品化离子交换剂种类多,可供选择的余地也大。

4. 凝胶层析

凝胶层析是利用凝胶粒子为固定相,根据料液中溶质相对分子质量的差别进行分离的液相层析法,凝胶颗粒内部具有很细微的多孔网状结构,在合适的溶剂中浸泡,充分吸液膨胀。将充分吸胀的凝胶装入层析柱,平衡后,即制得凝胶层析柱。在层析柱中加入欲分离的混合物,再以同一溶剂洗脱。由于不同溶质的分子大小不同,它们在层析柱中所流经的路径不一样,各自的洗脱体积也不一样。相对分子质量大的溶质,不能进入凝胶细孔中,而从凝胶间床层空隙流过,洗脱体积为层析柱的空隙体积 V_0。而相对分子质量小的溶质,能够进入凝胶所有细孔中,因而洗脱体积接近柱体积 V_t,洗脱体积介于 V_0 和 V_t 之间。若分别以 V_{RA} 和 V_{RB} 表示溶质 A 和 B 的洗脱体积,只有料液体积小于 $V_{RA}-V_{RB}$ 时,A、B 两种溶质才能得到完全分离。

凝胶操作中溶质分配系数 $R=(V_e-V_0)/V_i$,其中 V_e:洗脱体积,V_0:层析柱空隙体积,V_i:凝胶颗粒内部孔体积。分配系数只与相对分子质量、分子形状、凝胶结构有关,与所用洗脱液 pH 和离子强度等无关。因此,凝胶层析一般采用组成一定的洗脱液进行洗脱展开,是恒定洗脱法。

选择适宜的凝胶是取得良好分离效果的最根本保证。选取何种凝胶及其型号、粒度,一方面要考虑凝胶的性质,包括凝胶的分离范围(渗入限和排阻限),它的理化稳定性、强度、非特导吸附性等,还要考虑分离的目的和样品性质。混合物的分离程度主要决定于凝胶颗粒内部微孔的孔径和混合物相对分子质量的分布范围。和凝胶孔径有直接关系的是凝胶的交联度。凝胶孔径决定了被排阻物质相对分子质量的下限,移动缓慢的小分子物质,在低交联度的凝胶上不易分离,大分子物质同小分子物质的分离宜用高交联度的凝胶。

常用的凝胶过滤介质见表 3-8。

表 3-8　常用的凝胶过滤介质

名　称	基　质	制造商
Sephadex G10~G200	交联葡聚糖	Pharmacia
Sepharose 2B,4B,6B	琼脂糖	Pharmacia
Sepharose CL-4B. CL-6B	交联琼脂糖	Pharmacia
Sephacryl S 系列	聚丙烯酰胺-葡聚糖	Pharmacia
Superdex 系列	高交联琼脂糖-葡聚糖	Pharmacia
Superose 系列	高交联琼脂糖	Pharmacia
Bio-Beads S-X 系列	苯乙烯-二乙烯苯	BioRad
Bio-Gel P 系列	聚丙烯酰胺	BioRad
Bio-Gel A 系列	琼脂糖	BioRad
TSKgel SW 系列	硅胶	ToYoSoda
TSKgel ToyopearL HW 系列	亲水性聚乙烯醇	ToYoSoda
TSKgel PW	亲水性聚乙烯	ToYoSoda
TSKgel GW-35	纤维素	ToYoSoda
Cellufine	纤维素	Chisso

凝胶的颗粒粗细与分离效果也有直接关系。一般来说,细颗粒分离效果好,但流速慢;而粗颗粒流速快,但会使区带扩散,使洗脱峰变平而宽。因此,如用细颗粒凝胶宜用大直径的层析柱,用粗颗粒时用小直径的层析柱。在实际操作中,要根据工作需要,选择适当的颗粒大小并调整流速。

选择合适的凝胶种类以后,再根据层析柱的体积和干胶的溶胀度,计算出所需干胶的用量,其计算公式如下:

$$干胶用量=\frac{\pi r^2 h}{溶胀度/(床体积 \cdot 克干胶^{-1})}$$

考虑到凝胶在处理过程中会有部分损失,用上式计算得出的干胶用量应再增加 $10\%\sim20\%$。

凝胶层析的应用主要体现在以下几个方面:

① 发酵产物的分离纯化。凝胶层析可用于相对分子质量从几百到 10^6 数量级的物质的分离纯化,是蛋白质、肽、脂质、抗生素、核酸及病毒分离常用的方法,也可以用于医药工业中热原和抗原性杂质的去除。

② 脱盐。高分子(如蛋白质、核酸、多糖等)溶液中的低分子杂质,可以用凝胶层析法除去,这一操作称为脱盐。用凝胶层析脱盐操作简便、快速。在低温条件下,蛋白质和酶类等在脱盐过程中不易变性。常选用的凝胶为 Sephadex G-10,G-15,G-25 或 Bio-Gel P2,P4,P6。柱长与直径之比一般为 5:1~15:1,样品体积可达柱床体积的 $25\%\sim30\%$,为了防止蛋白质脱盐后由于溶解度降低而形成沉淀吸附于柱上,在平衡层析柱以及随后的洗脱中可采用挥发性盐类(如,醋酸铵)制成的缓冲液,最后,只要将收集的洗脱液用冷冻干燥法除去挥发性盐类即可。

③ 对相对分子质量的测定。在凝胶过滤介质的分级范围内,蛋白质的分配系数(或洗脱体积)和相对分子质量呈线性关系。对于一根层析柱,可以先确定几种标准蛋白质的分配系数(或洗脱体积)和相对分子质量的线性关系,然后根据未知物的洗脱体积,就可以推算出未知物的相对分子质量。

④ 高分子溶液的浓缩。通常将 Sephadex G-25 或 50 干胶投入到稀的高分子溶液中,这时水分和相对分子质量低的物质就会进入凝胶粒子内部的孔隙中,而高分子物质则排阻在凝胶颗粒之外,再经离心或过滤,将溶胀的凝胶分离出去,就得到了浓缩的高分子溶液。

5. 亲和层析

亲和层析柱是应用生物高分子物质能与相应专一配基分子可逆结合的原理,将配基通过共价键牢固地结合在固相载体上制得亲和吸附系统。常见的生物高分子与配基的可逆结合有酶与底物、抗原与抗体、激素与受体,多糖与蛋白复合体等。

亲和层析具有其他分离技术所不能比拟的高选择性,能有效保持生物大分子高级结构的稳定性,操作简便,时间短,得率高,适合于从某些组织匀浆或发酵液中分离相对含量低,杂质与纯化目的物之间的溶解度、分子大小、电荷分布等物化性质差异小,其他手段分离有困难的高分子物质。

(1)亲和层析基本过程:

亲和层析基本过程可分为以下三步:①配基与不溶性载体结合,使之固定化,装入色谱柱;②亲和层析介质选择性吸附生物活性物质,不能发生结合反应的杂质分子直接流出;③选择适宜的条件,促使配基与其亲和物(目的物)分离解析下柱,即可获得纯化的目的产物。

亲和层析的原理见图 3-9。

(2)常用载体:

亲和层析中,具有特异亲和力的一对分子的任何一方作配基与配基结合的层析介质为载体。

亲和色谱的理想载体应具以下特性:① 充分功能化,具大量功能基团;② 载体有良好理化稳定性和生物惰性;③ 水不溶性和亲水性;④ 渗透性,具多孔立体网状结构;⑤ 为

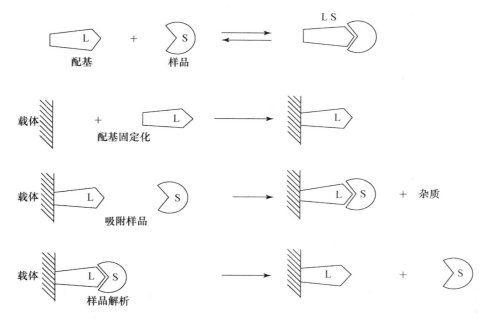

图 3-9　亲和层析的原理

高硬度及颗粒大小均匀的刚性小球。

可以作为固相载体的有皂土、玻璃微球、石英微球、羟磷酸钙、氧化铝、聚丙烯酰胺凝胶、淀粉凝胶、葡聚糖凝胶、纤维素和琼脂糖。在这些载体中,皂土、玻璃微球等吸附能力弱,且不能防止非特异性吸附。纤维素的非特异性吸附强。聚丙烯酰胺凝胶是目前的首选优良载体。琼脂糖凝胶的优点是亲水性强,理化性质稳定,不受细菌和酶的作用,具有疏松的网状结构,在缓冲液离子浓度大于 0.05 mol/L 时,对蛋白质几乎没有非特异性吸附。琼脂糖凝胶极易被溴化氢活化,活化后性质稳定,能经受层析的各种条件,如 0.1 mol/L NaOH 或 1 mol/L HCl 处理 2～3 h 及蛋白质变性剂 7 mol/L 尿素或 6 mol/L 盐酸胍处理,不引起性质改变,故易于再生和反复使用。琼脂糖凝胶微球的商品名为 Sepharose,含糖浓度为 2％、4％、6％ 时分别称为 2B、4B、6B。因为 Sepharose 4B 的结构比 6B 疏松,而吸附容量比 2B 大,所以 4B 应用最广。

（3）常用配基

作为配基的物质很多,根据配基应用和性质,又分为特殊配基和通用配基。

① 特殊配基。亲和层析中常用的特殊配基列于表 3-9。

表 3-9　亲和层析中常用的特殊配基

被亲和物	配　　基
酶	底物的类似物,抑制剂,辅因子
抗体	抗原,病毒,细胞
外源性凝集素	多糖,糖蛋白,细胞表面受体,细胞
核酸	互补的碱基顺序,组蛋白,核酸聚合酶
激素,维生素	受体
细胞	细胞表面特异性蛋白,外源性凝集素

一般来说,某一抗原的抗体、某一激素的受体、某一酶的专一抑制剂均属特殊配基。以此类配基构成的亲和层析介质的选择特异性最高,分离效果亦最好。缺点是此种配基多系不稳定的生物活性物质,在偶联时活性损失大,价格昂贵,成本较高。

② 通用配基。通用配基亲和层析介质类型及应用范围列于表 3-10。

表 3-10 通用配基亲和层析介质类型及应用范围

配基类型	应用范围
蛋白质 A-Sepharose Cl-4B	IgG 及有关的分子的 Fc 部位末端
ConA-Sepharose	α-D-呋喃葡萄糖、α-D-呋喃甘露糖
小扁豆外源性凝集素	与上相仿,但对单糖亲和力低
小麦芽外源性凝集素	N-乙酰基-D-葡糖胺
poly(A)-Sepharose 4B	核酸及含有 poly(U)顺序结合蛋白,RNA-特异性蛋白,寡核苷酸
Lysine-Sepharose 4B	以 NAD^+ 作为辅酶的酶类、依赖 ATP 的激酶
$2',5'$-ADP-Sepharose 4B	以 $NADP^+$ 作为辅酶的酶类

(4) 亲和层析的应用

① 采用免疫亲和层析可以进行抗体抗原的分离纯化,如利用免疫亲和层析纯化牛血红细胞 Cu/Zn-SOD;抗原、抗体间亲和力一般比较强,所以洗脱时是比较困难的,通常需要较强烈的洗脱条件。可以采取适当的方法,如改变抗原、抗体种类或使用类似物等来降低二者的亲和力,以便于洗脱。

② 利用核苷酸及其衍生物、各种维生素等辅酶或辅助因子与对应酶的关系,对多种酶进行分离纯化,如固定的各种腺嘌呤核苷酸辅酶,包括 AMP、cAMP、ADP、ATP、CoA、NAD^+、$NADP^+$ 等应用很广泛,可以用于分离各种激酶和脱氢酶。

③ 利用激素和受体蛋白之间的高亲和力分离受体蛋白,目前已经用亲和层析方法纯化出了大量的受体蛋白,如乙酰胆碱、肾上腺素、生长激素、吗啡、胰岛素等多种激素的受体。

④ 利用生物素和亲和素间的特异性亲和力分离纯化生物素和亲和素,例如,将生物素酰化的胰岛素与以亲和素为配体的琼脂糖作用,通过生物素与亲和素的亲和力,胰岛素就被固定在琼脂糖上,可以用于亲和层析分离与胰岛素有亲和力的生物大分子物质。

⑤ 利用 poly(U) 作为配体可以用于分离 mRNA 以及各种 poly(U) 结合蛋白。poly(A) 可以用于分离各种 RNA、RNA 聚合酶以及其他 poly(A) 结合蛋白。以 DNA 作为配体可以用于分离各种 DNA 结合蛋白、DNA 聚合酶、RNA 聚合酶、核酸外切酶等多种酶类。

⑥ 利用配体与病毒、细胞表面受体的相互作用,亲和层析也可以用于病毒和细胞的分离。利用凝集素、抗原、抗体等作为配体都可以用于细胞的分离。例如,各种凝集素可以用于分离红细胞以及各种淋巴细胞,胰岛素可以用于分离脂肪细胞等。

亲和层析技术以其高选择性和可逆性在实际应用中愈来愈显示出它的重要性。

 思考与习题

(1) 说明发酵工程典型的工艺流程。

（2）影响种子质量的主要因素有哪些？如何控制种子质量？种子扩大培养阶段种子罐的级数如何确定？

（3）简述配制工业发酵培养基的一般要求。

（4）叙述生产过程中杂菌污染的途径及防治方法。

（5）发酵水平取决于哪些因素？发酵工艺控制的目的是什么？

（6）发酵产品生产中控制的参数有哪些？尾气分析包括哪些内容？排气中二氧化碳控制的意义是什么？

（7）试根据对数残留定律，如何确定培养基的灭菌时间？工业生产中采用高温灭菌的依据是什么？

（8）比较分批灭菌与连续灭菌的优缺点。

（9）下游加工的一般工艺过程是怎样的？

（10）下游加工中常用的分离纯化方法有哪些？

第四单元 酶 工 程

酶是具有生物催化功能的生物大分子。动物、植物、微生物体内存在着各种各样的酶,酶与其他催化剂不同,在生物体内十分温和条件下高效率地起催化作用,使体内各种物质维持正常的新陈代谢。因此,酶在生物体内的生命活动占有极其重要的地位,没有酶的催化作用就没有生物体的生命活动。

人们对酶的利用历史久远,酶被人们有意无意地广泛应用于酿造、食品、医药、农业等领域。这些行业使用酶制剂后,大大改造和革新了生产工艺流程并降低成本,获得很大的经济效益。如,食品工业利用酶制剂生产酒、醋、酱等食品;纺织工业利用淀粉酶脱浆;皮革工业利用蛋白酶脱毛;农业上利用霉菌淀粉酶、纤维素酶作饲料加工;酶在医药行业的应用也很广,可直接制成各种药物,如消炎药、消化药等。

虽然现在世界上已发现和鉴定的酶有很多种,但由于分离和提纯酶的技术比较复杂,酶的性质又容易受环境因素的影响,因此造成酶制剂成本较高,价格贵,不利于酶的广泛应用。为了解决这个问题,人们把研究方向放在了对酶的加工与改造上,形成了一门新的学科——酶工程。

酶工程是研究酶的生产和应用的一门技术性学科,主要内容包括酶制剂的制备、酶的固定化、酶分子修饰与改造、酶反应器和酶的应用等。

近年来,随着与酶工程相关的诸多基础理论和技术以及实验手段的发展,酶工程逐步发展成为主动的、高效的高技术领域,并成为与基因工程、细胞工程和微生物工程并驾齐驱的现代生物技术的重要组成部分。

第一节 酶的性质和活力测定

一、酶的催化特性

1. 酶的催化作用效率高

酶催化反应速度比非催化反应高 $10^8 \sim 10^{20}$ 倍,比其他催化反应高 $10^7 \sim 10^{13}$ 倍。酶催化的转化数(每个酶分子每分钟催化底物转化的分子数)一般约为 10^3 min^{-1}。如,β-半乳糖苷酶的转化数为 12.5×10^3 min^{-1},碳酸酐酶的转化数最高达 3.6×10^7 min^{-1}。

2. 酶的催化作用具有高度的专一性

一种酶只能作用于某一类或某一特定的物质,即酶催化作用的专一性。酶作用的专一性是酶重要特性之一,是酶与其他非酶催化剂最主要的不同之处。细胞中有秩序的物质代谢规律,是依靠酶的专一性来实现的。

3. 酶催化作用的条件温和

所有动物、植物和微生物细胞,只有在一个狭窄的温度范围内才能很好地存活和行使生物功能。酶源于活细胞，一方面由于酶催化作用所需的活化能较低；而另一方面在高温高压和极端 pH 条件下，大多数酶会变性失活而失去其催化功能，因此只能在温和的压力、温度和 pH 接近中性条件下进行反应。

二、酶活力测定

在酶的研究、生产和应用过程中需要进行酶的活力测定，以确定酶量的多少及变化情况。

酶活力也称酶活性，是指酶催化一定化学反应的能力。酶活力的大小可用在一定的条件下，它所催化的某一化学反应的速度来表示，因此，测定酶活力就是测定酶促反应的速度。酶促反应速度可用单位时间内，单位体积中底物的减少量或产物的增加量来表示。

（一）酶活力单位

1961 年国际酶学会议规定：1 个酶活力单位，是指在特定的条件下（温度 25℃，pH、底物浓度等条件均采用最适条件），每分钟转化 1 微摩尔底物的酶量。这个单位称为国际单位（IU）。

国际上另一个常用的酶活力单位是卡特（Kat），在特定条件下，每秒钟催化 1 摩尔底物转化为产物的酶量定义为 1 卡特（Kat）。上面两个单位之间可以相互换算。

目前，由于国际单位的使用不如人们普遍采用的习惯用法方便，因此，实际使用的酶活力单位多种多样。例如，淀粉酶可用每小时催化 1 g 可溶性淀粉液化所需要的酶量来表示，也可用每小时催化 1 mL 2% 的可溶性淀粉液化所需要的酶量来表示。所以，在酶的研究和应用过程中，务必注意酶活力单位的定义。

为了比较酶制剂的纯度和活力的高低，常常采用比活力这个概念，可以用来比较每单位质量蛋白的催化能力，是酶纯度的一个指标。比活力是指在特定条件下，单位质量的蛋白质所具有的酶活力单位数。即

$$酶比活力 = \frac{酶活力（单位）}{mg\ 蛋白}$$

酶的转化数（K_p），是指每个酶分子每分钟催化底物转化的分子数，即每摩尔酶分子催化底物转化为产物的摩尔数，是酶催化效率的一个指标。通常用每微摩尔酶的酶活力单位数来表示，单位为 min^{-1}。

$$K_p = \frac{酶活力单位数（IU）}{酶微摩尔数（\mu mol）}$$

转化数的倒数称为酶的催化周期（T），催化周期是指酶进行一次催化所需的时间。

（二）酶活力的测定方法

酶最重要的特征是具有催化一定化学反应的能力，在酶作用下的化学反应进行的速度，就代表了酶的活力。酶活力测定的方法多种多样，主要分为终止反应法和连续反应法。

1. 终止反应法测定酶活力

终止反应法是在恒温反应系统中进行酶促反应，间隔一定的时间，分几次取出一定容

积的反应液,使酶即刻停止作用,然后分析产物的生成量或底物的消耗量。

终止酶反应的方法很多,常用的有:

(1) 反应时间一到,立即取出适量反应液,置于沸水浴中,加热使酶失活。

(2) 加入适宜的酶变性剂,如三氯醋酸等,使酶变性失活。

(3) 加入酸或碱溶液,使反应液的 pH 迅速远离催化反应的最适 pH,使反应终止。

(4) 将取出的反应液立即置于低温冰箱、冰粒堆或冰盐溶液中,使反应液的温度迅速降低至 10℃ 以下终止反应。

在实际使用中,要根据酶的特性、反应底物和产物的性质以及酶活力测定的方法等加以选择。

测定反应液中底物的减少或产物的生成量,可以采用化学检测、光学检测、气体检测、生化检测技术等。例如,用化学滴定法测定糖化酶水解淀粉生成葡萄糖的量;用分光光度法测定碱性磷酸酶水解硝基酚磷酸生成的对硝基酚的量;用华勃氏呼吸仪测定谷氨酸脱羧酶裂解谷氨酸生成的二氧化碳的量等。一种酶有多种测定方法,要根据实际情况选用。

2. 连续反应法

连续法测定酶活力,不需要取样终止反应,而是基于反应过程中光谱吸收、气体体积、酸碱度、黏度等的变化用仪器跟踪监测反应进行的过程,记录结果,算出酶活性。连续法使用方便,一个样品可多次测定,有利于动力学的研究。常见的方法有光谱的吸收、电化学法、量气法、量热法等等。

常用光谱吸收法主要指分光光度法和荧光法。分光光度法是利用反应物和产物在紫外和可见光部分光吸收不同,选择一适当的浓度,连续测定读出反应过程的光吸收变化。该法适用于一些反应速度较快的酶,很多氧化还原的酶都可以利用此法测定其活力,如脱氢酶以 NAD^+ 或 $NADP^+$ 为辅酶,反应中形成 NADH 或 NADPH 在 340 nm 处有吸收。荧光法是具有荧光性的化合物吸收了某一波长的光后射出更长波长的光,只要酶反应的底物或产物之一具有荧光,测定荧光的变化就可表示出酶反应的速度。如 NAD(P)H 在 340 nm 处吸收光后发射出 460 nm 的光。因此,需要这两个辅因子的任何的酶反应都可以用荧光法测定。

(三) 固定化酶的活力测定

与水不溶性载体结合、在一定的空间范围内起催化作用的酶称为固定化酶。固定化酶由于有载体的保护,其性质与游离酶有所不同,故其活力测定方法亦有些区别。

固定化酶常用的活力测定方法有如下几种。

1. 振荡测定法

称取一定质量的固定化酶,放进一定形状一定大小的容器中,加入一定量的底物溶液,在特定的条件下,一边振荡或搅拌,一边进行催化反应,经过一定时间,取出一定量的反应液测定酶活力。

固定化酶反应液的测定方法与游离酶反应液的测定方法完全相同。但在固定化酶反应时,振荡或搅拌的方式和速度对酶反应速度有很大影响。在振荡或搅拌速度不高时,反应速度随振荡或搅拌速度的增加而升高,在达到一定速度后,反应速度不再升高。若振荡或搅拌速度过高,则可能破坏固定化酶的结构,缩短固定化酶的使用寿命。所以,在测定固定化酶的活力时,要在一定的振荡或搅拌速度下进行,速度的变化对反应速度有明显的影响。此外,底物浓度、pH、反应温度、激活剂浓度、抑制剂浓度、反应时间等条件可以与游离酶活力测定时的条件相同,也可以根据固定化酶的特性不同而选择适宜的条件,最好在固定化酶应用的工艺条件下进行活力测定。

2. 酶柱测定法

将一定量的固定化酶装进具有恒温装置的反应柱中,在适宜的条件下让底物溶液以一定的流速流过酶柱,收集流出的反应液。测定反应液中底物的消耗量或产物的生成量,再计算酶活力,测定方法与游离酶反应液的测定方法相同。底物溶液流经酶柱的速度对反应速度有很大的影响。在不同的流速条件下,反应速度不同。在适宜的流速条件下,反应速度达到最大,而且,测定固定化酶的活力要在恒定的流速条件下进行。此外,反应柱的形状和径高比都对反应速度有明显的影响,必须固定不变。底物浓度、pH、反应温度、激活剂和抑制剂浓度、离子强度等条件可以与游离酶活力测定的条件相同,也可以选用固定化酶反应的最适条件,最好与实际应用时的工艺条件相同。

3. 连续测定法

利用连续分光光度法等测定方法可以对固定化酶反应液进行连续测定,从而测定固定化酶的酶活力。测定时,可将振荡反应器中的反应液连续引到连续测定仪(如双束紫外分光光度计等)的流动比色杯中进行连续分光测定,或者让固定化酶柱流出的反应液连续流经流动比色杯进行连续分光测定。固定化酶活力的连续测定,可以及时并准确地知道某一时刻的酶活力变化情况,对利用固定化酶进行连续生产和启动控制有重大意义。

4. 固定化酶的比活力测定

游离酶的比活力可以用每毫克酶蛋白或所具有的酶活力单位数表示。在固定化酶中,一般采用每克(g)干固定化酶所具有的酶活力单位数表示。在测定固定化酶的比活力时,可先用湿固定化酶测定其酶活力,再在一定的条件下干燥,称取固定化酶的干重,然后计算出固定化酶的比活力。也可以称取一定量的干固定化酶,让它在一定条件下充分溶胀后,进行酶活力测定,再计算出固定化酶的比活力。

对于酶膜、酶管、酶板等固定化酶,其比活力则可以用单位面积的酶活力单位表示,即

$$比活力 = \frac{酶活力单位}{S/cm^2}$$

5. 酶结合效率与酶活力回收率的测定

酶在进行固定化时,并非所有的酶都成为固定化酶,总是有一部分酶没有与载体结合在一起,所以需要测定酶结合效率或酶活力回收率,以确定固定化的效果。

酶结合效率又称为酶的固定化率,是指酶与载体结合的百分率。酶结合效率的计算一般由用于固定化的总酶活力减去未结合的酶活力所得到的差值,再除以用于固定化的总酶活力而得到。

$$酶结合效率 = \frac{加入的总酶活力 - 未结合的酶活力}{加入的总酶活力} \times 100\%$$

未结合的酶活力,包括酶固定化后滤出固定化酶后的滤液以及洗涤固定化酶的洗涤

液中所含的酶活力的总和。

酶活力回收率是指固定化酶的总活力与用于固定化的总酶活力的百分率,即

$$酶活力回收率 = \frac{固定化酶的总活力}{固定化的总酶活力} \times 100\%$$

当固定化方法对酶没有明显影响时,酶结合效率与酶活力回收率的数值相近。然而,固定化载体和固定化方法往往对酶活力有一定的影响,两者的数值往往有较大的差别。所以,通常都通过测定酶结合效率来表示固定化的效果。

6. 相对酶活力的测定

具有相同酶蛋白量的固定化酶活力与游离酶活力的比值称为相对酶活力。相对酶活力与载体结构、固定化酶颗粒大小、底物相对分子质量的大小以及酶结合效率等有密切的关系。相对酶活力的高低表明了固定化酶应用价值的大小,相对酶活力太低的固定化酶一般没有应用价值。在固定化酶的研制过程中,应从固定化载体、固定化技术方面进行研究和改进,以尽量提高固定化酶的相对酶活力。

第二节　酶的生产和制备

一、酶的生产

所有的生物体在一定条件下都能产生多种多样的酶,因此,酶源是十分丰富的。传统上,商业用酶多从动物、植物组织中提取。从动物组织中可提取胰蛋白酶、超氧化物歧化酶、脂肪酶等;从植物中提取蛋白酶、淀粉酶、脂氧化酶等。因动植物的生长周期长,材料受到限制,不利于大规模制取酶,同时也涉及技术、经济、环保及伦理等问题,因此,人们越来越多地求助于微生物,以微生物作为酶生产的主要来源。这是因为,微生物种类多,酶源蕴藏丰富,而且微生物在人工控制条件下,比较适合大规模工业化生产。

酶发酵生产的前提之一,是要选育得到性能优良的产酶菌株,这就涉及上游技术方面的问题。要根据生物化学和遗传学等方面的知识进行菌种选育,获得高产、性能优良、符合工厂生产的生产菌株。

优良的产酶菌种应具备如下特性:

(1) 酶的产量高。同时希望产酶微生物生长繁殖快,这样有利于缩短生产周期;营养要求低,最好能利用廉价的农副产品作为营养物。

(2) 产酶性能稳定。菌种不易发生变异或退化,能保持稳产、高产,易遭受噬菌体侵袭的菌种也不宜采用。

(3) 产生的酶便于分离和提纯,收得率高。

(4) 产酶微生物不是致病菌且不产毒素,以确保酶的生产与应用的安全性。

有了高产的生产菌株,要想在生产中获得高产量,还要为生产菌株提供充分发挥其生产性能的培养条件,包括适宜培养基的组成,合适的培养温度、pH,稳定的比生长速率,适宜的溶解氧以及营养物的合理流加等。

二、酶的提取分离方法

酶的提取分离一般包括三个基本步骤,即提取、纯化、结晶或制剂。首先要将所需的

酶从原料中引入溶液,再将此酶从溶液中选择性地分离出来,去除杂蛋白,进行纯化,再精制。

大多数酶是蛋白质,所以用于提取和分离纯化蛋白质的方法都适用于蛋白类酶,各种预防变性措施也同样适用于酶。但其本身还具有不同一般蛋白质的特点:一是特定的酶在细胞中含量是很少的;二是酶可以通过测定活力的方法加以跟踪。前者给纯化带来困难,而后者则能有助于我们分析和决定提取纯化工艺的步骤。

酶的提取分离首先需要建立一个适当的测酶活性方法。测酶活性方法的高灵敏性、准确性在分离纯化的初始阶段尤为重要。如果方法不灵敏,很可能连酶是否存在,在哪一部分存在都不知道。测定酶活力的方法是否经济也很重要。如果酶活性测定的试剂昂贵,且难以得到,所需仪器的价格高,那么,除非实验室有足够的实力,否则,酶活性测定无法展开,纯化工作也变得非常盲目。酶活力的测定方法越简单,纯化过程中所需等待的时间就越短,就越能减少酶自然失活给纯化带来的不利影响。可以说,一个好的酶活性测定方法的建立,就是整个纯化工作成功的一半。

(一)酶的提取

酶的提取是指在一定的条件下,用适当的溶剂处理含酶材料,使酶充分溶解到溶剂的过程,也称为酶的抽提。

对于细胞外酶只要用水或缓冲液浸泡,滤去不溶物,就可以得到粗提取液。对于细胞内酶,则必须设法使细胞破裂再抽提。细胞破坏方法很多,可以分为机械破碎法、物理破碎法、化学破碎法和酶降解法等。在实际使用中应当根据细胞的特性、酶的特性等具体情况选用适宜的细胞破碎方法,有时也可将两种或两种以上的方法联合使用以达到良好的细胞破碎的效果。

酶的提取方法主要有盐溶液提取,稀酸、稀碱液提取和有机溶剂提取。提取液 pH 值一般以 4~6 为好,为了达到好的提取效果,选择的 pH 应该在酶的 pH 稳定范围内,同时,提取的 pH 最好远离等电点,即酸性酶蛋白用碱性溶液提取,碱性酶蛋白用酸性溶液提取。大多数蛋白类酶都溶于水,而且在低浓度盐存在的条件下,酶的溶解度随盐的浓度增加而增加,即盐溶现象。所以,一般采用稀盐溶液进行酶的提取。盐的浓度一般控制在 0.02~0.5 mol/L,最常用的有:0.02~0.05 mol/L 磷酸缓冲液,0.5 mol/L 焦磷酸钠缓冲液和柠檬酸钠缓冲液。提取温度一般控制在 0~4℃,有些酶对温度的耐受性较高,可在室温或更高的一些温度条件下提取。提取液用量一般为原材料体积的 3~5 倍,最好分几次提取。在提取过程中为了提高酶的稳定性,避免引起酶的变性失活,可适当加入某些保护剂。如为防止蛋白酶对酶蛋白的降解,可加入蛋白酶抑制剂 PMSF、DIFP;为防止氧化作用,可加入抗氧化剂 DTT、巯基乙醇等。

(二)酶的纯化

提取液中除了含有所需要的酶以外,还含有许多其他小分子和大分子物质。小分子物质在纯化过程中会自然地除去,大分子物质包括多糖、核酸和杂蛋白等往往会干扰纯化,因此纯化的主要工作就是要将酶从杂蛋白中分离出来。

酶的分离纯化方法要根据酶的分子大小、形状、电荷性质、溶解度、专一结合位点等性质所建立,要得到纯酶往往需要将各种方法联合使用。

1. 用溶解度的差异分离纯化

利用不同的盐浓度下的盐析,不同有机溶剂下的沉淀,分相的混合溶剂两相分配系数的差异,不同 pH 下溶解度的大小不一等的特点,达到分离纯化的目的。

(1) 盐析。大多数蛋白类酶在低浓度盐的条件下,酶的溶解度随盐浓度的升高而增加,这称为盐溶现象。而在盐浓度达到某一界限后,酶的溶解度随浓度升高而降低,这称为盐析现象。盐析的基本原理是:当一定浓度的盐加到蛋白质溶液后,一方面与蛋白质争夺水分,破坏蛋白质颗粒表面的水化层;另一方面,由于某些盐的离子浓度相对地比较高,可以大量中和蛋白质颗粒上的电荷,这样就使蛋白质成了既不含水化层又不带电荷的不稳定颗粒而容易沉淀。

常用的盐析剂是 $(NH_4)_2SO_4$,它具有盐析能力强、溶解度较高、温度系数较低、价格低廉和不产生副作用等特点。此外,还可以用 Na_2SO_4、$NaCl$ 作盐析剂,由于它们不含氮,所以制得的蛋白质可直接用定氮法进行含量测定。

由于各种蛋白质所带电荷不同,相对分子质量不同,在高浓度的盐溶液中溶解度不同。因此,一个含有几种蛋白质的混合物,就可用不同饱和浓度[①]的 $(NH_4)_2SO_4$ 来使各种蛋白质先后分别沉淀下来,达到分离纯化的目的,这种方法称为分级沉淀。如兔肝超氧化物酶(SOD)分离时,在粗抽提液中加入固体 $(NH_4)_2SO_4$ 粉末至 40% 饱和度,将部分杂蛋白沉淀离心去除,在上清液中继续加固体 $(NH_4)_2SO_4$ 粉末至 75% 饱和度,将 SOD 沉淀下来,离心得到沉淀,即为第一步纯化的 SOD。

一种最有用的 $(NH_4)_2SO_4$ 分级改进法即反抽提法。以 *E. Coli* RNA 聚合酶的 $(NH_4)_2SO_4$ 分级沉淀为例:此酶在 42%～50% $(NH_4)_2SO_4$ 饱和度时沉淀,用通常的分级沉淀方法是加 $(NH_4)_2SO_4$ 至 33% 饱和度,弃去沉淀,在上清液中继续加入 $(NH_4)_2SO_4$ 至 50% 饱和度,离心取沉淀,将沉淀溶解于含有适当离子强度的缓冲液中。而反抽提法则是将该沉淀再悬浮于 42% 饱和度的 $(NH_4)_2SO_4$ 溶液,这时沉淀中原来带来的某些杂蛋白又溶解时,而 RNA 聚合酶仍留在沉淀中,因而得到分离。反抽提法的原理就是将包括要分离的酶在内的许多蛋白质一起先沉淀下来,然后选择适当的递减浓度的 $(NH_4)_2SO_4$ 溶液来抽提沉淀物。这种方法的优点在于蛋白质从溶液中沉淀出来十分容易,是非特异性,但沉淀在溶液中溶解却有相当高的特异性。

$(NH_4)_2SO_4$ 反抽提法在提取易失活的酶时更有其优越性。例如,与 Cu, Zu-SOD 相比,肝脏 Mn-SOD 很不稳定,容易失活。采用一般 $(NH_4)_2SO_4$ 分级沉淀法纯化时,得率较低。若用反抽提法,将肝脏组织在 85% 饱和度的 $(NH_4)_2SO_4$ 溶液中匀浆破碎,离心得到沉淀,再用 65% 的饱和度 $(NH_4)_2SO_4$ 溶液洗涤,弃去上清液,再以 35% 饱和度 $(NH_4)_2SO_4$ 溶液抽提。Mn-SOD 得率较高。

$(NH_4)_2SO_4$ 分级沉淀通常可去除抽提液中 75% 的杂蛋白,并可大大浓缩酶液。

(2) 有机溶液沉淀法。在纯化酶的过程中,也常用有机溶液沉淀法。在溶液中加入

---

① $(NH_4)_2SO_4$ 的饱和度是指饱和硫酸铵溶液的体积占混合后溶液总体积的分数。例如,1 体积饱和硫酸铵溶液加入 1 体积含蛋白质的溶液中时,饱和度为 50%;1 体积饱和硫酸铵溶液加入 3 体积蛋白质溶液中时,则饱和度为 25%。

与水互溶的有机溶剂,可显著降低溶液的介电常数,从而使酶分子相互之间的静电作用加强而发生沉淀。常用的溶剂有乙醇、丙酮、甲醇等。用有机溶剂沉淀酶时,最重要的是严格控制温度在 0℃ 下进行。所用溶剂的质量分数应根据酶的性质而定。常用的质量分数(指最后质量分数)一般在 30%～60%。溶剂质量分数高,易使酶失活,应少量多次加入,加入时速度要慢,以免产生大量的热而使酶变性失活。

(3) 等电解沉淀。酶在等电点时,溶解度最小。将溶液 pH 调到酶的等电点,可使酶沉淀析出。虽然酶在等电点时溶解度最小,但仍有一定的溶解度,沉淀不完全,因此很少单独使用等电点沉淀法进行酶的纯化,多数情况是在纯化的前面步骤中用来除去大量杂蛋白,使酶液澄清。调节 pH 一般可用醋酸钠、氨水或缓冲液。对某一特定酶而言,pH 变化范围不宜过大,以免酶失活。

(4) 选择性热变性。利用温度的变化来改变酶溶解度,这一方法有不可比拟的优点。如在纯化 Cu, Zn-SOD 时,将溶液在 70℃ 加热 10 min,很多杂蛋白变性被除去,Cu, Zn-SOD仍稳定存在溶液中。

(5) 结晶法。结晶是分离纯化酶等生化产品的一种有效手段。结晶法是使酶溶液处于过饱和状态,静置后逐渐产生晶核,晶核长大,出现结晶。要形成过饱和状态,调节 pH 接近等电点或加入有机溶液,可促使晶体生成。

2. 利用分子形状、大小的差异进行分离纯化

(1) 凝胶层析法。凝胶是一种具有多孔网状结构的分子筛。当样品溶液通过凝胶柱时,相对分子质量较大的物质由于直径大于凝胶网孔而只能沿着颗粒间的孔隙,随着溶剂流动,因此流程较短,向前移动速度快,首先流出层析柱;反之,相对分子质量较小的物质由于直径小于凝胶网孔,可自由进出凝胶颗粒的网孔,在向下移动过程中,它们从凝胶内扩散到胶粒孔隙后再进入另一凝胶颗粒,如此不断地进入与逸出,使流程增长,移动速度慢而最后流出层析柱。中等大小的分子,它们也能在凝胶颗粒内外分布,部分颗粒从而在大分子和小分子物质之间被洗脱,这样,经过层析柱,使混合物中的各物质按其分子大小不同而被分离。常用的凝胶层析介质有 Sephadex-G 系列、Bio-Gel-AP 系列、Sepharose 等。

(2) 透析和超滤。透析法是利用小分子物质在溶液中能通过薄膜,而蛋白质、酶等大小分子不能通过薄膜的性质而达到不同大小分子分离的一种方法。透析法不仅用以除去小分子,也可以添加小分子。如对蒸馏水透析,能除去小分子,但根据需要,也可对生理盐水或缓冲液透析,得到以生理盐水或缓冲液为介质的生物大分子溶液。

透析通常不作为纯化酶的一种单元操作,但它在纯化过程中极为常用,通过透析可除去酶液中的盐类、有机溶剂、低相对分子质量抑制剂等。

超滤是在一定压力(正压或负压)下将料液强制通过一固定孔径的膜,以达到分离纯化的目的。超滤法在提纯酶时,可直接用于纯化过程,又可用于纯化过程之间(如酶液的浓缩等)。在纯化枯草杆菌 SOD 时,菌体经裂解后用孔径为 0.8 和 0.22 μm 的微滤膜进行微滤,最后分别用截留为 1 万和 10 万的超滤膜进行截留,就可得到 SOD 粗抽提液。

3. 利用电荷性质的差异分离纯化

(1) 离子交换法。离子交换法是利用离子交换剂上的可解离基因(活性基因)对各种离子的亲和力不同而达到分离的目的。按活性基因的性质不同,离子交换剂可以分为阳离子交换剂和阴离子交换剂。由于酶分子具有两性性质,可用阳离子交换剂,也可用阴离子交换剂进行分离。在溶液的 pH 小于酶的等电点时,酶分子带正电,则用阳离子交换剂进行分离;在溶液的 pH 大于酶的等电点时,酶分子带负电,则用阴离子交换剂进行分离。

(2)电泳。带电粒子在电场中向着与其本身所带电荷相反的电极移动的过程称为电泳。在电场作用下,带电分子由于电荷性质和电荷多少的不同,向两极泳动的方向和速度也不相同,在一定的离子强度和 pH 的缓冲液中,所带的电荷情况也不相同的,而且各种酶蛋白分子的大小也不相同,因此,不同的酶蛋白在相同的电场作用下,由于所带电荷及分子大小不同,电泳速度也不相同,可用电泳方法将其分离。

在电泳中,加入两性电解质载体,当接通直流电时,两性电解质载体即形成一个由阳极到阴极连续增高的 pH 梯度。当酶或其他两性电解质进入这个体系时,不同的两性电解质即移动到(聚焦于)与其等电点相当的 pH 位置上,从而使不同等电点的物质得以分离,这种电泳技术即为等电点聚焦电泳。

(3)层析聚焦法。层析聚焦是将酶等两性物质的等电点特性与离子交换层析的特性结合在一起,实现物质分离的技术。层析聚焦法分离蛋白质分子的过程与等电聚焦电泳极其相似,区别仅在于其连续稳定的 pH 梯度是在固相的离子交换载体上形成的。一般以孔径 $1\sim10~\mu m$,表面含有较强缓冲能力的离子基团(如聚乙烯酰亚胺)的二氧化硅作层析介质。当两性电解质组成的多元缓冲液流过时,能形成 pH 梯度。进行蛋白质分离时,先使柱子内的载体(称多元缓冲交换剂)处于较高的 pH 环境中,加入样品后,用 pH 低于被分离等电点的多元缓冲液展层洗脱。刚开始时,因环境 pH 高于蛋白质的等电点,蛋白质带负电而被载体吸附,随着环境 pH 逐渐降低至等电点以下,开始产生解吸现象,并被洗脱液洗脱下移。不断推进的结果,在柱内形成 pH 梯度。此时蛋白质区带的最前沿恰好被吸附阻滞在稍高于等电点的 pH 阶梯上,其尾部仍带正电荷,处于解吸状态。随着洗脱液的前移,大部分分子在其等电点附近凝聚,这些聚焦带随着多元缓冲液的流入被反复解吸洗脱,最后在 pH 等于其等电点时被洗脱出层析柱,洗脱液中的多元缓冲液成分可用 Sephadex G -25 等方法除去。

4. 其他分离纯化方法

(1)吸附分离。在纯化酶的过程中,吸附分离法也是常用的方法之一。常用的吸附剂有白岭土、氧化铝和磷酸钙凝胶,在弱酸或中性以及低盐浓度时,吸附力较高。近年来多用羟基磷灰石吸附剂。羟基磷灰石含有能与蛋白质分子正电荷基团起吸附作用的磷酸基团,又有吸附负电荷基团的 Ca^{2+}。一般各种蛋白质所带的正电荷的数量和强弱不同,因而与羟基磷灰石的吸附作用各有强弱,故可将各种成分一一洗脱。常用的洗脱液有柠檬酸盐、NaCl、KCl 等。

(2)亲和层析。亲和层析是利用生物分子与配基之间所具有的专一而又可逆的亲和力,使生物大分子分离纯化的技术。酶与底物、酶与竞争性抑制剂、酶与辅助因子、抗原与抗体、酶 RNA 与互补的 RNA 分子或片段、RNA 与互补的 DNA 分子或片段之间,都是具有专一而又可逆亲和力的生物分子对,因此,亲和层析在这些生物大分子的分离纯化中有重要作用。

在成对互配的分子中,可把任何一方作为固定相,而样品溶液中的另一方分子进行亲和层析。例如,酶分子与其辅助因子是一种分子对,既可把辅助因子制成固定相,对溶液中的酶分子进行亲和层析分离;也可把酶分子作为固定相,对溶液中存在的辅助因子进行分离纯化。亲和层析剂制备好后,装进层析柱,当酶液流经亲和层析剂时,酶分子与其配基分子结合留在柱内,而其他杂质不与配基结合,可洗涤流出。然后用适当的洗脱液,使酶解吸出来。

由于生物大分子和配基之间的结合是专一性的,故选择性非常好。亲和层析技术的特点是可减少提纯步骤。不过,亲和层析的选择性虽然很高,可通过一次纯化分离步骤得到纯度很高的产品,但是亲和层析介质价格昂贵,处理量不大,大规模应用较少。

第三节 酶细胞和原生质体的固定化

近十几年来,随着酶工程的发展,酶制剂在工业中的应用不断扩大,但酶制剂在应用中也存在一些缺陷。

（1）稳定性差。绝大多数酶是蛋白类酶,蛋白质高级结构对所处的环境十分敏感。各种因素如化学因素（氧化、还原、有机溶剂、金属离子、离子强度、pH）,物理因素（温度、压力、电磁场）和生物因素（酶修饰和酶降解）等均有可能丧失生物活性;即使在酶反应的最适条件下,酶也会逐渐失活,随着反应时间的延长,其催化速度会逐渐地下降。

（2）分离纯化困难。自然状态下的酶常常混有杂蛋白及有色物质,给酶的分离提纯造成困难,并影响酶产品的最终质量,进而限制了酶促反应的广泛应用。

（3）回收困难。自然酶混溶在反应体系中,不易分离回收,难以反复或连续使用。生产上只能采用分批法等工艺,而酶的制取成本一般又比较高。这就加大了酶的使用成本,影响了酶的广泛应用。

以上这些问题限制了酶制剂产品的开发和应用,人们针对酶制剂的不足寻求其改善方法,其办法之一就是固定化技术的应用。

一、固定化酶的制备与特性

固定化酶这一名称是在 1971 年第一届国际酶工程会议提议并确定的。固定化酶是指被局限在某一特定区域上,并且保留了它们的催化活力,可以反复、连续使用的酶。固定化酶在分类上属于修饰酶,而非天然酶。

（一）固定化酶的制备方法

采用各种方法,将酶与水不溶性载体结合,制备固定化酶的过程称为酶的固定化。固定化所采用的酶,可以是经分离提取后得到的有一定纯度的酶,也可以是结合在菌体（死细胞）或细胞碎片上的酶或酶系。

将酶和含酶菌体或菌体碎片固定化的方法很多,主要有吸附法、包埋法、微胶囊法、共价结合法。

1. 吸附法

获得固定化酶最简便的方法就是将酶吸附到支持物中。利用各种固体吸附剂将酶或含酶菌体吸附在其表面上,而使酶固定化的方法称为物理吸附法。常用的固体吸附剂有:

活性炭、氧化铝、硅藻土、多孔陶瓷、多孔玻璃、硅胶、羟基磷灰石等。

该法仅需将酶通过非共价键吸附到支持物中,不需要任何改变支持物功能基团的预活化步骤。在酶和支持物之间相互作用取决于酶、载体材料表面的化学特性,它们的吸附作用力包括离子间的相互作用、疏水作用和氢键。酶和支持物的吸附十分简单,只需将酶的水溶液和支持物混合在一起,一段时间之后再用水洗去多余的未吸附的酶即可。但该过程需要严格控制 pH 和离子强度,因为它们会改变酶的载体材料的电荷情况,从而影响两者的吸附结合。pH 的轻微改变即会消除两者的离子作用并使得酶从支持物上脱离。

吸附法固定化酶技术,操作简单,条件温和,不会引起酶变性失活,载体廉价易得,而且可以反复使用。但由于靠物理吸附作用,结合力弱,酶和载体结合不牢固而容易脱落,使用受到一定的限制。

2. 包埋法和微胶囊法

(1) 包埋法。包埋法是应用最广泛的固定化方法,它是将酶或含酶菌体包埋在各种多孔载体中。被包埋的酶分子是自由的,但同时又被固定在多孔载体的网络结构之中,这种网络结构在确保酶不出现泄露现象的同时,又使得酶和底物具有一定的自由度。

通过将酶和聚合物混合,然后将聚合物交联形成网络结构能够将酶分子阻留在网格内,从而完成酶的包埋固定化。同样,也可以将酶和化学单体物质混合,然后进行聚合物化交联形成聚合网络并将酶分子阻留在网络孔隙之间。两种方法中,人们多用后一种方法。

最常用的包埋法是聚丙烯酰胺凝胶包埋法。此法是将含有游离酶的水溶液与丙烯酰胺溶液混合,在交联剂、引发剂的作用下,丙烯酰胺聚合成凝胶,将酶包埋入凝胶网格内,再将所得凝胶做成颗粒,低温贮藏或冷冻干燥成粉末即可。

制备聚丙烯酰胺凝胶可采用如下方法:1 mL 溶于适当缓冲液的酶溶液,加入 3 mL 含 750 mg 丙烯酰胺单体和 40 mg N,N-亚甲基双丙烯酰胺(交联剂)的溶液中,再加入 5% 的二甲氨基丙腈溶液 0.5 mL 作为加速剂,加入 1% 的过硫酸钾溶液 0.5 mL 作为引发剂,将此混合物在 23℃ 下反应 10 min,制成孔径为 1~4 nm 的含酶凝胶。

包埋法固定化酶的优点是反应条件温和,很少改变酶结构;其适用范围广,许多酶都可用此法固定;工艺简单,酶分子仅仅是被包埋起来,固定化过程中酶未参与化学反应,可以得到活力较高的固定化酶。其缺点是由于大分子物质不能通过高聚物的网络结构,对底物或产物是大分子的酶促反应不合适。

(2) 微胶囊法。微胶囊法是将酶分子包裹在不同大小的半透膜内,形成直径为 1~100 μm 的微囊。大分子蛋白质或酶不能流出胶囊或进入胶囊,但小分子底物和产物能在半透膜之间自由进入。由于半透膜允许小分子物质通过而大分子物质不能通过,所以仅适用于那些以小分子物质为底物和产物的酶的固定化,如脲酶、天冬酰胺酶、尿酸酶、过氧化氢酶等。

3. 共价结合法

共价结合法的原理是酶蛋白分子上的功能基团和载体表面上的反应基团之间形成共价键,从而将酶分子固定在支持物上。有多种氨基酸功能基团可以形成共价键,其中最常用的包括赖氨酸和精氨酸的氨基(—NH₂)、天冬氨酸和谷氨酸的羧基(—COOH)、丝氨酸和苏氨酸的羟基(—OH)、半胱氨酸的巯基(—SH)。参加共价结合的氨基酸残基应当是酶保持催化活性非必需的,否则会引起酶活力的损失,甚至使固体化以后的酶完全失活。

选择固定化的载体时,必须考虑以下几点:

(1) 载体是亲水性的,疏水载体对固定化酶会像有机溶剂一样引起酶变性。

(2) 共价结合往往是只能赋予骨架较低的结合能力(载体的骨架结合能力指单位质量的骨架能结合的酶的数量)。

(3) 载体的机械强度和稳定性往往是一项关键因素。在某些情况下,化学稳定性能够防止试剂破坏或微生物降解。而其他情况下骨架的结构稳定性和持久性可以防止使用过程中骨架的坍塌。

(4) 载体必须具备有能在温和条件下与酶结合的功能基团,才会尽可能减少固定化过程中酶活力的损失。

一般地说,载体在使用前首先要进行活化,即采用一定的方法在载体上引进某一活泼基团,然后此活泼基团再与酶分子上的某一基团发生反应,形成共价键。通常偶联反应是在温和 pH、中等离子强度和低温的缓冲液中进行的,这样可以减少酶的高级结构的破坏。在底物和抑制剂存在下进行偶联反应,可以减少连接过程中酶的失活。

共价结合法的优点是酶和载体的结合较为牢固,酶不易脱落;缺点是反应条件较为剧烈,容易使酶失活,制备过程也较为烦琐。

(二)固定化酶的性质

固定化是一种化学修饰,它对酶本身以及酶所处的环境都可能产生一定的影响,固定化酶表现出来的性质与自然酶相比就有所改变。

1. 酶的活性

在大多数情况下固定化酶的活力常低于自然酶。例如,胰蛋白酶用羧甲基纤维素作载体固定以后,对高分子酪蛋白表现出的活力只有自然酶的 30%;对低分子底物苯酰精氨酸-对硝基酰苯胺的活力可以保持 80%。用同样方法固定的葡萄糖淀粉酶,以相对分子质量为 500 000 的直链淀粉为底物,显示原酶活力的 15%~17%,而以相对分子质量为 80 000 的直链淀粉为底物时,能显示原酶活力的 77%。所以高分子底物受到立体障碍的影响显然比低分子底物更大一些。

但有些情况下,固定化也有可能不引起酶活力的下降,有时甚至还可以升高,原因可能是偶联过程中酶得到化学修饰,或者固定化过程提高了酶对抑制的稳定性。

2. 酶的稳定性

大多数酶固定化后,一般都具有较高的稳定性、较长的操作寿命和保存寿命,主要表现在:

(1) 对热的稳定性提高,可以耐受较高的温度。例如,氨基酰化酶在 70℃ 加热 15 min,其活力几乎全部丧失;但它固定于 DEAE-纤维素后,相同条件下可能保存 60% 的活力。固定于 DEAE-葡萄糖以后,可以保存 80% 活力。

(2) 对各种有机溶剂及酶抑制剂的稳定性提高。

(3) 对蛋白酶的抵抗力增强,不易被蛋白酶水解。

（4）对变性剂的耐受性提高。在尿素、有机溶剂和盐酸胍等蛋白质变性剂的作用下，仍可保留较高的酶活力。

3. 酶的最适温度

酶作用一般都有一个最适作用温度。由于固定化后，大多数酶的热稳定性提高，所以最适温度也随之提高。也有报道称最适温度不变或下降的。

4. 酶的最适 pH

酶经过固定后，其作用的最适 pH 往往会发生一些变化。影响固定化酶最适 pH 的因素主要有两个：一个是载体的带电性质；另一个是酶催化反应产物的性质。

（1）载体性质对最适 pH 的影响。载体的性质对固定化酶作用的最适 pH 有明显的影响。一般说来，用带负电荷的载体制备的固定化酶，其最适 pH 比游离酶的最适 pH 为高（即向碱性一侧移动）；用带正电荷载体制备的固定化酶的最适 pH 比游离酶的最适 pH 为低（即向酸性一侧移动）；而用不带电荷的载体制备的固定化酶，其最适 pH 一般不改变（有时也会有所改变，但不是由于载体的带电性质所引起的）。

（2）产物性质对最适 pH 的影响。酶催化作用的产物的性质对固定化酶的最适 pH 有一定的影响。一般说来，催化反应的产物为酸性时，固定化酶的最适 pH 要比游离酶的最适 pH 高一些；产物为碱性时，固定化酶的最适 pH 要比游离酶的最适 pH 低一些；产物为中性时，最适 pH 一般不改变。这是由于固定化载体成为扩散障碍，使反应产物向外扩散受到一定的限制所造成的。当反应产物为酸性时，由于扩散受到限制而积累在固定化酶所处的催化区域内，使此区域内的 pH 降低，必须提高周围反应液的 pH，才能达到酶所要求的 pH。为此，固定化酶的最适 pH 比游离酶要高一些。反之，反应产物为碱性时，由于它的积累使固定化酶催化区域的 pH 升高，因此使固定化酶的最适 pH 比游离酶的最适 pH 要低一些。

5. 底物特异性

固定化酶的底物特异性与游离酶比较可能有些不同，其变化与底物相对分子质量的大小有一定关系。对于那些作用于低分子底物的酶，固定化前后的底物特异性没有明显变化。例如，氨基酰化酶、葡萄糖氧化酶、葡萄糖异构酶等，固定化酶的底物特异性与游离酶的底物特异性相同。而对于那些可作用于大分子底物，又可作用于小分子底物的酶而言，固定化酶的底物特异性往往会发生变化。例如，胰蛋白酶既可作用于高分子的蛋白质，又可作用于低分子的二肽或多肽，固定在羧甲基纤维素上的胰蛋白酶，对二肽或多肽的作用保持不变，而对酪蛋白的作用仅约为游离酶的 3%；以羧甲基纤维素为载体经叠氮法制备的核糖核酸酶，当以核糖核酸为底物时，催化速度仅约为游离酶的 2%；而以环化鸟苷酸为底物时，催化速度可达游离酶的 50%～60%。

固定化酶底物特异性的改变，是由于载体的空间位阻作用引起的。酶固定在载体上以后，使大分子底物难于接近酶分子而使催化速度大大降低，而相对分子质量较小的底物受空间位阻作用的影响较小或不受影响，故与游离酶的作用没有显著不同。

二、细胞的固定化及性质

固定在载体上并在一定的空间范围内进行生命活动的细胞称为固定化细胞。固定化细胞能进行正常的生长、繁殖和新陈代谢。微生物细胞、植物细胞和动物细胞都可以制成固定化细胞。

（一）固定化细胞的制备

细胞固定化的方法和酶固定化的方法基本相似，常用的有以下几种。

1. 直接固定法

细胞可以在没有载体的情况下借助物理方法或化学方法将细胞直接固定化。这种固定化可以发生在细胞结构上，也可以通过细胞聚集来完成。例如，微生物细胞可以通过加热、冰冻、β 射线等物理手段进行固定化，也可以应用柠檬酸、各种絮凝剂、交联剂和变性剂等处理达到固定化。这些处理的原理包括：使菌体内起破坏作用的蛋白酶等变性，以防止目的酶被水解；使细胞结构固定，避免目的酶逸漏；使菌体聚集，堵塞酶流散，促进较大的菌体颗粒形成。这些方法制备的固定化细胞一般只能用于完成单酶或少数几种酶催化的反应。例如，白色链霉菌含有胞内葡萄糖异构酶，当细胞在 50℃ 以下保温时，细胞会发生自溶，造成酶的渗出；但如果先在 60～80℃ 加热处理 10 min，就会使发生自溶作用的酶失活，而葡萄糖异构酶却不会因为这种处理导致酶的明显失活。另一个例子是产生耐热性脂肪酶的臭味假单胞菌，细胞在含有 $(NH_4)_2SO_4$ 的培养基中培养时，脂肪酶 95% 存在于细胞内，如果将细胞放置在 pH 6.0～7.0 条件下保温，则 92% 的酶会渗出；但放在 pH 4.5～5.4 条件下 70℃ 保温，酶就可以和细胞保持结合，这种固定化的菌体可以连续用于水解三乙酯。其原理是由于酸性条件下的高温处理使酶的自溶系统失效。除了用上述物理方法、化学方法固定菌体外，也可以直接用霉菌孢子作为固定化细胞，这时孢子中的酶活力比菌丝体高 3～10 倍，而且可以长时间保存。

2. 吸附法

吸附法是利用各种吸附剂，将细胞吸附在其表面。常用的吸附剂有：硅胶、活性炭、硅藻土、多孔玻璃和纤维素等。

吸附法是制备固定化细胞的主要方法。动物细胞大多数具有附着特性，能够很好地附着在容器壁、微载体和中空纤维载体上。

吸附法制备固体化植物细胞，是将植物细胞吸附在泡沫塑料的大孔隙或裂缝之中，也可将植物细胞吸附在中空纤维素的外壁。

吸附法制备固定化生物细胞时，操作简便易行，对细胞的生长、繁殖和新陈代谢没有明显影响。例如，酵母在 pH 3～5 的条件下能够吸附在多孔陶瓷和多孔塑料等载体表面，用于酒精和啤酒的发酵生产，但吸附力较弱，吸附不牢固，细胞容易脱落，使用受到一定限制。

3. 包埋法

包埋法是细胞固定化最常用的方法，按照包埋材料可分为凝胶包埋和微胶囊包埋，即将细胞包裹于凝胶的微小格子或半透膜内。该方法操作简单，对细胞活性影响较小，制作的固定化细胞球的强度较高。

（二）固定化细胞的性质

固定化细胞按其生理状态，可以分为死细胞、活细胞。

固定化死细胞一般在固定化之前或之后细胞经过物理和化学方法处理，如加热、匀浆、干燥、冷冻、酸及表面活性剂等处理，目的在于增加细胞膜的渗透性或抑制副反应，所以比较适于单酶催化的反应。其固定化以后的性质类似于固定化酶的性质变化。

固定化静止细胞和饥饿细胞在固定化以后细胞是活的，但采用了控制手段，细胞并不生长繁殖，处于休眠或饥饿状态。

固定化生长细胞又称固定化增殖细胞，是将活细胞固定在载体上并使其在连续反应过程中保持旺盛的生长、繁殖能力。固定化生长细胞在发酵工业中最有发展前途，原因是细胞能够不断繁殖更新，所需的酶也就可以不断产生更新；而且反应酶处于天然的环境中，更加稳定；加上固定化细胞保持了原有的全部酶活性，因此固定化生长细胞更适宜于进行多酶顺序连续反应。从理论上讲只要载体不解体，不污染，就可以长期使用。

固定化细胞的性质，一方面固定化对酶产生的某些影响同样对细胞起作用。例如，固定化也可以增加细胞的稳定性，而且这种稳定性的增加（包括热稳定性及使用稳定性）可因二价离子的存在而得到进一步改善。另一方面，由于细胞内环境的相对稳定和细胞的"缓冲作用"，使得固定化对细胞内酶产生的影响在某些方面不如对游离的自然酶那样明显。例如，对 15 种固定化细胞的分析表明，就最适 pH 而言，与游离酶比较只有 5 种有小的偏移，其余 10 种不变。此外，固定化细胞内酶除受固定化因素影响之外，还受细胞结构及细胞膜透性的影响。某些固定化细胞的酶在一定条件下经保温处理，或经表面活性剂等处理后，常会出现活性升高的现象。

三、原生质体的固定化

细胞产生的许多代谢产物之所以不能分泌到细胞外，原因是多方面的，其中细胞壁对物质扩散的障碍是其原因之一。因此，若能够除去微生物细胞和植物细胞的细胞壁，就有可能增加细胞膜的透过性，从而使较多的胞内物质分泌到细胞外。

微生物细胞和植物细胞除去细胞壁后，就可获得原生质体。原生质体很不稳定，容易破裂，若将原生质体用多孔凝胶包埋起来，制成固定化原生质体，由于有载体的保护作用，就会使原生质体的稳定性提高，避免破裂。同时，固定化原生质体由于去除了细胞壁这一扩散障碍，有利于氧的传递、营养成分的吸收和胞内产物的分泌。

固定化原生质体的制备主要包括原生质体的制备和原生质体固定化两个阶段。

（一）原生质体的制备

要进行原生质体固定化，必须将微生物细胞和植物细胞的细胞壁破坏而分离出原生质体。同时要在破坏细胞壁的时候，不能影响到细胞膜的完整性，更不能使细胞内部的结构受到破坏，为此只能使用对细胞壁有专一性作用的酶。

不同种类的细胞，由于各自细胞壁的组成、结构和性质不同，原生质体的制备方法也不一样。一般说来，原生质体的制备过程是首先将对数生长期的细胞收集起来，悬浮在含有渗透压稳定剂的高渗缓冲液中。然后加入适宜的细胞壁水解酶，在一定的条件下作用一段时间，使细胞壁破坏。分离除去细胞壁碎片、未作用的细胞以及细胞壁水解酶，而得到原生质体。

除去细胞壁所使用的酶应根据细胞壁的主要成分的不同而进行选择。细菌的细胞壁主要成分是肽聚糖,所以细菌原生质体制备时主要采用从蛋清中得到的溶菌酶;酵母细胞壁主要由 β-葡聚糖构成,故采用 β-1,3-葡聚糖酶;霉菌的细胞壁组分比较复杂,除含有几丁质外,还有其他多种组分,故要去除霉菌的细胞壁,则需有几丁质酶与其他有关酶共同作用。植物细胞壁由纤维素、半纤维素和果胶组成,故制备植物原生质体时主要应用纤维素酶和果胶酶。

为防止制备得到的原生质体破裂,应加入适当的渗透压稳定剂,如无机盐、糖类、糖醇等化合物。在选择渗透压稳定剂时,要注意所加入的化合物对细胞和原生质体无毒性,不会影响溶菌酶等细胞壁水解酶的活性,而且对原生质体的代谢产物没有显著的不良影响。

应选择对数生长期的细胞制备原生质体,以获得较高的原生质体形成率。

所添加的细胞壁溶解酶的种类和浓度、酶作用温度、pH 以及作用时间等对原生质体的制备都有明显影响,必须经过试验确定其最佳条件。

反应完成后,离心分离除去未被作用的细胞以及细胞碎片等,获得球状原生质体。

(二) 原生质体固定化

原生质体制备好后,把离心收集到的原生质体重新悬浮在含有渗透压稳定剂的缓冲液中,配成一定浓度的原生质体悬浮液,然后采用包埋法制成固定化原生质体。

原生质体固定化一般采用凝胶包埋法。常用的凝胶有琼脂凝胶、海藻酸钙凝胶、角叉菜胶和光交联树脂等。

第四节 酶工程研究进展

酶工程的研究已经发展到分子水平,在体外通过基因工程、化学、物理等手段改造酶的结构与功能,大幅提高酶分子的进化效率和催化效率,生产有价值的非天然酶。

一、基因工程和蛋白质工程的应用

运用基因工程技术可以改善原有酶的各种性能,如提高酶的产量、增加酶的稳定性、使酶适应低温环境、提高酶在有机溶剂中的反应效率、使酶在后提取工艺和应用过程中更容易操作等。运用基因工程技术可以将原来有害的、未经批准的微生物所产生的酶的基因或由生长缓慢的动植物产生的酶的基因,克隆到安全而且生长迅速的产量很高的微生物中进行生产。运用基因工程技术还可以通过增加编码该酶的拷贝数来提高微生物产生的酶的数量,使酶的生产与应用的前景更加广阔。

通过基因工程实现的酶的异源表达已经应用于各个领域。将糖化酶基因引入酿酒酵母,构建能直接利用淀粉的酵母工程菌用于酒精工业,能革除传统酒精工业生产中的液化和糖化步骤,实现淀粉质原料的直接发酵,达到简化工艺、节约能源和降低成本的效果。人溶菌酶是溶菌酶中的一种,能降解革兰氏阳性菌细胞壁上的 β-1,4 糖苷键,它对革兰氏阳性菌如埃氏大肠杆菌、伤寒沙氏菌也有同样的作用,因此在食品,特别是在医药上具有重要意义。通常人溶菌酶是从人乳或胎盘中少量提取获得,由于来源困难不能进行工业化生产。近年来,科学研究通过体外合成人溶菌酶基因,经克隆、转化,在真核、原核生物细胞中获得表达。通过细菌、酵母等的快速繁殖,在短时间得到大量的人溶菌酶,解决供需之间的矛盾。

由基因工程发展起来的蛋白质工程,更加吸引人们的广泛关注。酶的蛋白质工程指的是根据蛋白质的结构规律及其功能的关系,对蛋白质进行改造,以生产出性能更加优良,更能满足人类社会需要的新型酶分子。酶的功能基础是立体结构,所以可根据生物学或生物信息学积累的数据进行定向改造,或者通过高通量筛选法随机改造。

酶的蛋白质工程首先必须具备以下基本信息:酶的基因克隆;该基因的序列;活性部位的作用机理,更理想的是涉及活性部位的氨基酸;酶的晶体结构或者 NMR 解析的结构,或者至少是同源性很高的蛋白空间结构。这些信息对于确定需要突变哪一个氨基酸以及会导致什么影响至关重要。蛋白质工程通常不是一次性达到目标的尝试,而是一个循环型的渐逼目标的过程。

酶分子设计可以采用定点突变和体外分子定向进化两种方式对天然酶分子进行改造。

(1) 定点突变。定点突变需要知道酶蛋白的一级结构及编码序列,并根据蛋白质空间结构知识来设计突变位点。例如,将 T$_4$ 溶菌酶的第 51 位苏氨酸转变成脯氨酸,使该酶对 ATP 的亲和力增加,酶活力提高 25 倍。

利用定点突变技术对天然酶的催化性质、底物特异性和热稳定性等进行改造已经取得了很多成果。定点突变技术只能对天然酶蛋白中某些氨基酸残基进行替换,酶蛋白的高级结构基本维持不变,因此对酶的功能的改造非常有限。不过,如果通过多代遗传突变积累起来,也可以较好地拓展酶的功能。

(2) 体外分子定向进化。由于已有的结构与功能相互关系的信息远远不能满足当今人们对蛋白质新功能的要求,因此目前兴起采用体外分子定向进化的方法来改造酶蛋白的研究。

DNA shuffling 方法可以对从随机突变文库中筛选出来一组突变基因人为进化,同时可以将具有结构同源性的几种基因进行体外重组,共同进化出一种新的蛋白质。通过这种方法产生的多样性文库,可以有效积累有益突变,排出有害突变和中性突变,同时也可以实现目的蛋白质多种特性的共进化。β-酰胺酶是一种水解头孢类抗生素的微生物酶。Stemmer 等运用 DNA shuffling 对 β-酰胺酶进行了体外分子进化。经过三轮 DNA shuffling 循环获得赋予宿主细胞对头孢霉素抗性提高 16 000 倍的突变体。

二、人工合成酶

酶的高度催化活性以及酶在工业上应用带来的巨大经济效益,促使人们研究人工合成的酶型催化剂。通常,人们将人工合成的具有类似酶活性的高聚物称为人工合成酶。人工合成酶在结构上必须具有两个特殊部位,即一个是底物结合位点,一个是催化位点。业已发现,构建底物结合位点比较容易,而构建催化位点比较困难。两个位点可以分开设计。但是已经发现,如果人工合成酶有一个反应过渡态的结合位点,该位点常常会同时具有结合位点和催化位点的功能。例如,高分子聚合物聚-4-乙烯基吡啶-烷化物,具有糜蛋白酶的功能;含辅基或不含辅基的高分子聚合物,具有氧化还原酶、参与光合作用的酶和各种水解酶等功能。

模拟酶又称人工酶或酶模型,由于天然酶的种类繁多,模拟的途径、方法、原理和目的不同,因此对模拟酶至今没有一个公认的定义。但一般来说,它的研究就是根据酶分子中那些主导作用的因素,利用有机化学、生物化学等方法设计和合成一些天然酶简单的非蛋白质分子或蛋白质分子,以此分子作为模型来模拟酶对其作用底物的结合和催化过程。

在模拟酶方面,固氮酶的模拟最令人瞩目。人们从天然固氮酶由铁蛋白和铁钼蛋白两种成分组成得到启发,提出多种固氮模型。如过渡金属(铁、钴、镍等)的氮络合物,过渡金属(钒、钛等)的氮化物、石墨络合物,过渡金属的氨基酸络合物等。此外,利用铜、铁、钴等金属的络合物,可以模拟过氧化氢酶等。

天然酶的转化频率迄今为止仍然高于人工合成酶,而人工合成酶的空间时间产率,可以大大高于天然酶催化的反应。在使用有机溶剂和各式各样不同的底物方面,人工合成酶也要比天然酶优越得多。这是由于在膜反应器内人工合成酶的"活性中心"的浓度能够达到非常之高。这样就可以补偿转换频率低的缺点。

三、核酸酶和抗体酶

近年来,人们发现除了蛋白质具有酶的催化功能以外,RNA 和 DNA 也是具有催化功能的。1982 年 Cech 发现四膜虫的 26S rRNA 的前体,在没有蛋白质存在的情况下,能够进行内含子的自我剪接,形成成熟的 rRNA,证明 RNA 分子具有催化功能,并将其称为核酸酶。1995 年,Cuenoud 又发现某些 DNA 分子也具有催化功能。核酸酶的发现使人们对"酶"的认识从蛋白质领域延伸到核酸领域,这是一个重要的里程碑。

在自然界中现已发现多种核酸酶,尤其是植物病毒、拟病毒、卫星 RNA,它们以滚动环方式进行复制,以 RNA 为模拟首先合成一个长 RNA 转录物,所产生的单拷贝长度的 RNA 要经过一个自身切割的过程来完成,自我切割是这些 RNA 生命周期中一个不可缺少的环节。

核酸酶是一种多功能的生物催化剂,不仅可以作用于 RNA 和 DNA,而且还可以作用于多糖、氨基酸酯等底物。核酸酶具有核苷酸序列的高度专一性。这种专一性使核酸酶具有很大的应用价值。根据核酸酶序列的高度特异性,通过生化或基因技术人工设计合成催化其自我切割和断裂的核酸酶组成,根据病毒基因的全部序列,设计并合成出能够对抗引起人、畜和植物病患的病毒的核酸酶,就能够防治流感、肝炎、艾滋病和烟草花叶病等。

利用抗原抗体相互作用的原理来模拟酶的催化作用,以一些底物过渡态中间物的类似物作为半抗原,诱导合成与其构象互补的相应的抗体,从而得到能够催化上述物质进行活性反应的酶。人们将这种具有催化性的抗体称为抗体酶,又称催化抗体。抗体酶在本质上是免疫球蛋白,人们在其易变区赋予了酶的催化活性。

抗体酶家族已初具规模,具有数百个成员。目前研究较多的抗体酶的反应有酯水解反应、酰胺水解反应、环合反应、形成酰胺键的反应、克莱森重排反应、脱羧反应、三苯基水解反应、过氧化反应、烯烃的异构反应、氧化-还原反应、加成-消除反应等。

四、酶的定向化技术

固定化酶因其特有的优越性而在药物生产、临床诊断、发酵及食品工程、分析生物技术等领域应用十分广泛。但是,多数情况下,酶固定化以后,由于酶蛋白通过几种氨基酸残基在固定化载体上的附着,造成酶活性的部分或完全丧失,引起了固定化酶蛋白无序的定向和结构变形的增加。近年来,科学研究酶蛋白的固定化技术方面,已经寻找到几条不同途径,使酶蛋白能够以有序方式附着在载体的表面,实现酶的定向固定化,从而使酶活性的损失降低至最低程度。

(一)酶和抗体的亲和连接

利用抗体、抗原之间的特殊亲和性,酶和它的特定抗体通过这种亲和作用紧密地连接起来,而抗体又和蛋白质 A 有很强的结合能力,这样就可以先在载体上固定蛋白质 A,然后通过蛋白质 A 连接上抗体,再通过抗体定向固定酶。

羧肽酶 A 和它的抗体形成复合物的亲和常数可以达到 10^9 L/mol 级,这样就可以通过抗体将羧肽酶 A 定向固定化在载体上;也可以直接将抗体连接在聚丙烯酸载体上,然后抗体和羧肽酶 A 亲和连接。

(二)酶通过糖基部分固定化

一般酶有几个互补结合位点,可以和不同的分子结合形成不同类型的复合物,利用这些不同的复合物可以进行酶的纯化和定向固定化。例如,羧基多肽酶 Y 有抑制剂甘氨酰-甘氨酰-p-氨苄琥珀酸的互补结合位点,两者之间可以通过-SH 基团连接,同时它还有抗原位点可以和抗体连接。另外,羧基多肽酶 Y 是糖蛋白,其糖基部分可以和凝集素 Con A 连接。这样,针对不同的用途,就可以采用不同的复合结构。如果先用戊二醛将凝集素 Con A 和载体 Spheron 交联在一起,然后用羧基多肽酶 Y 的糖基部分和凝集素 Con A 连接起来,可以形成定向固定化,固定化后的酶活可以保持原来的 96%,而且显著增加酶的稳定性。

(三)酶和金属离子连接

用固定化金属离子亲和层析技术可以将组氨酸标记的蛋白质通过金属离子定向固定在石英上。Schmid 等将螯合剂次氨基三醋酸共价结合在亲水性石英上,然后再连上二价金属离子(Ni^{2+}),螯合剂-金属离子复合物上的自由协调位点可以和供电子基团(如组氨酸)连接。这样就可以通过金属离子镍将蛋白质和载体连接在一起。

(四)分子生物学方法

对于不同的酶的结构特点,应采用不同的方法固定化酶。例如,如果酶中没有半胱氨酸或酶的活性位点中没有半胱氨酸,可以采用特定位点基因突变法,当酶的 N、C 末端远离酶的活性位点时,可以用基因融合法,如果酶和载体之间允许有一个亲和素臂存在时,就可以使用翻译后修饰法在酶上面连接上一个生物素。通过定向固定化酶,可以使酶的活性位点位于载体的外侧,而且还可以提高酶的温度稳定性,减少底物抑制等,有助于保持酶的活性。

1. 基因融合法

基因融合法是指在酶的 N 或 C 末端连接上一个多肽亲和标记,然后酶通过这个亲和标记和载体上的抗标记抗体连接。生物素是一种重要的 B 族维生素,它和亲和素有很强的亲和反应特性,它们形成的复合物的 K_d 可以达到约 10^{-15} L·mol^{-1}。运用分子生物学方法可以将一个生物素分子连接到酶上的一个特定位点。例如，在 β-半乳糖苷酶 N 末端的基因处加上一个生物素多肽标记，然后在大肠杆菌质粒中表达，这样 β-半乳糖苷酶的 N 末端就连上了一个生物素标记，同时在载体表面连接上亲和素分子，生物素与载体上的亲和素发生亲和反应，从而使酶和载体在特定位点发生连接。实验结果表明生物素标记的 β-半乳糖苷酶的活性可以提高 2 倍，而在定向固定化后的活性可以达到随意固定化的 20 倍。

对于不同的酶可以有不同的基因融合方法，例如，在固定化碱性磷酸酶时，就可以采用融合一种用亲和素标记的八肽，称为 FLAG（Asp—Tyr—Lys—Asp—Asp—Asp—Asp—Lys）。FLAG 可以和单克隆抗体发生亲和反应，而蛋白质 A 和抗 FLAG 的单克隆抗体有很强的亲和性和反应特异性，这样就可以在载体表面先固定化蛋白质 A，再在蛋白质 A 上连接上单克隆抗体，然后将融合了 FLAG 的酶通过 FLAG 和单克隆抗体的亲和反应连接起来。通过这种方法酶就可以定向固定化在载体上了，相对于随意固定的酶，它有很高的反应活性。

2. 翻译后修饰法

当酶和载体之间允许有一个亲和素臂存在时，可以通过翻译后修饰的蛋白质融合技术在酶上连接一个单生物素分子，酶通过亲和素桥和载体连接。在一些酶载体反应器中，需要将用过的系统置换成新的系统，采用翻译后修饰方法在酶的特定位点和载体中间引入特殊的桥臂，就可以很容易地实现这个目的。例如，钙调蛋白在 Ca^{2+} 存在时对吩噻嗪具有很高的亲和特性，可以用修饰的方法将钙调蛋白连在酶的特定位点上，而将吩噻嗪固定在载体上。当有 Ca^{2+} 存在时，钙调蛋白就和吩噻嗪发生亲和反应，从而将酶固定在载体上。当酶使用过后需要将它置换为新的时，只要在反应体系中加入一种 Ca^{2+} 的特殊清除剂——乙二醇双（2-氨基乙基醚）四乙酸（EGTA），就可以使反应体系中的 Ca^{2+} 被清除掉，这样钙调蛋白和吩噻嗪即分离开来，可以很容易地使酶从载体上解离下来。

3. 特定位点基因突变法

如果酶中没有半胱氨酸或酶的活性位点中没有半胱氨酸，可以在酶的特定位点上通过基因突变引入特殊半胱氨酸。例如，将丝氨酸变为半胱氨酸，一般对于这个半胱氨酸，酶可以通过引入的半胱氨酸的一侧的巯基和载体表面发生反应，从而使酶和载体在特定位点进行固定。

枯草杆菌蛋白酶没有半胱氨酸，而且在远离活性位点的位置存在丝氨酸，可以通过基因突变法用—SH 替代—OH，把丝氨酸变异为半胱氨酸，通过动力学分析，可以发现变异后的酶的活性与水溶液中的酶的活性并没有太大的区别，说明这种变异对酶的功能没有影响。

酶的定向固定化对于随意固定化具有明显的优点，它有很高的活性和很高的固定化量，活性位点的结构类似于酶在水溶液中的结构。有关定向固定化酶的研究是一个多学科交叉的研究，它包含了生物学、分析化学、分子生物学、化学工程技术等方面内容。今后对于定向固定化酶、蛋白质和生物活性分子的基础研究以及它们在生物功能性载体、生物传感器、亲和载体等领域的应用将会越来越多。

思考与习题

（1）举例说明酶活力的测定在酶的研究、生产和应用过程中的重要性。

（2）酶提取的方法有哪些？

（3）简述酶分离纯化的一般程序及其对应的方法。

（4）简述常用的酶固定化方法和使用范围。

（5）欲生产糖化酶结晶产品，试拟出合理的工艺步骤，并说明下游工程的主要工艺条件。

第五单元　生物反应器

　　生物反应器的设计,是在掌握生物反应动力学特征、反应器内流体传递特性的基础上,对生物反应器的型式、操作方式进行合理选择,并进行有关设计和优化。

第一节　酶反应器

　　酶是一种生物催化剂,它能够在常温、常压的温和条件下高效而专一地催化反应,许多在自然条件或非酶催化条件下难于进行的化学反应,在酶的催化下能顺利地进行,而且减少副反应。一直以来酶就被人们广泛应用于酿造、食品、医药等领域,在利用资源和开发能源、环保等方面,酶有极为广阔的前景。但酶工程是近几十年才兴起的新兴学科。酶工程是研究酶生产和应用的一门技术性学科,它包括酶制剂的制备、酶固定化、酶修饰与改造及酶反应器等方面的内容。

一、酶反应器类型

　　以酶为催化剂进行反应所需的设备称为酶反应器。一般分为两类:一类是直接应用天然酶进行反应,构成均相酶反应器;另一类是应用固定化酶进行的非均相酶反应器。均相酶反应器有批式反应器和超滤膜反应器,而非均相酶反应器的种类很多,可以根据催化剂的性状来分,粒状催化剂有搅拌罐型、固定化床型和鼓泡塔式;细小颗粒的催化剂则有流化床式。对于膜状催化剂,可采用螺旋式、转盘式、平板式、空心管式膜反应器。选择反应器类型时一般要考虑几个因素:① 催化剂的性状和大小;② 催化剂的机械强度和密度;③ 反应操作的参数要求;④ 防止杂菌污染的措施;⑤ 反应动力学方程的类型;⑥ 底物的性质;⑦ 催化剂的再生、更换的难易;⑧ 反应器内液体的塔存量与催化剂表面积之比;⑨ 传质特性;⑩ 反应器的制造成本和运行成本。

二、固定化酶反应器

1. 间歇式搅拌罐

　　如图 5-1 所示的间歇式搅拌罐常用于生产量较小的酶反应。具有结构简单、温度和 pH 易控制,催化剂更换方便。但催化剂颗粒易被搅拌叶片的剪切力破碎,生产效率低。

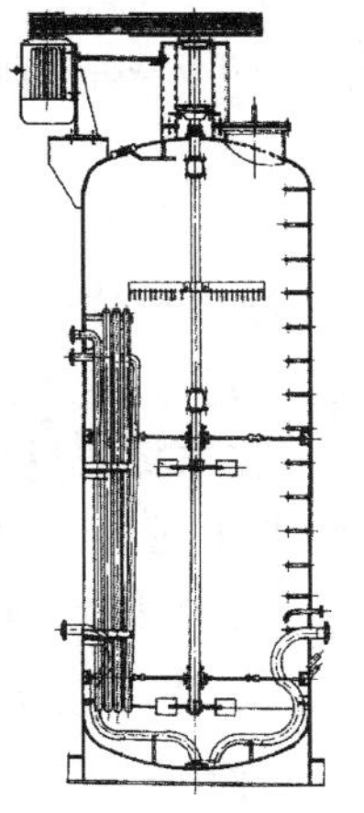

2. 连续式操作反应器

　　连续操作是保持酶和细胞反应过程始终稳定于最优反应条件的操作方式。连续操作反应器的流体流动状态直接影响反应速率和反

图 5-1　间歇式搅拌罐

应结果。因此,对流动状态的分析与研究是反应器选型、设计和优化的基础。连续操作具有以下特点:① 连续操作有利于过程的研究与分析;② 对连续反应可进行高效的过程控制;③ 连续操作的产品质量稳定;④ 生产效率较高;⑤ 控制稳定,操作费用也较低;⑥ 对细胞生长时同步产生的代谢副产物的生成不能控制;⑦ 操作周期长,容易受到杂菌污染;⑧ 需要使用费用较高的检测手段和控制设备。

生物反应器使用连续操作的主要目的是利用其产品质量稳定、生产效率较高、适合于大批量生产的特点。已成功应用的典型例子有:使用气升式反应器的大规模单细胞蛋白的生产,固定化葡萄糖异构酶催化的高果糖浆的生产,对废水的生物处理过程等。

(1)搅拌罐型反应器。包括连续式搅拌罐、多级连续搅拌罐、搅拌罐-超滤器联合装置、多釜串联半连续操作等。无论分批式还是连续式混合罐型的反应器,都具有结构简单、温度和 pH 易控制,能够处理胶体底物和不溶性底物、催化剂更换方便等优点。但是催化剂颗粒容易被搅拌桨叶的剪切力破坏。

(2)固定床型反应器。把催化剂填充在固定床(填充床)中的反应器叫做固定床型反应器。这是一种使用最广泛的固定化酶反应器,具有单位体积的催化剂负荷量高、结构简单、容易放大、剪切力小、催化效率高等优点,特别适合于存在底物抑制的催化反应。不足的是温度和 pH 难于控制,底物和产物会产生轴向分布,易引起相应的酶失活的程度也呈轴向分布,更换催化剂相当麻烦,柱内压降大,底物需加压后才能进入。操作方式可以是底物溶液从底部向顶部流动,也可以是上进下出的流动方式。这类反应器包括填充床、带循环的固定床、列管式固定床等。

(3)流化床型反应器。流化床型反应器是一种装有较小颗粒的垂直塔式反应器,如流化床。底物以一定流速从下向上流过,使固定化酶颗粒在流动中维持悬浮状态并进行反应,这时的固定化酶颗粒和流体可以被看做是均匀混合的流体。具有传热与传质特性好、不堵塞、能处理粉状底物、压降较小等优点,也很适合需要排气、供气的反应。但它需要较高的流速才能维持粒子的充分流态化,而且放大较困难。

(4)膜式反应器。膜式反应器是利用膜的分离功能,使酶或细胞截留在反应器系统中,同时完成生物反应和产物分离过程的生物反应器。膜分离过程可以达到以下目的:① 增大反应速率;② 提高反应的选择性和转化率;③ 截留生物催化剂;④ 减少总过程的工艺步骤。根据膜反应器的不同特征,按如下分类:① 底物和产物通过膜的传质推动力的不同,可分为压差推动和浓度差推动的膜反应器;② 膜材料的特性不同,可分为微滤膜反应器、反渗透膜反应器、超滤膜反应器和透析膜反应器,以及对称膜和非对称膜反应器等;③ 膜反应器的结构型式不同,可分为全板膜、螺旋卷绕膜、管状膜及中空纤维膜等反应器;④ 反应和分离的耦合方式不同,可分为循环式和一体式膜反应器。

在选择膜反应器时,从过程经济的角度而言,一般考虑两个重要特性:① 膜的选择性,即将混合物中的组分分离开来的能力;② 膜的效率(生产能力),即在一定操作条件下可达到的渗透量的通量。

3. 半间歇半连续操作反应器

此类反应器的主要特征是:反应过程中,反应物连续或间歇加入,产物一次性或间断性排出。半连续操作既有间歇操作的非稳态的分批特性,也有连续操作的连续加料与出料的特性。主要优点是:① 底物和副产物的浓度得到控制,酶或细胞的反应环境可处于稳定的最优条件;② 反应过程能灵活调控,获得较高的细胞浓度、产物浓度和生成速率;③ 应用于连续操作不适合的情况,它既可避免细胞分批培养生产能力低的缺点,也能降低连续过程菌种变异和杂菌污染的可能性。

半连续半间歇的反应器:

(1) 补料分批培养(FBC),简称流加操作。在操作过程中加料培养,反应器中物料体积逐渐增大,但在培养结束前不排料,过程结束时将培养液从反应器中放出。

(2) 反复补料分批培养(RFBC),又称周期补料分批培养和半连续培养。即在补料分批培养中,定时排出一定量的培养液。

(3) 反复分批培养(RBC)。在整个培养过程中,没有底物溶液的流加,培养基的加入一般为一次性加入,细胞密度达到某给定值时,不是将培养液全部排出,而是排出其中一部分,剩余部分留作下批培养的种子。

三、酶反应器的操作

在进行酶反应器的操作时要注意以下问题。

1. 酶反应器的微生物污染

用酶反应器制造食品和生产药品时,生产环境通常须保持无菌,并应在必要的卫生条件下进行操作,为了防止微生物的污染,可向底物中加入杀菌剂、抑菌剂、有机溶剂等物质,或隔一定时间用这些试剂来处理反应器,酶反应器在每次使用后,应该进行适当的消毒,可用酸性水或含过氧化氢、季铵盐的水反复冲。在连续运转时也可周期性地用过氧化氢水溶液处理反应器,因为微生物的污染不仅会堵塞反应柱,而且它们产生的酶和代谢物还会进一步使产物降解或产生令人厌恶的副产物,甚至使固定化酶活性载体降解。同时一定要考虑操作是否会影响固定化酶的稳定性。

2. 酶反应器中流动方式

流动方式的改变会使酶与底物接触不良,造成反应器生产能力下降,同时造成返混程度的变化,也为副反应的发生提供了机会。在连续搅拌罐反应器或流化床反应器中,应该控制好搅拌速度。生物催化剂颗粒的磨损随切变速率、颗粒占反应器的体积的比例增加而增加,而随悬浮液流的黏度和载体颗粒的强度增加而减少,目前人们正在试图通过采用磁性固定化酶的方法来解决搅拌速率的控制问题。在填充床式反应器中,流动方式还与柱压降的大小密切相关,而柱高和通过柱的液流速率是柱压降的主要因素,可以使用较大的、不易压缩的、光滑的珠型填充材料均匀填装,以减少压降作用。

3. 酶反应器恒定生产能力的控制

使用填充床反应器时,可以通过反应器的流速控制达到恒定生产能力,但在生产周期中,单位时间产物的含量会降低,在反应过程中,随时间而出现的酶活力丧失,可通过提高温度增加酶活力。

第二节 细胞培养反应器

一、植物细胞(组织)培养反应器

由于单个植物细胞具有整个植物的全部特征,其代谢过程能生成有很高药用价值的次生代谢物,因此,植物细胞的大规模培养逐渐受到重视,研制植物细胞培养反应器是植物细胞培养技术向工业化规模发展的关键。使用生物反应器培养植物细胞已获得一定成功,例如,日本专卖公司已用 20 m³ 的反应器进行烟草细胞的连续培养,细胞的生产率达到 5.82 kg/(m³·d)。日本三井石油株式会社用 750 L 的植物细胞反应器生产紫草宁,可满足国内需要量的 43%。

1. 分类

植物细胞培养主要采用悬浮培养和固定化细胞培养系统。悬浮培养生物反应器主要有机械搅拌反应器和非机械搅拌反应器。固定化细胞培养反应器有填充床反应器、流化床反应器和膜反应器等。

2. 悬浮培养生物反应器

(1) 机械搅拌式反应器(图 5-2)。采用机械搅拌器使溶质均匀混合,其优点是能获得较高的 $K_L\alpha(>100\ h^{-1})$,而植物细胞培养所需 $K_L\alpha$ 一般为 5~20 h^{-1}。因此机械搅拌反应器能完全满足细胞对反应器的供氧要求。

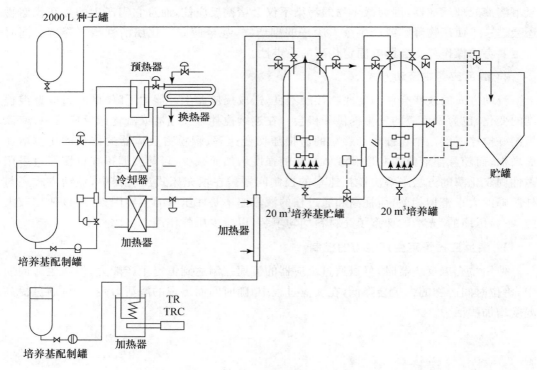

图 5-2 20 m³ 植物细胞培养装置流程图

机械搅拌式反应器存在的主要问题是，机械搅拌引起的细胞剪切损伤，为此有许多研究者提出对搅拌式反应器做适当改进以后，可以适应植物细胞培养的要求。有研究者采用的强制循环反应器和搅拌器型式的改进型。后者用了一种离子泵式搅拌器，剪切力和搅拌功率消耗较低，混合效果和氧的传递率较高。其他各类型的搅拌桨也在植物细胞反应器的研制中得到应用。例如，螺旋桨、各种大叶片的轴向流搅拌桨、帆形桨和螺带式搅拌桨等。

如图 5-2 表示目前规模最大的植物细胞培养反应器装置（机械搅拌式）。反应器体积为 20 m³，其搅拌叶直径是罐体直径的 1/2，在低通气条件下，通入 PVA 过滤器除菌的无菌空气。

（2）非机械搅拌式反应器。该反应器通常为气体搅拌式反应器。主要有鼓泡式反应器和气升式反应器，而气升式反应器又分为外循环和内循环两种形式（图 5-3）。

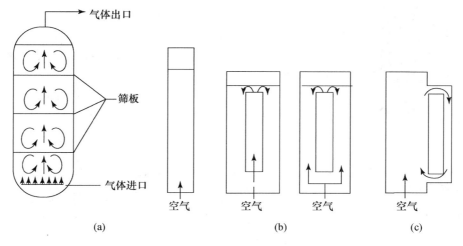

图 5-3　气体搅拌式反应器
（a）鼓泡式　（b）内循环气升式　（c）外循环气升式

气升式反应器是一种高径比较大的气流搅拌反应器。主要特征是，内部没有移动部件，结构简单，易清洁维修，不易染菌，装料系数较高，能耗较低，比较容易放大，反应器内流体剪切力分布相对较均匀，但其体积氧传递系数相对机械搅拌反应器较低，对需氧较高的微生物反应的适用性较差。

气升式反应器内部可分为四个流动状况差别较大的区域，即升液管区、降液管区、升液管顶部与反应器物料液面之间的顶部区域（气液分离区）和导流筒底边与反应器底部之间的区域（底部澄清区）。外循环式由直接通入气体的升液管和与之连通的降液管组成，内循环式为内部装有导流筒的鼓泡塔。导流筒的作用是促进物料的流动与混合，当气体分布器使气流进入导流筒内时，导流筒成为升液管，当空气直接通入导流筒与反应器筒体之间的环隙时，导流筒成为降液管。两者均以气体分布器通气，气体分布器附近和升液管内的流体密度较小，而反应器其他部位则较大，

在此密度差的推动下物料实现自然循环，气液传质和混合程度得到强化。很多研究都表明气升式反应器十分适合于植物细胞生长与次级代谢产物的生成。培养结束时细胞干重达到 12 g/L，紫草宁含量达到细胞干重的 10%，是天然植株含量的 2～8 倍。

气体搅拌式反应器因结构简单、传氧效率高、切变力低，适合于植物细胞培养，但也必

须结合植物细胞的生理代谢特性对其加以改进,以满足植物细胞培养的要求。

3. 固定化细胞生物反应器

固定化细胞系统比悬浮培养更适合于植物细胞团的培养。固定化细胞包埋于支持物

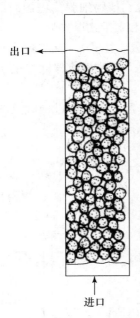

内,可以消除或极大地减弱流质流动引起的切变力。细胞在一个限定范围内生长也可以导致一定程度的分化发育,从而促进次级代谢产物的产生,还便于连续操作。目前已用于辣椒、胡萝卜、长春花、毛地黄等植物细胞的培养。

固定化细胞反应器的类型有两种。

(1)填充床反应器(图 5-4)。细胞固定于支持物表面或内部,支持物颗粒堆叠成床,培养基在床层间流动,改善了细胞间的接触和相互作用。有报道称,在填充床反应器中固定化长春花细胞的生物碱产量高于悬浮培养物。但填充床中单位体积细胞较多,混合效果不好会使床内氧的传递、气体的排出、温度和 pH 的控制较困难。

(2)膜反应器。膜固定化是采用具有一定孔径和选择透性的膜固定植物细胞。营养物质可以通过膜渗透到细胞中,细胞产生的次级代谢产物通过膜释放到培养液中。膜反应器主要有中空纤维反应器和螺旋卷绕反应器。在中空纤维反应器中,细胞保留在装有中空纤维的管中。螺旋卷绕反应器是将固定有细胞的膜卷绕成圆柱状。膜反应器具有操作压力下降较低,流体动力学

图 5-4　填充床示意图

易于控制,易于放大,而且能提供更均匀的环境条件,还可以进行产物分离以解除产物的反馈抑制等优点,但构建膜反应器的成本较高。

二、植物细胞(组织)培养反应器操作流程

植物细胞培养分为小规模实验研究和大规模工厂化生产。小规模是指把细胞分散在较小的容积中进行培养,目的是建立细胞悬浮系。小规模细胞悬浮培养也称为分批培养或间歇培养,所用的容器一般是 100~250 mL 锥形瓶,每瓶中装有 20~75 mL 培养基。继代培养的方法是,取出培养瓶中一小部分悬浮液,转移到一定体积比例的成分相同的新鲜培养基中(大约稀释 5 倍),旋转振荡方式培养,转速 30~150 r/min 为宜,冲程范围应是 2~3 cm。转速过高或冲程过大会增加容器产生的剪切力,导致细胞破裂。大规模细胞培养采用连续培养的方式,通过利用生物反应器进行。在连续培养中不断注入新鲜培养基,排掉用过的培养基,在培养物的容积保持恒定的条件下,培养液中的营养物质能不断得到补充。这种培养又分为封闭型和开放型。在封闭型中排出的旧培养基由加入的新培养基进行补充,进出数量保持平衡,悬浮在排出液中的细胞经机械方法收集后,又放回培养系统中。在开放型中,注入的新鲜培养液的容积与流出的原有培养液容积相等,并通过调节流入与流出的速度,使培养物的生长速率永远保持在一个接近最高值的恒定水平上。开放型培养又分为两种主要方式:一是化学恒定式,以固定速率注入的新鲜培养基内的某种选定营养成分(如氮、磷或葡萄糖)的浓度被调节成为一种生长限制浓度,使细胞的增殖保持在一种稳定态中;二是浊度恒定式,新鲜培养基是间断注入的,受由细胞密度增长所引

起的培养液浊度的增加所控制,可预先选定一种细胞密度,当超过这个密度时,使细胞随培养液一起排出,从而保持细胞密度的恒定。

生物反应器是大规模细胞培养的主要设备,常用有机玻璃或不锈钢容器。容器配置有检测 pH、温度和溶解氧的探头,并能够添加新鲜培养基、调节 pH、供氧、混合培养物、控制温度,更容易控制和检测培养状况。

三、动物细胞培养反应器

通过动物细胞培养可以生产出许多与人类健康和生存密切相关的生物技术产品,如病毒疫苗、干扰素、诊断试剂、治疗蛋白、生物杀虫剂等。动物细胞体外培养具有明显的表达产物方面的特点,为传统的微生物发酵技术所无法替代。应用细胞工程技术,建立大规模动物细胞培养系统生产各种生物活性物质,是一种比较经济可靠的技术。

1. 分类

已研制出几种具有很大前途的培养系统,即气升式深层培养系统、微载体培养系统、微囊培养系统、大载体培养系统以及中空纤维培养系统。

2. 培养方法

动物细胞体外培养有两类:一类是非贴壁依赖性细胞,如血液、淋巴组织的细胞、肿瘤细胞和某些转化细胞等,通常采用类似微生物培养的方法进行悬浮培养;另一类是贴壁依赖性细胞,如多数动物细胞、非淋巴组织细胞和异倍体细胞等,需要附着于带适量正电荷的固体或半固体表面上生长。

3. 操作方式

不同的操作方式,具有不同的特性。动物细胞培养的操作方式分为分批式、流加式、半连续式、连续式和灌注式五种方式。

(1) 分批式。分批式培养是将细胞和培养液一次性装入反应器内进行培养,细胞不断生长,产物也不断形成,经过一段时间反应后,将整个反应系取出。这种操作简便,容易掌握,是常用的操作,但环境时刻发生变化,不能使细胞自始至终处于最优条件。

(2) 流加式。将一定量的培养液装入反应器,随着细胞对营养物质的不断消耗,新的营养成分不断补充至反应器内,使细胞进一步生长代谢,到反应终止时取出整个反应系。其特点是能调节培养环境中营养物质的浓度,整个过程中反应体积是变化的,它可以避免某种营养成分的初始浓度过高而出现底物抑制现象,也能防止有些限制性营养成分在培养过程中被耗尽而影响细胞生长和产物形成。流加方式分为无反馈控制流加(即定流量流加和间断流加等)和有反馈控制流加,一般是连续或间断的测定系统中限定营养物质的浓度来调节流加速率或流加液中营养物质的浓度。

(3) 半连续式。半连续式培养又称反复分批式培养或换液培养,是指在分批式操作的基础上,不全部取出反应系,剩余部分补充新的营养成分,再按分批式方式操作,这是反应器内培养液的总体积保持不变的培养。微载体培养系统培养基因工程动物细胞分泌有用产物比较实用。

(4) 连续式。是指将细胞种子和培养液一起加入反应器内进行培养。一方面新鲜培养液不断加入反应器内,另一方面又将反应液连续不断取出,使反应条件处于一种恒定状态。英国 Celltech 公司采用连续培养杂交瘤细胞的方法，连续不断地生产单克隆抗体。

（5）灌注式。是指细胞接种后进行培养，新鲜培养基不断加入反应器，同时又将反应液连续不断取出，但细胞留在反应器内，使细胞处于一种不断的营养状态。灌注技术不仅大大提高了细胞生长密度，而且有助于产物的表达和纯化。例如，以基因工程 CHO 细胞生产人组织型血纤维溶酶原激活剂（tpA）。tpA 的生物活性得到保护，产物的数量和质量都超过分批培养工艺。

4. 动物细胞大规模培养反应器

反应器的设计应考虑的因素：①生物相容性。为细胞提供体内培养的相似环境，能控制严格的培养条件。反应器中的流体剪切作用较小。② 反应器操作性能。能达到足够的物料停留时间，使底物的转化率达到要求，过程动力学速率较大，产物浓度较高。③ 传质效率与混合。传质速率与流体剪切作用成正比，传质方式选择必须与反应器流体力学状况确定相关联。为了降低剪切力，必须选择合理的搅拌器型式和搅拌速度。④ 传热效率与温度分布。反应器中必须不存在温度梯度，应选择良好的传热方式。⑤ 细胞黏附的比表面积。反应器的结构需要有利于增大细胞贴壁所需的比表面积。⑥ 抑制性副产物的去除。营养物的流加操作和透析培养是解决此问题的有效手段。

应用大规模培养反应器生产的产品有疫苗、干扰素、单克隆抗体和其他基因重组产品等。

（1）笼式通气搅拌反应器。由于动物细胞对流体剪切敏感，英国科学家 Spier 发明了在通用式发酵罐结构上改进搅拌装置的笼式通气搅拌反应器（图 5-5）。

（2）锥形通气搅拌反应器。锥形通气搅拌反应器也称篮式生物反应器，是一种带气腔的动物细胞反应器。其主要特点是为动物细胞的高密度培养提供了传质效率较高的培养系统。它的优点是可避免微载体在反应器底部沉降，反应器放大方便，该反应器外壳是一个圆锥形筒体，内有一个可旋转的塑料丝网气腔，其体积约为反应器的 7%，在气腔的尖端下方装有一螺旋桨搅拌器，使培养液循环流动，也使微载体悬浮于培养液中。主要用于生产疫苗等生物制品。

（3）无泡搅拌反应器。无泡搅拌反应器是为解决通气搅拌时气泡引起的剪切力对细胞的损伤而研制的。一般有三种类型，一是由反应器中液面的气液表面接触进行氧的传递；二是培养液在反应器外先被分离为浓缩的细胞和培养液上清液，细胞回流至反应器，培养液上清液在传氧装置中通气后返回反应器；三是使用高分子膜管的直接通气。无泡通气避免了气体喷射，使培养介质均相化，培养时不产生泡沫，也能满足动物细胞培养对氧传递的要求。

（4）中空纤维细胞培养反应器。中空纤维细胞培养反应器，既可以培养悬浮生长的细胞，又可以培养贴壁依赖性细胞。主要用于工业化培养杂交瘤细胞生产单克隆抗体。该反应器由中空纤维管组成，纤维管类似动物组织内的毛细血管。外径一般为 $100\sim500\ \mu m$，厚度约为 $50\sim70\ \mu m$，管壁是半透性的多孔膜，氧与二氧化碳等小分子可以自由地透过膜双向扩散，而大分子有机物则不能通过。动物细胞黏附在中空纤维的外壁生长，可很方便地获取营养物质和溶氧。该反应器成本较低，有良好的生物相容性，能连续培养。

（5）流化床细胞培养反应器。该反应器的基本原理是使支持细胞生长的微粒呈流化

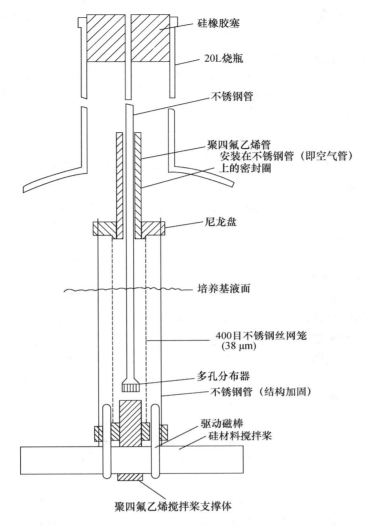

图 5-5　笼式通气搅拌反应器

状态,微粒直径约为 $50\ \mu m$,具有像海绵一样的多孔性,由胶原制备,再用非毒性物质增加其相对密度达 1.6 以上,以便其在高速向上流动的培养液中呈流态化。接种形成流化床后,不断提供细胞必要的营养成分,使细胞在微粒中生长。同时,新鲜培养基不断加入,而产物又不断被排出。反应器采用膜式气体交换器,能快速提供细胞所需的氧气,同时能及时排出二氧化碳,具有培养细胞密度高,可用于贴壁依赖性细胞和非贴壁依赖性细胞等优点。

四、微藻培养反应器

1. 特点

微藻为非维管植物,无复杂的生殖器官,光能利用率高,没有性阶段,只有简单的细胞分裂周期,能在数小时内完成细胞循环;生物量易于收获、加工和利用;经诱导加工后可产生高浓度、有商品化生产价值的化合物,如蛋白质、脂质、色素等。

微藻主要是光能自养型,通过光合作用来生长,微藻大规模培养过程具有以下几个特点。① 微藻培养过程要有足够的光照。可以采用外部和内部光源。② 培养中必须供应大量的二氧化碳,同时将藻体产生的大量氧气从液体中排放出去,还要强化氧解析过程。③ 必须使细胞在与反应器的表面垂直方向上充分混合,受光均匀,促进气液传递、液固传递,防止细胞沉降。④ 微藻的培养基多采用海水配制,同时注意生产设备的材料选择和海水对一般材料的腐蚀性。

2. 分类

微藻大规模培养反应器分为两大类:一类是敞开式培养反应器,另一类是封闭式光生物反应器。根据微藻大规模培养过程特点,反应器应具备以下条件:① 足够的光照;② 合适的温度;③ 合适的无机碳源;④ 合适的 pH;⑤ 充分混合;⑥ 避免污染;⑦ 氧的析出或供给。

3. 反应器

(1) 敞开式培养反应器

商业化大规模的培养一般在敞开的水平浅池中进行,也有利用天然的湖泊、环湖礁等。池深约为 $10\sim30$ cm,利用聚乙烯或水泥做砌衬,面积有几千平方米。池内利用桨板轮、螺旋桨或空气喷射器等进行搅拌,使藻液循环流动。这类反应器成本低、建造容易、操作方便,易于生产。我国的螺旋藻厂家均采用此反应器来培养微藻。缺点主要有:培养效率低,培养条件无法控制,易受杂藻、水生动物、灰尘等污染,水分容易蒸发,使培养液盐度过高,微藻生长缓慢,光能利用率不高,难于实现高密度培养。

(2) 封闭式光培养反应器

与敞开式反应器相比,封闭式光培养反应器具有下列优点:培养效率高,培养条件易于控制;污染少,易于纯种培养;生产周期长;适合所用藻种的培养。该反应器有下列几种型式。

① 管道式光培养反应器。该反应器是最普遍的一种形式,其主体是一条由透明塑料制成的管子,排列不同形式以最充分利用太阳光,含有藻体的培养液在管道中流动,二氧化碳通过泵进入培养液后随之在管道中流动,与培养液接触时间长,利用率高。

② 圆筒形光培养反应器。反应器是一垂直放置、由透明材料制成的圆筒。由带挡板的内筒、外筒、顶板和底板 4 部分组成。藻液在内筒和外筒形成的空间里靠泵的作用流动。

③ 扁平箱式光培养反应器。该反应器外形是一扁平的长方体。顶板上设有空气入口和冷却水进出口,两块狭窄的侧板上端和下端分别设有藻液出口和进口。藻液的搅拌靠通入空气来实现。分批培养为一个反应器,连续培养采用多个反应器串联起来。操作方法是用一台泵向一个反应器泵入新鲜培养液,用另一个泵将培养液从最后一个反应器泵回第一个反应器并收获一部分藻液,藻液在反应器之间作溢流流动,该反应器具有高产物浓度,稳定性好,相对底物浓度而言有更高生物量产率,减少或消除底物或产物的抑制效应,但有光照表面积与体积之比不高,静水压大,单个反应器的培养体积有限等缺点。

④ 浅层槽式反应器。该反应器呈 U 形,类似跑道式水平池。藻液靠泵循环流动,还增加气升装置补充二氧化碳和热交换装置。在槽内设置了数排薄金属翼片,翼片旋转使

培养液产生强度合适的涡流,能均一有效地混合,使藻细胞对太阳能的转化效率提高。

⑤ 浅层溢流光培养反应器。该反应器外形为扁平箱式,内部设有一层层交叉分布的隔板,隔板一端设有挡板,使藻液在隔板上形成一层浅液层,靠溢流作用逐层向下流动。该反应器的光照表面积与体积之比大,对光能的利用率高,平面型的培养向空间发展,占地面积小,采用溢流喷射装置对藻液进行搅拌和通气,气液混合均匀,设备和流程简单,具有广阔的应用前景。

⑥ 光纤光培养反应器。这种反应器利用光导纤维的光传递性质,将其直接安置在培养液中,与反应器内部的光分散系统相匹配,均匀照射藻液。同时采用了超滤技术将藻类生长代谢产生的自身抑制物及时除去,将所需的富集产物分离出来,补充新鲜培养液。但反应器比较昂贵,只能利用人工光源而无法利用太阳光进行培养。

第三节　发酵设备

一、发酵方式

根据微生物培养工艺不同,发酵方式可分为固体发酵和液体发酵两类。

1. 固体发酵

固体发酵是将发酵原料及菌体吸附在疏松的固体支持物上,通过微生物的代谢活动使发酵原料转化为发酵产品。固体发酵又细分为浅层发酵、转桶发酵和厚层通气发酵三种方式。固体发酵设备简单、发酵方法简便、原料粗放、能耗低,但劳动强度大、效率低。主要应用在酒类、酱油、食醋的酿造。

2. 液体发酵

液体发酵是将发酵原料制成液体培养基,接种微生物,通过其代谢活动,使发酵原料转化为发酵产品。由于微生物主要分嫌气和好气两大类,故发酵方式也分两大类:抗生素、有机酸、氨基酸、酶制剂等属好气发酵产品,在发酵过程中需要不断通入无菌空气;而酒精、啤酒、丙酮和丁醇等属厌气发酵产品,在发酵中不需要通入无菌空气。液体发酵的操作方式有分批发酵、连续发酵、补料分批发酵和计算机控制发酵。

（1）分批发酵（间歇发酵）。即所用物料都一次加入发酵罐中,灭菌、接种、发酵培养,发酵结束后放出罐内全部内容物,进行产物分离纯化,清罐后重复上述过程。

（2）连续发酵。是连续地、定时地以一定的速度向发酵罐内添加新鲜培养基,并以相同速度等量排出发酵结束的发酵液,从而使发酵罐内的液量维持恒定。

（3）补料分批发酵（半连续发酵）。间歇地或连续地补加含有限制性营养的培养基,产物达到某一浓度时从发酵罐内一次性放出发酵液。

（4）计算机控制的发酵。通过传感器随时取得发酵罐内的各种变化参数,经过计算机分析,自动控制装置对环境条件、营养条件等进行控制发酵,这是实现最佳经济效益的发酵方式。

二、发酵罐类型

发酵罐分为好气发酵罐和厌气发酵罐两类。好气发酵罐采用通气和搅拌来增加氧的溶解,以满足微生物代谢过程需要的氧量。好气发酵罐分为机械搅拌式发酵罐和通风搅拌式发酵罐。优良的发酵罐应具有严密的结构,良好的液体混合性能,较好的传质、传热效率,还应有配套而可靠的检测及控制仪表。

1. 机械搅拌通风发酵罐

该发酵罐在生物工程工厂中广泛使用,常称为通用式发酵罐(图 5-6),它是利用机械搅拌器的作用,使空气和发酵液充分混合,促进氧的溶解,以保证微生物生长繁殖和代谢活动对氧的需要。发酵罐为封闭式,容积有 20 dm^3(L)~630 m^3。一般在一定罐压下操作,罐顶和罐底采用椭圆形或碟形封头。发酵罐设有人孔、爬梯、窥视镜、各种接管,主要是进出料口、补料口、取样口、接种口等,还有冷却水进口、空气进口、压力表、温度计和其他测控仪表接口。有夹套或蛇管两种传热装置,搅拌器采用涡轮式,便于打碎空气泡,增加气液接触面积,使固体物料悬浮,提高传质速率。

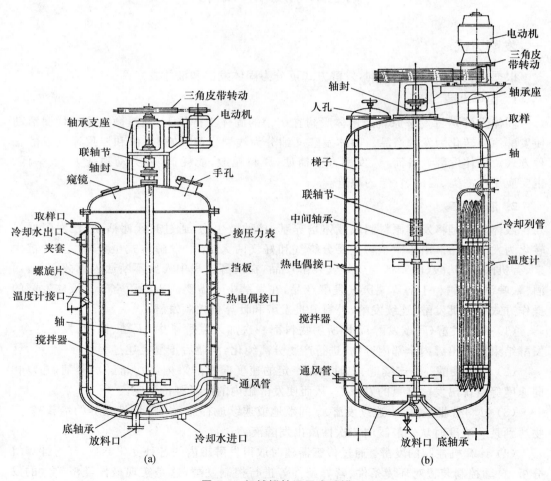

图 5-6　机械搅拌通风发酵罐

2. 机械搅拌自吸式发酵罐

罐体结构与通用式发酵罐相同,主要区别在于搅拌器的形状和结构不同(图 5-7),搅拌器采用带中央吸气口的,由从罐底向上伸入的主轴带动,叶轮旋转时叶片不断排开周围的液体,使搅拌器中心形成真空(负压),因搅拌器中心与大气相通,所以将罐外空气通过中心吸气管吸入罐内,吸入空气与发酵液充分混合后在叶轮末端排出,由导轮向罐壁分散,再经挡板折流,均匀分布在液面。

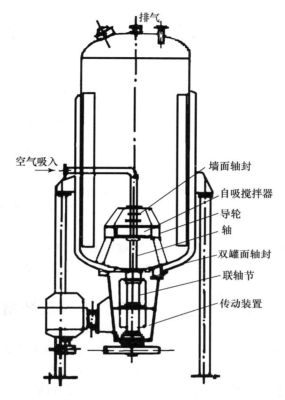

图 5-7　机械搅拌自吸式发酵罐

3. 通风搅拌式发酵罐

通风不仅是给微生物提供所需的氧,而且还利用通入发酵罐的气体,代替机械搅拌器,使气-液均匀混合。常用的有循环式发酵罐和高位塔式发酵罐。

(1)循环式发酵罐。这种发酵罐又分为内循环和外循环两种(图 5-8),利用空气动力使液体在循环管中上升,并沿着一定路线循环,也称带升式发酵罐。这种发酵罐设有搅拌装置,结构简单,便于操作,通风量大。

(2)高位塔式发酵罐。其高径比约为 7,罐内装有若干块筛板。压缩空气由罐底导入,经过筛板逐渐上升,气泡在上升中带动发酵液同时上升,上升后的发酵液又通过筛板上带有液封作用的降液管下降而形成循环。

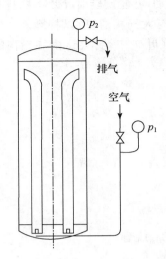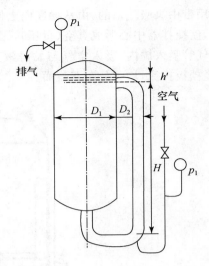

图 5-8 通风搅拌式发酵罐

4. 厌气发酵设备

厌气液体深层发酵的主要特点是排除发酵罐中的氧,罐内的发酵液应尽量的装满,发酵罐的排气口要安装水封装置。培养基应预先还原,接种量要大。

第四节　生物反应器的检测及控制

在生物反应过程中,为了使生产稳定并获得高产,降低原材料的消耗,节省能量和劳动力,实现安全生产,保证产品质量,必须对生物反应器系统实现检测和控制。通常利用各种传感器及其他检测手段对反应器系统中各种参变量进行测量及控制。

一、发酵过程主要检测的参变量

生物反应有关的过程可分为培养基灭菌过程和生物反应及产物分离过程。对生物反应器系统,为了掌握其中反应的状态参数及操作特性以便于控制,需检测的参数如下。

1. 物理参数

(1) 温度、压强。影响反应速度、稳定性、溶氧速率和灭菌操作。

(2) 液面、泡沫高度。影响操作稳定性和生产率。

(3) 培养基流加速度。影响生物反应速率。

(4) 通气量、搅拌器转速及功率。影响溶氧速率及混合状态。

(5) 发酵液黏度。影响细胞生长及灭菌状态。

(6) 冷却介质流量及温度。影响细胞生长及反应速率。

(7) 加热蒸汽压强。影响灭菌速度与时间。

(8) 酸碱及消泡剂用量。影响反应速度及灭菌度。

2. 化学参数

(1) pH、溶氧浓度、溶解 CO_2 浓度及氧化还原电位。影响反应速度及灭菌程度。

（2）排气的氧分压和 CO_2 分压。影响氧利用速率及反应速度。

（3）培养基质浓度。影响反应速率及转化率。

（4）产物浓度。影响生物反应速率。

3．生物量参数

（1）细胞浓度。影响反应速度和生产率。

（2）酶活性。影响反应速度。

（3）细胞生产速率。影响反应速度。

二、生化过程常用检测方法及仪器

1．检测方法及仪器

生物发酵生产中,生物反应器检测监控仪器最有代表性。可分成在线检测和离线测量,前者是由仪器的相关电极等来完成,通过直接与反应器内的培养基接触或连续从反应器中取样进行分析测定,如发酵液的溶氧浓度、pH、温度及罐压等;后者是从反应器中取样出来,然后用仪器分析或化学分析等方法进行检测(图 5-9)。

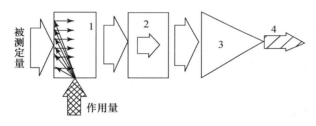

图 5-9　生物反应检测仪器的基本构成

1：传感器　2：信号转换　3：信号放大　4：输出显示

2．主要参数检测仪器

（1）灭菌的微孔陶瓷管或渗透膜管安置反应器内,可连续在线灭菌取样检测。

（2）温度测定。用温度检测仪表,包括热电阻检测器、半导体热敏电阻、热电偶和玻璃温度计等。

（3）压强检测。最常用的压强检测仪是隔膜式压力表。

（4）液位和泡沫高度检测。液位检测主要用压差法,即利用发酵罐或容器中上、下两点或三点间不同压强就可计算出料液量和液面高度;还可用电容法,采用电容式液面计。泡沫高度测定采用电极探针测定法。

（5）培养基和液体流量测定。采用流量计,如液体质量流量计、电磁流量计和漩涡流量计、转子流量计等。

（6）气体流量测定。检测气体流量的实用类型为体积流量型和质量流量型,体积流量型气体流量计是根据流动气体动能的转换及流动类型改变而检测其流量。质量流量型气体流量计是根据流体的固有性质,如质量、导电性、电磁感应及导热等特性而设计的。

（7）发酵液黏度检测。常用的黏度测定仪有振动式黏度传感仪、毛细管黏度计、回转式黏度计及涡轮式旋转黏度计等。

（8）搅拌转速和搅拌功率检测。前者常用方法是磁感应式、光感应式和测速发电机等三种测速仪来检测。后者用测定驱动电机功率,同时除去传动减速机的功率损失来检测。

(9) pH 检测。目前通用的 pH 测定仪是复合 pH 电极,其具有结构紧凑、可蒸汽加热灭菌的优点。测定范围是 0～14,黏度达 ±0.05～0.1pH,响应时间数秒至数十秒,灵敏度为 0.1pH。

(10) 溶氧浓度检测。检测仪器是溶氧电极。溶氧有两种表示方法,即饱和溶氧的百分数和溶氧值,可测定范围是 0～20 mg/L,灵敏度为 ±1%,满刻度读数,响应时间 10～60 s,精度 ±1%。

(11) 溶解 CO_2 浓度检测。采用溶解 CO_2 浓度测定仪,测定范围是 1.5～1500 g/m^3,精度 ±2%～5%,响应时间数十秒至数分钟,仪器的标点采用两点式。

(12) 氧化还原(ORP)的检测。采用氧化还原电极,检测范围在 -700～+700 mV,灵敏度 ±10 mV,响应时间数十秒至数分钟,精度 ±0.1%。

(13) 排气的氧分压和 CO_2 分压检测。前者用磁氧分析仪,测定范围为气体氧浓度 0.5%～100%,精度 ±1%～2%,响应时间为数秒至数十秒,灵敏度为 ±1%～2%。后者采用红外线二氧化碳测定仪和二氧化碳电极,测定范围 CO_2 浓度为 1%～100%,精度为 ±0.5%～1%。响应时间数秒,灵敏度为 ±1%～2%,但有相近红外光线吸收峰的其他气体对测定精度有影响。

(14) 细胞浓度测定。生物细胞浓度测定有全细胞浓度和活细胞浓度之分。全细胞浓度测定采用流通式浊度计,而活细胞浓度测定采用荧光活细胞浓度检测仪。

三、生物传感器的研究开发与应用

1. 生物传感器在微生物发酵检测上的应用

研究开发的流动细胞计数法的流式细胞检测仪,取代了细胞浓度检测中所采用的传统的血球计数器计数方法。对于培养基营养成分如糖类、营养盐及产物等分析检测,可用各种酶电极进行测定。

2. 生物传感器的类型

生物传感器可以分为酶电极、微生物电极、免疫电极及其他生物化学电极。这些电极由固定化的生物材料如酶、微生物、生物组织、动物细胞、抗体抗原等和适当的换能器件联合构成,换能器件把生化反应信号转换成可定量的检测信号,生物传感器具有特异性和多样性,可以制成各式各样生化物质的生物传感器,不需添加化学反应试剂,检测很方便且快速,还可自动检测和在线检测。但是,生物活性材料的灭菌、稳定性和实用寿命等技术问题需进一步解决。

(1) 酶电极。即酶传感器,主要由固定化酶膜与相应的各类电化学器件构成,酶电极中的生物催化剂——酶均须先固定,以获得活力稳定、响应特性好的酶膜。生物酶的专一性是酶传感器的特点,但在实际检测时,由于离子干扰和目的检测物质结构类似物的存在,也会影响酶电极的专一性,从而降低测量的准确性和精度。另外,酶的失活与固定化酶的渗漏影响酶电极的稳定性,pH 的过高、过低或有蛋白酶存在的被测溶液、检测操作条件、维护保存方法等都会影响酶电极的灵敏度、精度、线形测量范围、响应时间和使用寿命等。

（2）微生物电极。利用其中某种酶的催化作用，或多种酶即酶系的催化作用实现检测目的。主要有两种类型：① 微生物呼吸性测定型传感器；② 代谢产物电极活性物质测定型传感器。如图 5-10 所示。

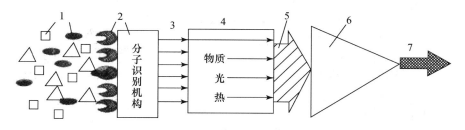

图 5-10 生物传感器的原理结构示意图

1. 待测物质 2. 传感器 3. 识别信息 4. 信号转换
5. 电信号 6. 信号放大 7. 数据处理与显示

（3）免疫电极。利用抗原、抗体的识别与结合功能，研制开发出免疫传感器。免疫电极具有重现性强、灵敏度和专一性高且检测速度快等优点。免疫电极可分成非标记免疫型和标记免疫型，主要用于识别和检测蛋白质类高分子有机物。

（4）生物传感器的换能器件。常用的生物传感器换能器件有以电化学为基础的电流型电极、离子选择电极、热敏器件、半导体器件、光电原理器件等。

四、发酵过程控制概论

对反应器进行适当的控制目的是创造良好条件，使生物催化剂处于高效的催化活性状态，以使所进行的生物反应高速、高效、收率高，从而降低原材料和能量消耗，同时保证产品质量。生物反应器的控制主要包括温度、pH、溶氧浓度（通气量与搅拌转速）、基质和细胞浓度等的控制。如图 5-11 所示。

（1）温度控制。生物反应最佳温度范围是比较狭窄的，需把温度控制在某一定值或区间内。对小型设备，常用半导体温度计或水银触点温度计作测温和控温用。而大型设备常用白金电阻温度计和半导体温度计。

（2）pH 控制。与温度的影响类似，生物反应最佳 pH 范围也是较狭窄的，发酵过程 pH 的检测控制是应用可耐受蒸汽加热灭菌的 pH 电极。pH 电极连接一滴定器可实现模拟控制，当发酵液的 pH 偏离设定值时，滴定器就启动给料泵以送入酸或碱进行调控。

（3）溶氧控制。可通过调节通风量、搅拌转速来实现。

（4）泡沫控制。为了控制发酵过程的泡沫，可使用化学消泡剂结合机械消泡器来控制。常用的消泡剂有天然油脂、聚醚、高级醇和硅酮等。同时应根据发酵液的性质，试验确定选用的化学消泡剂种类和用量，机械除泡器也需根据发酵液的类型和泡沫特点来选型。

（5）糖等基质浓度的控制。常用反馈控制糖添加的方法，从而达到控制生物反应系统基质浓度。虽然检测糖浓度的传感器不能耐受蒸汽加热灭菌，但可使用无菌取样系统与高效液相色谱仪连接，就可在线测定糖等基质的浓度。

无论是间歇式或连续式生物反应器，都包含着从培养基配制与灭菌、接种培养到产物

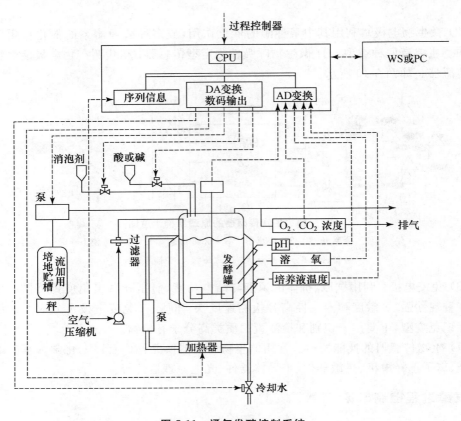

图 5-11 通气发酵控制系统

分离纯化等一系列过程。为实现高产低耗和安全操作,实施工程管理,通常使用定序器进行程序控制,或使用计算机系统进行自动或半自动管理控制。

思考与习题

（1）生物反应器有哪些类型？常用的通风发酵设备有几种？

（2）对于酒精发酵生物反应系统中需控制的主要参变量有哪些？分别采取何种方法或仪器进行检测？这些需控制的参变量与生物反应效能有何相关对应？

（3）论述好氧发酵罐和厌氧发酵罐的优缺点。

（4）简述植物细胞培养的培养器的类型及优缺点。

（5）画出机械搅拌式生物反应器的结构简图,并分别阐述各部件的作用。

下　篇

生物工程实验

第一单元 基 因 工 程

实验 1 黄单胞菌基因组 DNA 的提取

一、实验目的

学习和掌握基因组 DNA 的提取技术。

二、实验原理

DNA 的提取通常用于构建基因组文库、Southern 杂交(包括 RFLP)及 PCR 扩增目的基因等。利用基因组 DNA 较长的特性,可以将其与细胞器或质粒等小分子 DNA 分离。通过加入一定量的异丙醇或乙醇,基因组的大分子 DNA 即沉淀形成纤维状絮团飘浮其中,可用玻棒将其取出,而小分子 DNA 则只形成颗粒状沉淀附于壁上及底部,从而达到提取的目的。在提取过程中,染色体可能会发生机械断裂,产生大小不同的片段,因此,分离基因组 DNA 时应尽量在温和的条件下操作,如尽量减少苯酚/氯仿抽提、混匀过程要轻缓,以保证得到较长的 DNA。

本实验使用去垢剂十二烷基磺酸钠(SDS)使蛋白质变性并溶解细胞膜中的脂类,从而导致细胞裂解,再加入适当浓度的 NaCl 溶液将染色体 DNA 溶解并使蛋白质等杂质析出。随后通过苯酚-氯仿抽提去除残留的蛋白质,最后用异丙醇将 DNA 沉淀下来。

三、材料、仪器设备及试剂

1. 材料

培养过夜的 Xcc 8004 液体培养物;1.5 mL 塑料离心管(又称 eppendorf 管,简称 EP 管)。

2. 仪器设备

微量移液器(20,200,1000 μL),台式高速离心机。

3. 试剂

(1) 裂解缓冲液:Tris-Ac (40 mol/L,pH 7.8),NaAc(20 mol/L),EDTA(1 mol/L),1%(m/V) SDS。

(2) NaCl 溶液(5 mol/L)。

四、操作步骤

(1) 将 1.5 mL 细菌过夜培养液置于微量离心管内,12 000 r/min 离心 0.5 min。弃上清液。

（2）在沉淀物中加入 400 μL 裂解缓冲液,用吸管反复吹打使之重新悬浮。

（3）加入 5 mol/L NaCl 200 μL,充分混匀,12 000 r/min 离心 10 min,取上清液（约 600 μL）。

（4）加入等体积的苯酚∶氯仿(1∶1),混匀,离心(12000 r/min,10 min),将上清液转入另一新 EP 管中。

（5）向(4)中获得的上清液中加入等体积氯仿,混匀,离心(12 000 r/min,10 min),将上清液转入另一新 EP 管中。

（6）向管中加入等体积的异丙醇,混匀,置于室温 10 min,离心(4℃,12 000 r/min,15 min)。

（7）用 70% 乙醇洗涤沉淀,晾干。

（8）将已干的 DNA 溶于 30 μL TE 缓冲液中,−20℃保存。

五、思考题

在核酸分离与纯化操作过程中如何保持 DNA 的完整性?

实验 2　琼脂糖凝胶电泳检测 DNA

一、实验目的

（1）掌握琼脂糖凝胶电泳的基本原理。通过本实验学习琼脂糖凝胶电泳检测 DNA 或 RNA 的方法和技术。

（2）学习并掌握使用水平式电泳仪的方法。

二、实验原理

琼脂糖凝胶电泳是分离鉴定和纯化 DNA 片段的标准方法。琼脂糖是一种从海藻中提取出来的线状高聚物,当溶化再凝固后就会形成固体基质,其密度取决于溶液中所含琼脂糖的量。利用琼脂糖凝胶电泳分离核酸的基本原理是电荷效应和分子筛效应,核酸是两性电解质,其等电点为 pH 2~2.5,在常规的电泳缓冲液中,核酸分子带负电荷,在琼脂糖基质中,在电场的作用下向阳(正)极移动。不同的 DNA 或 RNA 片段由于其电荷、相对分子质量大小及构型的不同,在电泳时的泳动速率就不同,从而可以区分出不同的区带。电泳后通常用低浓度的荧光嵌入染料溴化乙锭(Ethidium bromide,EB)染色,在波长 254 nm 紫外光下 DNA 或 RNA 显橙红色荧光(至少可以检出 1~10 ng 的 DNA 条带),从而可以确定 DNA 片段在凝胶中的位置。此外,还可以从电泳后的凝胶中回收特定的 DNA 条带,用于以后的克隆操作。目前,一般实验室多用琼脂糖水平平板凝胶电泳装置进行 DNA 电泳。

由于 EB 的毒害性较强且对环境有危害,现常用其他较为安全的荧光嵌入式染料替代 EB 对核酸染色。

核酸在琼脂糖中迁移的速率由下列多种因素决定：① DNA 的分子大小;② 琼脂糖

浓度；③ DNA 分子的构象；④ 电源电压；⑤ 嵌入染料的存在；⑥ 离子强度影响等。

三、材料、仪器设备及试剂

1. 材料

待电泳 DNA：实验 1 提取的 DNA。

2. 仪器设备

水平电泳装置，电泳仪，微量移液器，微波炉或电炉，凝胶成像系统。

3. 试剂

(1) 琼脂糖(agarose)：进口或国产的电泳用琼脂糖均可。

(2) 核酸染料 GelRed。

(3) 5×TBE 电泳缓冲液：称取 Tris 54 g，硼酸 27.5 g，并加入 0.5 mol/L EDTA (pH 8.0) 20 mL，定容至 1000 mL。

(4) 6×电泳上样缓冲液：0.25％ 溴酚蓝，40％(V/V)甘油，储存于 4℃。

四、操作步骤

1. 胶液的制备

称取琼脂糖 0.16 g，置于 100 mL 锥形瓶中，加入 0.5×TBE 稀释缓冲液 20 mL，放入微波炉中(或电炉上)加热至琼脂糖全部溶化，取出摇匀，此为 0.8％琼脂糖凝胶液。加热过程中要不时摇动，使附于瓶壁上的琼脂糖颗粒进入溶液。加热时应盖上封口膜，以减少水分蒸发。

2. 胶板的制备

(1) 倒胶。将载胶板放入制胶槽内，插上样品梳，待凝胶液冷却至约 60℃(即手可以握住瓶子的温度)时，将其倒入制胶板。

注意：制胶的桌面相对水平。倒胶时尽量减少气泡的产生。倒胶时的温度不可太低，否则凝固不均匀，速度也不可太快，否则容易出现气泡。

(2) 室温凝胶 30 min。凝胶过程中不要碰到梳子，尽量保持胶的位置不移动。时间不宜过久，否则易导致胶干燥变形；也不宜过短，否则会影响胶内部孔径形成。

(3) 拔梳子，放入电泳槽。待胶完全凝固后缓缓地将梳子垂直从梳孔拔出，尽可能使梳子上各齿同时从胶孔中拔出，注意不要损伤梳子底部的凝胶。将胶板放入电泳槽电泳液中浸泡。电泳液要浸没胶 1 mm。

3. 加样

取自行提取的 DNA 样品 10 μL，与预混有 GelRed 的 6×上样缓冲液 2 μL 混匀，用微量移液器小心沿着胶孔的边缘将样品匀速加入加样孔中。尽量避免碰坏胶孔。枪头不要吸过多的气泡，拔起时不要过猛以免带出样品。若 DNA 含量偏低，则可依上述比例增加上样量，但总体积不可超过加样孔容量。注意，上样时要小心操作，避免损坏凝胶或将样品槽底部凝胶刺穿。

4．电泳

加完样后,调节电泳仪参数,电压 100～150 V,电流在 40 mA 以上。当上样缓冲液中的溴酚蓝条带移动到距凝胶前沿约 2 cm 时,停止电泳。

5．观察和拍照

在凝胶成像系统上观察染色后的电泳胶板并拍照。

五、注意事项

（1）从微波炉中取出锥形瓶时注意防止烫伤。

（2）必须等凝固完全才能拔出梳子。

（3）电泳开始时注意电源的正负极。

（4）电泳进行时电泳槽内有较高电压,必须在确认断电后才能打开电泳槽取放凝胶或上样。

（5）GelRed 虽然比其他的核酸染料安全,但作为核酸嵌入式染料,其仍然有一定的毒害风险。在处理含有 GelRed 的上样缓冲液和琼脂糖凝胶时必须戴手套。避免将含有 GelRed 的溶液沾染到衣物或实验室环境中。妥善处理使用过的琼脂糖凝胶。

六、思考题

（1）为什么 DNA 分子带负电荷?

（2）琼脂糖凝胶浓度对 DNA 电泳有何影响?

（3）上样缓冲液的作用是什么?

（4）不同构型的 DNA 在琼脂糖凝胶电泳时的速率相同吗?

（5）如果电泳结果出现以下情形之一,你认为可能是什么原因导致的?

　　① 紫外光下没有检测到样品;　　② 样品跑歪了;

　　③ 拖尾模糊;　　④ DNA 条带不够窄且不够均匀。

实验 3　质粒 DNA 的提取

一、实验目的

了解提取质粒 DNA 的原理,学习和掌握质粒 DNA 提取的方法和技术。

二、实验原理

质粒 DNA 是一种独立于染色体 DNA 之外的环状 DNA 小分子,通常只有数千个碱基对,具有自行复制的能力。在生物技术的应用中,质粒是携带外源基因进入细菌中扩增或表达的重要媒介物。质粒作为基因运载工具在基因工程中具有极广泛的应用价值,而质粒的分离与提取是实验室中最常用、最基本的实验技术。

目前应用于提取质粒 DNA 的方法有多种,不外乎以下三个基本步骤:培养细菌使质粒扩增;收集和裂解细菌;分离和纯化质粒 DNA。

最常用的碱裂解法具有效率高、价廉、简单易学等优点。其原理是先用强碱使细胞破裂释放出质粒 DNA 及染色体 DNA。在强碱性中,DNA 双链分离,呈单链状态。此时加入酸中和,使单链 DNA 复性为双链 DNA。在中和反应中,染色体 DNA 由于分子庞大,长链不同区段之间的碱基发生错配,形成杂乱无序的巨大分子,使其水溶解性降低而易与其他蛋白组分一起被沉淀下来。相反,质粒 DNA 因分子小,两条单链 DNA 恢复原碱基配对较快而易溶于水中。故此时只需进行离心,染色体 DNA 就会与细胞碎片一起被沉淀出来,而质粒 DNA 仍然留在上清液中,达到了分离的目的。留在上清液中的质粒 DNA 在随后可以用异丙醇或乙醇沉淀的方法回收。

三、材料、仪器设备及试剂

1. 材料

含有 pET30a 质粒的大肠杆菌菌株 BL21(DE3) 的过夜培养物;1.5 mL EP 管,离心管架。

2. 仪器设备

微量移液器(20,200,1000 μL),台式高速离心机,恒温振荡摇床,高压蒸汽消毒器(灭菌锅),涡旋振荡器,电泳仪,琼脂糖平板电泳装置和恒温水浴锅等。

3. 试剂

(1) LB 液体培养基(Luria-Bertani):称取蛋白胨(Tryptone)10 g,酵母提取物(Yeast extract)5 g,NaCl 10 g,溶于 800 mL 去离子水中,用 NaOH 调 pH 至 7.0,加去离子水至总体积 1 L,分装后高压蒸汽灭菌 121℃,20 min。

(2) LB 固体培养基:LB 液体培养基中每升加 12 g 琼脂粉,高压灭菌。

(3) 卡那霉素(Kanamyin,Km)母液:配成 7.5 mg/mL 水溶液,4℃保存备用。

(4) 3 mol/L NaAc (pH 5.2):50 mL 水中溶解 NaAc·3H$_2$O 40.81 g,用冰醋酸调 pH 至 5.2,加水定容至 100 mL,分装后高压灭菌,储存于 4℃冰箱。

(5) 溶液Ⅰ:50 mmol/L 葡萄糖,25 mmol/L Tris-Cl (pH 8.0),10 mmol/L EDTA (pH 8.0)。溶液Ⅰ可成批配制,每瓶 100 mL,高压灭菌 15 min,储存于 4℃冰箱。

(6) 溶液Ⅱ:0.2 mol/L NaOH(临用前用 10 mol/L NaOH 母液稀释),1% SDS (m/V)。

(7) 溶液Ⅲ:5 mol/L KAc 60 mL,冰醋酸 11.5 mL,H$_2$O 28.5 mL,定容至 100 mL,并高压灭菌。溶液终浓度为:K$^+$ 3 mol/L,Ac$^-$ 5 mol/L。

(8) RNA 酶 A 母液:将 RNA 酶 A 溶于 10 mmol/L Tris-Cl(pH 7.5),15 mmol/L NaCl 中,配成 10 mg/mL 的溶液,于 100℃加热 15 min,使混有的 DNA 酶失活。冷却后用 1.5 mL EP 管分装成小份保存于 −20℃。

(9) 饱和酚:加入 0.1% 的 β-羟基喹啉(作为抗氧化剂),并经等体积的 0.5 mol/L Tris-Cl (pH 8.0) 和 0.1 mol/L Tris-Cl(pH 8.0)缓冲液反复抽提使之饱和,并使其 pH 达到 7.6 以上,因为酸性条件下 DNA 会分配于有机相中。

(10) 氯仿-异戊醇抽提液:按氯仿:异戊醇=24:1 体积比加入异戊醇。氯仿可使蛋白变性并有助于液相与有机相的分开,异戊醇则可消除抽提过程中出现的泡沫。

(11) TE 缓冲液：10 mmol/L Tris-Cl (pH 8.0)，1 mmol/L EDTA (pH 8.0)。高压灭菌后储存于 4℃冰箱中。

四、操作步骤

1. 细菌的培养和收集

将含有质粒 pET30a 的大肠杆菌 DH5α 菌种接种在 LB 固体培养基（含 25 μg/mL Km）上，37℃培养 12～24 h。用无菌牙签挑取单菌落接种到 5 mL LB 液体培养基（含 25 μg/mL Km）中，37℃振荡培养约 12 h 至对数生长后期。

2. 碱裂解法少量快速提取质粒 DNA

(1) 取 1.5 mL 细菌培养液倒入 1.5 mL 离心管中，室温 12 000 r/min 离心 0.5 min。弃上清液，将管倒置于吸水纸上数分钟，使液体流尽。

(2) 菌体沉淀重悬于 100 μL 预冷的溶液 I 中，剧烈振荡使菌体分散均匀。

(3) 加入新配制的溶液 II 200 μL，盖紧管口，快速温和颠倒离心管数次，以混匀内容物（千万不要振荡）。并将离心管放置于冰上 2～3 min，使细胞膜裂解（溶液 II 为裂解液，故离心管中菌液逐渐变清）。

(4) 加入预冷的溶液 III 150 μL，盖紧管口，温和颠倒离心管使沉淀混匀，见白色絮状沉淀，可在冰上放置 3～5 min。（溶液 III 为中和溶液，此时质粒 DNA 复性，染色体和蛋白质不可逆变性，形成不可溶复合物，同时 K^+ 使 SDS-蛋白复合物沉淀。）4℃，12 000 r/min 离心 5～10 min。

(5) 将上清液（约 350 μL）移入新的离心管中，加入等体积的苯酚-氯仿（1：1）抽提液，振荡混匀。然后 4℃下，12 000 r/min 离心 10 min。

(6) 将上层水相移入新的离心管中，加入等体积的氯仿，振荡混匀。4℃，12 000 r/min 离心 10 min。

(7) 将上层水相移入新的离心管中，加入 1/10 3 mol/L NaAc 和 2 倍体积的无水乙醇，振荡混匀后置于 −20℃冰箱中 20 min。然后 4℃下，12 000 r/min 离心 15 min。

(8) 弃上清液，将管口敞开倒置于吸水纸上使所有液体流出，用 1 mL 75％乙醇洗沉淀 1～2 次，4℃下 12 000 r/min 离心 5～10 min，弃上清液，将沉淀在室温下晾干。

(9) 沉淀溶于 20 μL TE 缓冲液（pH 8.0）中，−20℃保存备用。

五、注意事项

(1) 提取过程应尽量保持低温。

(2) 提取质粒 DNA 过程中除去蛋白很重要，采用苯酚/氯仿抽提液去除蛋白效果较单独用酚或氯仿要好，将蛋白尽量除干净需多次抽提。

(3) 酚和氯仿均有很强的毒性，操作时应戴手套。

(4) 沉淀 DNA 通常使用冰乙醇，在低温条件下放置时间稍长可使 DNA 沉淀完全。沉淀 DNA 也可用异丙醇（一般使用等体积），且沉淀完全，速度快，但常把盐沉淀下来，所以大多时候还是用乙醇。

六、思考题

（1）进行细菌培养时，培养基中为什么加入卡那霉素？

（2）质粒的基本性质有哪些？

（3）提取过程中，加入溶液Ⅱ和溶液Ⅲ时各有什么现象？

（4）加入溶液Ⅰ、溶液Ⅱ、溶液Ⅲ的作用分别是什么？

实验4　聚合酶链式反应(PCR)扩增DNA片段

一、实验目的

通过本实验了解聚合酶链式反应（PCR）的基本原理，掌握PCR扩增的基本操作及PCR产物的检测及纯化方法。

二、实验原理

PCR是一种在体外选择性扩增DNA的方法。它包括三个基本步骤：① 变性：使含有目的DNA序列的DNA双链分子在94℃下解链；② 退火：两种寡核苷酸引物在适当温度（约60℃）下与模板上的目的序列通过氢键配对；③ 延伸：在 Taq DNA聚合酶合成DNA的最适温度下，以目的DNA为模板进行DNA的合成。由这三个基本步骤组成一轮循环，理论上每一轮循环将使目的DNA序列扩增1倍。这些经合成产生的DNA又可作为下一轮循环的模板。因此经 $25\sim35$ 轮循环就可使目标DNA序列扩增达 10^6 倍以上。本实验设计以 Xcc 8004的总DNA为模板，通过PCR扩增其中一个长度为711 bp的片段。

三、材料、仪器设备及试剂

1. 材料

（1）Xcc 8004的总DNA，本实验室制备。

（2）引物委托上海生物工程有限公司合成。

上游引物序列：5′-GGGGGATCC ATGAGCCTAGGGAACACGACGG-3′

（5′端添加 BamHⅠ酶切位点）

下游引物序列：5′-GGGAAGCTT TTAGCGGTGCCGTACAACACG-3′

（5′端添加 $Hind$Ⅲ酶切位点）

2. 仪器设备

PCR仪，台式离心机，微量移液器，经高压灭菌后的微量离心管，PCR薄壁管，琼脂糖凝胶电泳系统等。

3. 试剂

（1）10×PCR反应缓冲液（不含 $MgCl_2$）；$MgCl_2$（25 mmol/L）；4 种 dNTP 混合物（dNTP mix），每种 2.0 mmol/L；Taq DNA聚合酶，5U/μL；

（2）DNA 相对分子质量标记(DNA markers)：GeneRuler™ 100 bp Plus DNA Ladder；

（3）PCR 纯化试剂盒：博日科技的 Biospin PCR 产物纯化试剂盒。

四、操作步骤

1. PCR 扩增目的基因

（1）在 200 μL 薄壁管中依次混匀下列试剂：

10×PCR 反应缓冲液	5 μL
25 mmol/L MgCl₂	4 μL
dNTP(各 2.0 mmol/L)	4 μL
上游引物(引物 1)	1 μL
下游引物(引物 2)	1 μL
Xcc 8004 总 DNA(约 1 ng)	1 μL
ddH₂O	34 μL

（2）混匀后迅速离心数秒，使管壁上液滴沉至管底，加入 *Taq* DNA 聚合酶(0.5 μL 约 2.5 U)，混匀后稍离心，放入 PCR 扩增仪。

（3）设定反应程序：

94℃	2 min	
94℃	30 s	
56℃	30 s	循环30次
72℃	60 s	
72℃	10 min	
4℃	30 min	

（4）进行反应循环。模板 DNA 在高温下(94℃)变性；合成引物在低温(56℃)与模板 DNA 互补退火形成部分双链；中温(72℃)，在 *Taq* DNA 聚合酶作用下，以 dNTP 为原料，引物为复制起点，模板 DNA 的一条双链在解链和退火之后延伸为两条双链。如此循环改变反应温度即高温变性、低温退火、中温延伸，这三次改变温度为一个循环。每循环一次，使特异区段 DNA 拷贝数增加 1 倍，一般 30 次循环。最后一轮循环结束后，于 72℃下保温10 min，使反应产物扩增充分。之后迅速降至 4℃保存。产物用于电泳检测。

2. 电泳检查 PCR 产物

按实验 2 所述，取 10 μL 扩增产物用 1%琼脂糖凝胶进行电泳分析，检查反应产物及长度。

3. PCR 产物的纯化

（1）酚-氯仿抽提法。

扩增的 PCR 产物如利用 T-Vector 进行克隆，可直接使用，如用平末端或黏性末端连接，往往需要将产物纯化。

① 取反应产物加 TE 缓冲液 100 μL。

② 加等体积的酚-氯仿-异戊醇，混匀后在台式离心机上 10 000 r/min 离心 5 min。

③ 小心吸取上层水相。

④ 重复步骤②回收上层水相。

⑤ 在水相中加 2 倍体积无水乙醇，−20℃下放置 30 min。

⑥ 在小离心机上 10 000 r/min 离心 10 min，弃上清液。加入 70％乙醇 1 mL，稍离心后，吸净上清液。重复洗涤沉淀 2 次。将沉淀溶于 20 μL ddH$_2$O 中，待用。

（2）PCR 纯化试剂盒纯化法。

PCR 产物纯化步骤如下（以博日科技 Biospin PCR 产物纯化试剂盒为例）：

① 将 PCR 反应产物或其他酶促反应物移入 1.5 mL 离心管中。

② 按 PCR 反应产物体积的 2 倍加入 DNA Binding Buffer。每次加入的 DNA Binding Buffer 最大体积不宜超过 200 μL。

③ 将混合液全部转移到 Spin Column 内。

④ 于 6000 g 离心 1 min，并弃去接液管内液体。

⑤ 向 Spin Column 内加 Wash Buffer 650 μL，于 12 000 g 离心 30～60 s，并弃去接液管内液体。

⑥ 重复第⑤步一次。

⑦ 再次于 12 000 g 离心 1 min，然后将 Spin Column 转移到无菌的 1.5 mL 离心管中。如不进行该步离心，则无法保证离心柱内残液被彻底清除。

⑧ 向 Spin Column 内加 Elution Buffer 50 μL、去离子水或 TE 缓冲液，并于室温静置 1 min。可根据实验的实际需求决定洗脱液用量。

⑨ 于 12 000 g 离心 1 min，1.5 mL 离心管内液体中含有目的 DNA 片段。

⑩ 提取的 DNA 可直接用于各类下游分子生物学实验，如果不立即使用，应保存于 −20℃。

五、注意事项

（1）PCR 非常灵敏，操作应尽可能在无菌操作台中进行。

（2）吸头、离心管应高压灭菌，每次吸头用毕应更换，不要互相污染试剂。

（3）加试剂前，应短暂离心 10 s，然后再打开管盖，以防手套污染试剂及管壁上的试剂污染吸头侧面。

（4）应设含除模板 DNA 之外的所有其他成分的负对照。

（5）加完各组分后要注意将薄壁管盖盖紧。

（6）酶要最后加，加酶后尽快上机，否则就放置于冰上保存。

六、思考题

（1）PCR 进行的基本条件是什么？PCR 每一循环由哪几个步骤组成？

（2）为什么 PCR 反应过程使用三个不同的温度变化？降低退火温度对反应有何影响？

（3）延长变性时间对反应有何影响？

（4）用 PCR 扩增目的基因，要想得到特异性产物需注意哪些事项？

实验 5　DNA 的限制性内切酶酶切

一、实验目的

了解限制性内切酶及酶切的条件,掌握酶切反应操作和通过电泳的方法对酶切效果进行鉴定的操作。

二、实验原理

限制酶能特异地结合于一段被称为限制性酶识别序列的 DNA 序列,并在识别位点之内或其附近的特异位点上修饰或切割双链 DNA。它可分为三类:Ⅰ类和Ⅲ类酶在同一蛋白质分子中兼有识别切割和修饰(甲基化)作用,且其活性依赖于 ATP 的存在。Ⅰ类酶结合于识别位点并随机地切割识别位点不远处的 DNA 双链,而Ⅲ类酶在较长的识别位点(20 bp 以上)上切割 DNA 分子,然后从底物上解离。Ⅱ类由两种酶组成:一种为限制性核酸内切酶,它能识别并切割某一特异的核苷酸序列;另一种为独立的甲基化酶,它修饰同一识别序列。

Ⅱ类限制酶中的限制性核酸内切酶在分子克隆中得到了广泛应用,它们是 DNA 重组技术的基础。绝大多数Ⅱ类限制酶识别长度为 4 至 6 个核苷酸的回文对称特异核苷酸序列(如 $EcoR$ Ⅰ识别六个核苷酸序列:5′- G ↓ AATTC-3′),有少数酶识别更长的或是具有简并性的序列。Ⅱ类酶切割位点在识别序列时,有的在对称轴处切割,产生平末端的 DNA 片段(如 Sma Ⅰ:5′-CCC ↓ GGG-3′);有的切割位点在对称轴一侧,产生带有单链突出末端的 DNA 片段称黏性末端:如 $EcoR$ Ⅰ切割识别序列后产生两个互补的黏性末端:

$$5′\cdots G^\downarrow AATTC\cdots3′　\rightarrow　5′\cdots G— \qquad —AATTC\cdots3′$$
$$3′\cdots CTTAA_\downarrow G \cdots5′　\rightarrow　3′\cdots CTTAA— \qquad —G\cdots5′$$

DNA 纯度、缓冲液成分、反应温度及限制性内切酶本身都会影响限制性内切酶的活性。大部分限制性内切酶不受 RNA 或单链 DNA 的影响。当微量的污染物进入限制性内切酶贮存液中时,会影响其进一步使用,因此在吸取限制性内切酶时,每次都要用新的吸管头。

限制性内切酶主要用于基因组 DNA 的片段化、重组 DNA 分子的构建与鉴定、载体中的目的基因片段的分离与回收以及 DNA 分子物理图谱的构建等。根据酶切目的的不同,可采用单酶切、双酶切和部分酶切等不同的方法。根据酶切反应体积不同,又可分为小量酶切反应和大量酶切反应等。一般情况下,小量酶切反应用于质粒等的酶切鉴定,体积为 20 μL,大量酶切反应用于制备目的基因片段,体积为 50～100 μL。本实验安排的是用 $Hind$Ⅲ和 BamHⅠ对质粒和 PCR 产物的双酶切。

三、材料、仪器设备及试剂

1. 材料

(1) DNA:① 质粒 DNA:自行提取的质粒 pET30a;② 实验 4 所获得的经纯化的 PCR 产物。

（2）限制性内切酶 *Hind*Ⅲ 及其酶切缓冲液、*Bam*HⅠ 及其相应酶切缓冲液：购买成品。

（3）琼脂糖：进口或国产的电泳用琼脂糖。

2. 仪器设备

微量移液器，恒温水浴锅，台式高速离心机，琼脂糖凝胶电泳系统，凝胶成像系统等。

3. 试剂

（1）5×TBE 电泳缓冲液：称取 Tris 54 g，硼酸 27.5 g，并加入 0.5 mol/L EDTA（pH 8.0）20 mL，定容至 1000 mL。

（2）6×电泳上样缓冲液：0.25% 溴酚蓝，40%（V/V）甘油，贮存于 4℃。

（3）溴化乙锭（EB）溶液母液：将 EB 配制成 10 mg/mL，用铝箔或黑纸包裹容器，储于室温即可。

（4）博日科技的 BioSpin 胶回收试剂盒。

四、操作步骤

1. DNA 酶切反应

（1）将清洁干燥并经灭菌的 EP 管编号，用微量移液器分别在不同管中加入质粒 DNA 样品 1 μg 和 PCR 纯化产物。分别在不同管中加入限制性内切酶反应 10×缓冲液 2 μL，再加入重蒸水使总体积为 18 μL，将管内溶液混匀。最后每管分别加入 *Hind*Ⅲ 和 *Bam*HⅠ 酶液各 1 μL，用手指轻弹管壁使溶液混匀。用微量离心机短暂离心，使溶液集中在底部。

（2）混匀反应体系后，将 EP 管置于适当的支持物上（如插在泡沫塑料板上），37℃水浴保温 2~3 h，使酶切反应完全。

2. 电泳检测质粒酶切是否完全

参照实验 2，吸取 2 μL 的质粒酶切反应液进行琼脂糖凝胶电泳，如果酶切完全，可观察到单一的 DNA 条带。

3. 酶切反应液的纯化

（1）苯酚-氯仿抽提法：

① 在酶切反应液中加入重蒸水使总体积为 100 μL，再加入等体积的苯酚-氯仿，混匀后 10 000 r/min 离心 10 min。

② 小心吸取上清液至一干净的 EP 管中，加入 2 倍体积的冰冻无水乙醇，混匀后冰箱 −20℃放置 30 min，10 000 r/min 离心 10 min。

③ 弃上清液，沉淀用 75% 乙醇洗 1 次。

④ 沉淀在室温干燥后用 20 μL TE 缓冲液或重蒸水溶解，−20℃保存备用。

注意：使用苯酚-氯仿纯化损失 DNA 量较大，而且经此法处理的酶切质粒载体被切下的小片段对后续的连接效果有影响。

（2）试剂盒纯化法：

PCR 产物酶切后可用 PCR 纯化试剂盒纯化，步骤参见实验 4。质粒酶切完全后进行

电泳,用试剂盒进行胶回收。步骤如下(以博日科技 Biospin 胶回收试剂盒为例):

① 用干净、锋利的手术刀,将含有 DNA 片段的琼脂糖凝胶切下,放入 1.5 或 2.0 mL 离心管中。请尽量切去不包含 DNA 片段的凝胶。一般情况下,电泳的 DNA 上样量≥50 μL(50 μL 为最终洗脱体积)。

② 按 1∶3 的比例(凝胶质量毫克数∶溶胶液体积毫升数)加入 Extraction Buffer。

例如,100 mg 凝胶应加入 300 μL Extraction Buffer。对于每人份试剂用量,凝胶质量不能超过 400 mg。

③ 于恒温水浴或金属浴中 50℃温育,直到凝胶融化。

一般温育时间为 10 min。温育过程中每隔 2~3 min 混匀一次。如果温育后,混合液颜色变紫,可加入 3 mol/L KAc(pH 5.0)10 μL,使混合液颜色变回黄色。

④ 可选:按 1∶1 的比例(凝胶质量毫克数∶异丙醇体积毫升数)加入异丙醇,并混合均匀。

如 DNA 片段介于 500 bp 和 4 kb 之间,不需要加异丙醇。

⑤ 将混合液全部转移到 Spin Column 内,于 6000 g 离心 1 min,并弃去接液管内液体。

如混合液体积大于 750 μL,可先转移 750 μL,其余的液体待离心弃液后,再转移。

⑥ 向 Spin Column 内加 Extraction Buffer 500 μL,于 12 000 g 离心 30~60 s,并弃去接液管内液体。

⑦ 向 Spin Column 内加 Wash Buffer 750 μL,于 12 000 g 离心 30~60 s,并弃去接液管内液体。

如果回收的 DNA 片段将用于盐浓度敏感的实验,在加入 Wash Buffer 后应静置 2~5 min,再离心。

⑧ 再次于 12 000 g 离心 1 min,然后将 Spin Column 转移到无菌的 1.5 mL 离心管中。

如不进行该步离心,则无法保证离心柱内残液被彻底清除。

⑨ 向 Spin Column 内加 Elution Buffer、水或 TE 缓冲液 50 μL,并于室温静置 1 min。可根据实验的实际需要决定 Elution Buffer 用量,但不要低于 20 μL。

⑩ 于 12 000 g 离心 1 min,微量离心管内溶液中含有目的 DNA 片段。

回收的 DNA 可直接用于各类下游分子生物学实验,如果不立即使用,应保存于 −20℃。

五、注意事项

(1) 酶切时所加的 DNA 溶液体积不能太大,否则 DNA 溶液中其他成分会干扰酶反应。

(2) 酶活力通常用酶单位(U)表示,酶单位的定义是:在最适反应条件下,1 h 完全降解 1 μg λDNA 的酶量为一个单位,但是许多实验制备的 DNA 不像 λDNA 那样易于降解,需适当增加酶的使用量。反应液中加入过量的酶是不合适的,除考虑成本外,酶液中的微量杂质可能干扰随后的反应。

六、思考题

如果一个 DNA 酶解液在电泳后发现 DNA 未被切割，你认为可能是什么原因？

实验 6　重组 DNA 分子的构建

一、实验目的

掌握用 DNA 连接酶将具有匹配末端的外源片段和载体重组连接的反应原理,掌握相关的操作步骤。

二、实验原理

质粒具有稳定可靠和操作简便的优点。如果需要克隆较小($<10\ kb$)且结构简单的 DNA 片段,质粒比其他任何载体都要理想。在质粒载体上进行克隆,从原理上说是很简单的。先用限制性内切酶切割质粒 DNA 和目的 DNA 片段,然后体外使两者相连接。再用所得到重组质粒转化宿主细菌,使重组质粒在宿主细菌内增殖即可。但在实际工作中,区分插入有外源 DNA 的重组质粒和无插入而自身环化的载体分子是较为困难的。通过调整连接反应中外源 DNA 片段和载体 DNA 的浓度比例,连接中可以将载体的自身环化限制在较低的水平之下。也可在连接中采取一些特殊的克隆策略,如将载体去磷酸化等来最大限度地降低载体的自身环化的概率。还可以在转化后利用一些遗传学手段,如,α-互补现象等来鉴别重组子和非重组子。

外源 DNA 片段和质粒载体的连接反应策略有以下几种:

(1) 载体和外源片段两端分别带有相同的非互补黏性末端。

用两种不同的限制性内切酶进行消化可以产生带有非互补的黏性末端,这也是最容易克隆的 DNA 片段,一般情况下,常用质粒载体均带有多个不同限制酶的识别序列组成的多克隆位点,因而几乎总能找到与外源 DNA 片段末端匹配的限制酶切位点的载体,从而将外源片段定向地克隆到载体上。也可在 PCR 扩增时,通过设计合适的引物在 DNA 片段两端人为地加上不同酶切位点以便与载体相连。

(2) 载体和外源片段两端均带有相同的黏性末端。

用相同的酶或同尾酶处理可得到这样的末端。由于质粒载体也必须用同一种酶消化,亦得到同样的两个相同黏性末端,因此在连接反应中,外源片段和质粒载体 DNA 均可能发生自身环化或几个分子串联形成寡聚物,而且正反两种连接方向都可能有。所以,必须仔细调整连接反应中两种 DNA 的浓度,以便使正确的连接产物的数量达到最高水平。还可将载体 DNA 的 $5'$ 磷酸基团用碱性磷酸酯酶去掉,最大限度地抑制质粒 DNA 的自身环化。带 $5'$ 端磷酸的外源 DNA 片段可以有效地与去磷酸化的载体相连,产生一个带两个缺口的开环分子,其在转入 *E. Coli* 受体菌后的扩增过程中缺口可自动修复。

(3) 载体和外源片段均带有平末端。

这种平末端是由产生平末端的限制酶或核酸外切酶消化产生,或由 DNA 聚合酶补平所致。由于平端的连接效率比黏性末端要低得多,故在其连接反应中,T_4 DNA 连接酶的浓度和外源 DNA 及载体 DNA 浓度均要高得多。通常还需加入低浓度的聚乙二醇（PEG 8000）以促进 DNA 分子凝聚成聚集体以提高转化效率。

特殊情况下，外源 DNA 分子的末端与所用的载体末端无法相互匹配，则可以在线状质粒载体末端或外源 DNA 片段末端接上合适的接头（linker）或衔接头（adapter）使其匹配，也可以有控制地使用 *E. Coli* DNA 聚合酶Ⅰ的 Klenow 大片段部分填平 3′凹端，使不相匹配的末端转变为互补末端或转为平末端后再进行连接。

本实验是以实验 5 中限制性核酸内切酶 *Hind*Ⅲ和 *Bam*HⅠ对质粒 pET30a 和 PCR 产物的双酶切得到的质粒 DNA 与外源 DNA 片段进行的连接反应。

三、材料、仪器设备及试剂

1. 材料

（1）外源 DNA 片段：实验 5 中自行制备，经 *Hind*Ⅲ和 *Bam*HⅠ酶切 PCR 产物，浓度已知；

（2）载体 DNA 片段：pGEM-3zf 经与酶切外源 DNA 片段相同的限制性内切酶酶切，浓度已知。

2. 仪器设备

台式高速离心机，恒温水浴锅，微量移液器。

3. 试剂

T_4 DNA 连接酶（T_4 DNA ligase）及连接反应缓冲液（10×）。

四、操作步骤

1. 用于连接的质粒载体与外源 DNA 的电泳检查

取实验 5 所得的酶切并纯化的质粒载体与 PCR 产物（外源 DNA）2 μL，参照实验 2 进行电泳，对比二者的亮度；或通过与 DNA 分子标记物对比，估计二者的浓度。

2. 连接反应

（1）取新的经灭菌处理的 0.5 mL EP 管，编号。

（2）将载体 DNA 0.1 μg 转移到无菌离心管中，加 3 倍物质量的外源 DNA 片段。

（3）加蒸馏水至体积为 8 μL，于 45℃保温 5 min，以使重新退火的黏端解链。将混合物冷却至 0℃。

（4）加入 10×T_4 DNA 连接酶缓冲液 1 μL，T_4 DNA 连接酶 0.5 μL，混匀后用微量离心机将液体全部甩到管底，于 16℃保温 8～24 h。

同时做二组对照反应：其中一组有质粒载体无外源 DNA；另一组有外源 DNA 片段没有质粒载体。

五、注意事项

（1）DNA 连接酶用量与 DNA 片段的性质有关，连接平齐末端，必须加大酶量，一般为连接黏性末端酶量的 10～100 倍。

（2）在连接带有黏性末端的 DNA 片段时，DNA 浓度一般为0.1～1 pmol/mL，在连接平齐末端时，需加入 DNA 浓度至 100～200 mg/mL。

（3）连接反应后，反应液在 0℃储存数天，－80℃储存 2 个月，但是在－20℃冰冻保存将会降低转化效率。

（4）黏性末端形成的氢键在低温下更加稳定，所以尽管 T₄ DNA 连接酶的最适反应温度为 37℃，在连接黏性末端时，反应温度以 10～16℃为好，平齐末端则以 15～20℃为好。

六、思考题

影响 DNA 连接反应的因素有哪些？

实验7　化学转化法感受态大肠杆菌的制备与转化

一、实验目的

掌握氯化钙法制备感受态细胞和化学转化的操作及原理，了解 α-互补现象的原理，掌握利用 α-互补现象鉴别重组体和非重组体的方法。

二、实验原理

转化(transformation)是将外源 DNA 分子引入受体细胞，使之获得新的遗传性状的一种手段。它使得体外构建的重组 DNA 分子可以进行增殖与表达。自然条件下，很多质粒都可通过细菌接合作用转移到新的宿主内。但在人工构建的质粒载体中，一般缺乏这种转移所必需的 *mob* 基因，因此不能自行完成从一个细胞到另一个细胞的接合转移。如需将质粒载体转移进受体细菌，需诱导受体细菌产生短暂的感受态以摄取外源 DNA。

转化过程所用的受体细胞一般是限制修饰系统缺陷的变异株，即不含限制性内切酶和甲基化酶的突变体(R⁻，M⁻)，它可以容忍外源 DNA 分子进入体内并稳定地遗传给后代。受体细胞经过一些特殊方法(如电击法，CaCl₂，RbCl(KCl)等化学试剂法)的处理后，细胞膜的通透性发生了暂时性的改变，成为能允许外源 DNA 分子进入的感受态细胞(competent cells)。进入受体细胞的 DNA 分子通过复制和表达实现遗传信息的转移，使受体细胞出现新的遗传性状。将经过转化后的细胞在筛选培养基中培养，即可筛选出转化子(transformant，即带有异源 DNA 分子的受体细胞)。

本转化实验采用的是 CaCl₂ 法制备的 *E. coli* DH5α 感受态细胞。其原理是细胞处于 0～4℃时，在含有 CaCl₂ 的低渗溶液中，大肠杆菌细胞膨胀成球状。转化混合物中的 DNA 形成抗 DNA 酶的羟基-钙磷酸复合物黏附于细胞表面，经 42℃ 90 s 热激处理，促进细胞吸收 DNA。之后将细菌放置在非选择性培养基中保温一段时间，促使在转化过程中获得新的表型，即选择性基因得以表达，然后将此细菌培养物涂在选择性培养基上，倒置培养过夜，即可获得期待的细菌菌落。

本实验将先制备感受态大肠杆菌，再把实验 6 所得的连接反应混合物转化感受态细胞。由于 pET30a 上带有 *km*ʳ 基因，故重组子的筛选采用 Km 抗性筛选。pET30a 带有 *km*ʳ 基因而外源片段上不带该基因，故转化受体菌后只有带有 pET30a 的转化子才能在含有 Km 的 LB 平板上存活下来；而只带有自身环化的外源片段的转化子则不能存活。

在其他一些质粒载体上，其准备用于连接外源片段的多克隆位点（MCS）会位于一段具有报告功能的基因中。如在 pGEM-3zf 中带有一段来自于 M13 噬菌体的 β-半乳糖苷酶基因（*lacZ*）的调控序列和 β-半乳糖苷酶 N 端 146 个氨基酸的编码序列。这个编码区中插入了一个多克隆位点，但并没有破坏 *lacZ* 的阅读框架，不影响其正常功能。*E. coli* DH5α 菌株带有 β-半乳糖苷酶 C 端部分序列的编码信息。在各自独立的情况下，pGEM-3zf 和 DH5α 编码的 β-半乳糖苷酶的片段都没有酶活性。但在 pGEM-3zf 和 DH5α 融为一体时可形成具有酶活性的蛋白质。这种 *lacZ* 基因上缺失近操纵基因区段的突变体与带有完整的近操纵基因区段的 β-半乳糖苷酶阴性突变体之间实现互补的现象称为 α-互补。由 α-互补产生的 Lac$^+$ 细菌较易识别，它在生色底物 X-gal（5-溴-4 氯-3-吲哚-β-D-半乳糖苷）的存在下被 IPTG（异丙基硫代-β-D-半乳糖苷）诱导形成蓝色菌落。当外源片段插入到 pGEM-3zf 质粒的多克隆位点上后会导致读码框架改变，表达蛋白失活，产生的氨基酸片段失去 α-互补能力，因此在同样条件下含重组质粒的转化子在生色诱导培养基上只能形成白色菌落。

三、材料、仪器设备及试剂

1. 材料

E. coli BL21(DE3)（R$^-$，M$^-$，Km$^-$）感受态菌株：实验室制备。

待转化 DNA：实验 6 的质粒 pET30a 片段与 PCR 产物连接反应混合物。

2. 仪器设备

恒温摇床，电热恒温培养箱，台式高速离心机，无菌工作台，低温冰箱，恒温水浴锅，制冰机，分光光度计，微量移液器。

3. 试剂

（1）LB 固体和液体培养基：配方见实验 3。

（2）Km 母液：配方见实验 3。

（3）含 Km 的 LB 固体培养基：将配好的 LB 固体培养基高压蒸汽灭菌后冷却至约 60℃，加入 Km 储存液，使终浓度为 25 μg/mL，摇匀后倒平板。

（4）SOC 培养基：0.5%（m/V）酵母提取物，2%（m/V）胰蛋白胨，10 mmol/L NaCl，2.5 mmol/L KCl，10 mmol/L MgCl$_2$，20 mmol/L MgSO$_4$，20 mmol/L 葡萄糖。

（5）X-gal 储液（20 mg/mL）：用二甲基甲酰胺溶解 X-gal 配制成 20 mg/mL 的储液，用铝箔或黑纸包裹以防止受光照被破坏，储存于 -20℃。

（6）IPTG 储液（200 mg/mL）：IPTG 200 mg 溶于 800 μL 蒸馏水中，并定容至 1 mL，用 0.22 μm 滤膜过滤除菌，分装于 EP 管并储于 -20℃。

四、操作步骤

1. 感受态大肠杆菌的制备

（1）取过夜培养的 *E. coli* BL21(DE3)菌液，以 10% 的接种量转接到新 LB 培养基中，37℃，200 r/min 摇床培养约 2 h 至 A_{600} 为 0.35～0.5。

（2）取培养液 1.5 mL 转入离心管中，冰上放置 10 min，然后于 4℃下 3000g 离心 10 min。

（3）弃上清液，用预冷的 100mmol $CaCl_2$-$MgCl_2$ 溶液 900 μL 轻轻重悬细胞，冰上放置 15 min 后，4℃下 3000 g 离心 10 min。

（4）弃上清液，每管加入预冷的含 15％甘油的 $CaCl_2$ 溶液 50 μL，轻轻悬浮细胞，冰上放置几分钟，即成感受态细胞悬液。

（5）可以立即使用或放于 －80℃保藏备用。

2. 转化

（1）从 －80℃冰箱中取出感受态细胞悬液，室温下解冻。解冻后立即置于冰上。

（2）将感受态细胞悬液加入实验 6 所得的连接反应液中，用手轻轻弹匀，冰上放置 30 min。

（3）42℃水浴中热激 40 s，热激后迅速置于冰上冷却 1 min。

（4）向管中加入 SOC 培养基 300 μL，混匀后 37℃振荡培养 1 h，使细菌恢复正常生长状态，并表达质粒编码的抗生素抗性基因（km^r）。

（5）菌液摇匀后取 100 μL 涂布于含 Km 的 LB 筛选平板上，待菌液完全被培养基吸收后倒置于 37℃培养 12～16 h。

（6）重组质粒转化的菌液摇匀后取 100 μL 涂布于含 Amp、X-gal 和 IPTG 的 LB 筛选平板上，正面向上放置 30 min，待菌液完全被培养基吸收后倒置于 37℃培养 12～16 h。

（7）置于 4℃数小时，使显色完全。同时做两个对照：

对照组 1：以同体积的无菌双蒸水代替 DNA 溶液，其他操作同上。此组正常情况下在含抗生素的 LB 平板上应没有菌落出现。

对照组 2：以同体积的无菌双蒸水代替 DNA 溶液，但涂板时只取 5 μL 菌液涂布于不含抗生素的 LB 平板上，此组正常情况下应产生大量菌落。

五、注意事项

（1）感受态细胞对处理条件，尤其高温特别敏感，因此操作要温和。

（2）获得高感受态细胞的关键是保证在低温下操作。

（3）为获得高感受态，应当使用对数生长期的细胞，因此 A_{600} 不应高于 0.6。

（4）转化过程中的所有操作的时间和温度需严格按照要求进行。

六、思考题

（1）在氨苄青霉素抗性筛选培养基上，某些较大的菌落周围可能存在一些假阳性转化子，这是由于转化子分泌的 β-内酰胺酶可以迅速降解菌落周围培养基内的氨苄青霉素，导致了假阳性的产生。试分析实验中哪些因素会导致这种现象。

（2）利用 α-互补现象筛选带有插入片段的重组克隆的原理是什么？

（3）你还知道哪些筛选重组质粒的方法？

实验8　重组质粒 DNA 的 PCR 验证

一、实验目的

学习和掌握用 PCR 验证含有重组质粒 DNA 菌落的方法,学会分析琼脂糖凝胶电泳图。

二、实验原理

携带有外源片段的质粒以及没有外源片段的空质粒进入到宿主细胞后,由于质粒带有抗性基因,因此可以在有相应抗生素的固体平板上生长。为了更明显地对转化子进行判断,许多载体以及相匹配的宿主还可以利用 α-互补现象。通过在培养基中加入诱导剂和可显色的底物的方法,使连有外源片段的转化子显白色而未连有外源片段的转化子显蓝色,使目的转化子更容易得到识别。实验7的转化中,不带有 pET30a 质粒 DNA 的细胞,由于无 Km 抗性,不能在含有 Km 的筛选培养基上成活。

为进一步确认含有重组质粒的菌落,还可以直接挑取筛选平板上生长的大肠杆菌菌落用特异引物进行菌落 PCR 验证。

三、材料、仪器设备及试剂

1. 材料

实验7转化生长的菌落。

2. 仪器设备

PCR 仪,微量移液器(20,200,1000 μL),指形瓶,台式高速离心机,恒温振荡摇床,无菌工作台,琼脂糖平板电泳装置和恒温水浴锅等。

3. 试剂

(1) 细菌的培养、质粒提取所用的试剂与实验3的相同。

(2) PCR 反应相关试剂与实验4相同。

(3) 琼脂糖。

四、操作步骤

(1) 在 200 μL 薄壁管内加入 5 μL 无菌水,于无菌工作台内用无菌牙签尖头将少量菌体从筛选平板上挑入无菌水中。

(2) 在挑入了菌体的 200 μL 薄壁管中依次混匀下列试剂

10×PCR 反应缓冲液	5 μL
25 mmol/L MgCl$_2$	4 μL
dNTP(各浓度均为 2.0 mmol/L)	4 μL
上游引物(引物 1)	1 μL
下游引物(引物 2)	1 μL
ddH$_2$O	30 μL

（3）混匀后迅速离心数秒，使管壁上液滴沉至管底，加入 Taq DNA 聚合酶（0.5 μL，约 2.5 U），混匀后稍离心。放入 PCR 扩增仪。

（4）设定反应程序：

94℃	15 min
94℃	30 s
56℃	30 s
72℃	60 s
72℃	10 min
4℃	30 min

循环30次

（5）运行 PCR 反应，反应完成后取 PCR 反应液 10 μL 与上样缓冲液 2 μL 混合后参照实验 2 进行电泳。如果电泳结果出现预期的 711 bp 条带，则可初步确定所验证的菌落中含有外源 DNA。

五、思考题

若本次实验没有做好，其主要原因是什么？

实验 9 核酸分子的转移：Southern 印迹和电泳转移

一、实验目的

（1）掌握核酸等分子转移的目的和经典的 Southern 印迹技术。
（2）熟悉 Northern、Western 印迹技术。
（3）了解毛细管虹吸、电转移与抽真空转移的异同点。

二、实验原理

核酸分子杂交技术是分子生物学中最常用的基本技术之一，杂交可分为固相杂交与液相杂交。固相杂交是指位于液相中的核酸探针与位于固相支持物上的待测核酸片段进行杂交的过程。液相杂交是指探针与待测核酸的杂交均在溶液中进行的过程。固相杂交技术应用更为广泛。本实验对固相杂交进行重点介绍。

固相杂交包括原位杂交与印迹杂交等，印迹杂交由印迹技术与杂交技术两部分组成。印迹技术是指将通过凝胶电泳分离的核酸片段转移到特定的固相支持物上，在转移过程中核酸片段保持其原来的相对位置不变。然后结合杂交技术即将标记的核酸探针与结合于固相支持物上的待测核酸片段进行杂交。

膜上印迹技术依据检测对象的不同，又可分为 Southern 印迹法与 Northern 印迹法两种，前者待检样品为 DNA，后者为 RNA。

选择良好的固相支持物与有效的转移方法是此项技术成败的两个关键因素。目前最常用的杂交膜有硝酸纤维素膜与尼龙膜两种。硝酸纤维素膜在印迹技术早期应用较广泛，其缺点是结合不牢，质地较脆，且不适于碱性溶液。

尼龙膜是目前比较理想的一种固相支持物，有普通的和带正电荷修饰的两种。正电荷尼龙膜结合核酸的能力强，灵敏度高，但价格比较昂贵。

印迹方法目前有毛细管转移法、真空转移法和电转移法三种。而毛细管转移法目前仍是实验中最常采用的转移方法之一。它操作简单,重复性好,不需要特殊设备,本实验即采用此法。

Southern 印迹是由英国爱丁堡大学 E. Southern 于 1975 年首先设计应用的。其基本过程是先用一种或多种限制性内切酶消化基因组 DNA,通过琼脂糖凝胶电泳将 DNA 片段按大小分离,DNA 经变性后,从凝胶中转移至固相支持物(硝酸纤维素滤膜或尼龙膜)上,而各 DNA 片段的相对位置保持不变。这带有印迹的滤膜即可用于下一步的杂交反应。通过杂交结果可反映出待测核酸样品的存在与否。

Southern 印迹技术可用于克隆基因的酶切图谱分析、基因组中基因的定性及定量分析、基因突变分析及限制性片段长度多态性分析(RFLP)等研究中。

三、材料、仪器设备及试剂

1. 材料

限制性核酸内切酶。

2. 仪器设备

琼脂糖凝胶电泳装置,真空泵,真空烤箱。

3. 试剂

(1) 变性液:1.5 mol/L NaCl,0.5 mol/L NaOH。

(2) 中和液:1 mol/L Tris-Cl (pH 8.0),1.5 mol/L NaCl。

(3) 转移液(20×SSC)(pH 7.0):3 mol/L NaCl,0.3 mol/L 柠檬酸钠。

(4) 硝酸纤维素滤膜(Schleicher、Schuell BA 或 Millipore HAHY)或尼龙膜(Amersham Hybomd-N、Bio-Rad Zeta-probe 或 Phasmacia Gene-Bind)。

(5) 琼脂糖。

四、操作步骤

(1) 取一定量的待测 DNA 样品,用适当的限制性内切酶酶切。DNA 的量根据样品的种类及目的的不同而异:对于克隆片段的限制性内切酶图谱分析,取 0.1~0.5 μg 即可;而对于鉴定基因组 DNA 中的单拷贝基因顺序,则需要 10~20 μg;当采用寡核苷酸探针或探针的比放射活性较低时,则需要 30~50 μg。酶切完毕,在琼脂糖凝胶中电泳,在其中一孔中加入适当的 DNA 相对分子质量标准作为参照物。电泳结束后,EB 染色,长波紫外线下观察电泳结果。用一张保鲜膜覆盖在凝胶上,复制下各参照物及 DNA 样品带的位置。在凝胶旁置 1 cm 尺照相。

(2) 切除无用的凝胶部分。将凝胶的左下角切去,以便于定位,将凝胶置于一搪瓷盆中。

(3) 将凝胶浸泡于适量的变性液中,置室温 1 h,不间断地轻轻摇动。注意不要让凝胶漂浮起来,可用滴管等物将其压住。对于较大的 DNA 片段(如大于 15 kb),可在变性前用 0.2 mol/L HCl 预处理 10 min 使脱嘌呤后,再进行碱变性处理。

(4) 将凝胶用去离子水漂洗一次,然后浸泡于适量的中和液中处理 30 min,不间断地轻轻摇动。换新鲜中和液,继续浸泡 15 min。

（5）在一塑料或玻璃平台上铺一层 Whatman 3MM 滤纸，此平台要求比凝胶稍大。将此平台置于一搪瓷盆或玻璃缸中，搪瓷盆中盛满 20×SSC 或 10×SSC 液。滤纸的两端要完全浸没在溶液中。将滤纸用 20×SSC 湿润，用一玻璃棒将滤纸推平，并排除滤纸与玻璃板之间的气泡。

（6）裁剪下一块与凝胶大小相同或稍大的硝酸纤维素膜。注意操作时要戴手套，千万不可用手触摸，否则油腻的膜将不能被湿润，影响 DNA 结合。

（7）将硝酸纤维素膜浸在去离子水中，使其从底部开始向上完全湿润。然后置于 20×SSC 中至少 5 min。

（8）将中和后的凝胶上下颠倒后，置于平铺了一层 Whatman 3MM 滤纸的平台中央。注意两者之间不要存在气泡。

（9）在凝胶的四周用 Parafilm 封口膜封严，以防止在转移过程中发生短路（转移液直接从容器中流向吸水纸而不经过凝胶），从而使转移效率降低。

（10）将湿润的硝酸纤维素膜小心覆盖在凝胶面上，一经接触即不可再移动（从接触的一刻起，DNA 已开始转移）。

（11）将两张预先用 2×SSC 湿润过的与硝酸纤维素膜大小相同的 Whatman 3MM 滤纸覆盖在硝酸纤维素膜上，排除气泡。

（12）裁剪一些与硝酸纤维素膜大小相同或稍小的吸水纸，约 5～8 cm 厚。将其置于 Whatman 3MM 滤纸之上。在吸水纸之上置一玻璃板，其上压一重约 500 g 的物品。转移液将在吸水纸的虹吸作用下从容器中转移到吸水纸中，从而带动 DNA 从凝胶中转移到硝酸纤维素膜上。

（13）静置 8～24 h 使 DNA 充分转移。其间换吸水纸 1～2 次。

（14）移去吸水纸和滤纸，凝胶与硝酸纤维素膜置于一张干燥的滤纸上。用软铅笔或圆珠笔标明加样孔的位置。

（15）凝胶用 EB 染色后在紫外线下检查转移的效率。硝酸纤维素膜浸泡在 6×SSC 溶液中 5 min 以去除琼脂糖碎块。

（16）硝酸纤维素膜用滤纸吸干。置于两层干燥的滤纸中，真空下 80℃ 烘烤 2 h，此过程使 DNA 固定于硝酸纤维素膜上。

（17）此硝酸纤维素膜即可用于杂交反应。如果不马上使用，可用铝箔包好，室温下置真空中保存备用。

五、注意事项

（1）选择限制性内切酶是否适当直接影响到结果的分析，这一点常被人们忽视。选择适当内切酶的目的是得到合适长度的 DNA 片段，如果酶解后待测 DNA 片段过短，则影响其印迹的效率，因为大多数固相支持物结合小片段的能力较差；而片段过长，不但影响其转移时的效率，而且也会影响对其分子大小的准确判断，较理想的片段长度为 0.5～10 kb。当然也应考虑不同的情况所需。如，当进行基因突变位点分析（如限制性片段多态性分析等）时，应选用适当的内切酶将待测 DNA 片段降解成多个较小的片段，以便于突变位点的准确定位；而进行定量分析（如基因扩增研究）时，则最好将其降解成较大片段，使待测基因全长集中于一条或少数几条带之中，以便于准确的定量。

（2）电泳结束后，应在紫外线下观察酶切是否完全、电泳分离效果是否良好、DNA 样品有无降解、DNA 带型是否清晰、有无拖尾及边缘是否模糊等现象，是否有因电场强度不均匀导致的各 DNA 样品带泳动速度不一致以及各 DNA 样品量是否一致等。

（3）硝酸纤维素膜有两种孔径可供选用。一般的为 0.45 μm 孔径的硝酸纤维素膜，但当 DNA 片段较小时（如<300 bp），可选用 0.22 μm 孔径的硝酸纤维生素膜，或采用尼龙膜。

（4）上述操作过程也完全适用于转移到尼龙膜上。Southern 印迹后的尼龙膜除可像硝酸纤维素一样用真空烘烤固定外，还可用短波紫外线（波长 254 nm）照射数分钟进行固定。后一种固定方法更有效。切记勿过度照射。还可在碱性情况下（如 7.5 mmol/L NaOH 作为转移液）将 DNA 转移到尼龙膜上，转移结束后，再对尼龙膜进行中和处理。碱转移时已将 DNA 固定在尼龙膜上，转移后无须再进行固定处理。碱性转移的另一优点是由于结合力强，限制了 DNA 扩散，使 DNA 带更清晰，分辨率提高。

（5）DNA 片段的大小决定了其转移的速度。小于 1 kb 的 DNA 片段，1 h 即可基本完成转移过程。在片段 DNA，其转移速度和效率则慢得多，如大于 15 kb 的 DNA 片段需要 18 h 以上，而且转移尚不完全。因此对大片段 DNA 的转移，可预先用稀盐酸（0.2 mol/L HCl）对 DNA 进行脱嘌呤处理（10 min），随后用强碱处理，使之降解成较小的片段，从而提高转移效率。脱嘌呤处理不能过度，否则 DNA 片段过小，结合能力下降，小片段 DNA 还会因扩散而使杂交带模糊。

六、思考题

（1）何谓印迹转移技术？它们分哪几类？有何异同点？
（2）为何要对被检测物进行印迹转移？
（3）叙述电转移和真空转移的机理和应用范围。

第二单元　细胞工程

实验 10　细胞工程实验基础

一、实验目的

（1）掌握用于细胞培养的各种器皿的清洗与消毒的方法。

（2）掌握培养基母液的配制方法。

（3）学习用母液法配制 MS 培养基及培养基灭菌方法。

二、实验原理

清洗与消毒是组织培养实验的第一步，是组织培养中工作量最大，也是最基本的步骤。体外培养细胞所使用的各种玻璃或塑料器皿对清洁和无菌的要求程度很高。细胞培养不好与清洗不彻底有很大关系。

对植物外植体进行离体培养时，要依靠培养基提供生长所需的营养成分。不同材料对培养基的要求不同，适当的设计和选用培养基，对植物组织培养取得成功是至关重要的。另外，对组织培养物的脱分化和再分化等状态的调控，次生代谢产物的生产等都是通过调节培养基成分来实现的。培养基的主要成分包括无机营养物质、碳源、有机物质、植物生长物质等。配制培养基时，为了使用方便和用量准确，通常采用母液法进行配制，即将所选培养基配方中各试剂的用量，扩大若干倍后再准确称量，分别先配制成一系列的母液置于冰箱中保存，使用时按比例吸取母液进行稀释配制即可。

培养基中含有大量的有机物质，特别含糖量较高，是各种微生物滋生、繁殖的好场所。而接种材料需要在无菌条件下培养很长时间，因此，如果培养基被污染，则使得培养的组织亦被污染，达不到培养的预期结果。因此，培养基的灭菌，是植物组织培养中十分重要的环节。灭菌手段的选择十分重要，对不同的物品需采用不同的灭菌方法。选用的方法的错误，会导致培养基在达到了无菌效果的同时丧失了营养价值、生物学特性或其他的使用价值。

三、材料、仪器设备及试剂

1. 材料

微孔滤膜，pH 试纸，线绳，封口膜。

2. 仪器设备

超净工作台，干燥箱，高压灭菌锅，电子天平，烧杯（1000 mL），容量瓶，细口瓶，药勺，医用瓷缸（1000 mL），锥形瓶，量筒（100 mL），移液管，玻璃棒，吸耳球，电炉，石棉网。

3．试剂

（1）清洗与消毒药品：75％酒精，重铬酸钾，NaOH，盐酸，0.1％新洁尔灭，来苏儿水，0.5％过氧乙酸等。

（2）培养基药品：蔗糖，琼脂，1mol/L NaOH，HCl，NH_4NO_3，KNO_3，$CaCl_2 \cdot 2H_2O$，$MgSO_4 \cdot 7H_2O$，KH_2PO_4，KI，H_3BO_3，$MnSO_4 \cdot 4H_2O$，$ZnSO_4 \cdot 7H_2O$，$Na_2MoO_4 \cdot 2H_2O$，$CuSO_4 \cdot 5H_2O$，$CoCl_2 \cdot 6H_2O$，$FeSO_4 \cdot 7H_2O$，$Na_2\text{-EDTA} \cdot 2H_2O$，肌醇，烟酸，盐酸吡哆醇（维生素 B_6），盐酸硫胺素（维生素 B_1），甘氨酸。

四、操作步骤

（一）器械的清洗与消毒

1．玻璃器皿的清洗

新玻璃器皿先用自来水刷洗，再浸泡于5％稀盐酸以中和玻璃表面的碱性物质，清除其他有害物质。

对于使用过的玻璃器皿，则应立即浸入清水，避免干涸难洗。用洗涤剂清洗玻璃器皿，自来水清洗数遍，洗净后浸于酸性洗液中过夜。最后用自来水冲洗以去除残余酸液，蒸馏水涮洗 3 次，倒置烘干。此外，玻璃器皿的瓶盖也必须泡铬酸，培养瓶瓶盖可以不用泡铬酸，高温灭菌的时候要拧上瓶盖，留有一定的缝隙，灭菌后盖紧。瓶盖的上面应当用锡箔纸或者牛皮纸包住，用绳子扎紧。

2．塑料器皿的清洗

自来水充分浸泡→冲洗→2％ NaOH 浸泡过夜→蒸馏水漂洗 3 次→2％～5％盐酸浸泡 30 min→自来水冲洗→晾干→紫外线照射 30 min。

3．胶塞的处理

自来水冲洗→2％ NaOH→煮沸 15 min→自来水冲洗→蒸馏水煮沸 10 min→自来水冲洗 5 次以上→2％～5％ HCl 煮沸 15 min→晾干→晾干后高压灭菌。

旧胶塞不必用酸碱处理可直接用洗涤剂煮沸和清洗数次，过蒸馏水，晾干，包装并高压灭菌后便可使用。

（二）消毒灭菌方法

主要包括物理消毒法和化学消毒法。物理消毒法包括热灭菌、蒸汽灭菌、滤过除菌、紫外线消毒、熏蒸消毒、煮沸消毒等。化学消毒法即应用化学制品进行消毒灭菌。

1．物理消毒法

（1）紫外线消毒用于消毒空气、操作台面和一些不能用干热、湿热灭菌的培养器皿，如塑料培养皿、培养板等。这是常使用的消毒方法之一。

（2）干热灭菌主要用于玻璃器皿的灭菌。将用于细胞培养的器皿放入干燥箱内，加热至160℃，保温 90～120 min。用于 RNA 提取实验的用品则需180℃，保温 5～8 h。

（3）湿热灭菌即高压蒸汽灭菌，是最有效的一种灭菌方法。主要应用范围是布类、橡胶制品（如胶塞）、金属器械、玻璃器皿、某些塑料制品以及加热后不发生沉淀的无机溶液

（如 Hanks 液、PBS、20×SSC 等）。

（4）过滤除菌用于培养用液和各种不能高压灭菌的溶液的灭菌。采用金属滤器和小型的塑料滤器，配上可以更换的微孔滤膜，极大地方便了操作。

2. 化学消毒法

常用的消毒液有如下几种：

（1）70%（或 75%）酒精：超净台里常备 70% 酒精棉球（卫生级酒精），用于手和一些金属器械或工作台面的消毒。

（2）0.1% 新洁尔灭：主要用于手和前臂的清洗以及工作后超净台面的清洁。超净台旁应常备盛有 0.1% 新洁尔灭溶液的容器及纱布。

（3）来苏儿水（煤酚皂溶液）：主要用于无菌室桌椅、墙壁、地面的消毒和清洗，以及空气喷洒消毒，特别是污染细胞的消毒处理。使用浓度请按瓶上说明。

（4）0.5% 过氧乙酸：是强效消毒剂，10 min 即可将芽孢菌杀死。用于各种物品的表面消毒，用喷洒和擦拭方式进行。

（5）37% 甲醛加高锰酸钾：使用前先紧闭门窗。将 37% 甲醛用酒精灯或电炉加热至沸腾后断电或灭火。用一张纸盛好适量的高锰酸钾，迅速放入已加热好的甲醛中形成蒸气。1~3 天后方可达到消毒空气的目的。

（三）培养基母液的配制

1. 大量元素母液的配制

各成分按照表 2-10-1 培养基浓度含量扩大 10 倍用天平称取，用蒸馏水分别溶解，按顺序逐步混合。混合后用蒸馏水定容至 1000 mL 的容量瓶中，即得到 10 倍的大量元素母液。倒入细口瓶，贴好标签保存于冰箱中。配制培养基时，每配 1 L 培养基取此液 100 mL。

表 2-10-1　MS 培养基大量元素母液制备

序　号	药品名称	培养基浓度/(mg·L^{-1})	扩大 10 倍称量/mg
1	NH_4NO_3	1650	16500
2	KNO_3	1900	19000
3	$CaCl_2 \cdot 2H_2O$	440	4400
4	$MgSO_4 \cdot 7H_2O$	370	3700
5	KH_2PO_4	170	1700

2. 微量元素母液的配制

MS 培养基的微量元素无机盐由 7 种化合物（除 Fe^{2+}）组成。微量元素用量较少，特别是 $CuSO_4 \cdot 5H_2O$、$CoCl_2 \cdot 6H_2O$，因此在配制中分微量 Ⅰ、Ⅱ 配制。按照表 2-10-2，表 2-10-3 配方，用电光天平称量，其他同大量元素。配制培养基时，每配制 1 L 培养基，取微量 Ⅰ 10 mL，微量 Ⅱ 0.1 mL。

表 2-10-2　MS 培养基微量 I 的配制

化合物名称	培养基浓度/(mg·L^{-1})	扩大 100 倍称量/mg
$MnSO_4 \cdot 4H_2O$	22.3	2230
$ZnSO_4 \cdot 7H_2O$	8.6	860
H_3BO_3	6.2	620
KI	0.83	83
$Na_2MoO_4 \cdot 2H_2O$	0.25	25

表 2-10-3　MS 培养基微量 II 的配制

化合物名称	培养基浓度/(mg·L^{-1})	扩大 10000 倍称量/mg
$CuSO_4 \cdot 5H_2O$	0.025	250
$CoCl_2 \cdot 6H_2O$	0.025	250

3. 铁盐母液的配制

铁盐不是都需要单独配成母液,如柠檬酸铁,只需和大量元素一起配成母液即可。目前常用的铁盐是 $FeSO_4$ 和 Na_2-EDTA 的螯合物,必须单独配成母液。这种螯合物使用起来方便,又比较稳定,不易发生沉淀。按表 2-10-4 配制,方法同上,直接用蒸馏水加热搅拌溶解,定容至 1 L。配制培养基时,配制 1 L 取此液 10 mL。

表 2-10-4　MS 铁盐母液的配制

化合物名称	培养基浓度/(mg·L^{-1})	扩大 100 倍称量/mg
Na_2-EDTA	37.3	3730
$FeSO_4 \cdot 7H_2O$	27.8	2780

4. 有机母液的配制

MS 培养基的有机成分有甘氨酸、肌醇、烟酸、盐酸硫胺素(VB$_1$)和盐酸吡哆素(VB$_6$)。培养基中的有机成分原则上应分别单独配制(见表 2-10-5)。配制直接用蒸馏水溶解,定容至 1 L,注意称量时用电子分析天平。配制培养基时,每配 1 L 培养基取此液 5 mL。

表 2-10-5　MS 培养基有机物质母液的制备

化合物名称	培养基浓度/(mg·L^{-1})	扩大 200 倍称量/mg
甘氨酸	2	400
肌醇	100	20000
盐酸硫胺素(VB$_1$)	0.5	100
盐酸吡哆素(VB$_6$)	0.5	100
烟酸	0.5	100

5. 激素母液配制

植物组织培养中使用的激素种类及含量需要根据不同的研究目的而定。一般激素母液的配制的终浓度以 0.5 mg/mL 为好,需要注意的是:

(1) 配制生长素类,例如,IAA、NAA、2.4-D、6BA,应先用少量 95% 乙醇或无水乙醇充分溶解,或者用 1 mol/L 的 NaOH 溶解,然后用蒸馏水定容到一定的浓度。

(2) 细胞分裂素,例如,KT,应先用少量 95% 乙醇或无水乙醇加 3~4 滴 1 mol/L 盐酸溶解,再用蒸馏水定容。

（3）配制生物素,用稀氨水溶解,然后定容。

（二）培养基的配制（以 1 L MS 培养基为例）

1. 计量

根据配制培养基的量和母液的浓度利用以下公式计算需要吸取母液的量:

$$吸取量/mL=\frac{培养基中物质的含量/(mg/L)\times 1000}{母液浓度/(mg/L)}$$

2. 移液

按照计算结果依次吸取各母液的量置于医用瓷量杯中备用。

3. 称量

称取 8 g 琼脂、30 g 蔗糖备用。

4. 融化

用搪瓷量杯量取 600～700 mL 的蒸馏水放在电炉上,加入琼脂,边加热边用玻璃棒搅拌,直到液体呈半透明状将其取下,加入蔗糖。

注意:在加热琼脂、制备培养基的过程中,操作者千万不能离开,否则沸腾的琼脂外溢,就需要重新称量、制备。此外,如果没有搪瓷量杯,可用大烧杯代替。但要注意大烧杯底的外表面不能沾水,否则加热时烧杯容易炸裂,使溶液外溢,造成烫伤。

5. 混合

将融化的琼脂和母液充分混合,用蒸馏水定容到 1000 mL,来回混合几次。

6. 调 pH

用滴管吸取物质的量浓度为 1 mol/L 的 NaOH 或 HCl 溶液,逐滴滴入融化的培养基中,边滴边搅拌,并随时用精密的 pH 试纸(5.4～7.0)测培养基的 pH,一直到培养基的 pH 达到要求为止(在调制时要比目标 pH 偏高 0.2～0.5 个单位,因为培养基在灭菌过程中由于糖等物质的降解,pH 会下降 0.2～0.5 个单位)。调 pH 时要用玻璃棒不停地搅拌,使其充分混合。

7. 分装

融化的培养基应该趁热分装。分装时,先将培养基倒入烧杯中,然后将烧杯中的培养基倒入锥形瓶(50 或 100 mL)中。注意不要让培养基沾到瓶口和瓶壁上。锥形瓶中培养基的量约为锥形瓶容量的 1/5～1/4。每 1 L 培养基,可分装 25～30 瓶。

8. 包扎

用封口膜封口,外边可加一层牛皮纸,扎好绳子,用铅笔或碳素墨水笔在牛皮纸上写上培养基的代号。

（三）培养基的灭菌

培养基中含有大量的有机物质,特别含糖量较高,是各种微生物滋生、繁殖的好场所。而接种材料需要在无菌条件下培养很长时间,如果培养基被污染,则达不到培养的预期结果。因此,培养基的灭菌,是植物组织培养中十分重要的环节。常用的灭菌方法是高压蒸汽灭菌和过滤除菌。

1. 高压蒸汽灭菌法

把分装好的培养基及所需灭菌的各种器具、蒸馏水等,放入高压蒸汽灭菌锅的消毒桶中,进行高压蒸汽灭菌(表 2-10-6)。灭菌完成后,让培养基自然冷却凝固,并放置 1 天后再使用。

表 2-10-6　培养基高压蒸汽灭菌所必需的最少时间

容器的体积/mL	在 121℃下最少灭菌时间/min
20～50	15
75～150	20
250～500	25
1000	30
1500	35
2000	40

2. 过滤除菌

培养基中某些成分是热不稳定的,在高温湿热灭菌中可能会降解。这类物质需要进行过滤灭菌。例如,一些生长因子,如赤霉素(GA)、玉米素、脱落酸、尿素和某些维生素是不耐热的,不能用高压灭菌处理,通常采用过滤灭菌方法。先将除去了不耐热物质的培养基其他成分经高压灭菌后置于超净工作台上冷却至 40℃,再将过滤灭菌后的该化合物按计划用量依次加入,摇匀,凝固后即可使用。如果是液体培养基,没有凝固这个问题,则可在冷却到室温后再加入。

过滤灭菌是当溶液通过滤膜时,由于细菌的细胞和孢子等因大于滤膜孔径被阻而达到除菌目的。除菌滤膜其孔径尺寸一般≤0.4 μm。在需要过滤灭菌的液体量大时,常使用抽滤装置。

五、注意事项

(1) 配制大量元素母液时,应注意某些无机成分如 Ca^{2+}、SO_4^{2-}、Mg^{2+} 和 $H_2PO_4^-$ 等在一起可能发生化学反应,产生沉淀。为避免此现象发生,母液配制时要用纯度高的重蒸馏水溶解,药品采用等级较高的分析纯,各种化学药品必须先以少量重蒸馏水使其充分溶解后才能混合,混合时应注意先后顺序。特别应将 Ca^{2+}、SO_4^{2-}、Mg^{2+} 和 $H_2PO_4^-$ 等离子错开混合,速度宜慢,边搅拌边混合。

$CaCl_2 \cdot 2H_2O$ 要在最后单独加入,在溶解 $CaCl_2 \cdot 2H_2O$ 时,蒸馏水需加热沸腾,除去水中的 CO_2,以防沉淀。另外,$CaCl_2 \cdot 2H_2O$ 放入沸水中易沸腾,操作时要防止其溢出。

(2) 在配制铁盐母液时,如果加热搅拌时间过短,会造成 $FeSO_4$ 和 Na_2-EDTA 螯合不彻底,此时若将其冷藏,$FeSO_4$ 会结晶析出。为避免此现象发生,配制铁盐母液时,$FeSO_4$ 和 Na_2-EDTA 应分别加热溶解后混合,并置于加热搅拌器上不断搅拌至溶液呈金黄色(约加热 20～30 min),调 pH 至 5.5,室温放置冷却后再冷藏。

(3) 由于维生素母液营养丰富,因此贮藏时极易染菌。被杂菌污染的维生素母液,有效浓度降低,并且易给后期培养造成伤害,不宜再用。避免此现象发生的方法是:配制母液时用无菌重蒸水溶解维生素,并贮存在棕色无菌瓶中,或缩短贮藏时间。

（4）所有的母液都应保存在 0～4℃冰箱中,若母液出现沉淀或发生霉变则不能继续使用。

（5）使用电子分析天平时注意不要把药品撒到秤盘上,用完以后,应及时进行清理。

（6）在使用提前配制的母液时,应在量取各种母液之前,轻轻摇动盛放母液的瓶子,如果发现瓶中有沉淀、悬浮物或被微生物污染,应立即淘汰,重新进行配制。用量筒或移液管量取培养基母液之前,必须用所量取的母液将量筒或移液管润洗 2 次。移液管不能混用。

（7）培养基中的部分成分在高温灭菌时易发生化学变化,致使培养基 pH 降低,从而使琼脂凝固力下降,发生培养基灭菌前凝固,灭菌后不凝固现象。避免此现象发生的方法是:调整培养基 pH,一般不低于 5.6,若需酸性较强的培养基,可适当增加琼脂用量。

（8）在高压蒸汽灭菌时,应注意:锅内冷空气必须排净,否则压力表指针虽达到一定压力,但由于锅内冷空气的存在,使实际温度低于应有的温度,影响灭菌效果。当达到一定压力后,注意在保持压力过程中,严格遵守灭菌时间:时间过长会使一些化学物质遭到破坏,影响培养基成分;时间短,则达不到灭菌效果。对蒸馏水、各种器具灭菌时,灭菌时间要适当延长,压力也要提高,一般在 126℃维持 1 h（表 2-10-7）。另外,锥形瓶中的液体不超过总体积的 70%,否则当温度超过 100℃时,培养基会喷溢,造成培养瓶壁和封口膜的污染。

表 2-10-7　饱和蒸汽压力与其对应的温度

饱和蒸汽压力			温度/℃	饱和蒸汽压力			温度/℃
kgf/cm²	lbf/in²	kPa①		kgf/cm²	lbf/in²	kPa	
0.0	0	0	100	1.055	15	103.460	121.0
0.141	2	13.827	103.6	1.125	16	110.325	122.0
0.281	4	27.557	106.9	1.266	18	124.152	124.1
0.442	6	43.345	109.8	1.406	20	137.881	126.0
0.563	8	55.211	112.6	1.543	22	151.317	127.8
0.703	10	68.941	115.2	1.681	24	164.850	129.6
0.844	12	82.768	117.6		30	206.843	134.5
0.984	14	96.497	119.9		50	344.738	147.6

① 压强的 SI 单位为帕[斯卡],1 Pa＝1 N/m²;与惯用单位的换算关系为:1 kgf/cm²＝98.0665 kPa,1 lbf/in²＝6.89475 kPa。

（9）灭菌后的培养基不能立即用于接种,而应放置 24～72 h。放置后如果培养基中没有出现菌落,则说明培养基是无菌的,才可以用于接种。另外做好的培养基一般应在1～2 周内用完,短时间可存放于室温条件,如不能尽快用完,应放在 4℃条件下。

六、思考题

（1）哪些物品适合于高压灭菌？为什么？

（2）培养基母液如何配制？有哪些注意事项？

（3）培养基灭菌的方法及操作过程有哪些？有哪些注意事项？

实验 11　植物组织和细胞培养

一、实验目的

（1）学习诱导植物外植体形成愈伤组织的方法。

（2）理解植物细胞"全能性"及其应用。

（3）了解植物细胞悬浮培养的基本原理，通过实验掌握植物细胞悬浮培养的方法和技术。

二、实验原理

植物组织培养是应用无菌操作方法培养植物器官或组织的任一部分，甚至单个细胞的过程。植物组织培养的理论依据是植物细胞所具有的"全能性"特点。所谓细胞全能性是指植物体任何一个细胞都携带着一套发育成完整植株的全部遗传信息，在离体培养情况下，这些信息可以表达，产生出完整植株。要使细胞所具有的全能性表达出来，除了生长以外，还要经过脱分化和再分化等过程。分化了的植物根、茎、叶细胞，通过脱分化培养可以产生愈伤组织。愈伤组织是一种能迅速增殖的无特定结构和功能的细胞团。将疏松型的愈伤组织悬浮在液体培养基中并在振荡条件下培养一段时间后，可形成分散悬浮培养物。愈伤增殖经过进一步的分化培养，提供不同的营养和激素成分，又可再生出完整的小植株。

植物的组织既可以培养在固体培养基上，也可以培养在液体培养基中。在固体培养基上培养对于细胞系的启动和保持较为方便，同时它也是进行器官培养、胚胎培养的常用方法。液体悬浮物则是由细胞团、细胞球和单细胞的混合物组成。在液体培养中，培养物的生长速度要比培养在固体培养基上的快得多。由于在液体培养基中较易控制环境，且大多数细胞处于培养基的包围之中，所以细胞材料在生理上更为一致。良好的悬浮培养物应具备以下特征：① 主要由单细胞和小细胞团组成；② 细胞具有旺盛的生长和分裂能力，增殖速度快；③ 大多数细胞在形态上应具有分生细胞的特征，它们多呈等径形，核-质比率大，胞质浓厚，无液泡化程度较低。目前植物细胞悬浮培养技术已经广泛应用于细胞的形态、生理、遗传、凋亡等研究工作，特别是为基因工程在植物细胞水平上的操作提供了理想的材料和途径。

在工业上，植物组织和细胞培养可用来生产药物或其他天然产物，如具有特殊价值的甾类化合物、类萜、生物碱等。植物组织培养技术不仅对理论研究有重要意义，而且在生产实践中已显示了广泛的应用前景。

三、材料、仪器设备及试剂

1. 材料

拟南芥。

2. 仪器设备

超净工作台，恒温培养箱或培养室，高温灭菌锅，旋转式摇床，水浴锅，倒置显微镜，移液器,pH 计,不锈钢筛,血球计数板,剪刀,镊子,手术刀,小烧杯,试剂瓶,培养瓶,酒精灯等。

3. 试剂

MS 培养基,B5 培养基(含 0.2 mg /L NAA),75％酒精,0.1％次氯酸钠,无菌水等。

四、实验步骤

(一)植物愈伤组织的诱导

1. 培养基配制和灭菌

基本培养基为 MS 培养基,其中诱导培养基附加植物激素 IAA 0.5～2 mg,分化培养基附加 6BA 0.5～1 mg,IAA 0.5 mg。配制的培养基 121℃高温灭菌 15 min。

2. 组织的消毒

首先将拟南芥在自来水下冲洗干净,接着用无菌水漂洗。将漂洗干净的拟南芥依次用 75％的酒精溶液浸泡 30 s,0.1％次氯酸钠浸泡 5 min,在浸泡过程中用镊子搅拌,以使消毒充分。消毒处理过的拟南芥用无菌水反复冲洗 3～5 次,洗去残留的次氯酸钠,然后用灭过菌的剪刀或解剖刀切片,将拟南芥切片放在已灭菌的培养皿中。

注意:消毒以后的所有操作都应在超净工作台上进行,操作所用的镊子、解剖刀和剪刀使用前插入 75％乙醇溶液中,使用时在酒精灯火焰上灼烧片刻,冷却后再使用。

3. 接种前准备

先用 75％酒精棉球擦洗接种台表面,然后解开锥形瓶上捆扎的线绳,用蘸有 75％酒精的棉球把锥形瓶表面擦一下,把锥形瓶整齐排列在接种台左侧。

4. 接种

轻轻打开封口膜,将锥形瓶口在火焰上方灼热灭菌,同时把长镊子也放在火焰上方灼烧,将待其冷却后再使用,以免烫死被接种的外植体。将培养皿打开一小缝,用镊子取出切好的拟南芥切片放到培养基表面,用镊子轻轻向下按一下,使切片部分进入培养基。在酒精灯火焰上转动锥形瓶一圈使瓶口灼热灭菌。然后用封口膜封口,同时做好标记,写上培养材料、接种日期、姓名等。

5. 培养

将培养材料置于 28℃恒温培养箱或培养室中培养,光照 10 h。培养过程中注意记录愈伤组织的生长情况和污染情况。

(二)细胞悬浮培养

1. 培养基配制和灭菌

B5 培养基加上 0.2 mg NAA 的液体培养基:取 3.2 g B5 粉末培养基,蔗糖 30 g, 200 μL 1 mg/mL 的 NAA 贮备液,溶于约 800 mL 蒸馏水中,置于磁力搅拌器上混合均匀,pH 计测 pH,1 mol/L KOH 调节 pH 至 5.8,加蒸馏水定容至 1 L,铝箔纸封口后 121℃灭菌 20 min,贮于 4℃冰箱,接种前水浴或自然升至室温。

2. 接种

用镊子夹取出生长旺盛的松软愈伤组织，放入锥形瓶中并轻轻夹碎。每 100 mL 锥形瓶含灭过菌的培养基 10～15 mL，每瓶接种 1～1.5 g 愈伤组织，以保证最初培养物中有足够量的细胞。

3. 培养

将已接种的锥形瓶置于旋转式摇床上进行恒温振荡培养（100 r/min，25～28℃）。

4. 继代培养

经 6～10 天培养后，若细胞明显增殖，可向培养瓶中加新鲜培养基 10 mL（若细胞无明显增殖，应考虑用旺盛增殖期的愈伤组织重新接种），进行第一次继代培养。

5. 悬浮培养物的过滤

按步骤 4 继代培养几代后，培养液中应主要由单细胞和小细胞团（不多于 20 个细胞）组成。若仍含有较大的细胞团，可用适当孔径的金属网筛过滤，再将过滤后的悬浮细胞继续培养。每次继代培养时，应在倒置显微镜下观察培养物中各类细胞及其他残余物的情况以有意识地留下圆细胞，弃去长细胞。

6. 细胞计数

取一定体积的细胞悬液，加入 2 倍体积的 8％的三氧化铬（CrO_3），置 70℃水浴处理 15 min。冷却后，用移液管重复吹打细胞悬液，以使细胞充分分散，混匀后，取 1 滴悬液置入血细胞计数板上计数。

7. 制作细胞生长曲线

为了解悬浮培养细胞的生长动态，可用以下方法绘制生长曲线图：

（1）鲜重法（fresh weigh method）：在转代培养的不同时间，取一定体积的悬浮培养物，离心收集后，称量细胞的鲜重（质量），以鲜重为纵坐标，培养时间为横坐标，绘制鲜重增长曲线。

（2）干重法（dry weigh method）：可在称量鲜重（质量）之后，将细胞进行烘干，再称量干重。以干重为纵坐标，培养时间为横坐标，绘制细胞干重生长曲线。

上述两种方法均需每隔 2 天取样 1 次，共取 7 次，每个样品重复 3 次，整个实验进行期间不再往培养瓶中换入新鲜培养液。

8. 细胞活力的检查

在培养的不同阶段，吸取 1 滴细胞悬液，放在载玻片上，滴 1 滴 0.1％的酚藏花红溶液（用培养基配制）染色，在显微镜下观察。凡是活细胞均不着色，而死细胞则很快被染成红色。也可用 0.1％荧光双醋酸酯溶液染色，凡活细胞将在紫外光诱发下显示蓝色荧光。

9. 细胞再生能力的鉴定

为了解悬浮培养细胞是否仍具有再生能力，可将培养细胞转移到琼脂固化的培养基上，使其再形成愈伤组织，进而在分化培养基上，诱导植株的分化。

五、思考题

（1）植物组织培养前的准备工作是什么？

（2）以拟南芥为例，能说明从其获得的组织块应该如何进行消毒灭菌吗？

（3）本实验中培养基中添加植物生长调节剂的作用是什么？如何确定添加的最佳浓度？

（4）进行植物细胞悬浮培养有哪些注意事项？

实验 12　家蚕细胞传代培养

一、实验目的

（1）熟练掌握贴壁细胞传代的培养方法。

（2）观察传代细胞贴壁、生长和繁殖过程中细胞形态的变化。

二、实验原理

离体培养的细胞群体增殖达到一定密度时，细胞的生长和分裂速度就会减慢甚至停止，如不及时分离传代培养，细胞将逐渐衰老死亡。传代培养是指细胞从一个培养瓶以1：2或其他比例转移、接种到另一培养瓶的培养。贴壁培养细胞的传代通常是采用胰蛋白酶消化，把细胞分散成单细胞再传代，而悬浮型生长细胞的传代则用直接传代法或离心法传代。

三、材料、仪器设备及试剂

1. 材料

家蚕。

2. 仪器设备

生化培养箱，倒置显微镜，超净工作台，高压锅，水浴箱，离心机，血球计数板，离心管，培养瓶，微量加样器，吸管，移液管，酒精灯，酒精棉球，试管架等。

3. 试剂

Grace 培养基，小牛血清，0.25％胰蛋白酶，Hanks 液。

四、操作步骤

（1）在操作前用 0.1％新洁尔灭洗净双手，在超净工作台上点燃酒精灯。

（2）用 75％的酒精棉球擦拭手指及各种盛溶液的瓶子及瓶塞外表面。

（3）倒去瓶中的旧培养液，加入 0.25％胰蛋白酶 1 mL。

（4）静置消化 2～3 min，观察培养瓶中细胞开始出现花纹（细胞已经开始脱落），立即竖立培养瓶并倒净胰蛋白酶液。

（5）加入 Grace 培养液 3～5 mL，用吸管冲洗细胞层，并吹打使其成为细胞悬液。

（6）加入 10％的小牛血清。

（7）分装：一般以 1：2 进行分装，即 1 瓶细胞可传为 2 瓶。分装好的细胞，应在培养瓶上做好标记，注明代号、日期，轻轻摇匀，置于 28℃生化培养箱。

五、注意事项

倾倒旧培养液和胰蛋白酶液后,瓶口应在火焰上烧干,勿让余液倒流回瓶中。

六、思考题

如何制作两瓶传代细胞? 怎样对传代后的细胞进行观察和记录?

实验 13　家蚕细胞融合

一、实验目的

(1) 熟练掌握贴壁细胞传代的培养方法及操作过程。

(2) 观察传代细胞贴壁、生长和繁殖过程中细胞形态的变化及生长状况。

二、实验原理

细胞培养是一种操作烦琐而又要求十分严谨的实验技术。要使细胞能在体外长期生长,必须满足两个基本要求:

(1) 供给细胞存活所必需的条件,如适量的水、无机盐、氨基酸、维生素、葡萄糖及其有关的生长因子、氧气、适宜的温度,注意外环境酸碱度和渗透压的调节。

(2) 严格控制无菌条件。

离体培养的细胞群体增殖达到一定密度时,细胞的生长和分裂速度就会减慢甚至停止,如不及时分离传代培养,细胞将逐渐衰老死亡。传代培养是指细胞从一个培养瓶以 1:2 或 1:2 以上的比例转移,接种到另一培养瓶的培养。贴壁培养细胞的传代通常是采用胰蛋白酶消化,把细胞分散成单细胞再传代,而悬浮型生长细胞的传代则用直接传代法或离心法传代。

三、材料、仪器设备及试剂

1. 材料

家蚕。

2. 仪器设备

超净工作台,高压蒸汽灭菌锅,生化培养箱,倒置显微镜,水浴箱,离心机,血球计数板,离心管,培养瓶,微量加样器,吸管,移液管,酒精灯,酒精棉球,试管架等。

3. 试剂

0.1%新洁尔灭,75%的酒精,Grace 培养基,小牛血清,0.25%胰蛋白酶,Hanks 液。

四、操作步骤

(1) 在操作前用 0.1%新洁尔灭洗净双手,在超净工作台上点燃酒精灯,用 75%的酒精棉球擦拭手指及各种盛溶液的瓶子及瓶塞外表面。

（2）倒去瓶中的旧培养液,加入 0.25% 胰蛋白酶 1mL,静置消化 2~3 min,观察培养瓶中细胞开始出现花纹(细胞已经开始脱落),立即竖立培养瓶并倒净胰蛋白酶液。倒净后瓶口应在火焰上烧干,勿让余液倒流回瓶中。

（3）加入 3~5 mL Grace 培养液,用吸管冲洗细胞层,并吹打使其成为细胞悬液。

（4）加入 10% 的小牛血清。

（5）分装:一般以 1:2 进行分装,即一瓶细胞可传为 2 瓶。分装好的细胞,应在培养瓶上做好标记,注明代号、日期,轻轻摇匀,置 28℃ 生化培养箱培养。

（6）观察:细胞培养 24 h 后,即需逐日进行观察。观察的重点如下:

① 细胞是否污染,主要观察培养液颜色的变化及混浊度;

② 观察培养基颜色变化及细胞是否生长;

③ 如细胞已生长,则要观察细胞的形态特征并判断其所处的生长阶段。

五、思考题

（1）简述细胞传代培养的操作程序及注意事项。

（2）细胞培养获得成功的关键要素是什么?

（3）如何制作两瓶传代细胞? 怎样对传代后的细胞进行观察和记录?

实验 14　PEG 诱导动物细胞融合

一、实验目的

（1）了解聚乙二醇(PEG)诱导体外细胞融合的基本原理和步骤。

（2）通过 PEG 诱导细胞之间的融合实验,初步掌握细胞融合的基本方法。

二、实验原理

细胞融合(cell fusion)又称体细胞杂交,是指用人工方法使两个或两个以上的体细胞融合成异核体细胞,随后,异核体同步进入有丝分裂,核膜崩溃,来自两个亲本细胞的基因组合在一起形成只含有一个细胞核的杂种细胞。细胞融合技术是研究细胞遗传、基因定位、细胞免疫、病毒和肿瘤的重要手段。依据融合过程采用的助融剂的不同,细胞融合可分为:① 病毒诱导的细胞融合,如仙台病毒(HVJ);② 化学因子诱导的细胞融合,如聚乙二醇(PEG);③ 电场诱导的细胞融合;④ 激光诱导的细胞融合。

PEG 是乙二醇的多聚化合物,分子式为 $HOH_2C(CH_2OCH_2)_nCH_2OH$,存在一系列不同相对分子质量的多聚体。PEG 促进细胞融合的具体机制尚不完全清楚,普遍认为 PEG 分子能改变各类细胞的膜结构,使两细胞接触点处的脂质分子发生疏散和重组,引起细胞融合。该方法应用相对分子质量为 4000~6000 的 PEG 溶液引起细胞的聚集和粘连,产生高频率的细胞融合。融合的频率和活力与所用 PEG 的相对分子质量、浓度、作用时间、细胞的生理状态与密度等有关。细胞融合率是指在显微镜的一个视野内,已发生融合的细胞核总数与该视野内所有细胞(包括已融合的细胞)的细胞核总数之比,通常以百分比表示。

三、材料、仪器设备及试剂

1. 材料

家蚕细胞。

2. 仪器设备

灭菌锅,超净工作台,电子天平,显微镜,离心机,水浴箱,刻度离心管,试管,载玻璃片,盖玻片等。

3. 试剂

50%PEG(M_w 4000),Hanks 液(pH 7.4)等。

四、操作步骤

(1) 称取 PEG 0.5 g 放入试管内,加热融化后迅速加入 0.5 mL 预热的 Hanks 液混匀制成 50%的 PEG 溶液。放入 37℃水浴中待用。

(2) 将细胞吹打散制成细胞悬液。取细胞悬液 1 mL 放入离心管中,再加入 5 mL Hanks 液混匀,然后以 1000 r/m 离心 5 min,小心弃去上清液,用指弹法将细胞团块弹散。

(3) 取 50%PEG 溶液 0.5 mL,在 1 min 内滴加到细胞悬液,边加边轻轻摇动混匀。待 PEG 全部加入后静置约 1 min。此全部过程都要求在 37℃水浴内进行。

(4) 缓慢滴加 9 mL Hanks 液以终止 PEG 的作用,在 37℃水浴内静置 5 min。离心弃上清液后,取 1 滴融合后的细胞悬液滴片,加盖片镜检。

(5) 在高倍镜下随机计数 200 个细胞(包括融合的与未融合的细胞),计算融合率。

五、思考题

(1) 如何在显微镜下按顺序绘制所观察到的细胞融合各阶段? 主要特点是什么?

(2) 影响细胞融合的因素有哪些?

第三单元 发 酵 工 程

实验 15 液体发酵法生产链霉素

一、实验目的

(1) 学习链霉素的发酵方法及抗生素的检测和鉴定方法。
(2) 掌握离子交换法提取链霉素的基本原理、方法和基本操作技能。
(3) 掌握离子交换法在抗生素等药物提取和精制方面的应用。
(4) 熟悉链霉素的化学效价测定方法。

二、实验原理

链霉素是对革兰氏阳性和阴性细菌都有抗菌作用的一种抗生素,和其他抗生素一样是微生物的次级代谢产物。链霉素属于氨基糖苷类抗生素。当对细胞提供足够的氧、存在低浓度无机磷酸盐、足够的葡萄糖和足够高浓度的含氮物质时,灰色链霉菌能产生链霉素。链霉素的发酵分三个阶段:① 生长阶段,此阶段主要是菌丝形成,需氧量极大,产生的链霉素不多;② 成熟阶段,菌丝及质量保持稳定,培养基中葡萄糖及其他碳源基本消耗殆尽,链霉素产生;③ 老化阶段,大量生成链霉素,后期链霉素产生停止,浓度下降,pH 上升,菌丝自溶,需氧量减少,此时停止发酵。

纸层析是鉴别抗生素的方法之一,常用的有 8 个溶剂系统。层析后,通过生物显色并绘制层析图谱,可以对未知抗生素进行鉴定。本实验采用其中一个溶剂系统,并用标准链霉素溶液作为对照对发酵液进行鉴定。链霉素分子结构中含有三个碱性基团,其中有两个呈强碱性的胍基和一个呈弱碱性的甲氨基,所以链霉素是一种强碱性抗生素,能与各种酸形成盐,其中以硫酸盐最重要,广泛用于临床。链霉素(包括其他的氨基糖苷类抗生素)还可以和磷钨酸、苦味酸等作用产生白色沉淀,可作为链霉素的定性鉴别和定量测定的依据。因为链霉素在中性及酸性溶液中可解离成三价阳离子,故可用阳离子交换树脂提取。

由于链霉素水溶液在 pH 4~7 稳定,所以链霉素的交换只能在中性条件下进行。羧酸型阳离子交换树脂的交换容量受溶液 pH 影响很大,在酸性条件下氢型树脂的电离度很小,交换容量很低,只有在碱性条件下才能起交换作用,而链霉素在碱性条件下很不稳定,因此应选用羧酸钠型树脂在中性条件下进行交换。

根据离子交换过程的选择性原理,在低浓度和室温下,价态高的离子优先被交换,故配制较低浓度的溶液不利于低价态的杂质的交换。在交换的同时使链霉素溶液得到一定程度的浓缩、纯化。由于羧酸型树脂对 H^+ 亲和力很大,所以用 6%H_2SO_4 即可把链霉素从树脂上洗脱下来。洗脱后的失效树脂用 1 mol/L NaOH 再生(即转型),然后用蒸馏水洗涤后备用。

三、材料、仪器设备及试剂

1. 材料

(1) 灰色链霉菌 *Streptomyces griseus* AS 4.1095（链霉素产生菌，中国菌种保藏中心）。

(2) 大肠杆菌 *E. Coli* K12S 或金黄色葡萄球菌（*Staphylococus aureus*），用于生物显色。

(3) 玻璃棉，坐标纸，pH 试纸，乳胶管（公用），新华 3 号滤纸，毛细管。

2. 仪器设备

(1) 5 L 发酵罐，恒温摇床，冷冻离心机，高压灭菌锅等。

(2) 羧酸型阳离子交换树脂（110 钠型树脂）。

(3) 锥形瓶（500 mL），层析缸（30 cm×15 cm），搪瓷盘（25 cm×15 cm×5 cm），量筒，（分液漏斗）250 mL，（容量瓶）1000 mL，试管（18 mm×180 mm），移液器，小钢管，培养皿，离子交换柱（9 mm×250 mm）。

3. 试剂

(1) 5%磷钨酸溶液，5%硫酸高铁铵溶液（即硫酸高铁铵的硫酸溶液），1 mol/L HCl 溶液，1 mol/L、2 mol/L NaOH 溶液，6%（m/V）H_2SO_4 溶液，蒸馏水。

(2) 牛肉膏蛋白胨固体培养基：牛肉膏 3 g，蛋白胨 10 g，NaCl 5 g，琼脂 20 g，水 1000 mL，pH 7.4～7.6，121℃高压蒸汽灭菌 30 min。

(3) 豌豆培养基：葡萄糖 10 g，蛋白胨 5 g，豌豆提取液 1 L（以 NH_2 计，100 mL 含 12～14 mg），pH 7.0～7.2，105℃高压蒸汽灭菌 30 min。

(4) 查氏培养基：蔗糖 30 g，$NaNO_3$ 2 g，K_2HPO_4 1 g，$MgSO_4 \cdot 7H_2O$ 0.5 g，KCl 0.5 g，$FeSO_4 \cdot 7H_2O$ 0.1 g，水 1000 mL，pH 7.0～7.2。

(5) 链霉素标准溶液（10 mg/mL）：将链霉素溶于去离子水中，无菌滤膜过滤后备用。

(6) 展层溶剂系统：水饱和的正丁醇。

四、操作步骤

1. 斜面孢子的制备

用接种环挑取冰箱中保藏的菌种接种于豌豆斜面培养基上，于 27℃恒温培养箱中培养 6～7 天，即可得到斜面孢子。

2. 母瓶培养液的制备

用接种环挑取斜面培养基表面上的孢子接种于灭菌的含有 50 mL 豌豆培养基的锥形瓶中，在 27℃摇瓶 200 r/min 培养 72 h，即成母瓶培养液。

3. 种子培养液的制备

无菌操作取母瓶培养液 2 mL 接种于含有 100 mL 豌豆培养基的锥形瓶中，于 27℃恒温摇床 200 r/min 培养 3～4 天。

4. 发酵培养

（1）锥形瓶发酵培养：取种子培养液 4 mL 于含有 200 mL 豌豆培养基的 500 mL 大锥形瓶中，于 28℃恒温摇床 200 r/min 培养 12～15 天进行链霉素发酵。

（2）发酵罐发酵培养（选做）：在 5 L 发酵罐中装入 3000 mL 豌豆培养基，灭菌后接入 60 mL 种子培养液，在控制条件下进行链霉素发酵。

5. 发酵液预处理

发酵结束后，将发酵液在低温条件下 12 000 r/min 离心，上清液即为含有链霉素的样品，如果不进行链霉素的分离纯化，可直接对发酵液进行抗生素抑菌实验和纸层析生物显色分析鉴定。

6. 发酵液抑菌实验

在牛肉膏蛋白胨固体培养基平板上均匀涂布大肠杆菌或金黄色葡萄球菌，待其表面干燥后将小钢管垂直置于平板表面，取发酵液 0.1 mL 注入小钢管中，于 37℃恒温培养 24 h后观察结果。

7. 链霉素的纸层析鉴定

（1）点样。在距新华滤纸（25 cm×19 cm）底端 2.5 cm 处划一道横线，用毛细管将发酵清液和标准链霉素溶液（10 mg/mL）点在滤纸的横线上。每个样品之间距离 2 cm。

（2）层析。将点好样的滤纸做成圆筒状，置于含有展层溶剂系统的层析缸中，于 20～25℃上行扩展 20～25 cm 后取出，挥发除净溶剂。

（3）显影（生物显影法）。将滤纸贴在接种有大肠杆菌或金黄色葡萄球菌的琼脂平板上，置冰箱中（10℃，4 h），使滤纸上的抗生素渗透到平板上，然后于 30～35℃培养 16～20 h，根据平板上样品抑菌区的位置判断抗生素的类型。

8. 链霉素的提取

（1）树脂的处理。将 110 钠型树脂用蒸馏水洗涤数次后浸泡过夜，再用 1 mol/L NaOH 溶液交替洗涤两次并浸泡过夜，最后用蒸馏水洗至中性。

（2）树脂的装柱。将离子交换柱垂直固定在铁架台上，先将蒸馏水倒入交换柱中 1/2 容积，同时将螺丝夹调整使蒸馏水呈中速流出，然后用 10 mL 量筒准确量取 3.6 mL 处理好的树脂缓缓倾入柱中，让树脂自然沉降。此时应注意不要让气泡进入树脂层，液面要始终高于树脂层 3 cm，为保持树脂层表面处于水平状态，将少许玻璃棉轻轻压至树脂层表面的上方（当中保持 0.2～0.4 cm 的距离）。用乳胶管将分液漏斗与树脂柱连接好待用。

（3）链霉素的交换。装好树脂后，用蒸馏水调节流速，使流出液的流速达到 1～1.5 mL/min即可，当液面降至比树脂表面高 3 cm 时，由分液漏斗加入链霉素溶液，用量筒收集流出液，并经常用 5％磷钨酸溶液定性检查（一般在流出液体积约为 200 mL 时出现阳性反应，即产生白色沉淀），出现阳性反应时的流出液体积为漏出点。漏出点出现后，收集流出液 50 mL/份，用化学测定法测定其效价（收集第二个 50 mL 流出液以后均稀释 5 倍）。当流出液中链霉素的浓度与加入的链霉素浓度相同时，树脂即达到饱和，应停止交换，一般总流出液体积约为 550 mL，以链霉素流出液的浓度为纵坐标，以流出液的体积为横坐标，绘制 110 钠型树脂交换链霉素曲线。

（4）饱和树脂的洗涤。将饱和树脂用蒸馏水洗涤,直至流出液的磷钨酸反应为阴性为止。

（5）链霉素的解吸。洗涤后的饱和树脂,用蒸馏水调节流出液的流速,使其约为 0.1 mL/min,当液面降至比树脂表面高 3 cm 时,由分液漏斗加入 6%(m/V) H_2SO_4 溶液洗脱,收集流出液 1～2 mL/份,测 pH,经适当稀释后调 pH 至中性（表 2-15-1）,然后用铁试剂法测定效价。当流出液的效价约为 100 U/mL 时,停止解吸（一般为 13～15 mL 左右）。

表 2-15-1　解吸液每份体积与稀释倍数

份　数	1	2～6	7	8～
体积/mL	2	1	1	2
稀释倍数	50	200	50	5

以解吸液中链霉素浓度为纵坐标,解吸液体积为横坐标,绘制链霉素解吸曲线。

9. 用化学方法测定链霉素的效价

（1）标准曲线的绘制。准确称取链霉素标准品 1 g,用适量蒸馏水溶解后移入 1000 mL 容量瓶中,稀释至刻度,使成 1 mg/mL 溶液储存于冰箱中,配后使用不得超过两周。分别取上述溶液 50、35、25、12.5、6.25 mL 于 50 mL 容量瓶中,用蒸馏水稀释至刻度,其浓度分别为 1000、700、500、250、125 μg/mL。分别取上述各浓度标准液 2.5 mL 于试管中,加入 2 mol/L NaOH 溶液 0.5 mL,于沸水浴中加热 5 min,冷却,再加入 0.5% 的硫酸高铁铵溶液 10 mL,混匀,放置 5 min,用 721 型分光光度计在 520 nm 处比色,以 A_{520} 为纵坐标,链霉素标准溶液浓度为横坐标,绘制标准曲线。以 2.5 mL 蒸馏水取代样品作为空白对照,操作同上。

（2）样品的测定。将链霉素解吸液稀释,约为 500 U/mL,按上述方法进行比色测定。

五、实验结果

（1）观察链霉素发酵液对细菌的抑制作用及链霉素纸层析生物显色图谱。

发酵液离心获得的上清液的抑菌结果（图 2-15-1）：观察到明显的抑菌圈,说明发酵液中含有抗菌物质;发酵液和标准链霉素纸层析后经生物显色,观察到抑菌圈的位置在相同的位置,初步说明发酵液中的抗菌物质为链霉素。

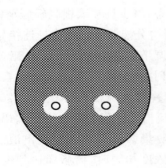 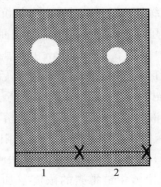

图 2-15-1　发酵液对抑菌作用的示意图

（2）列出 110 钠型树脂交换、解吸链霉素的流出液体积和浓度对应表，并绘制其交换和解吸曲线。

（3）据实验结果计算出 110 钠型树脂交换链霉素的漏出点和交换容量。

六、思考题

链霉素的发酵方法及抗生素的检测和鉴定方法有哪些？

附：实验安排

第一天：配制试剂、灭菌，接种斜面孢子。（斜面孢子的制备、母瓶培养液的制备、种子培养液的制备、发酵培养液的接种：在教师指导下由学生利用课余时间完成，全过程大约需要 26～28 天。）

第二天：发酵液预处理、发酵液抑菌实验（24 h 后观察实验结果）和链霉素的纸层析及观察记录结果。

第三天：发酵液提取分离。

实验 16　盐酸庆大霉素生产全流程实验

一、实验目的

（1）在实验室完成制药工艺过程试验，加深对微生物制药工艺的理解。

（2）了解微生物制药工艺各工序的特点，学会一些基本操作技术。

二、材料、仪器设备及试剂

1. 材料

小单孢菌。

2. 仪器设备

超净工作台；发酵罐；供做发酵液预处理的带搅拌的容器，需耐腐蚀；离子交换柱；薄膜浓缩器一套；供精制、炭脱用带搅拌以及带水加热的玻璃反应器一套，过滤装置一套。

供做斜面、摇瓶接种、培养用的大试管或茄子瓶、锥形瓶、接种针、配料容器、摇床、灭菌锅、恒温恒湿培养箱等。其他材料可根据实际安排的实验进行准备，见各步工序中原材料配比表及工艺条件要求；提取工序要使用大量去离子水。

3. 试剂

（1）斜面培养基

原料名称	规　　格	配比/（%）
可溶性淀粉	CP	0.8
K_2HPO_4	CP	0.05
KNO_3	CP	0.1
$MgSO_4$	CP	0.05
NaCl	CP	0.05
天冬素	CP	0.002

续表

原料名称	规　格	配比/(%)
CaCO₃	CP	0.1
麸皮		2
琼脂①		1.6～1.8

① 冬天配制用 1.6%，夏天配制用 1.8%，以自来水配制，配后溶液 pH7.5。

（2）摇瓶发酵培养基

原料名称	种子摇瓶配比①·②	发酵摇瓶配比
淀粉	1.0%	5.0%
黄豆粉（过 100 目筛）	1.0%	3.0%
葡萄糖	0.1%	
CaCO₃	0.4%	0.5%
(NH₄)₂SO₄		0.05%
KNO₃	0.05%	0.05%
CoCl₂	1 μg/mL	6 μg/mL
蛋白胨	0.2%	0.3%
豆油③	2 滴/30 mL	2 滴/30 mL

① 摇瓶所用原材料可采用食用级，用自来水配制。

② 摇瓶装量一般为容器的 10%。

③ 豆油直接滴入摇瓶内。

（3）发酵罐发酵培养基

原料名称	发酵罐	补料培养基
淀粉	5%	5%
玉米粉（过 100 目）	1%	
黄豆饼粉（过 100 目）	3%	3%
酵母粉	0.5%	0.5%
蛋白胨	0.5%	0.5%
(NH₄)₂SO₄	0.05%	0.05%
CaCO₃	0.5%	0.5%
KNO₃	0.05%	0.05%
AlCl₃	8 μg/mL	8 μg/mL
泡敌	0.05%	0.02%
灭菌后 pH	用 NaOH 调 pH 8±0.1	

三、操作步骤

（一）种子制备

1. 斜面培养基的原料与配比（子母瓶同一配比）

将空茄子瓶（或大试管）洗净、晾干，使用当天塞上棉塞，以高压蒸汽 121℃ 灭菌 30 min，取出冷却。

每瓶先称入麸皮,再用铝锅装好配制用的蒸馏水。留出一部分水拌料用,把称好的琼脂先放锅内,加热溶解,再把其他原料按比例称好放入烧杯内(CaCO₃单独后放),用留下的一部分冷水溶解原料,倒入锅内搅拌,用 6 mol/L 的 NaOH 调 pH 7.5,加入 CaCO₃,搅拌均匀后分装(250 mL 的茄子瓶,每只装 50 mL)。倒料时,物料不得沾在瓶口上。加棉塞,外加纱布扎口,再用牛皮纸扎口,直立放置于灭菌器内,0.1 MPa,121℃灭菌 30 min。灭菌完后稍冷几分钟后再取出,待茄子瓶冷到 60～50℃时,直立摇匀(瓶上不挂料)摆成斜面,使培养基凝固。空白斜面,置于 37℃恒温箱培养 2 天,检查无菌则备用。

2. 斜面的接种及培养

(1)母斜面的接种与培养(采用干法接种)。于无菌室在火焰下用接种器取一定量砂土孢子,用划线法接种于已灭菌的斜面培养基上。涂匀后,塞好棉塞,分别用纱布、牛皮纸 2 层扎口,于 37±0.5℃恒温培养,培养 2～5 天内逐瓶检查,确保无杂菌生长,观察孢子生长情况,记录其营养菌丝孢子生长情况及色素变化。每瓶一般 9～10 天即可成熟,培养好的斜面收藏于 2～4℃冰箱内,可保存 3 个月。

(2)子斜面的接种与培养(采用湿法接种)。挑选生长好、且在冰箱存放 1 周以上的母瓶(其外观要求:孢子丰满、色泽油黑、有亮泽、无杂菌、无溶斑,即对光检无亮点)。在无菌室于火焰下,用吸管取一定量无菌水置于母斜面上,用玻璃棒轻轻刮下母斜面孢子于水中,制成孢子悬液(水呈黑色),用吸管吸取约 0.5 mL 孢子悬液,于新的空白斜面上,均匀涂布,之后扎好口(同上),放入 37±0.5℃恒温箱内培养。同母斜面一样培养、检查、观察、记录其孢子生长过程。子斜面孢子一般培养 8～9 天。

(二)发酵

1. 摇瓶发酵培养

(1)按配比逐项称取物料,用自来水配料,灭菌前调 pH 7.8,装到摇瓶内,用 8 层纱布扎口,外扎牛皮纸,0.11 MPa,121℃灭菌 30 min,冷却备用。同时灭菌接种用具。

(2)在无菌室内,以无菌操作方式,采用斜面挖块接种法,挖取孢子培养基(约0.5 cm²)接入盛有已灭菌的培养基的摇瓶内,扎口,摇瓶置于摇床上,200～230 r/min 35±0.5℃培养,注意瓶内培养液不得溅到瓶口。第 3 天以后,可见培养基挂瓶壁(长浓菌丝体多),略能嗅到发酵的特殊气味,培养约 144 h。放瓶酸化过滤,滤液呈浅黄棕色。测其生物效价。

2. 发酵反应器(罐)操作方法(图 2-16-1)

(1)发酵培养基的配制。

在反应器中加入应加水量的 60%,开启搅拌,依次缓缓加入物料(先加难溶物,后加易溶物)使之溶解,不得有结块。加水到计量器,最后加入消沫油,密封反应器,准备灭菌。

备好无菌空气输送系统,灭菌时,进汽速度要缓慢、平稳,防止物料起泡冲损,防止物料从顶部搅拌轴与器具连接部分外溢。控制液面以不起泡沫为好。温度控制在 118～124℃,保持 30 min(表压 0.09～0.12 MPa),停搅拌(若泡沫很高,也可暂不停搅拌),关闭消毒的进气,进行冷却,使压力降到约 0.05 MPa(一定要降到比无菌空气系统压力低)。开启无菌空气,保持压力,停止搅拌,冷却到 60℃,在无菌条件下,取物料样,测定糖、氨基氮、磷、pH。

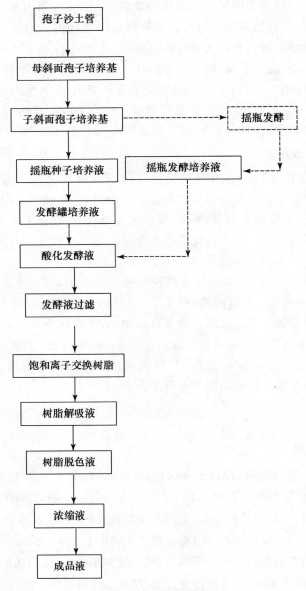

图 2-16-1　操作流程图[①,②]

① 虚线框中为摇瓶发酵工艺流程走向。

② 若实验室内制备不出足够提取用的发酵液,可以从当地庆大霉素生产厂家取得(要取用当天放罐的发酵液),或用自制发酵液,再添加一定量的庆大霉素原料粉,用自来水配成 1000 U/mL 的发酵液进行实验。但不宜全部用庆大霉素原料配制。

配料时应注意:

① 基础料发酵一般按反应器容积的 35% 配制。补料量一般按发酵基础体积的 80%～100% 配制。

② 若采用直接通蒸汽灭菌,加水体积应少于计料体积,留一定体积余量的冷凝水量,以保证灭菌后,物料实际浓度符合工艺要求。

③ 基础料灭菌后,若 pH 达不到工艺要求,且调节时无法保证无菌,则可用自然 pH 发酵。

(2) 接种。

① 种子来源:发酵摇瓶培养约 36 h 的培养液。

② 接种量:工业生产中,接种量是发酵基础培养液体积的 1/10～1/3。实验室就可供种子培养液而定。

接种时,用火焰圈罩住反应器接种口,将反应器压力降为零,打开接种口,将种子培养液直接倒入反应器。操作时一人关气,一人持种液瓶在火焰下倒入种液,立即关好接种口,开进无菌空气,撤火圈灭火并搅拌,开始发酵培养。

(3) 发酵。

调整温度 34±0.5℃,调节进出气阀门,控制反应器压力 0.4 MPa,若有溶氧测定仪,则根据溶氧含量来调节进气量,若没有,则前期进气量每分钟为物料体积的 0.6～0.8,视发酵情况 24 h 后,可将进气量调节为每分钟进气量与物料体积相同。培养过程中,每天取样 1 次(大生产每 8 h 取样 1 次),显微镜下观察菌体形态,测糖、氨基氮、pH,做杂菌检验,记录每次测定结果及全程的温度、压力、溶氧、进气量等。当发酵液滤液呈黄色,有发酵气味时,做微生物生物效价测定(约 40 h 时开始),培养过程中注意各条件尽量控制平稳,不要有大的波动(注意反应物泡沫不能太高),防止从排气口溢出。

(4) 补料工艺。

① 补料配制。拟发酵基础培养液体积的 0.8～1 倍量计算物料,先称取物料,按照配制发酵培养基的方法配制、灭菌。补料器与发酵反应器用管道相连。在进行补料灭菌时,连同管道一起灭菌,每次补料前,管道再次灭菌。补料灭菌后,冷却到 40℃ 以下备用,微开进无菌空气,保压,在无菌操作下取样测定糖、氨基氮、pH、无菌试验。

② 补料时机。在发酵反应器中,培养至约 18 h 时,反应器内泡沫降到液面,取样,镜检菌丝生长已成网状,无杂菌,糖开始下降,可以进行第一次补料(若泡沫很高,则延长培养时间),第一次补料体积可补入基础料的 1/3 左右,以不引起泡沫上升为度。再间隔 16～24 h 进行第二次、第三次补料,余料可以全部补入,若发酵不正常,泡沫很高,则不能强行补料,否则会引起异常(菌丝断裂)。料补完后,继续发酵培养,若菌丝开始衰老,可适当降低培养温度,32～33℃ 培养。

(5) 发酵终点的判定:

正常发酵周期一般为 120～130 h,当取样测定残糖在 0.2 mg/mL 以下,菌丝玻片染色颜色渐浅,菌丝形态不清晰,生物效价增幅减少,则停止发酵,放罐,取样测生物效价,测量放罐体积,计算发酵微生物分泌产物总量及其他技术指标,对发酵进行分析。发酵液供提取实验使用。

(6) 发酵技术经济指标计算。

① 发酵总量[①]:

$$发酵效价总量\ n_1 = 生物效价\ U/mL \times 发酵液体积\ mL$$

---

① 发酵总量在生产上以"亿"效价为单位。

② 发酵指数[①]：

$$发酵指数 = \frac{生物效价（U/mL）\times 发酵液体积（mL）}{发酵周期（h）\times 反应器容积（mL）}$$

③ 发酵原材料消耗[（物料 kg）/（发酵＋亿数）]：将发酵所用物料质量之和除以（发酵总量＋亿数）则得到全料单耗；若将粮食类质量之和除以（发酵总量＋亿数），则得发酵粮食单耗。

④ 若反应器配有溶氧测定仪，对发酵全程溶氧的变化曲线进行分析，对氧的需求量，随着菌丝量及生长情况的变化，将有一个很直观的认识。

（三）提取与精制部分

1. 发酵液预处理

（1）发酵液装入耐腐蚀的容器，搅拌。测量发酵液体积 V_0，搅匀，取样测生物效价。另用量筒测泡沫系数 $r\%$，计算发酵实际体积 V。

泡沫系数测定方法：用量筒取 100 mL 发酵液，加 5 mL 正丁醇，用玻棒搅拌均匀，泡沫消失后静置，读取泡沫消失后的体积 V_r，即

$$泡沫系数（r\%）= \frac{105 - V_r}{100} \times 100\%$$

$$发酵液实际体积\ V = V_0 \times (1 - r\%)$$

（2）酸化。边搅拌边缓缓加入 5 mol/L 硫酸进行酸化。均匀搅拌，至 pH 2.5～2.0，搅拌 30 min，准备过滤。

（3）过滤。酸化后的发酵液过滤，滤完用适量 pH 2.0～2.5 的稀酸洗滤渣，洗清的液体并入滤液中，一般可用滤液体积的 $50\%～90\%$。使滤液总体积达发酵液体积的 95% 左右。

收集滤液体积，测量体积 V_2，取样测生物效价，计算过滤收率。

滤液单位总量：　　　$n_2 = 滤液体积\ V_2 \times 滤液效价（U/mL）$

$$过滤收率 = \frac{n_2}{n_1} \times 100\%$$

2. 树脂离子交换及树脂分离

（1）中和滤液。收集滤液置于一有搅拌器的容器内，缓缓用浓 NaOH 中和至 pH 6.7～6.8，待酸度稳定后，投入再生好的、测量好体积的 732 钠型树脂。搅拌吸附 6～8 h，搅拌静置。取上清液测生物效价，其残留单位应在 50 μg/mL 以下。计算吸附率。

（2）计算树脂用量（此体积系视体积，可用量筒、量杯测量）。

$$树脂投量体积 = 滤液体积 \times 滤液单位$$

即按每 1 mL 树脂吸附 70000 庆大霉素单位计算。

（3）分离树脂。吸附完毕，搅拌，取上清液进行生物效价测定。停止搅拌，小心把滤液倾出，弃之。收集、漂洗净树脂。此树脂已饱和吸附庆大霉素。反复用自来水漂洗树脂。测量饱和树脂体积，与投入树脂体积数作比较。

---

① 发酵指数在生产上单位为亿 U/(h·m³)。

3. 饱和树脂装柱、洗涤

（1）饱和树脂洗涤干净后,测量体积,装入小型离子交换柱内,接好正、反向冲洗水。正、反向多次冲洗,确保树脂内不存在气泡,至流出液清,上层无沉淀物,放水至树脂面,备用。

（2）稀酸洗。将 0.1 mol/L 盐酸水溶液,从饱和树脂上部流入,液面始终保持高于树脂面。控制流出液速度,以每 20 min 流出 1 倍树脂体积的量的流速匀速进行稀酸洗涤。酸洗液用量为饱和树脂体积的 20～30 倍。洗涤终点判断:用试管取流出液 5～7 mL,加 NaOH(或磷酸盐试液),若无白色沉淀,表明洗出液已无 Ca^{2+}、Mg^{2+},停止酸洗。

（3）无盐水。酸洗结束后,将剩余酸放至树脂面,换无盐水(或蒸馏水)洗,可采用正、反方向冲洗,取洗出液样,用 $AgNO_3$ 试剂检查无白色沉淀,即表明已无 Cl^-,洗涤结束。

（4）稀氨水洗涤。将无盐水放至树脂面,从离子交换柱上部加入 0.09～0.11 mol 的稀氨水,注意要密封离子交换柱上口,以防氨挥发。速度与稀酸洗涤相同。即每分钟流出树脂体积的 1/20 量。匀速洗涤,不能出现泡沫。洗涤量为树脂体积的 10～20 倍。当流出液呈碱性时,取流出液,用薄层层析法检查其中庆大霉素小组分,同时再洗 20 min(即树脂体积 1 倍量)即停止。

4. 饱和树脂解吸及解吸液串联、脱色

（1）准备 711 树脂脱色柱将经酸泡、水洗、碱泡、水洗反复两次再生并活化后的 OH 型 711 树脂装入小型离子交换柱内(脱色柱一般较细长,树脂装量可取饱和树脂体积的 1/2。其树脂层高度与直径 3∶1 为好),以无盐水洗涤,至检测流出液中无 Cl^-,则备用。

（2）解吸及串联脱色。将经酸水、稀氨洗涤后的饱和树脂柱的柱内液面放至树脂面,注入 5％的氨水(用无盐水配制),以每分钟 1/120 饱和树脂体积的流速,通过饱和树脂柱(一般控制流出液的速度)进行解吸,随时测定流出液 pH,至呈碱性时(pH 8),即串联入 711 柱内进行脱色。当出现庆大霉素时(用 pH 试纸检测呈碱性,或用 5％磷钨酸溶液,在黑色瓷板上,点滴呈白色絮状物)即开始收集。收集脱色液体积为饱和树脂体积的 6～7 倍量。脱色液应无色、澄清。

① 解吸、脱色全过程树脂始终浸在溶液中,中途液体不能中断。

② 测定流速,以单位时间流出液体积为计算依据。例如,解吸流速为每分钟树脂体积的 1/120。

③ 解吸液中抗生素浓度与解吸速度成反比。若欲使抗生素浓度高些,可放慢解吸流速,如可控制 1/200～1/300 体积,即用 200～300 min 解吸出 1 倍饱和树脂体积的解吸液量。解吸脱色串联操作以匀速操作为好;速度快了解吸不完全,脱色也不彻底,既影响质量,也影响收率。

（3）收集脱色液。饱和树脂柱与 711 脱色树脂柱串联操作,匀速接收脱色液,要维持到解吸液全部流尽为止。测量所收集的树脂脱色液总体积,取样测生物效价。若有条件,等体积容量分段收集,每小时作一个收集瓶,分别测效价、体积并分别计算解吸脱色单位总量,将会发现浓度与时间呈一个波形的变化过程。

计算解吸脱色液(简称解脱液)单位总量,算出解脱收率,即

$$解脱单位总量(U) = 解脱液总体积(mL) × 混合液效价(U/mL)$$

$$离交（解脱）收率（\%）=\frac{解脱单位总量}{发酵液单位总量}\times 100\%$$

（4）离子交换树脂732、711分别用自来水冲洗到中性，经酸、碱再生，洗好下次备用。

5．解脱液浓缩、转盐、炭脱

（1）浓缩。接收解脱液，取样测效价量、体积。薄膜蒸发器进行减压浓缩、除氨。启动真空泵抽真空，真空度应达98.6 kPa以上。开启进料阀门，使物料进入列管下部，调节进料阀，使气化温度不超过65℃，真空度＞86.6 kPa，若冷却速度跟不上，则调小进料速度。注意：进料速度不能太小，以免加热过程在列管下部产生气化，物料在管壁结焦，局部长时受热，影响产品质量。

反复浓缩3次使浓缩液含量达16～18 U/mL（按接收解脱液体积和单位总量，估算出浓缩液体积）。计算浓缩液总量和浓缩收率，即

$$浓缩液单位总量=体积（mL）\times 效价（U/mL）$$

$$浓缩收率=\frac{浓缩液单位总量}{解脱液单位总量}\times 100\%$$

（2）转盐。将浓缩液（即庆大霉素碱）转入带搅拌的反应器内，缓缓滴加硫酸（5 mol/L），调pH 5.5～6.0，滴加不能过快，避免局部过热，色泽加深。用pH计测pH。

（3）炭脱。根据成盐液颜色深浅加入适量的针用活性炭（一般用量为溶液体积的5%～7%，m/V），一次投入并搅拌，保温60～65℃，30 min，趁热过滤，滤液应澄清，呈淡黄或黄绿色，得成品液。测量体积，测效价，计算成品液产量和转盐收率，成品液2～4℃贮存备用。

成品液产量：G单位（总效价）=体积（mL）×效价（U/mL）

四、思考题

盐酸庆大霉素的制备工艺有哪些？发酵液处理工序有哪些？

实验17 离子交换法提取谷氨酸实验

一、实验目的

（1）熟悉离子交换装置的结构和使用方法。
（2）掌握新树脂的预处理方法及动态离子交换的基本操作。
（3）熟悉离子交换法提取谷氨酸的原理和工艺流程。
（4）应用离子交换的理论和知识，通过实验了解影响谷氨酸提取率的几个主要因素。

二、实验原理

离子交换树脂的选择主要依据被分离物的性质和分离目的，包括被分离物和主要杂质的解离特性、相对分子质量、浓度、稳定性，介质的性质以及分离的具体条件和要求，然后从性质各异的多种树脂中选择出最适宜的树脂用于分离操作。其中最重要的一条是根据分离要求和分离环境保证分离目的物与主要杂质对树脂的吸附力有足够的差异。若目

的物具有较强的碱性和酸性,宜选用弱酸性弱碱性的树脂;若目的物是弱酸性或弱碱性的小分子物质,往往选用强碱、强酸树脂。如氨基酸的分离多用强酸树脂,以保证有足够的结合力,便于分步洗脱。对于大多数蛋白质,酶和其他生物大分子的分离多采用弱碱或弱酸性树脂,以减少生物大分子的变性,有利于洗脱,并提高选择性。

谷氨酸是两性电解质,是一种酸性氨基酸,等电点为 pH 3.22,当 pH>3.22 时,羧基离解而带负电荷,能被阴离子交换树脂交换吸附;当 pH<3.22 时,氨基解离带正电荷,能被阳离子交换树脂交换吸附。也就是说,谷氨酸可被阴离子交换树脂吸附,也可以被阳离子交换树脂吸附。由于谷氨酸是酸性氨基酸,被阴离子交换树脂吸附的能力强而被阳离子交换树脂吸附的能力弱,因此可选用弱碱性阴离子交换树脂或强酸性阳离子交换树脂来吸附氨基酸。但是由于弱碱性阴离子交换树脂的机械强度和稳定性都比强酸性阳离子交换树脂差,价格又较贵,因此一般选用强酸性阳离子交换树脂而不选用弱碱性阴离子交换树脂。本实验所采用的树脂为 732 型苯乙烯强酸性阳离子交换树脂。

谷氨酸溶液中既含有谷氨酸,也含有其他如蛋白质、残糖、色素等妨碍谷氨酸结晶的杂质存在,通过控制合适的交换条件,再根据树脂对谷氨酸以及对杂质吸附能力的差异,选择合适的洗脱剂和控制合适的洗脱条件,使谷氨酸和其他杂质分离,以达到浓缩提纯谷氨酸的目的。

离子交换提取过程中转型、吸附、洗脱、再生的化学反应式为

树脂转型:$RSO_3Na + HCl \longrightarrow RSO_3H + NaCl$

吸附:$H_2NCHR'COOH + H^+ \longrightarrow {}^+H_3NCHR'COOH$

$RSO_3H + {}^+H_3NCHR'COOH \longrightarrow RSO_3^- \cdot {}^+H_3NCHR'COOH + H^+$

洗脱:$RSO_3^- \cdot {}^+H_3NCHR'COOH + NaOH \longrightarrow RSO_3Na + H_2NCHR'COOH + H_2O$

再生:$RSO_3Na + HCl \longrightarrow RSO_3H + NaCl$

三、材料、仪器设备及试剂

1. 材料

(1) 上柱交换液:谷氨酸发酵液或等电点母液,含谷氨酸约 2%。

配制方法:取工厂购回的谷氨酸干粉 180 g 溶于 1.5 L 自来水中,再加入约 100 mL 浓盐酸使谷氨酸粉全部溶解,此时 pH 约为 1.5,最后稀释至 9 L。

(2) 732(H 型)树脂。

2. 仪器设备

离子交换柱(1.5 cm×40 cm),恒流泵,分部收集器,若干试管,铁架台,滴定管,量筒,止水夹,小烧杯等。

3. 试剂

(1) 4%NaOH 溶液:称取 NaOH 40 g,用水定容至 1 L。

(2) 5%(m/V)盐酸溶液:把大约 132 mL 浓盐酸(36%含量)用自来水稀释至 1 L。

(3) 0.5%茚三酮溶液:0.5 g 茚三酮溶于 100 mL 丙酮溶液中配制成。

四、操作步骤

（一）离子交换工艺流程

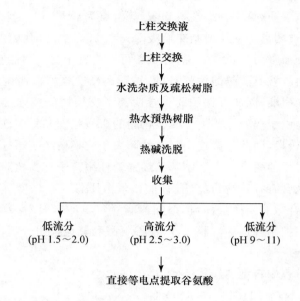

```
              上柱交换液
                 ↓
               上柱交换
                 ↓
          水洗杂质及疏松树脂
                 ↓
            热水预热树脂
                 ↓
             热碱洗脱
                 ↓
               收集
        ┌────────┼────────┐
        ↓        ↓        ↓
      低流分    高流分    低流分
  (pH 1.5～2.0) (pH 2.5～3.0) (pH 9～11)
                 ↓
         直接等电点提取谷氨酸
```

（二）树脂的装柱、洗涤和转型

本实验用苯乙烯型强酸性阳离子交换树脂，编号为 732#，其性能见表 2-17-10：

表 2-17-1 732# 树脂的主要性能常数

交联度	粒度/目	最高耐热/℃	理论交换容量/(mmol·g 干树脂$^{-1}$)	湿视密度/(g·cm^{-3})	pH 范围	溶胀率/(%)	水分/(%)
7～8	60	93	4.5	0.75～0.85	0～14	2.25(水)	46～52

将干树脂在烧杯中用水浸泡一定时间，充分溶胀后(注：务必不可将干树脂直接装柱，以防树脂溶胀挤破柱子)，倾去溶胀时溶出的杂质及碎小树脂。

本实验采用动态法固定床的单床式离子交换装置。离子交换柱是有机玻璃柱，柱底有滤芯，以防树脂漏出。用量筒量取 40 mL 湿树脂(732，Na 型)，于小烧杯中用水悬浮，在搅动状态下倒入柱中(可借用漏斗)，将柱下端的止水夹打开，使柱内水慢慢流出，树脂自由沉降，保持柱中水位高于树脂床 2～4 cm，以防空气进入树脂中形成气泡，关闭止水夹。

树脂经洗涤后转化成所要的型式以供交换。为使转型完全，通常用过量试剂(再生剂)在离子交换柱中进行。本实验用 5% HCl 流洗至流出液 pH<0.5，即 Na 型 732 转化成 H 型，再用蒸馏水洗至近中性即可进入交换。

（三）谷氨酸提取

(1) 再次检查离子交换柱工作状况，柱是否垂直，检查阀门，管道是否安装妥当。

（2）上柱交换。本实验用顺上柱方式。先确定上柱交换的流速，上柱交换前先用一定量的水以此流速平衡交换柱。调节柱底流出液速度，与上柱交换的流速相同。把树脂上的水从底阀排走，排至水面高出树脂面约 5 cm，然后把上柱液放入高位槽中，开启高位槽出口阀门，进行交换吸附，控制好流速（30 滴/min、6～8 床体积），此时开始接收流出液。注意使柱的上、下流速平衡，既不"干柱"，也要避免上柱液溢出离子交换柱。

流出液用烧杯（500 mL）收集，当流出液达 200 mL 后，用精密 pH 试纸或 pH 计测量其 pH，记录下来。并在收集过程中不断用茚三酮显色剂（灵敏度为 2 μg/mL）检查柱下流出液是否有谷氨酸漏出（试管中依次加入 1 mL 流出液和 1 mL 0.5% 茚三酮溶液，混匀，在沸水浴中加热 1～2 min，观察颜色变化）。如有紫红色反应，证明有谷氨酸漏出，应减慢流速。再接收几瓶，如仍有谷氨酸漏出，则可停止上柱交换。加入少量的清水，使未交换的上柱液全部流入树脂中进行交换。上柱液交换完毕，关闭止水夹，量出烧杯中流出液体积，计算实际上柱量。

（3）反洗杂质及疏松树脂。开启柱底清水阀门，使水从下面进入反冲洗净树脂中的杂质，注意不要让树脂冲走。反冲至树脂顶部溢流液清净为止，再把液位降至离树脂面约 5 cm，反冲后树脂也被疏松了。

（4）热水预热树脂。把 70～80℃ 热水加到柱上预热树脂，柱下流速控制为 30 mL/min。预热以柱下流出液水温在 50～60℃ 为宜，若温度达不到，则可适当调高热水的温度（不超过 85℃）。预热树脂以防树脂骤冷骤热破碎，同时也起到温柱以防谷氨酸在柱中析出（结柱）之作用。

（5）热碱洗脱。把水位降至离树脂离约 5 cm，接着加入 70～75℃ 的 4% NaOH 溶液到柱上进行洗脱，（因交换柱无保温设施，为防止碱液流动过程中温度下降引起结柱，可适当调高热碱温度）。

每收集 60 mL 流出液用茚三酮溶液检查并记录其 pH。柱下流速前期 20 mL/min，后期为 30 mL/min。当发现流出液流出后很快有结晶析出，则开始收集高流分，记下此时流出液 pH，注意适当加快流速以免"结柱"，柱下部用热毛巾保温。如出现"结柱"，应用热布包裹玻璃柱及柱下出口管道，加热使结晶溶化。一直收集到 pH 9 为止。流完热碱，用 70℃ 热水把碱液压入树脂内，开启柱底阀门，用自来水反冲树脂，直至溢出液清亮，pH 为中性为止。

（6）收集。把高流分集中在一起，用少量浓盐酸把全部谷氨酸结晶溶解，测量其总体积及总氮摩尔含量（注意不要把高流分稀释过多，否则影响后面的结晶析出）。

（7）等电点提取谷氨酸。把收集液 pH 调至约 3.2，稍搅拌使谷氨酸结晶析出，静置冷却过滤。谷氨酸结晶装入烧杯放入 60～70℃ 烘箱中烘干 30 min，然后称重。

（8）树脂再生。洗净树脂后，降低液面至树脂面以上约 5 cm，然后通入 2 mol/L 盐酸，对树脂进行再生。

再生树脂流速控制在 15 mL/min。再生完毕，离子交换柱则处在可交换状态（树脂为 H 型）。

六、实验结果与分析

（1）记录谷氨酸上柱交换吸附数据表，作出谷氨酸在 732# 树脂吸附曲线图（即流出液的 pH-T 或 pH-V 图），并进行分析。

时　　间		
流出液	体积/mL	
	流量/(mL·min^{-1})	
	pH	
	茚三酮检测反应	
	备注	

（2）记录谷氨酸洗脱数据表，作出谷氨酸在 732$^{\#}$ 树脂解吸曲线图（即流出液的 pH-T 或 pH-V 图），并进行分析。

时　　间		
流出液	体积/mL	
	流量/(mL·min^{-1})	
	pH	
	备注	

（3）离子交换谷氨酸提取率（%）计算：

$$提取率=\frac{收集高流分液量(mL)\times高流分液的总氮摩尔含量}{上柱液体积(mL)\times上柱液的总氮摩尔含量}\times100\%$$

七、思考题

（1）通过所学的离子交换知识，结合本实验，影响离子交换谷氨酸提取率的主要因素是什么？

（2）对本实验的工艺流程进行改进，设计出一条新的提取工艺，使该工艺可提高谷氨酸总提取率。

实验 18　摇瓶溶氧系数的测定

一、实验目的

（1）了解摇瓶溶氧的原理，掌握用亚硫酸盐氧化法测定 $K_{L}a$ 的技能。

（2）掌握测定不同装液量时摇瓶溶氧系数的方法。

二、实验原理

由于摇床的偏心旋转或往复运动，使置于其上的锥形瓶内的液体受到周期性的振摇作用,产生气液混合与分散,空气中的氧不断溶解到溶液中。溶液中的 SO_3^{2-} 在 Cu^{2+} 的催化下很快被溶氧氧化,成为 SO_4^{2-},使溶液中溶氧的浓度为零,即 $c=0$。在亚硫酸盐氧化法中规定 $c^* = 0.21$ mmol/L。

其反应式:

$$2Na_2SO_3 + O_2 \longrightarrow 2Na_2SO_4$$

剩余的 Na_2SO_3 与过量的碘作用:

$$Na_2SO_3 + I_2 + H_2O \longrightarrow Na_2SO_4 + 2HI$$

再用标准的 $Na_2S_2O_3$ 滴定剩余的碘:

$$2Na_2S_2O_3 + I_2 \longrightarrow Na_2S_4O_6 + 2NaI$$

三、材料、仪器设备及试剂

1. 仪器设备

往复式或旋转式摇床,天平,锥形瓶,碘量瓶,移液管。

2. 试剂

0.05 mol/L $Na_2S_2O_3$ 标准溶液,0.1 mol/L 碘液,1%淀粉指示剂,无水亚硫酸钠,硫酸。

四、操作步骤

(1) 配 0.25 mol/L Na_2SO_3 溶液 300 mL(含有 0.02 mol/L $CuSO_4$ 作催化剂),量取 50 mL、200 mL 分别放入 500 mL 锥形瓶中,置于摇床上,启动摇床摇匀后,使摇床暂停,取样液 2 mL,放入已装有 20 mL 0.05 mol/L 碘液的碘量瓶中,暗处放置 5 min 后,用 $Na_2S_2O_3$ 标准溶液滴定,滴至淡黄色加入 1%淀粉指示剂 2 滴,继续滴至无色为终点,所耗的 $Na_2S_2O_3$ 标准溶液为(V_1)。

(2) 重新启动摇床并计时,摇动 10 min(t)停摇床,按同上步骤测定,消耗的 $Na_2S_2O_3$ 标准溶液为(V_2)。

五、实验记录及计算

记录 $Na_2S_2O_3$ 标准溶液的用量

装液量/mL	50/(mol·L^{-1})	200/(mol·L^{-1})
V_1/mL		
V_2/mL		
ΔV/mL		
$K_L a$/min^{-1}		

$$\text{体积溶氧速率 } Nv(1/h) = \frac{\Delta Vc}{1000mt \times 4} \left(\frac{\text{mol } O_2}{\text{mL} \cdot \text{min}}\right) = \frac{\Delta Vc \times 60}{mt \times 4} \left(\frac{\text{mol } O_2}{\text{L} \cdot \text{h}}\right)$$

$$Nv = K_L a \cdot c^*$$

$$K_L a = Nv/0.21 = 4.8 \times 10^3 Nv$$

式中,ΔV:两次取样滴定耗去 $Na_2S_2O_3$ 标准溶液毫升数的差值;c:$Na_2S_2O_3$ 标准溶液的摩尔浓度,mol/L;m:样液的体积,mL;t:两次取样的间隔时间,min。

六、思考题

(1) 预习《发酵工程与设备》介绍的亚硫酸盐氧化法的原理。

(2) 不同装液系数对溶氧系数有何影响? 为什么?

实验 19　发酵罐溶氧速率测定实验

一、实验目的

(1) 了解机械搅拌通风式发酵罐的搅拌转速及风量对溶氧速率的影响。

(2) 学习测量液体中溶解氧的方法。

(3) 测定不同风量、不同搅拌转速下的溶氧速率。

二、实验原理

好气性微生物在深层液体中培养是利用溶解状态的氧,所以反应器的溶氧速率是标志该反应器性能的一个重要参数。通常,在恒定搅拌转速时,风量增大,溶氧速率应增大;风量一定时,搅拌转速的改变能改变气泡的分散度,即改变气液两相接触界面和接触时间。本实验是测定常压状态下,不同风量和不同转速时的溶氧速率。

实验采用的测氧电极实质上是一个对氧敏感的原电池,其结构如图 2-19-1 所示。电极腔内注满电解质溶液,外紧贴正极表面的是一片半透性薄膜,它将电极与被测介质隔开,只让氧通过,并且透过的氧立即在电极上反应。

当电极与外电路接通时,电子由负极流向正极,氧在正极上取得电子还原为 OH^-。被测介质中氧的浓度愈高,在电极上反应的氧量就愈大,因而在外电路通过的电流量也就愈大。该电流量通过转换直接显示为溶氧浓度(%)。

三、材料、仪器设备及试剂

1. 仪器设备

德国产 Micro DCU-Twin 小型机械搅拌通风式反应器。

2. 试剂

Na_2SO_4(0.25 mol/L),蒸馏水,$CuSO_4$,Na_2SO_3。

四、操作步骤

(1) 校正测氧电极。用 0.25 mol/L Na_2SO_3 溶液(内含 0.01 mol/L $CuSO_4$ 作催化剂)校正零点;以室温、常压下蒸馏水中氧的饱和值作为 100%。

(2) 向反应器内注入 3 L 蒸馏水,在慢速搅拌下加入 $CuSO_4$ 1 g 作催化剂,加入 Na_2SO_3 0.3 g 以除去水中的氧。

(3) 按下 PROCESS-VALUES 按钮,以显示当前反应器的状态,仪器即连续显示液

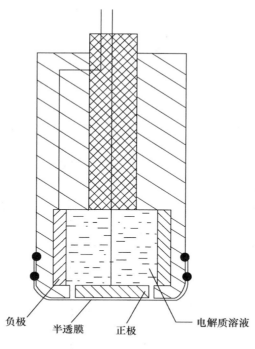

负极 　 半透膜 　 正极 　 电解质溶液

图 2-19-1　测氧电极图

体中的溶氧浓度值。当溶氧值降至 10％时,开始向反应器内通风并调至所需的风量及搅拌转速。

(4) 液体中溶氧值开始升高时,用秒表记录溶氧值由 20％升至 60％所需时间。

(5) 溶氧值达到 60％时即停止通风,搅拌器维持低速搅拌,重新加入 Na_2SO_3 0.3 g 去除氧,然后重复(3)、(4)步骤,测取另一组数据。实验数据记录于表 2-19-1。

五、实验结果与分析

(1) 整理计算出溶氧速率填入相应的表格。

(2) 作出转速、风量与溶氧速率的关系曲线图,并分析讨论各参数对溶氧速率的影响。

表 2-19-1　实验数据记录表

搅拌转速/(r·min^{-1}) ＼ 风量/(L·h^{-1})		200	400	600
200	时间/s			
	溶氧速率/(％)·(L·min)$^{-1}$			
350	时间/s			
	溶氧速率/(％)·(L·min)$^{-1}$			
500	时间/s			
	溶氧速率/(％)·(L·min)$^{-1}$			

六、思考题

测量液体中溶解氧的方法有哪些?

实验 20　面包酵母分批与流加培养实验

一、实验目的

掌握酵母菌种子扩培的过程和实验操作技术,掌握通风发酵的基本原理及过程,掌握上罐操作技术,掌握流加补料控制技术。

(1)熟悉发酵罐及管路、空气过滤器灭菌操作及发酵罐系统管路。

(2)掌握培养基灭菌、上罐操作实验。

(3)观察并记录酵母菌扩培过程及上罐发酵过程中菌种生长变化情况。

(4)测定酵母培养过程中还原糖、总糖、pH 和酵母浓度的变化,并画出各自的变化曲线。

(5)分析测定酵母的发酵活力。

二、实验原理

面包酵母培养是最典型的细胞物质生产过程。若以类似于化学分子式的方式来代表酵母菌的菌体,那么利用葡萄糖为碳源,通风培养面包酵母的微生物反应过程可用下列化学平衡式近似地表示:

$$6.67\ CH_2O + 2.10\ O_2 \longrightarrow C_{3.92}H_{6.5}O_{1.94} + 2.75\ CO_2 + 3.42\ H_2O$$
（碳水化合物）　　　　　　（酵母菌体）

由此可得每 200 g 碳水化合物大约可得 84.6 g 干酵母,如果再计入除碳、氢、氧以外的其他元素如氮、磷以及灰分,则每 200 g 碳水化合物约可得到 100 g 干酵母,即得率约为 50%。

由平衡式还可看出除了氧气之外,培养基中葡萄糖的浓度对于提高酵母得率也是至关重要的。在通风供氧充足的前提下,培养基中葡萄糖的浓度是限制性基质。

培养方式通常可分为分批培养、分批补料(流加)培养(fed-batch culture)和连续培养。本实验面包酵母的培养以获得最大菌体浓度为目的,因此选用流加培养较为理想。这样还可以避免在酵母培养过程中,由于糖浓度过高而导致乙醇的产生,进而使菌体得率下降的现象。

在分批培养过程中,除不断供氧(好氧发酵)、加入消泡剂和加入酸碱溶液调节 pH 以外,发酵罐与外界没有其他物料交换。随着发酵的进行,细胞浓度和代谢物浓度不断变化,微生物的比生长速率也随之不断变化,微生物的生长呈现出迟滞期(延滞期)、对数期、稳定期和衰亡期四个不同的阶段。

若用一种限制性营养物来制约微生物的生长,微生物细胞生长符合 Monod(莫诺)方程,即

$$\mu = \mu_m \cdot \frac{s}{K_s + s}$$

式中，μ：比生长速率，单位菌体在单位时间的增殖量，h^{-1}；μ_m：最大比生长速率，h^{-1}；K_s：微生物对底物的半饱和常数，g/L；s：单一限制性底物浓度，g/L。

分批补料培养是 Yoshida 等(1973 年)创用的，是分批培养和连续培养之间的一种过渡培养方式，又称半连续培养或半连续发酵，是指在培养过程中，间歇或连续地补加新鲜培养基的培养方法。此培养方式兼有分批培养和连续培养的优点，又可克服两者的缺点。因此在发酵工业中被广泛运用。

三、材料、仪器设备及试剂

1. 材料

酵母,玉米淀粉水解制得的糖液。

2. 仪器设备

机械搅拌通风式发酵罐,摇床,超净工作台,灭菌锅,培养箱,离心机或板框过滤机,显微镜,分光光度计,锥形瓶,试管,纱布。

3. 试剂

(1) 酵母斜面培养基：10°麦芽汁固体斜面,pH 5.0。

(2) 酵母摇瓶培养基：

① 10°麦芽汁,pH 5.0。

② 葡萄糖 10%,玉米浆 1%,尿素 0.2%,pH 5.0。

(3) 酵母分批发酵培养基：葡萄糖 10%(由玉米淀粉液化、糖化而得),玉米浆 1%,尿素 0.2%,pH 5.5。

(4) 酵母补料培养基：(由学生查资料确定)。

四、操作步骤

酵母菌经扩大培养后,接入机械搅拌通风发酵罐培养,采用分批培养和分批补料培养两种方式；测定酵母浓度。

1. 分批培养及分批补料培养方案的设计(由学生讨论提出)

分批培养：发酵培养基,灭菌,按培养条件方法接种 5% 培养。

分批补料培养：要求分析决定初始体积 V_0,比生长速率 μ 及菌体浓度 X 的测量,补料速度 F 与补料浓度 S_F 的计算与控制。

2. 培养基的配制

包括试管斜面培养基的配制,面包酵母种子扩大培养基配制,流加用培养基的配制及灭菌等。

3. 生产流程

(1) 斜面培养

将面包酵母接种在斜面上,培养。

(2) 摇瓶种子培养

将菌种接种于摇瓶培养基中,25℃,培养。

（3）发酵罐培养

接种量 $2\%\sim 5\%$，温度 $25℃$，搅拌 $200\ r/min$，通气，每分钟发酵液与通气量体积比为 1（根据 $Y_{x/o}$ 计算最小需氧量与菌体量的关系）．

（4）菌体分离

收获菌体，发酵结束后，将发酵液离心用板框过滤机过滤以获得菌体．

4. 实验检测项目

（1）酵母镜检。取少量菌液，在显微镜下观察。

（2）酵母浓度测定（比浊度，湿重法）：吸取 $10\ mL$ 菌液，$2500\ r/min$ 离心 $5\ min$，去上清液，称取菌体质量（湿重）。

（3）还原糖浓度：用费林法测定发酵液中还原糖含量。

（4）发酵活力的测定（选做）：称取 $0.26\ g$ 鲜酵母，加 $5\ g$ 在 $30℃$ 下恒温 $1\ h$ 的面粉制成面团，置于 $30℃$ 水中，测定面团从水底浮出的时间。浮出时间在 $15\ min$ 以内，认为样品合格。

五、实验结果与分析

根据检测结果，分析两种不同发酵方式酵母浓度的变化规律，作出酵母浓度随时间变化的曲线图。

六、思考题

（1）流加培养和分批培养菌体浓度的区别何在？

（2）试推导理想状况下准稳态恒速流加与变速流加时变量与时间参数的方程。

第四单元　发酵产品制作

实验 21　淡色啤酒酿制

一、实验目的

通过实验,掌握啤酒酿造的工艺流程,懂得啤酒酿造的原理,了解啤酒酿造的工艺操作。

二、实验原理

麦芽经粉碎,糖化,过滤,煮沸,添加酒花,再澄清,最后制成麦芽汁;麦芽汁经啤酒酵母发酵,再经后熟,酿制成具有独特的苦味和香味、营养丰富、饱含二氧化碳的低酒精度的啤酒。

三、材料、仪器设备及试剂

1. 材料

麦芽 500 g,酒花 3～4 g,啤酒酵母泥 12.5 g,鸡蛋 1 个。

2. 仪器设备

恒温水浴锅,不锈钢锅,电炉,粉碎机,冰箱,搅拌器,500 mL 烧杯,过滤器,温度计,生化培养箱,手持糖度计。

四、操作步骤

1. 麦芽汁制备

用粉碎机将麦芽粉碎,再将 2500 mL 水放入不锈钢锅内加热至 50℃。此时把粉碎的麦芽放入热水中搅拌均匀,置于恒温水浴锅中 50℃ 保温浸渍约 1 h;然后升温至 65～68℃,保温 2 h。以后每隔 5 min 取一滴麦芽汁与碘反应,至不呈蓝色,即糖化结束。

糖化结束的醪液立即升温至 76～78℃,趁热用纱布过滤,滤渣可加入少量了 78～80℃ 热水洗涤,使总滤液达到 2500 mL。为有利于麦芽汁的澄清,可将一个鸡蛋的蛋清放在碗中搅散呈大量泡沫时倒入其中,同时添加酒花 2 g 搅匀,煮沸 25 min,再加剩余酒花,继续煮沸 5 min;停止加热,麦芽汁定型,用手持糖度计测麦芽汁糖度,经沉淀过滤得到透明的麦芽汁。再冷却至 6～8℃,此时麦芽汁 pH 为 5.2～5.7。备用。

2. 发酵

取 250 mL 麦芽汁放入经过消毒处理的 500 mL 烧杯中,加入 12.5 g 酵母泥混匀,放入生化培养箱中 20～25℃培养 12～24 h,培养过程中经常搅拌,待发酵旺盛时,倒入不锈钢锅中,加入所有的麦芽汁于 7℃下发酵。约经 20 h,液面有白色泡沫升起。2～3 天后泡沫逐渐下降,此时将发酵液温度逐渐降至 4～5℃。落泡后,口尝发酵液,应感觉到醇厚柔和,有麦芽香和酒花香。

3. 后熟

发酵成嫩啤酒经过滤后装入灭过菌的啤酒瓶内,密闭,在 2.8～3.2℃保持 4 天,再在 0℃贮藏 10 天。

4. 成品啤酒分离(过滤)

经过后熟的成熟啤酒,其残余的酵母和蛋白质等沉积于底部,少量悬浮于酒中,必须经过分离才能长期贮存。可采用微孔薄膜过滤制得成品啤酒。成品啤酒要求清香爽口,酒味柔和。

五、注意事项

在酿啤酒过程中,所用工具和容器均需严格消毒。

六、思考题

啤酒酿造的工艺流程分为几个阶段?

实验 22　白 酒 酿 制

一、实验目的

通过实验了解白酒生产的一般工序,懂得蒸粮、培菌、发酵、蒸酒的意义,初步掌握白酒酿造工序各环节的技术要点,为进行白酒生产打下基础。

二、实验原理

淀粉质颗粒原料通过浸泡,蒸煮糊化,接种小曲或纯种根霉麸曲(根霉麸曲培养后混有一定比例纯种培养酵母)培菌。首先根霉菌在其中繁殖产生淀粉酶,使原料达到一定程度的糖化;同时酵母也开始繁殖,使桶内糟醅构成了边糖化边酒化的统一体。由酵母代谢产生酒精和白酒的香味成分,再经甑锅蒸馏,从香醅中分离出白酒。

三、材料、仪器设备及试剂

1. 材料
高粱 50 kg,小曲粉 0.2 kg,谷壳 40 kg,酒糟 150 kg。

2. 仪器设备
大木桶,甑锅,白酒蒸馏器,贮酒桶,篾席,撮箕,木锨。

四、操作步骤

(1) 浸粮。将高粱 50 kg 放入桶内,加 90℃热水,搅拌使温度维持在 73～74℃,加盖保温,浸泡 2～3 h,揭盖检查刮平,使粮不露出水面。经 6～10 h 后,放掉浸泡水,干浸润 1～2 h,入甑蒸粮。

（2）蒸粮。先将甑箅铺好,锅内加水至甑箅下 10 cm,撮粮入甑,装完扒平整,上盖,猛火蒸粮。满圆汽后维持大火 10～15 min,停火,同时向甑内加入 30～40℃水,使水淹过粮面 6～7 cm,用地温表插入粮层内,检查甑箅上水温为 60～65℃,粮面水温 94～95℃。仔细检查甑内粮粒不顶手、软硬适度时,从锅沿放水孔放出闷水,再加上盖,开大火复蒸至圆汽,再蒸 50 min,敞盖蒸 10 min,出甑。

（3）出甑,摊凉,下曲。出甑前铺好席,席上撒一薄层稻壳,用蒸过的簸箕从甑内撮出熟粮于席上,翻拌两次,使之快速降温。当温度降至 38～40℃,撒第一次曲,撒曲后翻拌均匀,摊平。当品温继续下降至 34～35℃时,撒第二次曲,翻拌均匀。

（4）配菌糖化。在地面铺 10～15 cm 谷壳,谷壳上垫箅席,接种的粮料移至箅席摊平,厚约 15～20 cm,上面撒少许谷壳,盖上箅席,席上铺谷壳保温培养 20～24 h,待品温升至 31～32℃时应勤检查,当品温升至约 34℃,粮粒香甜时,配菌结束。

（5）入桶发酵。由 50 kg 高粱所制得的培菌粮料可配入 120 kg 酒糟和 20 kg 谷壳,翻拌均匀,装入发酵桶内,上面压紧,再盖上一层酒糟,上铺箅席,最后以泥封顶,顶上插一竹筒至醅中,其中吊一温度计,每日观察温度的变化和筒口出气情况,发酵 5～6 天,即可出桶蒸酒。

（6）蒸酒。取出桶内发酵香醅装入甑内,装甑操作与大曲酒的装甑操作相同,做到随时热随时装甑,轻上匀撒,不压汽,不跑汽。装甑结束,盖甑蒸酒,流酒温度控制在 35℃,做到截头去尾分段接酒。去酒头 0.25 kg,蒸馏至 30～40℃以后作为酒尾。蒸酒过程注意气压均匀,流尾酒时要加大火力,做到大汽追尾。

五、思考题

白酒酿造工序各环节的技术要点是什么?

实验 23　柑橘渣微生物发酵生产饲料蛋白

一、实验目的

学习利用白地霉、假丝酵母、康宁木霉生产饲料蛋白的方法。
掌握单菌种发酵和混合菌种发酵方法。

二、实验原理

利用柑橘渣、麸皮本身的营养物质,通过有效微生物的生长繁殖,使菌体数量增加,从而获得菌体蛋白。

三、材料、仪器设备及试剂

1. 材料

白地霉,假丝酵母,康宁木霉等 3 株菌。
柑橘渣、麸皮等(柑橘渣应在 65～80℃烘干,粉碎后过 40 目筛备用)。

2. 仪器设备

恒温培养箱,摇床,超净工作台,高压灭菌锅等。

3. 试剂

(1) 斜面培养基:蛋白胨 1%,酵母粉 1%,葡萄糖 2%,琼脂 2%,pH 自然,121℃灭菌 20 min。

(2) 平板培养基:柑橘渣 5%,琼脂 2%,pH 自然,121℃灭菌 15 min。

(3) 固体发酵培养基:柑橘渣 70 g,麸皮 30 g,尿素 2 g,水约 60 mL,121℃灭菌 20 min。

四、操作步骤

1. 种子培养

将白地霉、假丝酵母和康宁木霉液体种子培养于 250 mL 锥形瓶中,装液量 15 mL,180 r/min,30℃培养 24 h。

2. 固体发酵

在 250 mL 锥形瓶中进行。采用固体发酵培养基在 30℃下恒温培养 3 天。培养结束后取出,在 85℃下烘干,得到饲料蛋白。

固体发酵方式分为两类进行:

(1) 单菌发酵实验。对白地霉、假丝酵母、康宁木霉三株菌进行锥形瓶单菌发酵实验,30℃恒温培养 3 天。

(2) 混合菌种发酵实验。将白地霉、假丝酵母、康宁木霉三株菌分别培养至旺盛期,然后按 1∶2∶2,1∶2∶1,1∶1∶1,2∶1∶1,2∶1∶2 的比例接种于锥形瓶中,接种量为 25%,30℃恒温培养 3 天。

柑橘渣发酵工艺流程见图 2-23-1。

白地霉、假丝酵母、康宁木霉三株菌单独培养→种子液

柑橘渣、麸皮等→配料→灭菌→冷却→接种→发酵→干燥→粉碎→成品

图 2-23-1　柑橘渣发酵工艺流程图

3. 粗蛋白含量测定

将用发酵得到的饲料蛋白用微量凯氏定氮法测定粗蛋白含量。

五、实验结果

1. 单菌发酵实验

测定单菌发酵产品的粗蛋白含量,并将数据填入表 2-23-1:

表 2-23-1　单菌发酵的粗蛋白含量

菌　　种	粗蛋白含量(5 次实验平均)
白地霉	
假丝酵母	
康宁木霉	

2. 混合菌种发酵实验

测定混菌发酵产品的粗蛋白含量,将实验结果填入表 2-23-2:

表 2-23-2　不同菌种配比混菌发酵的粗蛋白含量

接种比例	实验次数	平　均
1∶2∶2		
1∶2∶1		
1∶1∶1		
2∶1∶1		
2∶1∶2		

六、思考题

白酒酿造工序各环节的技术要点是什么?

实验 24　发酵法酿制食醋

一、实验目的

通过实验了解食醋的制造原理,懂得食醋的制造方法和步骤,初步掌握食醋的酿造技术。

二、实验原理

醋酸菌氧化酒精为醋酸,是食醋酿造的根据。制醋原料可以采用酒精、可发酵性糖类、淀粉质等。以酒精为原料时,直接接种入醋酸菌即可;以可发酵性糖类为原料时,先要进行酒精发酵,然后再进行醋酸发酵;用淀粉质为原料时,则首先需要糖化和酒精发酵,然后再接入醋酸菌种进行醋酸发酵。此法是几种微生物及其酶类联合作用的过程。

醋酸发酵过程中,微生物分泌出来的各种酶类,有的分解甘油产生具有淡薄甜味的二酮,使食醋格外浓厚;有些能分解氨基酸产生琥珀酸;有的能形成葡萄糖酸、乳酸及芳香酯等。淀粉质原料营养丰富,能产生多种芳香物质,所以由淀粉质原料酿制的食醋比酒精酿制的食醋质量优良。

三、材料、仪器设备及试剂

1. 材料

大米,麸曲,酒母液,醋酸菌种,麸皮,谷壳,食盐。

2. 仪器设备

烧杯,培养箱,温度计,锅,漏斗,纱布。

四、操作步骤

(1) 大米处理。大米 100 g 加水浸泡,沥干,蒸熟,盛于烧杯中,加水 300 mL,搅匀。

（2）酒精发酵。待米醪冷至 30℃时，接入麸曲 5 g 和酒母液 20 mL，盖好盖子，于培养箱内 30℃培养。16～18 h 有大量气泡冒出，36 h 后米粒逐渐解体，各种成分发酵分解，并有少量酒精产生。发酵 3 天后结束。

（3）醋酸发酵。将酒醪平均分装在 3 个烧杯中，每个烧杯中加入 60 g 麸皮、20 g 谷壳，接种入 5 mL 醋酸菌种子液，使醪液含水量 54%～58%，保温发酵，温度不超过 40℃，醋酸发酵 5 天。

（4）后熟增色。每个烧杯中拌入 3 g 食盐，放到水浴上加温，保持品温 60～80℃。一般经过 10 天，醋醅呈棕褐色，醋香浓郁，无焦糊味，即成熟。

（5）淋醋。淋醋采用平底陶瓷漏斗，漏斗下面套上橡皮管和弹簧夹，漏斗底部铺一层细瓷块，上面铺双层纱布。将醋醅移入漏斗中，加温水浸泡 8～10 h，打开弹簧夹放出醋汁，要求醋的总量约为 5%。

五、思考题

简述利用发酵方法制造食醋的方法和步骤。

实验 25　小曲酒饼的制作

一、实验目的

通过实验了解小曲白酒酒饼的制作方法，掌握酒饼制作的操作技术，制出合格的小曲白酒。

二、实验原理

利用陈酒药为接种剂，早籼米粉和辣蓼草末为培养基，陈酒药中的根霉和酵母等微生物在培养基中繁殖，生成白酒药。

三、材料、仪器设备及试剂

1. 材料

早籼米粉，辣蓼草末，优质陈酒药粉，水。

2. 仪器设备

木框，瓦缸，竹匾，平底塑料盆，恒温箱。

四、操作步骤

（1）成形。米粉 2 kg、辣蓼草末 14～16 g 拌匀，再加清水 1.1～1.2 kg，揉成粉团。将粉团放入木框内压成 3 cm 厚，取下木框，划成 3 cm 见方的方块，放入平底塑料盆内，滚圆，同时添加陈酒药粉使之黏附于表面。

（2）缸培养。先在缸中部放一竹匾，竹匾上铺一层洁净的稻草，稻草上放 20 cm 厚的谷壳，谷壳上又铺一薄层稻草，稻草面上铺放一层经接种的米粉团。再在上面放一竹匾，以竹竿撑住,如上法放第二层经接种的米粉团。最后盖上篾制圆锥形缸盖,盖上加麻袋保温。气温在 28～30℃时,经过 24 h,品温升到 34～35℃,培养物表面有白色菌丝,缸边有水汽凝集,并发出香气,这时方可撤去麻袋,将缸盖逐步揭开。约经 8 h,缸盖全部揭开,将匾从缸中取出,晾 1 h,小心取出酒药,除去稻草。

(3) 恒温箱培养。把酒药丸摊放在竹匾内,放入恒温箱。控制恒温箱温度 28～30℃,品温 35～40℃培养约 24 h。培养过程中注意换匾和并匾。以后品温逐渐下降,经 2～3 天,酒药成熟,再在阳光下曝晒 6 天,即可贮藏备用。

质量好的酒药,表面呈白色,口咬质地松脆,无不良气味,有大量的根霉分生孢子和一定数量的酵母,产酸细菌少,能制出优良的黄酒。

五、思考题

简述小曲酒饼制作的方法和步骤。

实验 26　小曲白酒的制作

一、实验目的

通过实验了解白酒生产的一般工序,懂得蒸粮、培菌、发酵、蒸酒的意义,初步掌握白酒酿造工序中各环节的技术要点,为进行白酒生产打下基础。

二、实验原理

淀粉质颗粒原料通过浸泡、蒸煮糊化,接种入糖化发酵微生物小曲或纯种根霉麸曲培菌。首先根霉在其中开始繁殖,形成糖化酒化协调的微生物体系。入桶后,根霉生长受到抑制,但淀粉酶袋子仍然起糖化作用,酵母大量繁殖,使桶内糟醅构成了边糖化边发酵的统一体。由酵母代谢产生酒精和白酒的香味成分,再经甑锅蒸馏,从香醅中分离出白酒。

三、材料、仪器设备及试剂

1. 材料

大米,小曲粉。

2. 仪器设备

甑锅,发酵缸,煤气炉,大盆。

四、操作步骤

1. 工艺流程

大米→浸泡→蒸饭→摊饭→拌小曲下缸→加水发酵→蒸馏→陈酿→装瓶→成品。

2. 操作要点

(1) 原料浇淋。大米用 50～60℃温水浸泡约 1 h,然后用水冲洗干净并沥干。

(2) 蒸饭。将浇洗过的大米原料倒入蒸饭甑内,扒平,盖好并加热蒸饭,圆汽后 15～

20 min,揭盖,搅松,泼第一次水,扒平,再盖盖续蒸;上大汽后约 20 min,又揭盖搅松,泼第二次水;扒平,盖盖复蒸,直至熟透为止。蒸熟后饭粒饱满,熟透,不生,不烂,无白心,含水量为 62%～63%。

（3）拌料。蒸熟的饭料出甑后趁热将饭团送拌料机中搅散,用鼓风机扬凉,亦可用人工的方法搅散扬凉,品温控制为冬高夏低。如气温在 22～28℃时,摊冷,至品温 36～37℃即加入原料量的 0.8%～1.0% 的药小曲拌匀。

（4）下缸培菌糖化。拌曲后及时倒入饭缸内,饭层厚度为 15～20 cm 为宜,冬厚夏薄;下缸品温为 32～34℃,中央挖一空洞,以利更好地供应足够的空气进行培菌和糖化;缸口盖上簸箕,下缸后根霉和酵母菌同时生长繁殖,糖化也随着进行,品温逐渐上升,约经 20～24 h,糖化达 70%～80% 即可。不要求彻底完成糖化,过分延长糖化时间反而会造成成熟的酒醅酒精含量低,升酸快,出酒少、酒的风味差等不良后果。

（5）拌水发酵。经培菌糖化的酒醅,结合品温和室温投入原料量 120%～125% 的水,投水的温度应控制使拌匀后品温约达 36℃（冬季可拌温水）。泡水后醅料的糖化含量应为 9%～10%、总酸为 0.7、酒精含量为 2%～3%（容量）为正常,泡水拌匀后转入醅缸。将每个培菌糖化缸的料醅分装在两个醅缸中入发酵室,控制发酵房温度 26～30℃,发酵时间为 6～7 天。成熟酒醅的残糖分接近为零,酒精含量为 11%～12%（容量）,总酸含量不超过 1.5% 为正常。

（6）蒸馏。酒醅成熟后即可进行蒸馏。蒸馏设备有土灶蒸馏设备和卧式或立式蒸馏设备。采用土灶式的蒸馏设备:先将待蒸的酒醅倒入蒸馏锅中,将盖盖好,接好接酒的管和冷却器即可进行蒸酒,蒸馏时采用去头截尾间歇蒸馏工艺,火力要均匀,以免发生焦锅或气压过大而出现跑糟现象。冷却器上面的水温不得超过 55℃,接酒温度不超过 30℃,以免酒温过高酒精挥发损失。初流出的酒头,一般酒度在 75% 以上,多是低沸点的醛类物质及甲醇,应截去回缸,重新发酵。酒头颜色如有黄色现象和焦气杂味等,应接至合格为止。去酒头后蒸出的酒接入酒坛中,一直接到酒度 58° 为好,58° 以下即为酒尾。蒸酒快结束时加大火力追酒尾,酒尾多是高沸点的高级醇及酸类物质。酒尾应另行分装,待下次蒸酒时回入甑底,重新蒸酒。

（7）陈酿。蒸出的酒经质检组鉴定其色、香、味和由化验室化验合格后入库陈酿。成品入库的指标为:

① 感官指标:无色、清澈透明、无悬浮物、无沉淀,蜜香清雅,入口绵甜,落口爽净,回味恬畅,具有米香型白酒的独特风格。

② 理化指标:酒度 55%～57%（容量）。总酯 $\geqslant$ 0.8 g/L,总酸 $\geqslant$ 0.3 g/L,甲醇量 $\leqslant$ 0.4 g/L,固形物量 $\leqslant$ 0.4 g/L,杂醇油 $\leqslant$ 2.00 g/L,铅含量 $\leqslant$ 1.0 g/L。

成品入库酒贮存,在较低的恒定温度下陈酿 1 年以上,使酒中的低沸点杂质与高沸点杂质进一步起化学变化,构成小曲酒的特殊芳香,同时使酒质醇厚。

五、思考题

小曲白酒酿造工序中各环节的技术要点是什么?

实验 27　酱油种曲的制作

一、实验目的

通过实验掌握酱油种曲试管斜面培养基、锥形瓶固体培养基及盘曲培养的制备方法。学会接种操作和培养管理技术及种曲质量的鉴定方法。

二、实验原理

米曲霉在试管、锥形瓶、曲盒的不同环境中,不同的培养基上进行封闭、半封闭、开放培养,逐级扩大繁殖。利用逐渐形成的生长优势和有利条件,克服杂菌的生长,繁殖出大量的、较为纯净的、活力强并保持原有的优良的生产性能的分生孢子,为制造高质量的酱油打下良好的基础。

三、材料、仪器设备及试剂

1. 材料

可溶性淀粉,豆饼粉,麸皮,面粉,3.042 米曲霉砂管菌种。

2. 仪器设备

试管,锥形瓶,曲盘,高压灭菌锅,恒温箱,接种箱,种曲室,铝锅,漏斗等。

3. 试剂

5° Bé大豆汁,$MgSO_4 \cdot 7H_2O$,KH_2PO_4。

四、方法步骤

1. 米曲霉试管斜面菌种的制作

按 5° Bé豆饼汁 1000 mL、$MgSO_4 \cdot 7H_2O$ 0.5 g、KH_2PO_4 1 g、可溶性淀粉 20 g、琼脂 15 g 的比例,熬制好培养基,灌装入 18mm×150mm 试管中,塞好棉塞,包扎牛皮纸,在 100 kPa 的压力下灭菌 30 min,摆成斜面,经培养检查灭菌彻底,即可接种培养。

用无菌操作法将砂管菌种中的含孢子砂土铲取少量放入经灭菌的装有 2～3 mL 的无菌水试管中,摇匀制成菌种悬液,再将菌种悬液用接种环涂抹在斜面培养基上。

将接种后的斜面培养放置在恒温箱内,30℃培养 3 天,查无杂菌、黄绿色孢子旺盛则可作为菌种,再转接几次:一使菌种充分活化,二是菌种量在试管培养的过程中就有所扩大。

2. 锥形瓶菌种培养

按豆饼粉 20 g、麸皮 60 g、面粉 20 g、水 65～70 mL 的配方混合均匀,分装入 250 mL 的锥形瓶中。每瓶 20 g,100 kPa 压力下灭菌 30 min,灭菌后趁热摇松备用。

在无菌室或接种箱内,以无菌操作法用接种钩挑取斜面原菌,一次移接于已冷却的锥形瓶培养基中,摇匀,将培养基堆积在瓶底一角。

接种的锥形瓶,置于恒温箱中 30℃培养 18～20 h 后,见白色菌丝生长,将欲结块,摇瓶 1 次,充分摇散。继续培养 6 h,菌丝大量生长又结成饼,再摇瓶 1 次,并将瓶横放培养,约经 3 天培养基颗料表面布满黄绿色孢子,即可立即使用,或放入冰箱中,4℃下可保藏 10 天。

3. 曲盒曲种培养

按麸皮 80%、面粉 20%、水 80%拌和好原料,常压蒸 1 h,焖 1 h 或加压 100 kPa 蒸 30 min取出,再加入冷开水 20%,冷开水中添加原料 0.3%的冰醋酸,拌匀。

待熟料冷却到 42℃时,按每 2.5 kg 原料一瓶 250 mL 锥形瓶菌种的比例,在无菌室中接入菌种拌和均匀。

将接种的曲料分装在经蒸汽灭菌或日光曝晒消毒的曲盒中,装料厚度为 6～7 cm,稍加摊平,放入种曲室中堆叠培养。室温控制约 28℃,相对湿度保持 90%以上。当品温升至 34℃,曲料发白结块,进行第一次翻曲错盒;继续培养 4～6 h,品温又上升至 36℃,曲料完全发白结块,又进行第二次翻曲,并倒盒或将盒分散摆放,面盖灭菌湿纱布 1 张;以后严格控制品温使之约为 36℃,50 h 后揭去纱布,继续培养 1 天后熟。当米曲霉孢子全部达到鲜艳黄绿色时,培养结束。

4. 种曲的质量检查

观察种曲的颜色,鲜黄绿色为最好,淡黄色为培养时间不足,黄褐色为过老。有白色、黑色等异色显示有其他霉菌污染。孢子产量少,意味曲菌生长繁殖不良,多是温度控制不合理。

种曲应有曲香,如有酸气或氨味,表示细菌污染严重。

取少量种曲放入 50 mL 无菌水中,25～30℃培养 2～3 天,产生恶臭,表示种曲严重不纯,不能采用。

取 1 g 种曲制成菌悬液,纱布过滤,稀释到一定倍数,镜检,以血球计数,孢子数应在 $6 \times 10^{10}/g$(干基计)以上。用悬滴培养法测定发芽率,应在 90%以上。

五、思考题

酱油种曲试管斜面培养基、锥形瓶固体培养基及盘曲培养的制备方法是什么?

实验 28 酱油的制作

一、实验目的

通过实验掌握酱油盘曲培养的方法,酿造酱油的工艺流程及各环节的操作技术,巩固和丰富课堂所学的知识。

二、实验原理

酿造酱油的原料,经过培菌,让米曲霉为主的多种微生物在其中生长繁殖,产生蛋白酶、淀粉酶和其他多种酶系。在一定浓度盐分的环境下发酵,耐盐酵母及一些芽孢细菌在其中繁殖,不耐盐的腐败微生物受到抑制,使发酵能够安全进行。原料中的蛋白质分解为氨基酸,淀粉水解为糖,并生成酒精、各种有机酸及酯类,形成酱油的色香味体成分;再经过浸泡、溶解、洗脱、扩散,淋出得到酱油。

三、材料、仪器设备及试剂

1. 材料

豆饼,麸皮,面粉,食盐,种曲,水。

2. 仪器设备

粉碎机,台称,瓷盆,瓦缸,蒸锅,簸箕,波美度计,温度计。

四、操作步骤

1. 原料处理及接种

豆饼粉碎成小米粒大,与麸皮拌匀,加入总料70%的约70℃的热水,堆闷40 min,入甑蒸料。至上大汽后继续蒸1.5 h,出甑,出甑后料温冷却至38℃接种,种曲为全料量的0.3%,先与面粉拌匀,再与曲料拌和,接种后的曲料装入簸箕,厚度为1.5～2 cm,入曲房保温培养。

2. 成曲的制备

曲室保温28～32℃,相对湿度90%以上。约经过16 h品温上升至34～36℃时,翻曲一次。以后严格控制品温不超过37℃,相对湿度85%左右。待曲料布满孢子,孢子刚转为黄绿色时即可出曲。一般约需培养32～36 h。

3. 酱醪的发酵

成块的成曲破碎,拌入盐水,盐水的计算按下式进行:

$$盐水量 = \frac{曲重 \times (酱醅要求的水分含量(\%) - 曲的水分含量(\%))}{1 - 氯化钠含量(\%) - 酱醅要求的水分含量(\%)}$$

成品曲的水分按30%计算,拌曲用的盐水为13° Bé,要求酱醅含水量为50%,13° Bé盐水氯化钠的近似值为13.5%。

待全部水分被曲料吸收后,装入缸内发酵。发酵头4天使酱醅品温为42～44℃,每日早晚翻一次;第5天后保持品温为44～46℃,并在缸内醅面盖上一层食盐;第12天后停止保温,让其在自然温度下发酵15天即可淋油。

4. 酱油的浸出

酱醅成熟,及时将5倍于豆饼原料量的二淋油加热至80℃左右,掺入缸内浸泡20 h,过滤即得头油;再用三油浸头渣,得二油;再用热水浸泡二渣,淋出三油。

5. 酱油灭菌与配制

淋出的生酱油加热至70℃,维持30 min,再加入苯甲酸钠0.1%。

五、思考题

简述酿造酱油的工艺流程及各环节的操作技术。

实验 29　葡萄酒的制作

一、实验目的

通过实验学会葡萄酒的制作方法及操作要点。

二、实验原理

葡萄含有一定量的糖和适度的酸度,很适合酵母菌的生长繁殖产生酒精,通过破碎后让酵母菌在其中生长,发酵、过滤、澄清和陈酿处理后即可得葡萄酒。葡萄酒酒体丰满醇厚,具有浓郁的果香和优雅的葡萄酒香,滋味微酸,爽口,带有悦人的色泽。

三、材料、仪器设备及试剂

1. 材料

葡萄酒酵母(1450、2069、果酒酵母)。

2. 仪器设备

糖度计,榨汁机,玻璃缸,塑料盆。

3. 试剂

葡萄,白糖适量,盐酸。

四、操作步骤

1. 操作流程

葡萄→清洗→除梗→破碎→葡萄浆→加酵母发酵→压榨→调整成分→后发酵→第一次换桶→陈酿→换桶→均衡调配→澄清处理→杀菌→成品。

2. 操作要点

(1) 如买回的葡萄有铜绿色的金属光泽,则用0.1%的盐酸浸泡后用清水洗净。

(2) 葡萄浆需测糖酸度,并根据1.7%的糖得到1%的酒计算加糖量。

(3) 前发酵温度控制在25～30℃。发酵进入高潮时,加入白糖量的一半;经过1天,再加入剩余的糖。前发酵时间一般为4～6天。

(4) 压榨过滤后进入后发酵,控温18～25℃,应尽量避免与空气的接触。正常后发酵时间为3～5天,但也可持续1个月。后发酵的目的是残糖继续发酵、澄清和陈酿酒液,另外,还可诱发苹果酸-乳酸发酵,对改善口味有很大好处。

五、思考题

简述葡萄酒的制作工艺流程及各环节的操作技术。

实验 30　糯米甜酒的酿制

一、实验目的

学习和掌握甜酒曲发酵糯米酿制糯米甜酒的方法。

二、实验原理

甜酒一般由糯米酿制,糯米的主要成分是淀粉,尤其以支链淀粉为主,含量高达 99%至 100%。将甜酒曲撒上后,首先根霉和酵母开始繁殖,并分泌淀粉酶,将淀粉水解成为葡萄糖,甜酒的甜味由此而来。部分葡萄糖在厌氧条件下继续发酵分解生成乙醇,因此产生酒味。酿制好的糯米甜酒蜜香浓郁,入口甜美,能刺激消化腺的分泌,增进食欲,有助消化,而且还含有多种维生素、氨基酸、微量元素等营养成分,是老少皆宜的营养佳品。

三、材料、仪器设备及试剂

1. 材料

甜酒曲(南宁产和上海产两种),白糯米(3 kg/批)。

一次性筷子和一次性碗,纱布若干。

2. 仪器设备

不锈钢饭盒(14 cm),蒸锅(28 cm),烧水锅,电磁炉,饭勺,微波炉。

四、操作步骤

1. 甜酒培养基制作

称取一定量优质糯米。将糯米放在容器中用水浸泡过夜,把米淘洗干净。加水量为米水比 1∶1,加热煮熟成饭。或者糯米洗净后,沥干水,在蒸锅的笼屉上放上蒸布,将糯米倒入,铺平,盖好锅盖,置于旺火上蒸熟(20~30 min)。将蒸熟的糯米饭分装到干净的不锈钢饭盒,装饭量为容器的 1/3~1/2;先加少许凉开水,用一次性筷子轻轻打散,再用凉开水冲淋一次,即为甜酒培养基。

2. 接种

待甜酒培养基冷却至 35℃ 以下时,称取适量的甜酒曲,先取约一半量加入,用一次性筷子轻轻拌匀,然后用饭勺将糯米饭压实,中间挖一个凹坑,饭面上再均匀撒上剩余的酒曲,最后淋上一些凉开水。将容器盖好盖子或用纱布盖上,置于 30℃ 恒温培养箱内培养发酵。

3. 培养发酵

发酵 1 天左右便可闻到酒香味,开始渗出清液;之后,渗出液越来越多时,可把洞填平,令其继续发酵。

4. 产品处理

培养发酵至第 1.5 天后取出。当打开容器时,可闻到酒香,看到米粒呈柔软状,即可直接品尝;也可再加入一定量的凉开水,用微波炉加热煮沸后食用。如把酒糟滤去,汁液即为糯米甜酒原液。食用时微甜而不酸,就说明甜酒的制作已经成功了。

五、注意事项

(1) 酿制糯米甜酒时,糯米饭一定要煮熟煮透,要蒸得软熟而不焦烂,不能太硬或夹生。米饭一定要凉透至 35℃ 以下才能拌酒曲,否则会影响正常发酵。

(2) 制作甜酒的工具以及整个操作过程要保持清洁,切忌油腻。

(3) 在制作甜酒的过程中,尽量少打开容器,以防止其他细菌和真菌的污染。

六、思考题

(1) 简单描述糯米甜酒的外观、色、香、味和口感。

(2) 为什么糯米饭温度要降至 35℃ 以下拌酒曲,发酵才能正常进行? 糯米饭一开始发酵时要挖个洞,后来又填平,这有什么作用?

(3) 酿制甜酒酿的酒曲中主要含何种微生物? 它们的发酵原理是什么?

第五单元　酶　工　程

实验 31　蛋清溶菌酶的制备

一、实验目的

熟悉酶试剂分离纯化的原理和方法。

二、实验原理

溶菌酶(E.C.3.2.1.7)是糖苷水解酶,由 129 个氨基酸残基构成。在蛋清中其含量丰富。从一个鸡蛋中可获得约 20 mg 的冻干酶。在蛋清中除溶菌酶外还有其他许多蛋白质。但溶菌酶有两个显著的特点:一是具有很高的等电点(pI 11.0),二是其相对分子质量低,为 14.3×10^3,因而可以将它从蛋清中分离出来。

从鸡蛋清中分离溶菌酶可有多种方法。本实验步骤为:热变性与等电点选择性沉淀,聚丙烯酸处理,葡聚糖凝胶柱层析,聚乙二醇浓缩。溶菌酶耐热性强,在酸性条件下能经受较长时间的高温处理,且其等电点特别高。据此,用热变性与等电点沉淀相结合的方法可除去大部分杂蛋白。聚丙烯酸是一种多聚电解质,在特定的 pH 和离子强度条件下,它能和某些蛋白质一起凝聚沉淀;而对多糖、核酸等物质则没有这种作用。溶菌酶在酸性条件下能与聚丙烯酸结合形成凝聚物,而且,所形成的凝聚物立即沉降黏附于容器底部,倾倒除去上层液体使溶菌酶既得到纯化,又得到浓缩。当有钙离子存在时可生成聚丙烯酸钙沉淀,使得溶菌酶又能从这种凝聚物中分离出来。聚丙烯酸钙经过硫酸的酸化可再生为聚丙烯酸。最后,用葡聚糖凝胶柱层析使杂蛋白、溶菌酶和钙离子分开。

三、材料、仪器设备及试剂

1. 材料

新鲜鸡蛋。

2. 仪器设备

微量进样器(10 μL),层析柱(2.5 cm×34 cm),电热恒温水浴锅,部分收集器,离心沉淀机,分光光度计。

3. 试剂

(1)测定酶活力所用试剂:

① 底物溶液:取艳红 K-2BP 标记溶性微球菌 *M. iysodeikticus* 1 g 悬于 100 mL 0.5 mol/L pH 6.5 磷酸盐缓冲液中,置冰箱内保存备用。

② 乳化剂:Brij-35(聚氧乙烯脂肪醇醚)2 g 加蒸馏水 50 mL,微热使溶解,冷却后定容至 100 mL。吸取此液 10 mL,用 0.6 mol/L HCl 定容至 200 mL 备用。

③ 0.5 mol/L pH 6.5 磷酸盐缓冲液。

（2）测定蛋白质浓度所用试剂

① 考马斯亮蓝 G-250 试剂：考马斯亮蓝 G-250 100 mg 溶于 50 mL95％乙醇中，加入 85％磷酸 100 mL，用蒸馏水稀释至 1000 mL，滤纸过滤。

② 标准蛋白质溶液：用含 0.1 mol/L NaCl 的 0.1 mol/L pH 7.0 磷酸盐缓冲液（缓冲液 A）配制 1 mg/mL 牛血清蛋白溶液。

（3）Sephadex G-50，10 g/L NaCl-0.05 mol/L HCl，20％HAc，10％聚丙烯酸（临用时配制），0.5 mol/L Na$_2$CO$_3$，500 g/L CaCl$_2$，NaCl，6 g/L NaCl，饱和草酸溶液（室温条件下）。

四、操作步骤

（一）蛋清溶菌酶的分离

将鸡蛋蛋清置于小烧杯，蛋清的 pH 不得小于 8.0，否则不能用。慢慢搅拌几分钟，然后用纱布过滤。蛋清用纱布过滤后，置冰箱内保存备用。

1. 变性与等电点选择性沉淀

取新鲜蛋清用 10 g/L NaCl-0.05 mol/L HCl 溶液搅拌稀释，加 20％HAc 调至 pH 4.6，滤液，记录体积，并留样 2 mL 待分析（a）。预先准备好沸水浴，滤液置于沸水浴迅速升温至 75℃，全过程约 3 min。用流动水速冷后，3000 r/min 离心 20 min，其沉淀物为热变性杂蛋白，而溶菌酶在上清液中。收集上清液，记录体积，并留样 2 mL 待分析（b）。

2. 聚丙烯酸处理

在上述上清液内（约 pH 6.0）滴加 10％聚丙烯酸（用量为上清液体积的 25％），并慢速搅拌，当凝聚物出现后，溶液应约为 pH 3。静止 30 min 以后，凝聚物黏附在容器底部。倾去上层清液，加入约 1 mL 蒸馏水，并滴加少量 0.5 mol/L Na$_2$CO$_3$ 使凝聚物溶解。此时约为 pH 6。然后边搅拌边滴加 500 g/L CaCl$_2$ 溶液（体积为聚丙烯酸量的 1/12.5）。将沉淀物压干后弃去。溶液如果不清亮，可以离心或简易过滤，并用极少量水洗涤滤纸（注意：由于要求柱层析上样量在 10 mL 以内，因此加入的各种液体体积要尽量小）。收集滤液于刻度试管中，记录体积，并留样 0.5 mL 待分析（c）。

3. Sephadex G-50 柱层析

（1）装柱。称取 Sephadex G-50 15 g，加入 300 mL 蒸馏水溶胀 6 h 以上，并于沸水浴中加热去气泡；冷却后装入玻璃层析柱（床体积约 2.5 cm×25 cm），用 6 g/L NaCl 溶液 200 mL 流洗平衡。

（2）上样。在上述滤液内加入固体 NaCl，使终浓度为 50 g/L，准备上样。上样时，先吸去层析柱凝胶面上的溶液，再用滴管沿壁加入样品。样品量不宜超过 10 mL。加完后打开层析柱出口，让样品均匀地流入凝胶内。

（3）洗脱。样品流完后，先分次加入少量 6 g/L NaCl 洗脱液洗下柱壁上样品，最后接通蠕动泵；继续以 6 g/L NaCl 洗脱，调节操作压使流速约为 7～8 mL/10 min，用部分收集器收集后，每 10 min 一管，总共收集约 200 mL。

（4）分析。记录各管体积，并用紫外光吸收法测定蛋白质浓度。合并含有蛋白质的收集管，并用草酸检测 Ca^{2+}，待测定酶活性（d）。

4. 聚乙二醇浓缩

为了提高酶浓度,需将上述层析洗脱液进行浓缩。将洗脱液放入透析袋内,置容器中,外面覆以聚乙二醇(相对分子质量约 20 000),容器加盖,酶液中的水分很快被透析膜外的聚乙二醇所吸收。当浓缩到约 5 mL 时,用蒸馏水洗去透析膜外的聚乙二醇,小心取出浓缩液,记录体积,留样 0.5 mL 待分析(e)。

(二)溶菌酶活性、蛋白浓度测定

1. 蛋白浓度测定

(1)标准曲线制作:取 14 支试管,按表 2-31-1 分两组进行。

表 2-31-1　标准曲线的测定

管　号	0	1	2	3	4	5	6
标准蛋白质溶液/mL	0	0.01	0.02	0.03	0.04	0.05	0.06
缓冲液 A/mL	0.10	0.09	0.08	0.07	0.06	0.05	0.04
考马斯亮蓝 G-250/mL				5			
	摇匀,1 h 内以 0 号试管为空白对照,在 595 nm 处比色						
A_{595}							

绘制标准曲线:以 A_{595} 为纵坐标,标准蛋白含量为横坐标,绘制标准曲线。

(2)测定样品蛋白浓度:取适当样品体积,用同样的测定方法测定其 A_{595} 值,在标准曲线上查出其相当于标准蛋白的量,从而计算出样品的蛋白浓度(mg/mL)。

2. 酶活力测定

取含有蛋白质的流出液稀释 30~50 倍进行酶活性测定。为了简化稀释步骤,可用微量进样器取样品 10 μL,加 0.5 mol/L 磷酸盐缓冲液(pH 6.5)(相当于稀释 50 倍)0.5 mL,混合均匀,37℃预热 2 min。然后加入 37℃预热的底物溶液 0.5 mL,反应15 min,加入乳化剂停止反应。反应液经 3000 r/min 离心 10 min,取上清液在分光光度计上 540 nm波长处比色。空白管以磷酸盐缓冲液代样品,其他操作同上。

五、实验结果

根据测得的结果,将数据填入表 2-31-2。

表 2-31-2　不同分离纯化阶段的溶菌酶活性

样　品	体　积 /mL	蛋白浓度 /(mg·mL^{-1})	总蛋白 /mg	活力 /U	比活力 /(U·mg^{-1})	纯化倍数	回收率 /(%)
a							
b							
c							
d							
e							

六、思考题

从鸡蛋清中分离溶菌酶可以选用多少种不同的方法和步骤?

实验 32 *β*-半乳糖苷酶的诱导合成

一、实验目的

掌握 *β*-半乳糖苷酶的诱导机制,熟悉 *β*-半乳糖苷酶诱导方法。

二、实验原理

大肠杆菌细胞在培养过程中,添加诱导剂(乳糖或其他半乳糖苷),能迅速诱导 *β*-半乳糖苷酶的合成。该酶的诱导合成受葡萄糖的阻遏,称为分解代谢物阻遏。而环腺苷酶(cAMP)可使分解代谢阻遏作用解除。

三、材料、仪器设备及试剂

1. 材料

大肠杆菌菌株。

营养肉汤培养基:蛋白胨 1%,牛肉膏 1%,NaCl 10.5%,pH 7.0。

2. 仪器设备

水浴恒温振荡器,恒温水浴槽,分光光度计。

3. 试剂

0.1 mol/L 葡萄糖溶液,0.1 mol/L 乳糖溶液,0.1 mol/L cAMP 钠盐溶液,甲苯,0.1 mol/L 磷酸缓冲液(pH 7.4),邻硝基酚-*β*-*D*-半乳糖(ONPG)溶液:称取 ONPG 40 mg,溶解于 100 mL,0.1 mol/L 磷酸缓冲液(pH 7.4)中。

四、操作步骤

(1) 将 5% 培养过夜的大肠杆菌种子液接种于 40 mL 营养肉汤培养基中,于 37℃ 振荡培养。当 A_{550} 达到约 0.3 时,分装到 4 根 L-试管中,每管 8.5 mL 培养液。

(2) 4 根 L-试管分别添加:① 1.5 mL 无菌水;② 0.5 mL 乳糖溶液和 1 mL 无菌水;③ 乳糖溶液、葡萄糖溶液和无菌水各 0.5 mL;④ 乳糖溶液、葡萄糖溶液和 cAMP 钠盐溶液各 0.5 mL。

(3) 将 4 根 L-试管同时于 37℃ 振荡培养,每隔 20 min,分别取出 1 mL 培养液于小试管中,各加 1 滴甲苯,于 37℃ 振荡 30 min;置冰箱,以备酶活力测定。

(4) *β*-半乳糖苷酶的活力测定:取上述甲苯处理的细胞悬浮液,分别加入 20 mL ONPG 溶液作为底物,于 30℃ 反应 10 min 分别测定反应前后的 A_{420}。

在 420 nm 波长下,按上述条件测定的光吸收值每变化 0.001 定义为一个酶活力单位,即

$$酶活力(单位)=\Delta A_{420} \times 1000$$

五、实验结果

以加试剂后的培养时间为横坐标,取样测定的酶活力为纵坐标,分别画出加入不同试

剂后各管的酶活力变化曲线。

从曲线分析乳糖、葡萄糖和 cAMP 对 β-乳糖苷酶生物合成的作用。

六、思考题

大肠杆菌细胞在培养过程中,如何能迅速诱导 β-半乳糖苷酶的合成?

实验 33　β-半乳糖苷酶的固定化

一、实验目的

了解酶固定化的技术方法。

二、实验原理

固定化酶在使用过程中有很多优点,共价结合法是制备固定化酶方法之一。本实验用尼龙作为载体,对 β-半乳糖苷酶进行固定化。尼龙的机械强度高,有一定的亲水性,对蛋白质有一定的稳定作用,并且可以用很多种方法进行部分降解活化。

三、材料、仪器设备及试剂

1. 材料

鲜牛奶,乳糖酶(食品工业用),尼龙 66 网(40~70 目)。

2. 仪器设备

恒温水浴(室温至 80℃),分光光度计。

3. 试剂

(1) 12.5％戊二醛溶液:将 25％的戊二醛 50 mL 用 0.1 mol/L 的磷酸缓冲液定容至 100 mL(溶液配制后应放在 4℃冰箱内并在 1 周内使用)。

(2) $CaCl_2$ 溶液:将 $CaCl_2$ 18.6 g 溶解在 18.6 mL 的水中,然后用甲醇定容到100 mL。

(3) $3',5'$-二硝基水杨酸(DNS 试剂)的配制:将甲液与乙液完全混合即得黄色试剂,贮存于棕色试剂瓶中,在室温下放置 7~10 天以后使用。

甲液:溶解结晶酚 6.9 g 于 15.2 mL 10％NaOH 中,并稀释到 69 mL,在此溶液中加入 $NaHSO_3$ 6.9 g;

乙液:称取酒石酸钾钠 255 g,加到 300 mL 10％NaOH 中,再加入 1％$3',5'$-二硝基水杨酸 880 mL。

(4) 0.1％葡萄糖标准液:准确称取分析纯葡萄糖(预先在 105℃ 干燥至恒重) 100 mg,用少量蒸馏水溶解后定容至 100 mL,冰箱保存,备用。

(5) 0.1％乳糖溶液:称取乳糖 500 mg,用少量蒸馏水溶解后定容至 500 mL,冰箱保存备用。

(6) 20％三氯乙酸:称取三氯乙酸 20 g,用蒸馏水溶解后,定容到 100 mL。

(7) 丙酮,医用酒精,无水酒精,3-二甲氨基丙胺,NaOH(1 mol/L),HCl(1 mol/L),磷

酸缓冲液(0.1 mol/L,pH 7.0)。

四、操作步骤

1. 酶固定化

将 40～70 目的尼龙网裁成约为 1.5 cm 的小片,用 1 mol/L NaOH 浸洗 10 min → 水洗至中性 → 用 1 mol/L HCl 浸洗 10 min → 水洗至中性 → 乙醇洗去水分 → 丙酮浸洗 20 min 除去脂溶性杂质 → 乙醇除去丙酮 → 控干。用 $CaCl_2$(含 18.6％$CaCl_2$ 和 18.6％ 水的甲醇溶液)50℃水浴处理 20 min → 彻底水洗 → 乙醇脱水 → 控干。将尼龙网浸入 3-二甲氨基丙胺中 70℃浸泡活化 12 h → 彻底水洗(这时可以看到有大量的白色沉淀出现) → 用 0.1 mol/L 的磷酸缓冲液(pH 7.0)洗 → 用含 12.5％戊二醛的 0.1 mol/L 磷酸缓冲液(pH 7.0)洗,6℃浸泡处理 1 h → 0.1 mol/L 的磷酸缓冲液(pH 7.0)洗 → 将 1 g 尼龙网完全浸入到 20 mL 酶液(约 100 酶活力单位)中,6℃浸泡处理 16 h → 水洗至水中无蛋白,即可得到固定化的乳糖酶。

2. 酶活力测定(测定还原糖法)

在牛奶中含有乳糖等还原物质,当把乳糖水解成葡萄糖和半乳糖后,溶液的还原性增加,可以把还原性的增加看成乳糖水解的一个指标。3,5-二硝基水杨酸与还原糖共热后被还原成棕红色的氨基化合物,在一定范围内,还原糖的量和反应液的颜色强度成正比关系,利用比色法可测知样品的含糖量。

乳糖酶的活性单位:在本实验条件下,37℃时,反应 10 min,每分钟使 ΔA_{520} 增加 0.0001 的酶量为 1 个乳糖酶单位。

酶反应按表 2-33-1 操作:

表 2-33-1　β-半乳糖苷酶反应流程

管　号	1	2	3	4
天然酶/mL	1		1	
固定化酶/g		1		1
0.1％乳糖溶液/mL	20	20		
鲜牛奶/mL			20	20

37℃水浴,不时摇动

↓

取样时间:0,20,40,60,90,120,150,180,240 min

↓

每次取样 1 mL

↓

加三氯乙酸 0.2 mL

↓

4000 r/min 离心 10 min,上清液用于测定还原糖

各实验样品在不同的酶反应时间取样离心后,以 0 时间管为对照,按照表 2-33-2 进行还原糖的测定。

2-33-2 β-半乳糖苷酶活性的测定

管 号	0	1	2	3	4	5	6	7	8	9
取样时间/min		0	20	40	60	90	120	150	180	240
蒸馏水/mL	0.4	0	0	0	0	0	0	0	0	0
待测样品/mL	0.0	0.4	0.4	0.4	0.4	0.4	0.4	0.4	0.4	0.4
DNS 试剂/mL	0.3	0.3	0.3	0.3	0.3	0.3	0.3	0.3	0.3	0.3
混匀后于沸水浴 5 min,立即用流动冷水冷却										
蒸馏水/mL					4.3					
充分混匀,测定吸光度(A_{520})										

五、实验结果

分别测定并填写各号管(1、2、3、4 号试管)不同时间样品的测定结果。

管 号	0	1	2	3	4	5	6	7	8	9
取样时间/min	—	0	20	40	60	90	120	150	180	240
A_{520}	0									
$\triangle A_{520}$	—	0								

用 20 min 时的实验结果计算出 1 mL 天然酶和 1 g 固定化酶的活力。并计算出酶活回收率。

除本实验方案之外,固定化酶活性测定还可进行简单工艺设计:将固定化酶装入大层析玻璃管中,用缓冲液除去气体,用恒流泵将底物溶液以一定的速度连续注入固定化酶柱;将酶柱放入 37℃水浴中,让底物在柱中反应 2～4 h,测定流出液中乳糖或半乳糖的含量变化。

六、思考题

固定化酶在使用过程中有很多优点,用尼龙作为载体,对 β-半乳糖苷酶进行固定化有什么优点?

实验 34 谷氨酸棒杆菌原生质体固定化及应用

一、实验目的

了解原生质体固定化的方法。

二、实验原理

谷氨酸脱氢酶是一种胞内酶。在谷氨酸棒杆菌培养时,它完全不分泌到细胞外。如果将对数生长期的谷氨酸棒杆菌细胞,经青霉素预处理,使细胞壁的合成受到影响,然后在溶菌酶的作用下,彻底破坏细胞壁,释放出原生质体。将原生质体与海藻酸钠溶液混合,滴入氯化钙溶液中,即可制成小球状的固定化原生质体。而这种固定化原生质体,由于解除了细胞壁这一扩散障碍,谷氨酸脱氢酶即可分泌到细胞外的发酵液中。

谷氨酸脱氢酶催化谷氨酸脱氢生成 α-酮戊二酸。在谷氨酸棒杆菌 T6-13 中,该酶以 $NADP^+$ 为专一辅酶,在测定酶活力时,加入 $NADP^+$ 和 L-谷氨酸,然后用紫外分光光度计测定吸光度 A_{340} 的变化,可确定 $NADP^+$ 还原生成 NADPH 的量,从而测定酶活力。

三、材料、仪器设备及试剂

1. 材料

谷氨酸棒杆菌 T6-13,溶菌酶。

2. 仪器设备

振荡培养箱,紫外分光光度计,超净工作台,冷冻离心机。

3. 试剂

(1) 斜面培养基:蛋白胨 1%,牛肉膏 1%,NaCl 0.5%,琼脂 1.5%,pH 7.0。

(2) 液体培养基:葡萄糖 2%,玉米浆 0.5%,尿素 0.5%,K_2HPO_4 0.1%,$MgSO_4 \cdot 7H_2O$ 0.04%,$MnSO_4$ 2 mg/L,$FeSO_4$ 2 mg/L,pH 6.8~7.0。

(3) 发酵培养基:葡萄糖 5%,L-谷氨酸 1.5%,K_2HPO_4 0.05%,$MgSO_4 \cdot 7H_2O$ 0.04%,$MnSO_4$ 2 mg/L,$FeSO_4$ 8 mg/L,生物素 50 $\mu g/L$,NaCl 0.3 mol/L,$CaCl_2$ 0.5 mol/L,pH 7.0。

(4) 1 mol/L L-谷氨酸溶液:称取 L-谷氨酸加少量 0.1 mol/L NaOH 溶解。

(5) 青霉素 G,0.1 mol/L 磷酸缓冲液(pH 7.0),0.1 mol/L Tris-HCl 缓冲液(pH 7.0)(内含 NaCl 0.5 mol/L,$MgCl_2$ 0.01 mol/L),0.5 mol/L $CaCl_2$ 溶液,0.1 mol/L 甘氨酸缓冲液(pH 9.5),0.1 mol/L $NADP^+$ 溶液。

6% 海藻酸钠溶液:用 0.5 mol/L NaCl 溶液配制。

四、操作步骤

1. 谷氨酸棒杆菌原生质体固定化

(1) 菌种活化。将谷氨酸棒杆菌 T6-13 菌株,接种于斜面培养基中,31℃培养 24 h。

(2) 菌体培养。挑取斜面菌种接种于液体培养基中,31℃振荡培养。然后将培养 12 h 的液体种子 4 mL 接种于 50 mL 液体培养基中(250 mL 锥形瓶),31℃振荡培养 12 h。

(3) 青霉素预处理。将上述培养液 3000 r/min 离心 15 min,取沉淀用 0.1 mol/L 磷酸缓冲液(pH 7.0)悬浮;3000 r/min 离心洗涤两次。取沉淀转入 50 mL 新鲜液体培养基中,31℃振荡培养 2~3 h,然后加入 0.4 IU/mL 的青霉素,继续处理 3 h;3000 r/min 离心 15 min,取沉淀用磷酸缓冲液离心洗涤两次,收集沉淀细胞用于制备原生质体。

(4) 原生质体的制备。将上述细胞用 Tris-HCl 缓冲液配成 10% 的细胞悬浮液,加入 1 mg/mL 溶菌酶进行破壁处理,30℃作用 12 h,然后 3000 r/min 离心 5 min,弃上清液。沉淀用 Tris-HCl 缓冲液离心洗涤两次,即得原生质体。

(5) 原生质体固定化。将原生质体用 Tris-HCl 缓冲液悬浮,制成 20% 的悬浮液,与等体积的 6% 海藻酸钠溶液均匀混合,用注射器将原生质体混合液缓慢滴入 0.5 mol/L $CaCl_2$ 溶液中,静置 30~60 min,即得球状固体化原生质体。

（6）固定化原生质体可以直接用于发酵生产谷氨酸脱氢酶,也可于 4℃保存备用。

2. 固定化原生质体发酵产酶

（1）取固定化谷氨酸棒杆菌 T6-13 原生质体 10 g（湿重）,加入 25 mL 发酵培养基中（250 mL 锥形瓶）,31℃振荡培养,每隔 12 h 取样,测定谷氨酸脱氢酶活力。

（2）谷氨酸脱氢酶（GDH）活力测定。取样的发酵液,用 3000 r/min,4℃离心 15 min。弃沉淀,上清液为酶液。

取酶液 0.5 mL,加入甘氨酸缓冲液 1.9 mL,于 30℃水浴中恒温 5 min。再加入 1 mol/L谷氨酸溶液0.3 mL 和 0.01 mol/L 的 NADP$^+$ 溶液 0.3 mL,摇匀,立即计时,于 30℃反应 5 min。测定反应前后在 340 nm 处的吸光度变化 ΔA_{340}。

在上述条件下,每分钟催化 1 μmol NADP$^+$ 还原生成 NADPH 的酶量,定义为 1 个酶活力单位。

五、思考题

如何进行谷氨酸棒杆菌原生质体固定化?

实验 35　α-环糊精酶基因的表达和酶活力的测定

一、实验目的

熟悉 α-环糊精酶基因的表达方法。

二、实验原理

糖苷水解酶基因家族 13 是一个非常庞大的家族（也叫 α-淀粉酶家族）。环状糊精酶（Cyclodextrinase, E. C. 3.2.1.54）能水解环状糊精的 α-1,4 糖苷键。

环状糊精酶的酶活的定义：在 60℃下,溶解于 0.1 mol/L 磷酸缓冲液（pH 6.5）里,每 30 min 产生 1 μmol 还原糖的酶定义为 1 个酶活力单位（U）。

本实验将 α-环糊精酶基因（*acd* 基因）从 *Bacillus stearothermophifus* 中克隆出来,构建 pSE-acd 表达载体,转入大肠杆菌 JM109 中,利用 IPTG 进行诱导表达。

1. 化学转化的原理

正在生长的大肠杆菌在 0℃加入到低渗的 CaCl$_2$ 溶液中,会造成细胞膨胀形成原生质球,同时加入质粒形成一种粘着在细胞表面的对 DNA 酶抗性的复合物,转移到 42℃水浴短暂热激期间,这种复合物便会被细胞选择性吸收。在完全培养基上生长一段时间后可以使转化基因得到表达,然后涂布在选择性培养基上分离转化子。

2. 转化子的诱导表达

本实验采用 pSE-380 质粒作为 α-环糊精酶酶基因的表达载体,采用了大肠杆菌 JM109 作为表达宿主。本实验中使用的表达载体 pSE-380 的启动子是 *tac* 启动子。*tac* 启动子是一种强启动子,是由 *trp* 启动子－35 序列和 *LacUV5* 的 Pribnow 序列拼接而成的杂合启动子,调控模式与 *LacUV5* 相似,但 mRNA 转录水平更高于 *trp* 和

LacUV5 启动子。由于 380 的启动子启动能力很强,因此在未经诱导的情况下 α-环糊精酶有一定的"渗漏"表达,加入 IPTG(半乳糖的结构类似物),可以进一步诱导基因的表达。

3. α-环糊精酶活力的测定

α-环糊精酶分解可溶性淀粉的产物主要成分是麦芽糖、葡萄糖等还原糖。3,5-二硝基水杨酸溶液与还原糖共热后被还原成棕红色的氨基化合物,在一定范围内还原糖的量和棕红色物质深浅程度成一定的比例关系,可用于比色测定。
本实验采用 3,5-二硝基水杨酸比色法测定酶活。

三、材料、仪器设备及试剂

1. 材料

E. coli,质粒,pSE-380-acd。

2. 仪器设备

冰箱(−80℃,−20℃),台式离心机(14 000 r/min),涡旋混合器,超净工作台,隔水式恒温箱,全自动高压灭菌锅,微波炉,摇床,分光光度计,移液器(2.5,100,1000 μL),蒸馏水器,锥形瓶(250 mL)等。

3. 试剂

(1) LB 培养基:蛋白胨 10 g,酵母提取物 5 g,NaCl 10 g,溶于蒸馏水 950 mL,用氢氧化钠调 pH 至 7.0,定容至 1000 mL,121℃ 20 min 高压蒸汽灭菌。

(2) SOB 培养基:蛋白胨 20 g,酵母提取物 5 g,NaCl 0.5 g,加去离子水 950 mL 溶解,然后加入 250 mmol/L KCl 溶液 10 mL(在 100 mL 去离子水中溶解 1.86 g KCl 配制成 250 mmol/L KCl 溶液),用 5 mol/L NaOH(约 0.2 mL)调节溶液的 pH 至 7.0,然后加入去离子水至总体积为 1 L,121℃ 20 min 高压灭菌。

该溶液在使用前加入 5 mL 经灭菌的 2 mol/L $MgCl_2$ 溶液(在 90 mL 去离子水中溶解 $MgCl_2$ 19 g,然后加入去离子水至总体积为 100 mL,121℃ 高压灭菌 20 min)。

(3) SOC 培养基:SOB 培养基经高压灭菌后,降温至 60 或 60℃ 以下,然后加入 20 mL 经除菌的 1 mol/L 葡萄糖溶液(在 90 mL 去离子水中溶解 18 g 葡萄糖,待糖完全溶解后定容到 100 mL,121℃ 20 min 灭菌)。

(4) IPTG 溶液:2 g IPTG 在 8 mL 蒸馏水中溶解后,定容至 10 mL,用 0.22 μm 过滤器过滤除菌,分装成 1 mL 的小份储存于 −20℃。

(5) 氨苄青霉素(Amp')溶液:取 121℃ 20 min 灭菌的双蒸水,将氨苄青霉素(Amp)粉剂于超净工作台中溶解于其中,配成 50 mg/mL 浓度溶液,分装于 EP 管中,−20℃储存。

(6) 0.1 mol/L 磷酸缓冲液(pH 6.5):取溶液 A 68.5 mL 与溶液 B 31.5 mL 混合,加水至 200 mL。

溶液 A:KH_2PO_4 27.2 g 溶于 1000 mL 水中,配成 0.2 mol/L 溶液;
溶液 B:K_2HPO_4 45.6 g 溶于 1000 mL 水中,制成 0.2 mol/L 溶液。

(7) 3,5-二硝基水杨酸溶液:将甲、乙两液混合即得黄色试剂,储于棕色瓶中备用。

在室温放置 7～10 天后使用。

甲液：溶解结晶酚 6.9 g 于 15.2 mL 10% NaOH 溶液中,并用水稀释至 69 mL;在此溶液中加入 Na_2SO_3 6.9 g;

乙液：取酒石酸钾钠 255 g 加到 300 mL 10% NaOH 溶液中,再加入 1% 3,5-二硝基水杨酸溶液 880 mL。

(8) 1% β-环糊精：将 β-环糊精 1 g 溶解于 100 mL 0.1 mol/L 磷酸缓冲液 (pH 6.5)中。

四、操作步骤

1. 质粒化学转化大肠杆菌感受态细胞

(1) 在装有 80 μL 大肠杆菌感受态细胞的 EP 管中加入质粒 pSE-380-acd 1～2 μL,用手轻轻弹匀,冰浴 30 min。

(2) 42℃水浴热激 45～90 s。

(3) 放置冰浴 1～2 min 后在 EP 管中加入 SOB 培养基 300 μL 和 1 mol/L 葡萄糖 6 μL,37℃、220 r/min 摇床培养 45 min。

(4) 取适量体积的转化物涂布到含有 0.1 mg/mL Amp 的 LB 平板上。

(5) 37℃恒温箱培养过夜。

2. α-环糊精酶基因的诱导表达

(1) 取含有 pSE380-acd 质粒的菌落接入少量 LB-Amp 培养液中,37℃,220 r/min 过夜培养;同时平行培养含空白 pSE-380 对照菌株。

(2) 取 0.6 mL 培养物,接种到 20 mL LB-Amp 培养液(250 mL 锥形瓶),37℃,220 r/min 培养。

(3) 培养至 A_{600} 为 0.4～0.6,加入 IPTG(终浓度为 1 mmol/L)进行诱导。

(4) 诱导 8～12 h 后,10 000 r/min 离心 1.5 min 收集菌体。

(5) 用 0.1 mol/L 磷酸缓冲液(pH 6.5)洗涤菌体两次,后用 0.1 mol/L 磷酸缓冲液 (pH 6.5)重悬菌体(2 mL 菌液用磷酸缓冲液 200 μL),储存于 -20℃备用,或者立刻开始测酶活。

3. α-环糊精酶酶活的测定

(1) 样品加入溶菌酶,37℃水浴过夜,得粗酶液。

(2) 酶解后 5000 r/min 离心,5 min,各取 100 μL 上清液至 EP 管中。

(3) 将 β-环糊精(1%)480 μL 与 500 μL 0.1 mol/L 磷酸缓冲液混合,于 60℃预热 5 min。

(4) 加入粗酶液 20 μL,于 60℃加热 30 min。

(5) 取出加入 3,5-二硝基水杨酸溶液 750 μL,沸水浴 5 min。

(6) 放置冷水中,冷却至室温,测定 A_{575}。根据还原糖标准曲线计算酶活。

附：葡萄糖标准曲线的制定

(1) 葡萄糖标准液的配制。准确称取分析纯的无水葡萄糖(预先于 105℃干燥至恒重)100 mg,少量蒸馏水溶解后,定量转移到 100 mL 容量瓶中,再定容到刻度、摇匀,得到

1 mg/mL葡萄糖标准液。

（2）取 7 支试管，分别按下表加入试剂：

项　目	0	1	2	3	4	5	6
葡萄糖标准液/mL	0	0.1	0.2	0.3	0.4	0.5	0.6
相当于葡萄糖量/mg	0	0.1	0.2	0.3	0.4	0.5	0.6
蒸馏水/mL	2.0	1.9	1.8	1.7	1.6	1.5	1.4
3,5-二硝基水杨酸溶液/mL	1.5	1.5	1.5	1.5	1.5	1.5	1.5

（3）将各管溶液混合均匀，于沸水浴中加热 5 min，取出后立即用冷水冷却至室温，于 575 nm测吸光值。以葡萄糖 mg 数为横坐标，吸光值为纵坐标，绘制标准曲线。

五、思考题

α-环糊精酶分解可溶性淀粉产物的主要成分是什么？

实验 36　糖化酶的反应动力学性质的测定

一、实验目的

通过学习糖化酶这种在工业上应用最广泛的酶的酶活国标测定，牢固掌握酶活的基本测定方法，并对国标分析方法有一个较好的感性认识。并学习通过 $1/[S]$ 与 $1/v$ 作图，即 Lineweaver-Burk 双倒数作图法，求得糖化酶的 K_m 和 v_{max} 值。

二、实验原理

本次实验用酶由 Novezyme 公司生产。采用国家行业标准 QB1805.2-93 测定糖化酶的酶活。

糖化酶有催化淀粉水解的作用，能从淀粉分子非还原性末端开始，分解 α-1,4 葡萄糖苷酶，生成葡萄糖。葡萄糖分子中含有醛基，能被次碘酸钠氧化，过量的次碘酸钠酸化后析出碘，再用硫代硫酸钠标准溶液滴定，计算出酶活力。

本实验首先制作酶反应时间与产物生成量之间的关系曲线，从中确定酶反应最适的反应时间，然后在酶反应的最适条件以不同的底物浓度与固定量的酶进行反应，测得反应初始速度，最后通过 $1/[S]$ 与 $1/v$ 作图，即 Lineweaver-Burk 双倒数作图法，求得糖化酶的 K_m 和 v_{max} 值。

酶活力单位定义：1 g 固体酶粉于 40℃、pH 4.6 的条件下，1 h 分解可溶性淀粉，产生 1 mg 葡萄糖，即为 1 个酶活力单位，以 U/g 表示。

三、材料、仪器设备及试剂

1. 材料
糖化酶。

2. 仪器设备
恒温水浴(40±0.2)℃，秒表，具塞比色管，移液管，棕色酸式滴定管，试管(10 mL)。

3. 试剂

(1) 乙酸-乙酸钠缓冲溶液(pH 4.6):称取乙酸钠 6.7 g 溶于水中,加冰乙酸 2.6 mL 用水定容至 1000 mL 配好后用 pH 计校正。

(2) 硫代硫酸钠标准溶液(0.05 mol/L):称取硫代硫酸钠($Na_2S_2O_3 \cdot 5H_2O$)12.4 g 和 Na_2CO_3 0.1 g 溶于冷却的蒸馏水中,定容至 1000 mL,储存于棕色瓶密闭保存,配制 1 周后标定使用。标定采用碘酸钾法。

(3) 20% 的 NaOH 溶液:称取 NaOH 20 g 溶解,定容至 100 mL。

(4) 0.1 mol/L NaOH 溶液:称取 NaOH 4 g 溶解,定容至 1000 mL。

(5) 2 mol/L H_2SO_4 溶液:量取浓硫酸 5.6 mL 缓缓地注入 80 mL 水中,冷却后定容至 100 mL。

(6) 2% 可溶性淀粉溶液:称取可溶性淀粉 2 g 用少量蒸馏水调匀,徐徐倾倒于已沸腾的蒸馏水中,加热煮沸到透明,冷却后定容至 100 mL,此溶液需要当天配制。

四、操作步骤

1. 待测酶液的制备

称取酶粉 1.000 g,先用少量的乙酸缓冲液溶解,将上清液小心倾入容量瓶中。沉渣部分再加入少量缓冲液,如此 3~4 次,最后全部移入容量瓶中,用缓冲液定容至刻度(估计酶活力在 100~250 U/mL 范围内),摇匀;通过 4 层纱布过滤,滤液供测定用。

2. 确定酶反应时间与酶活的关系曲线

用 Lineweaver-Burk 双倒数作图法求得糖化酶的 K_m 和 v_{max} 值时,v 必须是初速度值,所以首先要求出糖化酶的反应初速率的时间范围。

(1) 在 9 支具塞比色管中分别加入可溶性淀粉溶液 5 mL 及缓冲液 1 mL,摇匀后于 40℃恒温水浴中预热 5 min。在 1~8 管(样品)中加入酶样 0.4 mL,立即摇匀,在 40℃恒温水浴中按时间第 1,3,5,7,10,15,30,45 min 进行酶反应。当反应时间到时,立即加入 20% 的 NaOH 溶液 0.04 mL,并将管取出迅速冷却。9 号管中(空白)中先加入 20% 的 NaOH 溶液 0.04 mL,冷却后补加待测酶样 0.4 mL。

(2) 吸取上述反应液与空白液 1.0 mL,分别置于碘量瓶中,准确加入碘液 2.0 mL,再加 0.1 mol/L NaOH 溶液 3.00 mL,摇匀,密塞,于暗处反应 15 min,取出,加 2 mol/L H_2SO_4 溶液 0.4 mL,立即用 $Na_2S_2O_3$ 溶液滴定,直到蓝色刚好消失为其终点,分别记录样品和空白滴定所消耗的 $Na_2S_2O_3$ 的体积 V 和 V_0。

注:颜色变化很快,从紫蓝色变成无色只是半滴的体积变化,务必缓慢滴定。

3. 测定酶反应 K_m 和 v_{max} 值

本实验通过 $1/[S]$ 与 $1/X$ 作图,即 Lineweaver-Burk 双倒数作图法,求得糖化酶的 K_m 和 v_{max} 值,即以在酶反应的最适条件以不同的底物浓度与固定量的酶进行反应,测得反应初始速度,最后通过 $1/[S]$ 与 $1/X$ 作图,即 Lineweaver-Burk 双倒数作图。

取试管 6 只,其中 1~5 号为样品管,6 号为空白对照管。

按表 2-36-1 加入不同体积的可溶性淀粉,并补加缓冲液到 6 mL。

表 2-36-1　[S]与 V_0 关系加样顺序表

管　号	1	2	3	4	5	6
可溶性淀粉溶液/mL	3.8	4.1	4.5	5	5.7	5
缓冲液/mL	2.2	1.9	1.5	1	0.3	1
合计/mL	6	6	6	6	6	6

　　摇匀后于 40℃ 恒温水浴中预热 5 min。在样品管中各加入酶样 0.4 mL，立即摇匀，再放入水浴中进行反应，时间由前面所得到的糖化酶反应初速率的时间范围确定。当反应结束后，立即加入 20% 的 NaOH 溶液 0.04 mL 摇匀，将样品管取出迅速冷却，空白管中先加入 20% 的 NaOH 溶液 0.04 mL，冷却后补加待测酶样 0.4 mL。

　　吸取上述反应液与空白液 1.0 mL，分别置于碘量瓶中，准确加入碘液 2.0 mL，再加 0.1 mol/L NaOH 溶液 3.00 mL 摇匀，密塞，于暗处反应 15 min；取出，加 2 mol/L H_2SO_4 溶液 0.4 mL，立即用 $Na_2S_2O_3$ 溶液滴定，直到蓝色刚好消失为其终点。

五、结果分析

$$X = \frac{(V_0 - V)\, c \times 90.05 \times V_1 n \times 60}{V_2 V_3 t}$$

式中，X：样品的酶活力，U/g；V_0：空白消耗的 $Na_2S_2O_3$ 标准溶液的体积，mL；V：样品消耗的 $Na_2S_2O_3$ 标准溶液的体积，mL；c：$Na_2S_2O_3$ 标准溶液的浓度，mol/L；90.05：与 1.00 mL $Na_2S_2O_3$ 标准溶液（1.000 mol/L）相当的葡萄糖的质量，g；V_1：反应液的总体积，mL；V_2：吸取的反应液的体积，mL；V_3：吸取酶液的体积，mL；n：酶液的稀释倍数；t：各个管的反应时间，以 min 计算（如为 1 h，即按 60 min 来计算）。

　　(1) 反应初速率的时间范围的确定：以反应时间为横坐标，酶活力为纵坐标，绘制反应进程曲线，从该曲线上可求出糖化酶的反应初速率的时间范围。

　　(2) K_m 和 v_{max} 的确定：计算出各自的 X，通过 1/[S]与 1/X 作图，即 Lineweaver-Burk 双倒数作图，求糖化酶的 K_m 和 v_{max}。

六、思考题

　　(1) 什么是 Lineweaver-Burk 双倒数作图法？其测定酶的动力学的原理是什么？其中的[S]和测定时间各要注意什么问题？

　　(2) 除了 Lineweaver-Burk 双倒数作图法，还有什么测定酶的动力学的方法？各有什么优缺点？

　　(3) 请设计一个实验，测定酶的底物特异性、最佳温度、最佳 pH。

实验 37　碱性蛋白酶基因的表达和活性的测定

一、实验目的

　　(1) 理解与掌握质粒转化、基因的表达的原理。

　　(2) 掌握测定碱性蛋白酶活力的原理和酶活力的计算方法。

（3）学习测定酶促反应速度的方法和基本操作。

二、实验原理

化学转化的原理参见实验35。

1. 转化子的诱导表达

本实验采用质粒 pETBlue-2 为碱性蛋白酶酶基因的表达载体；采用大肠杆菌 E. Coli Tuner（DE3）pLacⅠ为表达宿主；采用的表达载体 pETBlue-2 的启动子是 T7 启动子。T7 启动子是一种强启动子，是由 LacO 启动子−35 序列和 lacZ 的 Pribnow 序列拼接而成的杂合启动子，调控模式与 lacZ 相似，但 mRNA 转录水平更高于 LacO 和 lacZ 启动子。由于 T7 的启动子启动能力很强，因此在未经诱导的情况下蛋白酶基因有一定的"渗漏"表达，加入 IPTG（半乳糖的结构类似物），可以进一步诱导基因的表达。

2. 酶活力的测定原理

酶活力是指酶催化某些化学反应的能力。其大小可以用在一定条件下酶所催化的某一化学反应的速度来表示。测定酶活力实际就是测定被酶所催化的化学反应的速度。

酶促反应的速度可以用单位时间内反应底物的减少量或产物的增加量来表示，为了灵敏起见，通常是测定单位时间内产物的生成量。由于酶促反应速度可随时间的推移而逐渐降低其增加值，所以，为了正确测得酶活力，就必须测定酶促反应的初速度。

碱性蛋白酶在碱性条件下，可以催化酪蛋白水解生成酪氨酸。酪氨酸的酚羟基可与福林试剂（磷钨酸与磷钼酸的混合物）发生福林-酚反应[①]。利用比色法即可测定酪氨酸的生成量，用碱性蛋白酶在单位时间内水解酪蛋白产生的酪氨酸的量来表示酶活力。

三、材料、仪器设备及试剂

1. 材料

质粒 pETBlue-2，pETBlue-2-aprN；大肠杆菌感受态细胞。

2. 仪器设备

电热恒温水浴槽，分析天平，容量瓶，移液管，721 分光光度计，试管（10 mL）。

3. 试剂

（1）福林试剂：在 1 L 磨口回流瓶中加入钨酸钠（$Na_2WO_4 \cdot 2H_2O$）50 g、钼酸钠（$Na_2MoO_4 \cdot 2H_2O$）125 g、蒸馏水 350 mL、85％磷酸 25 mL 及浓盐酸 50 mL，充分混匀后回流 10 h。回流完毕，再加 Li_2SO_4 25 g、蒸馏水 25 mL 及数滴液体溴，开口继续沸腾 15 min，以便驱除过量的溴，冷却后定容到 500 mL。过滤，置于棕色瓶中暗处保存。使用前加 4 倍蒸馏水稀释。

（2）1％酪蛋白溶液：称取酪蛋白 1 g 于研钵中，先用少量蒸馏水湿润后，慢慢加入 0.2 mol/L NaOH 4 mL，充分研磨，用蒸馏水洗入 100 mL 烧杯中，放入水浴中煮沸 15 min，溶解后冷却，移至容量瓶中，定容至 100 mL，保存于冰箱内。

---

① 福林-酚反应：福林试剂在碱性条件下极其不稳定，容易定量地被酚类化合物还原，生成钨蓝和钼蓝的混合物而呈现出深浅不同的蓝色。

(3) 硼砂-NaOH 缓冲液(pH 10)的配制：吸取甲液 50 mL,再加入乙液 21 mL,用蒸馏水定容至 200 mL。

甲液(0.05 mol/L 硼砂溶液)：取硼砂($Na_2B_4O_7 \cdot 10H_2O$) 19 g,用蒸馏水溶解并定容至 1000 mL。

乙液：0.2 mol/L NaOH 溶液。

(4) 标准酪氨酸溶液：精确称取酪氨酸 50 mg,加入 1 mol/L 盐酸 1 mL 溶解后用蒸馏水定容至 50 mL,即得 1 mg/mL 酪氨酸标准溶液。

(5) SOC 培养基,含0.1 mg/mL Amp 的 LB 平板;0.4 mol/L 碳酸钠溶液,0.4 mol/L 三氯乙酸溶液。

四、操作步骤

1. 质粒化学转化大肠杆菌感受态细胞

(1) 在装有 80 μL 大肠杆菌感受态细胞的 EP 管中加入质粒 pETBlue-2-aprN 3 μL,用手轻轻弹匀,冰浴 30 min。

(2) 42℃水浴热激 90 s。

(3) 放置冰浴 1～2 min 后在 EP 管中加入 SOC 培养基 300 μL,37℃,220 r/min摇床培养 45 min。

(4) 取适量体积 200 μL 的转化物涂布到含有 0.1 mg/mL Amp 抗生素的 LB 平板上。

(5) 37℃恒温箱培养 12～14 h。

同时进行对照实验：将含有空白 pETBlue-2 的对照菌液接种于 LB-Amp 平板上。

2. 蛋白酶基因的诱导表达

(1) 取含有 pETBlue-2-aprN 质粒的菌落接入少量 LB-Amp 培养液中,37℃,220 r/min过夜培养。同时平行培养含空白 pETBlue-2 对照菌株。

(2) 将含有 pETBlue-2-aprN 和空白 pETBlue-2 培养物 0.6 mL,分别接种到20 mL LB-Amp 培养液(250 mL 锥形瓶)中,37℃,220 r/min 培养。

(3) 培养至 A_{600} 为 0.4～0.6,分别加入 IPTG(终浓度为 1 mmol/L)进行诱导。

(4) 诱导 4～6 h 后,分别取 3 管含有 pETBlue-2-aprN 质粒的菌液和 1 管含有空白 pETBlue-2 对照菌液 1 mL,10 000 r/min 离心 1.5 min 收集菌体。

(5) 分别用 500 μL 0.1 mol/L 磷酸缓冲液(pH 6.5)洗涤菌体一次,然后用该缓冲液重悬菌体(每 mL 菌液约需 100 μL 磷酸缓冲液),用于下一步的破胞实验。

3. 制备酪氨酸标准曲线

(1) 取 7 支试管,编号,按表 2-37-1 配制不同含量的酪氨酸溶液。

(2) 在上述 7 支试管中,分别加入 1% 酪蛋白溶液 1 mL,于 40℃水浴中保温 15 min,取出后,各加入 0.4 mol/L 三氯乙酸 3 mL,充分摇匀,各管分别用滤纸过滤。

(3) 另取 7 支试管各加入滤液 1 mL,分别加入 0.4 mol/L Na_2CO_3 溶液5 mL,福林试剂 1 mL,充分摇匀,于 40℃水浴中保温 15 min,然后各加 3 mL 蒸馏水,充分摇匀。

(4) 用 721 型分光光度计,以 0 号管作对照,在 680 nm 处测定 A_{680}。

(5) 以酪氨酸含量(μg)为横坐标,A_{680} 为纵坐标,绘制标准曲线。

表 2-37-1 不同浓度酪氨酸溶液配制

试管编号	酪氨酸含量/μg	酪氨酸标准溶液/mL	H₂O/mL
0	0	0	2
1	100	0.1	1.9
2	200	0.2	1.8
3	300	0.3	1.7
4	400	0.4	1.6
5	500	0.5	1.5
6	600	0.6	1.4

4. 样品测定

（1）取 3 支干燥的试管，按表 2-37-2 编号，并严格依照表中顺序加入试剂和操作。

表 2-37-2 蛋白酶活力测定程序

试 剂	试管编号		
	对 照	1	2
pH 10 缓冲溶液/mL	1	1	1
碱性蛋白酶/mL	1	1	1
0.4 mol/L 三氯乙酸溶液/mL	3	0	0
1%酪蛋白溶液/mL	1	1	1
40℃水浴保温/min	15	15	15
0.4 mol/L 三氯乙酸溶液/mL	0	3	3

摇匀后，各管分别过滤，吸取滤液 1mL，各加入 0.4 mol/L Na₂CO₃ 溶液 5 mL，福林试剂 1 mL，充分摇匀，于 40℃水浴保温 15 min，然后每管各加入蒸馏水 3 mL，摇匀。用 721 型分光光度计在波长 680 nm 处，以对照管为对照，测定两管的 A_{680}。

五、实验结果

本实验中碱性蛋白酶活力单位的定义：pH 10、40℃的条件下，每分钟水解酪蛋白产生 1 μg 酪氨酸，定义为 1 个酶活力单位。

本实验中碱性蛋白酶活力单位的计算式为

$$碱性蛋白酶的活力 = \frac{mf}{t}$$

式中，碱性蛋白酶活力单位为 U/g；m：由 A_{680} 经查标准曲线求得的酪氨酸量，μg；t：酶促反应的时间，min；f：酶的稀释倍数。

六、思考题

（1）什么是酶活力？酶活力是怎样计算的？

（2）酶活力测定过程中应注意哪些问题？

第六单元　生物制药技术

实验 38　芦丁的精制、鉴定与含量测定

一、实验目的

(1) 通过芦丁的提取与精制掌握碱-酸法提取黄酮类化合物的原理及操作。

(2) 通过芦丁结构的鉴定,了解苷类结构研究的一般程序和方法。

(3) 掌握标准曲线法测定原料药含量的方法

二、实验原理

芦丁为浅黄色粉末或极细的针状结晶,含有 3 分子的结晶水,熔点为 174~178℃,无水的结晶熔点为 188~190℃。难溶于冷水(0.0013%);可溶于热水(0.55%)、热甲醇(11.2%)、冷甲醇(1.0%)、热乙醇(3.5%)、冷乙醇(0.36%),微溶于丙酮、乙酸乙酯,不溶于苯、乙醚、氯仿、石油醚和二硫化碳,溶于碱而呈黄色。提取芦丁的方法有很多,目前我国多采用碱提取-酸沉淀的方法,其提取原理是:因芦丁的结构中含有酚羟基,与碱成盐后溶于水中,向此盐溶液中加入酸,调节溶液的 pH,则芦丁又重新游离析出,从而获得粗制芦丁。除此方法之外,还可以采用沸水提取或醇提法。

芦丁可以被稀酸水解,生成槲皮素、葡萄糖与鼠李糖,并能通过薄层色谱、纸色谱鉴定。芦丁和槲皮素还可以通过化学反应及紫外、红外光谱和核磁共振波谱鉴定。芦丁在鉴别无误、杂质检查合格的基础上进行原药含量测定,与制剂含量测定方法相比,原药含量测定方法着眼于方法的准确性与精密度。多数黄酮类化合物有较明显的紫外吸收,在甲醇溶液中由两个主要吸收带组成:带 I 在 300~400 nm 区间,由 B 环桂皮酰系统引起,主要反映 B 环取代情况;带 II 在 240~285 nm 区间,由 A 环苯甲酰系统引起,主要反映 A 环取代情况。可以选择 360 nm 或 276 nm 作为紫外分光光度法测定芦丁含量的测定波长。

三、材料、仪器设备及试剂

1. 材料

槐花米,新华 1 号色谱滤纸,广泛 pH 试纸,四层纱布。

2. 仪器设备

抽气泵,温控烘箱,聚酰胺薄层板,紫外分光光度仪,电子天平,紫外光灯(365 nm),研钵,烧杯,布氏漏斗,抽滤瓶,试管,移液管,容量瓶等。

3. 试剂

芦丁对照品,槲皮素对照品,葡萄糖对照品,鼠李糖对照品,石灰乳,浓盐酸,镁粉,

α-萘酚,浓硫酸,盐酸,邻苯二甲酸,苯胺,三氯化铝,三氯化铁,二氯氧锆,柠檬酸,甲醇,乙醇,醋酐,吡啶,氨水,正丁醇,醋酸,蒸馏水等。

四、实验方法

1. 芦丁的提取精制(图 2-38-1)

称取槐花米 20 g,置于干燥的研钵中用钵棒挤压成粗粉。称取石灰粉(CaO)1～1.5 g,置于干净的小研钵中,加入 10 mL 水后研成乳液备用。

将槐花米粗粉置于 500 mL 烧杯中,加蒸馏水 200～300 mL,煮沸,在搅拌下缓缓加入石灰乳至 pH 8～9,在此 pH 条件下微沸 20～30 min,趁热抽滤(残渣可以同上再加 4～6 倍水煎 1 次,趁热抽滤,合并滤液)。在 60～70℃下,用浓盐酸调滤液至 pH 为 4～5,搅匀,静置 1～2 h,抽滤。沉淀用蒸馏水洗 2～3 次至中性,抽干,60℃干燥得芦丁粗品。

称量芦丁粗品质量,按 1：200 的比例悬浮于蒸馏水中,煮沸 10～15 min,趁热抽滤,冷却滤液,充分静置结晶。抽滤,60～70℃干燥得精制芦丁。称取其质量,计算收率。

2. 芦丁的乙酰化及苷元的制备

取芦丁 100 mg,置于干燥的 50 mL 锥形瓶中,加醋酐 8 mL 和吡啶 2 mL 振摇使之完全溶解,接上空气冷凝管,水浴上加热 30 min,放冷,在搅拌下将反应液倾入冰水中一直搅拌至油滴消失为止,抽滤并洗涤沉淀,干燥后以 95％乙醇重结晶,得芦丁的乙酰化物。

精密称取芦丁 1 g($\pm$0.01 g),加 1％硫酸 100 mL,小火加热微沸回流约 40 min。开始加热 10 min 为澄清溶液,逐渐析出黄色小针状结晶,抽滤取结晶即粗槲皮素(保留滤液 20 mL,以检查其中所含单糖),加 95％乙醇重结晶一次,得精制槲皮素。

取上述滤去槲皮素后的水解母液 10 mL,小心用 Ba(OH)$_2$(大约 1～1.5 g,并预先用 10 mL 水调制成乳液)中和至中性,过滤生成的 BaSO$_4$ 沉淀,滤液用热水浴小心浓缩至 1 mL,纸层析备用。

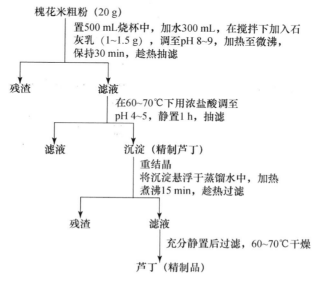

图 2-38-1　芦丁精制流程

3．芦丁的鉴定

(1) 芦丁和槲皮素的纸色谱鉴定。

① 点样：在新华 1 号色谱滤纸(15 cm×10 cm)上，将芦丁和槲皮素样品乙醇溶液、芦丁和槲皮素标准品乙醇溶液分别用毛细管点样。

② 展开：正丁醇-醋酸-水(4∶1∶5)上层溶液上行法展开。

③ 显色：在喷三氯化铝试剂之前和之后，分别置日光和紫外光灯(365 nm)下观察斑点。

(2) 糖的纸色谱鉴定。

① 点样：在新华 1 号色谱滤纸(15 cm×8 cm)上，将水解浓缩液和葡萄糖、鼠李糖标准品水溶液分别用毛细管点样。

② 展开：正丁醇-醋酸-水(4∶1∶5)上层溶液上行法展开。

③ 显色：邻苯二甲酸苯胺试剂喷洒后，在 105℃下烘数分钟，观察斑点并记录。

(3) 芦丁、乙酰化物及苷元的聚酰胺薄层色谱。

① 点样：在聚酰胺薄层板上，用铅笔轻划一起始线，分别用毛细管点上芦丁、乙酰化物及苷元样品，同时以标准品芦丁、槲皮素作为对照。

② 展开：用 80％乙醇液上行展开，待展开一定距离后，立即取出标明溶剂前沿，吹干后，分别在日光和紫外灯下观察样品点的颜色与荧光。

③ 显色：将薄层板用氨蒸气熏一下，并观察颜色和荧光变化，再次用 1‰ $AlCl_3$-甲醇对薄层板进行显色，观察样品点的颜色和荧光变化。

填写记录结果，并对结果进行讨论，讨论内容可包括化合物颜色、紫外特征与结构的关系；聚酰胺分离黄酮类化合物的原理和引起待分离组分 R_f 差异的原因。

			NH₃		2% AlCl₃	
	日光	紫外	日光	紫外	日光	紫外
芦丁						
槲皮素						
全乙酰化芦丁						

(4) 芦丁和槲皮素的显色反应。

取芦丁和槲皮素各 6～8 mg，分别加乙醇 10～12 mL 使其溶解，分别进行以下试验：

① Molish 反应。取上述溶液 1～2 mL，再加入等体积的 10％ α-萘酚乙醇溶液，摇匀，沿斜置管壁滴加浓硫酸 0.5 mL，静置，注意观察两液面产生的颜色变化。

② 盐酸-镁粉反应。取上述溶液 1～2 mL，加 2～3 滴浓盐酸、少许镁粉或锌粉(50～100 mg)，振摇，注意观察颜色变化情况。

③ 锆-柠檬酸反应。取上述溶液 1～2 mL，滴加 2％ $ZrOCl_2$-甲醇溶液 3～4 滴，注意观察颜色变化情况。继续向试管中加入 2％柠檬酸-甲醇溶液 3～4 滴，并详细记录颜色变化情况。

④ $FeCl_3$ 反应。取上述溶液 1～2 mL，加 1％ $FeCl_3$ 醇溶液 1 滴，注意颜色变化。

填写记录结果，并讨论各颜色反应与黄酮类化合物分子结构单元之间的一般对应关系。

	Molish 反应	盐酸-镁粉反应	锆-柠檬酸反应	FeCl$_3$ 反应
芦丁				
槲皮素				

4. 精制芦丁的含量测定

精密称取芦丁原料药 5.00 mg，置于 100 mL 容量瓶中，加甲醇定容，摇匀，精密平行吸取 3.0 mL 两份样品分别置于 10 mL 容量瓶中，加甲醇稀释至刻度，摇匀即得供试液。取供试液于 360 nm 处测定 A_{360}。以甲醇为空白对照，标准曲线法计算出供试液中芦丁含量 w（质量分数）。

$$w(芦丁) = \frac{测得量}{供试量} \times 100\%$$

五、注意事项

（1）芦丁不可粉碎过细，以免过滤时速度太慢。

（2）用石灰乳或石灰水代替其他碱性水溶液，既可以达到碱溶解提取目的，又可以除去药料中含有的大量果胶、黏液等不溶性杂质，上述含羟基的杂质生成钙盐沉淀，不致溶出。有利于芦丁的纯化处理。

（3）提取的碱液浓度不宜过高（pH < 10），以免在强碱性下，尤其加热时会破坏黄酮母核。产品收率明显降低。

（4）酸化时，酸性也不宜过强，以免生成佯盐，致使析出的黄酮类化合物又重新溶解，降低产品收率。最佳 pH 为 5。

（5）抽滤或过滤步骤可以用离心分离代替。

六、思考题

（1）除了本实验方法外，你能否根据芦丁的性质设计自槐花中提取芦丁的另一种方法，并说明方法原理。

（2）为什么聚酰胺薄层色谱分离黄酮类化合物的大多数展开剂中含有醇、酸或水？

（3）查文献后，给出几个黄酮类化合物的不同测定方法，并比较各自应用特点。

实验 39　芦丁胶囊的制备与崩解时限测定

一、实验目的

（1）掌握湿法制粒和胶囊制备的一般工艺过程，学会用胶囊板手工填充胶囊的方法。

（2）掌握胶囊剂的装量差异检查方法与崩解时限测定方法。

二、实验原理

药物的流动性是影响填充均匀性的主要因素，对于流动性差的粉末药物，需加入适宜辅料或制成颗粒以增加流动性，使填装均匀，并且避免填装时由于不同粉末密度差异大、粒径大小不一而分层，保证片剂含量均匀。本实验采用湿法制粒，加入黏合剂将药物粉末制得湿颗粒后干燥,采用胶囊板手工填充,将药物颗粒装入胶囊中即得。

固体药物制剂崩解过程的快慢用崩解度或崩解时限表示,即在规定的液体介质和规定的条件下破碎成小粒子并通过规定筛网所需的时间。《中国药典》2005年版规定采用升降式装置测定片剂崩解时限,一般片剂和胶囊均需作崩解时限检查。

三、材料、仪器设备及试剂

1. 材料

芦丁原料药,芦丁胶囊,淀粉,蒸馏水。

2. 仪器设备

80目药筛,20目药筛,电热干燥箱,胶囊填充板,空胶囊壳,水浴,乳钵,搪瓷托盘,电子天平,崩解试验仪,烧杯(1000 mL)等。

四、操作步骤

1. 药物颗粒制备处方

芦丁1.0 g,淀粉浆10% 适量,淀粉30.0 g。

2. 药物颗粒制法

将主药芦丁在乳钵中研磨成粉末状,过80目筛,与淀粉混匀,以10%淀粉浆制软材。

(1) 淀粉浆的制备。可用煮浆或冲浆法,都是利用了淀粉能够糊化的性质。冲浆法是将淀粉混悬于少量(1~1.5倍)水中,然后根据浓度要求冲入一定量的沸水,不断搅拌糊化而成;煮浆法是将淀粉混悬于全量水中,在夹层容器中加热并不断搅拌(不宜用直火加热,以免焦化),直至糊化成浆状。

(2) 软材和湿颗粒的制备。软材是向已混匀的粉料中加入适量的黏合剂或润湿剂,用手工或混合机混合均匀制成的可塑性的团块。软材的干湿程度应适宜,除用微机自动控制外,多凭经验掌握,即以"握之成团,轻压即散"为度。软材压过20目的筛网后即制成均匀的湿颗粒。湿颗粒一般要求较完整,如果颗粒中含细粉过多,说明黏合剂用量过少,若呈线条状,则说明黏合剂用量过多。这两种情况制成的颗粒烘干后,往往出现太松或太硬的现象。

(3) 颗粒的干燥。湿颗粒制好后,应立即干燥,以免结块或受压变形。将湿颗粒平铺于搪瓷盘中(厚度不宜超过2 cm),置60~70℃烘干,干燥至含水量一般为3%左右,除用水分测定仪测定以外,还可用手指揉捏粗略判断,干燥至无湿润感即可。干颗粒如有较多粘连,可再过20目筛整粒,即得。

3. 胶囊的填充

采用有机玻璃制成的胶囊板填充。板分上下两层,上层有数百孔洞。先将囊帽、囊身分开,囊身插入胶囊板孔洞中,调节上下层距离,使胶囊口与板面相平。将颗粒铺于板面,轻轻振动胶囊板,使颗粒填充均匀。填满每个胶囊后,将板面多余颗粒扫除,顶起囊身,套合囊帽,取出胶囊,即得。

4. 装量差异检查

中国药典2005年版规定:胶囊剂的装量差异限度,应符合下列规定。

平均装量	装量差异限度
0.30 g 以下	±10%
0.30 g 或 0.30 g 以上	±7.5%

检查方法：取供试品 20 粒，分别精密称定质量后，倾出内容物（不能损失囊壳），硬胶囊壳用小刷或其他适宜的用具（如棉签等）拭净，再分别精密称定囊壳质量，求得每粒内容物装量与平均装量。每粒装量与平均装量相比较，超出装量差异限度的胶囊不得多于 2 粒，并不得有 1 粒超出装量差异限度的 1 倍。

5. 崩解时限的测定

国内目前有多种崩解仪产品，ZBS-6G 型智能崩解仪是设计较先进，符合《中国药典》规定的一种。主要结构为一能升降的金属支架与下端镶有筛网的吊篮，吊篮有 6 根玻璃管并附有塑料挡板。升降的金属支架上下移动距离为 55±2 mm，往返频率为 30～32 次/min。

（1）崩解仪的使用方法。

① 开机设定温度，加热。确认水浴箱已经注水到规定高度后按电源开关接通电源。此时，电源指示灯亮，时间显示窗应显示"00：00"，温度显示窗应显示水浴实际温度。水箱内水开始循环流动。通过按温度设定键（"＋"或"－"）来查看或设定实验所需的恒温值。按加热键启动加热器工作。此时，加热指示灯亮，显示的温度值开始上升。

② 设定时间。通过按时间设定键（"＋"或"－"）来查看或设定实验所需的时间值。如果需要长定时，按住时间设定"－"键，可使设定值迅速减小到 00：00 以前（例如：23：30）。

③ 准备溶液。按升降键，使吊臂停止在最高位置，以便装取烧杯和吊篮。将各个烧杯分别注入蒸馏水约 850 mL，然后装入水浴箱杯孔中。再将各个吊篮分别放入烧杯内，并悬挂在支臂的吊钩上。注意：此时杯外水位不应低于杯内水位，否则应该补充水浴箱中的水量。

水浴温度稳定在恒温设定值后，杯内溶液温度稍后也将稳定于规定值（药典规定为 37±1℃）。此时即可进行崩解试验。将待测药剂放入吊篮的各个试管内，必要时放入挡板（注意排除挡板下面气泡，以免其浮出液面）。然后按升降键启动吊篮升降。

试验定时终止前 1 min，蜂鸣器自动鸣响三声报时，并且时间窗的左二位开始闪烁。此时应观察各吊篮玻璃管中药剂的崩解情况。试验定时终止后，吊篮自动停止在最高位置。

如果需要延长已经预置的定时时间，可在定时时间到达之前按时间设定"＋"键，增加定时设定值到所需的时间。试验过程中如需要暂停，可按升降键，暂停吊篮升降和电子钟计时。暂停后再按升降键，即可启动吊篮继续升降和电子钟继续计时。

（2）胶囊剂崩解时限的测定。

将吊篮通过上端的不锈钢轴悬挂于金属支架上，浸入 1000 mL 烧杯中，并调节吊篮位置使其下降时筛网距烧杯底部 25 mm，烧杯内盛有温度为 37±1℃ 的水，调节水位高度使吊篮上升时筛网在水面下 25 mm 处。除另有规定外，取供试品 6 颗，分别置上述吊篮的玻璃管中，如胶囊漂浮于液面，可加挡板一块。启动崩解仪进行检查，各胶囊均应在 30 min 内全部崩解。如有 1 颗不能完全崩解，应另取 6 颗复试，均应符合规定。

注意：因环境温度不同，烧杯内溶液温度通常低于杯外水浴温度 0.5～1.5℃。例如，当要求杯内溶液温度为 37.0℃时,则水浴恒温设定值宜为 37.5～38.5℃,需通过试验确定具体的恒温设定值。

五、思考题

（1）制颗粒的目的是什么?

（2）测定崩解时限有何意义?

（3）崩解时限测定时应注意哪些问题?

实验 40　不同助悬剂对芦丁混悬剂稳定作用的比较

一、实验目的

（1）掌握混悬液的一般制备方法。

（2）掌握不同助悬剂在混悬液中作用的比较和筛选方法。

二、实验原理

混悬剂中的难溶性药物颗粒的沉降规律符合 Stockes 定律

$$v = \frac{2r^2(\rho_1 - \rho_2)}{9\eta}g$$

其中, v：沉降速度,cm/s; r：药物微粒半径,cm; ρ_1：微粒的密度,g/mL, ρ_2：分散介质的密度,g/mL; g：重力加速度,980 cm/s^2; η：分散介质的黏度,g/cm·s。

从式中可知若要制得沉降缓慢的混悬液,应尽量控制难溶性药物颗粒的大小;增加分散介质的黏度及减少固液间的密度差(加入助悬剂)。助悬剂可选用糖浆、天然胶类,以及合成的可溶性纤维类等。

三、材料、仪器设备及试剂

芦丁原料药,120 目药筛,西黄蓍胶,CMC-Na,琼脂,枸橼酸钠,蒸馏水,乳钵,具塞刻度试管(25 mL),电子天平等。

四、实验方法

按表 2-40-1 配制各处方。

（1）取已过 120 目筛的芦丁原料粉末置乳钵中,加入少量水加液研磨成糊状,加水适量研匀,倒入刻度试管中,用水洗涤乳钵合并转入试管中,最后加水至 25 mL,即为 1 号处方(对照管)。

（2）将各附加剂按处方量配成胶浆或溶液(琼脂需先用冷水浸泡半小时再加热使溶解),以此作加液研磨,余下按步骤 1 操作,即得 2～6 号处方混悬液。注意各处方配制时应研磨方法适当,力度均一,力求平行操作。

（3）将以上 6 支装有混悬液的刻度试管塞好管口,以相同的力度、频率振摇,分别记录 10、30、60、120、180、720 min 后的沉降容积比 H_u/H_0。(H_0 为初体积, H_u 为沉淀的体积)，以 H_u/H_0 对时间作图。

（4）720 min 后将试管倒置翻转，记录使试管底沉降物分散的翻转次数，并将实验结果填入表 2-40-1 内。

表 2-40-1 各种助悬剂对芦丁混悬液稳定作用的比较

处方号组成及结果			1	2	3	4	5	6
芦丁/g			0.5	0.5	0.5	0.5	0.5	0.5
助悬剂/g	西黄蓍胶		0	0.125	0	0	0	0
	CMC-Na		0	0	0.075	0	0	0.125
	琼脂		0	0	0	0.05	0	0
	枸橼酸钠		0	0	0	0	0.125	0.125
用蒸馏水补足至 25 mL								
结果	H_u/H_0	10 min						
		30 min						
		60 min						
		180 min						
		720 min						

（5）根据实验结果确定最稳定的芦丁混悬液处方。

五、思考题

如何对不同助悬剂在混悬液中作用进行比较和筛选？

实验 41 芦丁片的薄膜包衣及质量评价

一、实验目的

（1）掌握用包衣锅包薄膜衣的方法。
（2）了解包衣材料的配制方法。

二、实验原理

薄膜包衣常用的方法有滚转包衣法、高效包衣机法，糖衣锅法属滚转包衣法。用糖衣锅包薄膜衣，需在锅内设置几块挡板，以增高素片的流动状态，使素片更好地形成散落状态。

用糖衣锅包薄膜衣的工艺过程如下：

（1）锅内增加 3～5 块挡板；

（2）素片温度控制在 40～60℃；

（3）锅转动后将膜衣液喷入片床内，直至达到要求厚度即可出锅干燥。

包薄膜衣应注意几个重要环节：热风交换率要好；喷液输出量要调节好；喷枪的雾化效果要好；素片翻滚速度可调。

三、材料、仪器设备及试剂

芦丁片，Ⅱ号丙烯酸树脂，邻苯二甲酸二乙酯，蓖麻油，聚山梨酯80（吐温80），二甲基硅油,柠檬黄,二氧化钛,滑石粉,乙醇。

乳钵,量筒,喷枪(喷雾器),空压机,包衣锅,120目药筛,电子天平等。

四、操作步骤

1. 包衣液配方

50 g/L Ⅱ号丙烯酸树脂乙醇溶液	200 mL
邻苯二甲酸二乙酯	2 mL
蓖麻油	6 mL
聚山梨酯80	2 mL
二甲基硅油	2 mL
柠檬黄	适量
二氧化钛(120目)	6 g
滑石粉	6 g

2. 制法

(1) 包衣液配制。将Ⅱ号丙烯酸树脂加入70%乙醇(V/V)中,稍加搅拌后加盖放置过夜,搅拌使溶解,配成50 g/L溶液。另取乙醇适量与处方中其余成分研磨均匀后,再与包衣材料溶液混合均匀,即得。

(2) 包衣操作。取素片300 g置糖衣锅内,锅内置三块挡板、吹热风使素片温度达到40～60℃,调节气压,使喷枪喷出雾状、再调好输液速度即可开启糖锅(30～50 r/min),喷入包衣液直至达到片面色泽均匀一致,停喷包衣液,视片面粘连程度决定是否继续转动糖衣锅,取出片剂,60℃干燥。

3. 操作注意

要求素片较硬、耐磨,包衣前筛去细粉,以使片面光洁。

包衣操作时,喷速与吹风速度的选择原则是:使片面略带润湿,又要防止片面粘连。温度不宜过高或过低。温度过高则干燥太快,成膜不均匀;温度太低则干燥太慢,造成粘连。

4. 质量检查与评定

(1) 外观检查。主要检查片剂的外形是否圆整、表面是否有缺陷(碎片粘连和剥落、起皱和桔皮膜、起泡和桥接、色斑和起霜等)、表面粗糙程度和光洁度。

确定包衣片的质量和硬度等,并与素片进行比较。

(2) 被复强度试验(抗热试验)。将包衣片50片置于250 W的红外灯下15 cm处受热4 h,观察并记录片面变化情况。注:合格品片面应无变化。

五、思考题

片剂包薄膜衣和包糖衣相比有何主要优点?

实验 42　薄荷油及其 *β*-环糊精包合物的制备与质量评价

一、实验目的

（1）掌握挥发油的提取方法与质量评价方法。

（2）掌握 *β*-环糊精的特性及应用。

（3）掌握薄荷素油制剂的制备方法及质量标准研究方法。

二、实验原理

挥发油（volatile oils）又称精油（essential oils），是一类在常温下能挥发的、可随水蒸气蒸馏的、与水不相混溶的油状液体的总称。水蒸气蒸馏法是从生药中提取挥发油的最常用方法。将含有挥发油的生药与水共同蒸馏时，其可与水形成二组分完全不相混溶的双液体系，此体系的总蒸气压等于同温度下各纯组分的蒸气压之和。由于总蒸气压比任一液体的蒸气压为高，所以混合物的沸点要比任一液体的沸点为低，且两种液体不论其相对数量如何，体系的沸点均保持恒定不变。基于这一原理，在低于 100℃ 时，挥发油可以与水一起蒸馏出来，冷却后，油水自动分离。

环糊精（cyclodextrin，简称 CD）是一种使用较为广泛的水溶性"分子囊"包合材料，是淀粉经酶解得到的一种产物。此分子中有 6、7、8 个葡萄糖残基，分别简称 *α*、*β*、*γ*-CD。*β*-CD 是由 7 个葡萄糖分子以 *α*-1,4 糖苷键连接而成的环筒状结构的低聚糖化合物（图 2-42-1），具有环状中空环筒形结构和环筒内疏水、环筒外亲水的特性。*β*-CD 分子环筒内壁空腔直径为 0.7 nm，筒内径大小适中，可将一些体积和形状适合的药物分子或部分基团借助范德华力包合在疏水区内，对药物起到稳定（抗氧化、抗紫外线、防止挥发）或提高（难溶性疏水分子）溶解度等作用。

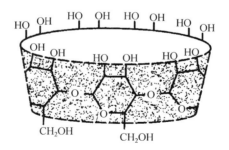

图 2-42-1　*β*-环糊精的结构

三、材料、仪器设备及试剂

1. 材料

薄荷药材，*β*-CD，薄荷油。

2. 仪器设备

旋光仪，紫外灯，气相色谱仪，冰箱，真空干燥器，挥发油提取器，扫描电镜，具塞锥形瓶(100 mL),烧杯,天平,布氏漏斗,干燥器,磁力搅拌器,挥发油测定器配圆底烧瓶(500 mL)和冷凝管等。

3. 试剂

薄荷酮对照品,薄荷脑对照品,甲苯,乙酸乙酯,茴香醛试液,乙醇,环己酮,正己烷,蒸馏水等。

四、操作步骤

1. 薄荷挥发油的水蒸气蒸馏法提取

称取薄荷药材适量,置于圆底烧瓶中,加适量蒸馏水进行充分润湿,再加 5 倍量的蒸馏水按照水蒸气法操作进行提取,收集薄荷挥发油,即得。将提取的薄荷挥发油冷冻(0℃以下),过滤,得薄荷素油。

2. 薄荷素油的质量检查

根据《中华人民共和国药典》2005 年版一部薄荷素油项中所列项目对薄荷素油进行质量检查。

(1) 性状。本品为无色或淡黄色的澄清液体;具有特殊清凉香气。存放日久,色渐变深。本品与乙醇、三氯甲烷或乙醚能任意混合。相对密度应为 0.888～0.908,测定旋光度应为 $-17°$～$-24°$,测定折光率应为 1.456～1.466。

(2) 鉴别。取本品 0.1 g,加正丁烷 5 mL 使溶解,作为供试品溶液。另取薄荷素油对照提取物,同法制成对照提取物溶液。采用薄层色谱法检测,吸取上述两种溶液各 5 μL,分别点于同一硅胶 GF_{254} 薄层板上,以甲苯-乙酸乙酯(19:1)为展开剂,展开,取出,晾干,置紫外灯(254 nm)下检视。供试品色谱中,在与对照提取物色谱相应的位置上,显相同颜色的色斑点,喷以茴香醛试液,在 105℃加热至斑点显色清晰。置紫外灯(365 nm)下检视,显相同颜色的荧光斑点。

(3) 检查:

① 颜色。取本品与相同体积的黄色 6 号标准比色液比较,颜色不能深于 6 号标准。

② 乙醇中不溶物。取本品 1 mL,加 70%乙醇 3.5 mL,溶液应澄清。

③ 酸值。应不大于 1.5。

(4) 含量测定(气相色谱法):

① 色谱条件与系统适应性试验。弹性石英毛细管柱(柱长 25 m,内径 0.2 mm,膜厚度0.33 μm)HP-FFAP;程序升温:初始温度60℃,保持 4 min,以 2℃/min 的速率升温至100℃,再以 10℃/min 的速率升温至230℃,保持 1 min;进样口温度250℃,检测器温度250℃;分流比10:1。理论塔板数按环己酮峰计算应不低于 20 000。

② 校正因子测定。精密称取环己酮适量,加正己烷制成 8 mg/mL 的溶液,摇匀,作为内标溶液,另取薄荷酮对照品 50 mg、薄荷脑对照品 80 mg,精密称量,置于 25 mL 容量瓶中,精密加入内标溶液 2 mL,加正己烷至刻度,摇匀,吸取 1 μL 注入气相色谱仪,计算校正因子。

③ 内标法定量。取本品约 0.2 g,精密称量,置于 25 mL 容量瓶中,精密加入内标溶液2 mL,加正己烷至刻度,摇匀,吸取 1 μL 注入气相色谱仪,测定,即得。

本品含薄荷酮($C_{10}H_{18}O$)应为 18.0%～26.0%；含薄荷脑($C_{10}H_{20}O$) 应为 28.0%～40.0%。

3. 薄荷油 β-CD 包合物的制备

取 β-CD 置烧杯中，加入水，加热溶解，降温到 50℃，滴加薄荷油，恒温搅拌 1.5 h，冷却，有白色沉淀析出，待沉淀完全后抽滤。沉淀用无水乙醇 5 mL 分三次洗涤，至表面近无油迹，无挥发油气味。将沉淀置干燥器中干燥，或 45℃ 干燥 24 h 至恒量，即得粉末状的薄荷油 β-CD 包合物。

4. 薄荷油 β-CD 包合物的质量评价

（1）包合物中薄荷油含量测定：

称取制备的包合物适量，置 500 mL 圆底烧瓶中，加入蒸馏水 200 mL，根据《中华人民共和国药典》2005 年版附录 XD"挥发油的测定法"中所列的甲法测定包合物中挥发油的含量。本法适于测定相对密度小于 1.0 的挥发油。

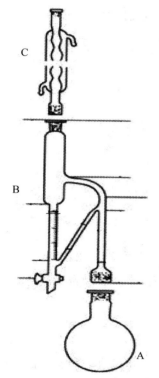

图 2-42-2　挥发油测定装置图

仪器装置如图 2-42-2。A 为 1000 mL（或 500 mL，2000 mL）的硬质圆底烧瓶，上接挥发油测定器 B，B 的上端连接回流冷凝管 C。以上各部均用磨口玻璃连接。测定器 B 应具有 0.1 mL 的刻度。全部仪器应充分洗净，并检查接合部分是否严密，以防挥发油逸出。

注：装置中挥发油测定器的支管分岔处应与基准线平行。

称取供试品适量（相当于含挥发油 0.5～1.0 mL）于盛有水的烧瓶中，按要求安装，自冷凝管上端加水，直到水充满挥发油测定器下端的刻度部分，并从回水管溢流入烧瓶时为止。置电热套中加热，当蒸馏时，水蒸气和挥发油的混合蒸汽上升，一直进入冷凝器，经冷凝后流回到测定器的刻度部分，油水分离，水相流回烧瓶，挥发油留存在刻度部分。保持微沸约 5 h，至测定器中油量不再增加，停止加热，放置片刻，打开测定器下部的活塞，将水缓缓放出，调整液面，通过刻度即可读取挥发油体积。根据以下公式计算挥发油含量。

$$挥发油含量 = \frac{测得的挥发油体积}{样品质量} \times 100\%$$

式中，体积单位为 mL，质量单位为 g。

（2）计算包合率和收得率

根据包合物制备与包合物中薄荷油含量测定的记录数据（1 mL 薄荷油约 0.9 g），计算公式为

$$收得率 = \frac{m_1}{m_3 + m_5} \times 100\%$$

$$包合率 = \frac{m_4 m_1}{m_3 m_2} \times 100\%$$

其中，m_1：为产品总量，g；m_2：为测试的产品量，g；m_3：为投入的挥发油总量，g；m_4：为从测试的产品提取的挥发油量，g；m_5：为投入的环糊精总量，g。

（3）差示热分析：

温度 50～300℃，升温速率 10℃/min，氮气流保护，测样量 8～10 mg。取薄荷素油、β-CD、包合物以及相应比例的物理混合物为样品，按上述条件测试，得差示扫描图谱。

（4）电镜扫描：

以薄荷素油与 β-CD 的物理混合和包合物为样品，分别置于双面胶带上并黏在样品台上，于真空条件下喷金，在扫描电镜中观察样品的表观形态。

五、注意事项

（1）本实验采用饱和水溶液法（又称共沉淀法）制备包合物，主分子 β-CD 的水溶解度为 1.79％（25℃），但在 45℃时溶解度可增加至 3.1％。故在实验过程中应控制好温度，使其从水中析出沉淀。

（2）包合率取决于环糊精的种类、药物与环糊精的配比量以及包合物时间，应按照实验内容的要求进行操作。

（3）加入薄荷油后，烧杯上应以适当物品覆盖，以防薄荷油过度挥发。

（4）提取薄荷油时，以提取量不再增加为提取完成的标志。

（5）注意正确使用挥发油提取器。

六、思考题

（1）药品质量标准的主要内容有哪些？

（2）使用环糊精包合物在药剂学上有什么意义？

（3）形成包合物的关键是什么？ 如何优选薄荷油 β-CD 包合物的处方和工艺？

实验 43　薄荷油微囊的制备与镜检

一、实验目的

了解药物微囊剂的优点；理解复凝聚法制备微囊的基本原理；掌握复凝聚法制备微囊的方法。

二、实验原理

微囊的制备可按囊心物、囊材的性质、设备和微囊的大小等选用适宜的制备方法。在实验室中制备微囊常选用物理化学法中的复凝聚法，以明胶、阿拉伯胶为囊材。制备微囊的机理如下：明胶为蛋白质，在水溶液中，分子链上含有－NH$_2$ 和－COOH 及其相应解离基团－NH$_3^+$ 与－COO$^-$，但含有－NH$_3^+$ 与－COO$^-$ 的多少，受介质 pH 的影响，当 pH 低于明胶的等电点时，－NH$_3^+$ 数目多于－COO$^-$，溶液荷正电；当溶液 pH 高于明胶等电点时，－COO$^-$ 数目多于－NH$_3^+$，溶液荷负电。明胶溶液在 pH 4.0 左右时，其正电荷最多。阿拉伯胶为多聚糖，在水溶液中，分子链上含有－COOH 和－COO$^-$，具有负电荷。因此在明胶与阿拉伯胶混合的水溶液中，调节 pH 约为 4.0 时，明胶和阿拉伯胶因荷电相反而中和形成复合物，其溶解度降低，自体系中凝聚成囊析出；加入 1～3 倍的水稀释可降低表面张力,得到沉降囊。再加入固化剂甲醛,甲醛与明胶产生胺醛缩合反应,明胶分子交联成网状结构,保持微囊的形状,成为不可逆的微囊;加 20％NaOH 调节介质 pH 8～9,有利于胺醛缩合反应进行完全,其反应表示如下:

$$R-NH_2+H_2N-R+HCHO \xrightarrow{pH\ 8～9} R-NH-CH_2HN-R+H_2O$$

三、材料、仪器设备及试剂

1. 仪器材料

薄荷油,明胶,阿拉伯胶。

2. 仪器设备

显微镜,组织捣碎机,电动搅拌机,恒温水浴,抽滤装置。

3. 试剂

甲醛,醋酸,氢氧化钠,pH 试纸。

四、操作步骤

1. 薄荷油微囊处方

薄荷油 1.0 mL,阿拉伯胶 1.0 g,明胶 2.0 g,37％甲醛溶液 1.0 mL,10％醋酸溶液适量,20％NaOH 溶液适量,蒸馏水适量。

2. 操作

(1) 明胶溶液的配制。称取明胶 2 g,用蒸馏水适量浸泡溶胀约 1 h 后,加热搅拌使溶解,加蒸馏水至 80 mL,搅匀,55℃保温备用。

(2) 阿拉伯胶溶液的配制。取蒸馏水适量置于小烧杯中,将 1 g 阿拉伯胶粉末撒在水面,使其自然溶胀约 1 h,再加热搅拌使溶解,加蒸馏水至 40 mL,搅匀,55℃保温备用。

(3) 薄荷油乳剂的制备。取薄荷油 1 mL 与阿拉伯胶溶液 40 mL 置组织捣碎机中,乳化 10 s,即得乳剂。

(4) 乳剂镜检。取薄荷油乳剂 1 滴,置载玻片上镜检,绘制乳剂形态图。

(5) 成囊。将薄荷油乳转入 500 mL 烧杯中,置 55℃水浴上加明胶溶液 40 mL,慢速搅拌使混合均匀,搅拌时尽量减少泡沫产生。在搅拌下滴加 10％醋酸溶液于混合液中,调节 pH 约至 4.0(用广泛试纸检测),此时有颗粒状物自乳剂中逐渐析出。在显微镜下观察是否成囊。

(6) 二次包囊。继续加入明胶溶液 40 mL,用 10％醋酸溶液调节 pH 约至 4.0。

(7) 微囊的固化。在不断搅拌下,将约 40℃蒸馏水 200 mL 加至微囊液中,将含微囊液的烧杯自 55℃水浴中取下,不停搅拌,自然冷却,待温度为 30℃以下时,将烧杯冰浴或直接在烧杯中加入冰块,继续搅拌至温度为 10℃以下,加入 37％甲醛溶液 1 mL,继续搅拌 15 min,再用 20％NaOH 溶液调其 pH 8～9,继续搅拌 20 min,观察至析出为止,静置待微囊沉降。

(8) 镜检。显微镜下观察微囊的形态并绘制微囊形态图,记录微囊的大小(最大和最多粒径)。

（9）抽滤（或甩干）。待微囊沉降完全,倾去上清液,抽滤(或甩干),微囊用蒸馏水洗至无甲醛味,抽干,即得。

五、注意事项

（1）复凝聚法制备微囊,反应温度控制在 55℃ 可使微囊的大小约为 5 μm,且较均匀,成囊率高;用 10％醋酸溶液调节 pH 4.0 左右也是操作的关键点。

（2）制备微囊的过程中,始终伴随搅拌,但搅拌速度以产生泡沫最少为度,必要时加入几滴戊醇或辛醇消泡,可提高收率。固化前勿停止搅拌,以免微囊粘连成团。

（3）实验操作需保持连贯。

六、思考题

药物制成微囊制剂有何优点?

实验 44　鱼油高不饱和脂肪酸 EPA 和 DHA 制备与含量测定

一、实验目的

（1）掌握不饱和脂肪酸的制备原理和方法。
（2）学习不饱和脂肪酸的分离分析方法。

二、实验原理

国内外从鱼油中提取 EPA、DHA 的方法主要有尿素包合法、低温冷冻法、金属盐沉淀法、皂化-尿素包合法、鱼油交酯法、真空蒸馏法及超临界萃取法。但工业上大规模制备,主要采用低温冷冻法与皂化-尿素包合法,这主要是由于其他方法受到产品纯度、生产成本、产品安全性等因素的限制。

低温冷冻法是根据脂肪酸混合物在溶剂中溶解度的不同达到分离的目的。饱和脂肪酸溶解度较低,而对同样碳链数目的不饱和脂肪酸,随双键数的增加,溶解度增加,而且低温条件下,这种溶解度的差异更加明显,所以在低温下将脂肪酸混合物溶于过冷溶剂中,通过过滤,就可以除去其中大量的饱和脂肪酸和部分低不饱和脂肪酸。

本实验采用低温冷冻法来制备 DHA 和 EPA。

三、材料、仪器设备及试剂

1. 材料

鲱鱼或鲢鱼下脚料。

2. 仪器设备

台秤,天平,低温冰箱,离心机,恒温水浴锅,氮气瓶,150 目筛布,烧杯,GC-9A 气相色谱仪。

3. 试剂

NaCl,NaOH,95％乙醇,浓硫酸,EDTA,三氟化硼甲醇溶液,正己烷。

四、操作步骤

1. 鱼油的提取

原料 500 g 搅碎,加 0.5 倍的蒸馏水,用 NaOH 溶液调 pH 8.5～9.0,在搅拌下加热到 85～90℃,保温 45 min 加入 5％NaCl 溶液,搅拌下溶解,继续保温 15 min,过滤,压榨滤渣,合并滤液和压榨液,趁热离心可得鱼油。

2. EPA 和 DHA 的制备

(1) 称取鱼油 50 g,加入 3％NaOH-乙醇溶液 350 mL 于 70～75℃恒温水浴中通氮气回流 30 min,室温放置,析出部分脂肪酸晶体,用 150 目筛布压滤,滤液于 −28℃冷却 12 h 再过滤,滤液加同体积的水,用 30％硫酸酸化至 pH 为 2～3,3000 r/min 离心 10 min,得上层脂肪酸 PUFA-1。

(2) 称取 PUFA-1 15 g,溶于 2％NaOH-乙醇溶液 105 mL,充分搅拌 15 min,−28℃冷却 12 h,过滤,滤液加入少量的水,用 30％硫酸调 pH 为 2～3,3000 r/min 离心 10 min,得上层脂肪(其主要成分为 EPA 和 DHA)。加入 0.5％EDTA 或 5％甘露醇以防止脂肪酸氧化。

3. EPA 和 DHA 的含量测定

(1) 样品的衍生化。称取适量样品,用三氟化硼-甲醇溶液作催化剂,充氮气,然后于水浴中加正己烷充分振荡静置。用饱和食盐水淋洗上层,取上层清液于 EP 管中,加少量 Na_2SO_4,供气相色谱分析。

填充柱气相色谱条件:

色谱柱(2 m×2 mm)
担体(chromsorb WAW DMCS 80～100 目)
固定液(DEGS 3％)
柱温 190℃
气化室和 FID 检测器温度 210℃
载气(氮气,30 mL/min)
燃气(氢气,50 mL/min)
助燃气(空气,500 mL/min)。

毛细管柱气相色谱条件:

BPX70 石英毛细管柱(60 m×0.25 mm)
初始柱温 220℃
升温速率 1℃/min
终止柱温 240℃
气化室和 FID 检测器温度 290℃
载气(氮气,60 mL/min)
燃气(氢气,60 mL/min)
助燃气(空气,600 mL/min)
尾吹 50 mL/min
分流比100∶1

（2）定性。采用标准品对照定性。

（3）定量。面积归一法定量。考虑到脂肪酸甲酯特别是长链脂肪酸甲酯在 FID 上校正因子相差不是特别大，脂肪酸相对脂肪酸甲酯的换算系数相差也不大，在满足应用要求的前提下可以将脂肪酸甲酯的归一化法含量粗略认为就是脂肪酸的百分含量。

五、注意事项

（1）衍生化实验要点是不能有水。

（2）催化反应时氮气保护静置，不宜反应太剧烈。

（3）气相色谱分析前要老化色谱柱。

六、思考题

（1）本实验纯化不饱和脂肪酸的原理是什么？

（2）为什么 EPA 和 DHA 需要衍生化后才能用气相色谱分析？

（3）采用三氟化硼做催化剂甲酯化 EPA 和 DHA 时，采取了哪些措施防止多个不饱和双键被氧化？

实验 45　微生物发酵法制备辅酶 Q_{10}

一、实验目的

（1）掌握微生物发酵生产辅酶 Q_{10} 的基本原理及其注意事项。

（2）学习用微生物发酵法生产辅酶 Q_{10} 的操作过程。

（3）了解辅酶 Q_{10} 的基本性质。

二、实验原理

辅酶 Q 是醌类化合物，都是 2,3-二甲氧基-1,4-苯醌的衍生物，第六位上有一个 2-甲基丁烯(2)基支链，化学结构通式为：

$$\text{CH}_3\text{O} \underset{\text{CH}_3\text{O}}{\overset{\text{O}}{\diagdown}} \text{(CH}_2\text{CH=CCH}_2)_{10}\text{—H}$$

辅酶 Q_{10} 又称泛醌-50，化学名称为 2,3-二甲氧基-5-甲基-6-癸异戊烯苯醌，为黄色、淡橙色或橙黄色、无臭、无味、结晶性粉末，易溶于氯仿、苯、四氯化碳，溶于丙酮、乙醚、石油醚；微溶于乙醇，不溶于水和甲醇。遇光易分解成微红色物质，对温度和适度较稳定，熔点 49℃。

辅酶 Q_{10} 的制备方法有三种：动植物组织提取法、微生物发酵法和化学合成法。目前国内大多采用动植物组织提取法。国外多用微生物发酵法，尤其日本早在 1977 年就实现了微生物发酵法工业生产辅酶 Q_{10}。化学合成法合成条件苛刻，步骤繁多且化学合成的辅酶 Q_{10} 的异戊二烯单体大多为顺式结构，生物活性不好，副产物多，提纯成本高。动植物组织提取法主要是从提取细胞色素 C 后的猪心残渣提取。动植物组织中辅酶 Q_{10} 含量低,每千克新鲜猪心的收率仅为 75 mg,并受原材料和来源影响,规模化生产受到一定限制。相比之下,利用微生物发酵生产辅酶 Q_{10} 有以下几个优点:① 发酵产物为天然品,生物活性好,易被人体吸收;② 没有原材料的制约,适合工业化生产。

三、材料、仪器设备及试剂

1. 材料

辅酶 Q_{10} 产生菌。

2. 仪器设备

HPLC,层析柱($1.2\ cm \times 20\ cm$),层析缸,碘缸,水浴振荡培养,离心机,恒温水浴锅,高压灭菌锅,分析天平,旋转蒸发仪等。

3. 试剂

葡萄糖,蛋白胨,酵母膏,NaCl,丙酮,无水乙醇,甲醇,石油醚,乙醚。

四、操作步骤

1. 培养基的配制及灭菌

LB 培养基组成:1%葡萄糖,1%蛋白胨,0.5%酵母膏,0.5% NaCl。种子液培养基为 20 mL/瓶,发酵液培养基为 100 mL/瓶。将配制好的培养基置于高压蒸汽灭菌锅中。121℃灭菌 30 min。

移液管包好后于 121℃灭菌 30 min。

2. 菌体的培养

种子液培养:从辅酶 Q_{10} 产生菌的新鲜斜面上挑取一环菌体至无菌种子液培养基中,置于 30℃水浴摇床 170 r/min 振荡培养 22 h。

取 100 mL 发酵培养液 8000 r/min 离心 10 min,弃上清液,收集菌体,置冰箱备用。

3. 提取

取菌体 2 g 加入 100 mL 丙酮,搅拌 10 min 后,8000 r/min 离心 3 min,离心取上清液。减压蒸馏至干,用无水乙醇洗下,备用。

4. 浓缩

合并 5 份提取液,以旋转蒸发仪减压浓缩。水浴温度不超过 50℃,直至蒸干,趁热以 0.5 mL 石油醚溶解。

5. 硅胶柱层析纯化

将 $1.2\ cm \times 20\ cm$ 层析柱下端以少量玻璃棉塞住,用漏斗装入 11 g 硅胶与 20 mL 石油醚的混合液,装柱完毕后,再以 10 mL 石油醚过柱,以稳定柱床,用滴管小心将浓缩液上柱,用乙醚∶石油醚(2∶8)洗脱,小试管收集洗脱液,每管 2 mL。对各管进行薄层鉴定。

6. 薄层鉴别

(1) 薄层色谱板的制备。称取薄层层析用硅胶 2 g 至乳钵中,加入 0.5% CMC-Na 5 mL 共研磨片刻,迅速用角匙均匀平铺于洗净烘干的玻片上($5.5\ cm \times 12\ cm$ 两片),1 h 后轻轻移入烘箱,于 105℃活化 1 h.

(2) 点样。用毛细管分别吸取上述各管收集液在层析板端 1.5 cm 处点样,并以辅酶 Q_{10} 标准液为对照,点样量 10~15 μL,吹干。

(3) 展开。将薄层板竖直放入盛有展开剂的层析缸中,盖上盖子。展开剂选用乙醚:石油醚(2:8),点样处必须在液面以上;当展开剂上升至离薄层板上缘 2 cm 处取出吹干。

(4) 显色。置于碘缸中碘蒸气显色,用铅笔画出各点的位置,并计算辅酶 Q_{10} 的 R_f。

7. 结晶

合并薄层鉴定较纯的管,以薄膜蒸发器减压浓缩。水浴温度不超过 50℃,直至蒸干,趁热以数滴无水乙醇将油状物质移至小试管,普通冰箱静置过夜结晶,称重。

8. 含量测定(高效液相色谱法)

(1) HPLC 色谱条件

流动相:甲醇:乙醇为 3:7
检测波长:275 nm
流速:1 mL/min
柱温:35℃
色谱柱:反向 C18 柱
进样量:10 μL。

(2) 标准曲线的绘制。辅酶 Q_{10} 的氧化型较还原型稳定,故多以氧化型存在,其氧化型在 275 nm 处有特征吸收峰,在一定范围内峰面积与辅酶 Q_{10} 含量呈线性关系。

分别吸取上述 6 种标准溶液 10 μL 进样,HPLC 定量,以峰面积(y)对辅酶 Q_{10} 的浓度(x,$\mu g/mL$)作曲线图,作出标准曲线或回归方程。

(3) 吸取提取液 10 μL 进样,HPLC 定量,根据峰面积计算进样辅酶 Q_{10} 溶液的浓度($\mu g/mL$)及本次发酵液中辅酶 Q_{10} 总产量(μg),单位菌体辅酶 Q10 含量($\mu g/g$ 菌重)。

五、思考题

(1) 采用微生物法生产辅酶 Q_{10} 的优点有哪些?

(2) 计算该次发酵产物辅酶 Q_{10} 的总产量(μg)及单位体积辅酶 Q_{10} 含量($\mu g/g$ 菌重)

(3) 影响辅酶 Q_{10} 提取效率的因素有哪些? 提取过程中应有哪些注意事项?

第七单元　生物工程综合大实验

实验 46　细胞生物学大实验
——动物细胞培养及外源基因的导入

一、目的与要求

(1) 通过本实验掌握传代细胞培养的基本方法,了解无菌操作的基本原则。

(2) 掌握磷酸钙介导的贴壁细胞的通用转染方法。

(3) 了解细胞凋亡的形态特征,掌握细胞凋亡 DNA 梯度("DNA Ladder")电泳检测法。

二、材料、仪器设备及试剂

1. 材料

人胚肾细胞系 293,TNF-R1 哺乳动物细胞表达质粒(CsCl 超速离心纯),哺乳动物细胞表达载体(CsCl 超速离心纯)。

$200\ \mu L$ 微量移液器吸头。

2. 仪器设备

10 cm 细胞培养皿,15、50 mL 一次性离心管,10 mL 玻璃吸管(灭菌),与玻璃吸管配套的吸球及胶管,二氧化碳培养箱,倒置显微镜。

20、$200\ \mu L$ 微量移液器,1.5 mL 离心管(灭菌);1 mL 微量移液器,低速台式离心机,高速台式离心机,家用冰箱,DNA 凝胶电泳设备,紫外凝胶成像仪。

3. 试剂

(1) 细胞营养液:DMEM 液体培养基,10% 胎牛血清,双抗 100 单位/mL。

(2) 消化液:0.05% 胰酶,0.53 mmol/L EDTA·Na。

(3) $2\times$ HBS 液:280 mmol/L NaCl, 10 mmol/L KCl, 1.5 mmol/L Na_2HPO_4·$2H_2O$, 12 mmol/L 葡萄糖,50 mmol/L HEPES,pH 7.05, $0.2\ \mu m$ 过滤除菌。

(4) $CaCl_2$ 溶液:2.5 mol/L, $0.2\ \mu m$ 过滤除菌。

(5) 超纯水(灭菌),Hank's 液。PBS,蛋白酶 K,NP40,RNase A,无水乙醇,苯酚-氯仿,DNA 上样缓冲液,琼脂糖,TAE 电泳缓冲液,EB。

三、操作步骤

1. 293 细胞的传代培养(第一天)

(1) 显微镜观察母细胞的生长状态,确定传代比例。

为了获得较高的转染效率,必须保证细胞处于合适的生长密度,因此应根据母细胞的生长密度调整传代比例。磷酸钙转染的合适细胞密度为 50%～70%,本实验中使用的 293 细胞长成致密单层后一般按照 1:6 传代即可。

(2) 在酒精灯旁打开培养皿盖,倒去皿中的细胞营养液,加入 Hank's 液 2 mL,轻轻摇动,将溶液倒出。

(3) 消化与分装。在培养皿中加入消化液 1 mL,37℃ 静置约 5 min,显微镜观察,如果细胞变圆且彼此分离表明消化完全,此时可加入 10 mL 营养液终止消化,吹打数次,使培养皿壁上的细胞全部脱落下来,并分散形成均匀的细胞悬液。按照传代的比例补加适当体积的营养液,吹打混匀后分装到新的培养皿中。

在分装好的细胞培养皿上做好标记,置于 37℃ 二氧化碳培养箱中培养。

2. 用磷酸钙介导的外源质粒转染法在 293 细胞中过量表达 TNF-R1(第二天)

(1) 显微镜观察待转染细胞的生长状态。观察细胞是否被污染;观察培养液颜色的变化;观察细胞的生长密度。

(2) 转染:

① 用微量移液器在 1.5 mL 离心管中依次加入质粒 DNA(实验组为 TNF-R1 的哺乳动物细胞表达载体,对照组为空载体)10 μg(1 μg /μL, 10 μL),超纯水 350 μL,CaCl$_2$ (2.5 mol/L)溶液 40 μL,混匀。

② 在另一 1.5 mL 离心管中加入 2×HBS 400 μL,将①中溶液分三次缓慢加入,每次加入后用吹气泡的方法混匀。室温静置 5 min。

③ 将以上混合液均匀地滴加在待转染的 293 细胞培养液中,轻轻晃动使混匀。将培养皿置于 37℃ 二氧化碳培养箱中。

3. 凋亡细胞的形态观察,"DNA Ladder"的提取及琼脂糖电泳分析(第三天)

(1) 显微镜观察过量表达 TNF-R1(实验组)和空载体(对照组)的 293 细胞形态上的差异。

(2) 用 10 mL 玻璃吸管将实验组和对照组培养皿中的细胞轻轻吹打下来,收集到 15 mL 离心管中,2000 r/min 离心 5 min,沉淀用 PBS 1 mL 重悬,转移到 1.5 mL 离心管中,2000 r/min 离心 3 min,去除上清液,加入 PBS(0.2 mg/mL 蛋白酶 K)200 μL,重悬细胞,再加入 PBS(2% NP40)200 μL,颠倒混匀,4℃ 作用 30 min,期间颠倒数次。12 000 r/min 离心 2 min;吸出上清液,加入乙醇 1 mL,颠倒混匀,−20℃ 静置 10 min;12 000 r/min 离心 10 min,沉淀溶于 50 μL 水中,加入 RNase A (10 mg/mL),37℃ 静置 20 min。

(3) 在 DNA 溶液中加入 DNA 上样缓冲液 10 μL,取出 50 μL 进行 2% 琼脂糖凝胶电泳,紫外凝胶成像仪拍照。

四、总结与讨论

对整个综合实验结果进行讨论,并作出总结。

实验 47　生物燃料酒精发酵大实验

酒精(乙醇)是一种应用广泛和用量大的有机化合物,在国防工业、医药工业、食品卫生、化学工业等行业都有广泛的用途。工业上酒精的生产通常可分为发酵法和合成法两种方式。化学合成酒精的成本较低,但合成酒精中常夹杂有异构化的高级醇类等物质,不适宜在饮料、食品、医药和香料等行业中使用,所以合成酒精尚不能完全取代发酵酒精的生产。在国际上,淀粉质原料、糖蜜、纤维素及半纤维素等均可作为酒精发酵的生产原料。近年来,以淀粉质原料发酵生产酒精逐渐减少,以糖蜜为原料发酵生产酒精逐渐增加。目前世界正面临能源危机和环境污染,发酵法生产乙醇由于原料来源于可再生的生物资源,所以乙醇就被视为可长期持续供应的清洁能源,燃料酒精发酵研究和产业化具有很大的战略意义和社会效益。使用乙醇或乙醇汽油作为汽油的替代品,不仅可以节省石油这种不可再生资源,还可降低污染排放 20% 以上。

本实验主要以木薯淀粉、甘蔗糖蜜为原料,采用游离酵母细胞和固定化酵母细胞发酵生产酒精。

以木薯淀粉为原料,首先利用双酶法水解制备糖化醪液,然后在所得醪液中加入活化好的游离酵母细胞或增殖培养的固定化酵母细胞,采用传统的间歇发酵工艺在无(缺)氧条件下进行发酵得到具有一定酒精浓度的发酵醪液,最后将发酵醪液蒸馏。实验中要测量糖化液中还原糖和总糖浓度以及发酵液酒精浓度并计算糖醇转化率。

游离酵母细胞发酵生产酒精工艺流程如下:

淀粉质原料 → 加水拌料 → 双酶法水解制糖 → 发酵 → 蒸馏 → 酒精
↑接种
耐高温酿酒活性干酵母 → 活化

固定化酵母细胞发酵生产酒精工艺流程如下:

淀粉质原料 → 加水拌料 → 双酶法水解制糖 → 发酵 → 蒸馏 → 酒精
↑接种
耐高温酿酒活性干酵母 → 活化 → 固定化细胞 → 细胞增殖

以甘蔗糖蜜为原料时,先对糖蜜进行预处理,再用游离酵母发酵生产酒精。工艺如下:

甘蔗糖蜜 → 加水稀释 → 糖蜜预处理 → 发酵 → 蒸馏 → 酒精
↑接种
耐高温酿酒活性干酵母 → 活化

实验 47(1)　固定化酵母细胞的制备和增殖培养

一、实验目的

了解固定化酶和固定化细胞的作用和原理;学习和掌握采用海藻酸钙包埋法制备固

定化酵母细胞的方法,并对固定化酵母细胞进行增殖培养。

二、实验原理

在微生物胞内酶的发酵生产和应用中,由于要进行细胞破碎和酶的分离纯化等操作,提取的酶往往活性和稳定性都大受影响。如果将微生物细胞固定化后,既避免了复杂的细胞破碎、提取和纯化过程,而且酶活性和稳定性也得到较大提高,更可以作为固体催化剂在多步酶促反应中应用并可进行连续操作。

固定化细胞技术就是将酶或细胞固定化的方法。微生物细胞固定化方法主要有三种基本类型:载体结合法、交联法和包埋法。其中包埋法是目前微生物细胞固定化技术中最为有效、常用的方法。固定化酵母克服了传统游离酵母发酵工艺中酵母与产品分离困难、易流失、影响产品质量等问题,且具有生长快、反应迅速、抗污染能力强、可连续使用、产物分离方便等优点,目前越来越广泛地应用于食品与发酵工业中。所谓包埋法是将微生物细胞均匀地包埋在多孔的水不溶性载体的紧密结构中,细胞中的酶处于活化状态,因而活性高、活力耐久。目前已广泛使用的多孔载体有 κ 角叉胶、胶原、琼脂糖、果胶、海藻酸盐、聚苯乙烯、二乙酸纤维素、环氧树脂、聚丙烯酰胺和聚亚胺酯等,其中以海藻酸盐、角叉胶和聚丙烯酰胺最为常用。本实验以海藻酸盐为例,介绍活性干酵母的固定化方法。

三、材料、仪器设备及试剂

1. 材料

安琪牌酿酒活性干酵母。

牛皮纸和棉绳,保鲜膜或保鲜袋,纱布。

2. 仪器设备

锥形瓶(150 mL,250 mL,500 mL,),烧杯(150 mL,250 mL),漏斗(60 mL),量筒(100 mL),剪刀,吸管(10 mL),铁架台(带铁圈)。

大容量恒温振荡器,恒温培养箱,电子天平,水浴锅,电磁炉,电炉。

3. 试剂

(1) 2% $CaCl_2$ 溶液:取 $CaCl_2$ 3.0 g,溶于 147 mL 蒸馏水中,配制成 2% 浓度的 $CaCl_2$ 溶液(可于实验前配制好,分装到 250 mL 锥形瓶中并灭菌)。

(2) 海藻酸钠,2% 蔗糖溶液,无菌水。

四、实验步骤

1. 酵母活化

称取活性干酵母 1.0 g,加入装有 30 mL 2% 蔗糖水的 150 mL 锥形瓶中摇匀后在 30℃ 恒温培养箱中复水活化 1～2 h,即可做酒母使用。

2. 增殖培养基的配制

增殖培养基配方(g/L):葡萄糖 5,蛋白胨 0.5,酵母膏 0.5,$MgSO_4 \cdot 7H_2O$ 0.1,

KH_2PO_4 0.1，配好后调节 pH 为 5.0。250 mL 锥形瓶中装液量为100 mL。包扎好后高温蒸汽灭菌。

3. 无菌水的准备

每瓶 300 mL，包扎好后同增殖培养基一起高温蒸汽灭菌。

4. 配制海藻酸钠的溶液

称取海藻酸钠 2.1 g，用 68 mL 蒸馏水加热溶解，配制成 3% 海藻酸钠溶液。配制海藻酸钠溶液时因为其本身比较难溶，需在电炉加热条件下溶解，并不断搅拌，使其成为均匀的胶体溶液，在加热沸腾过程中不断搅拌防止底部烧焦，注意补足蒸发的水。

5. 海藻酸钠-母菌悬液的制备

待海藻酸钠溶液降温至 30℃后，将 30 mL 活化酒母与 3% 海藻酸钠溶液充分混合均匀，制成海藻酸钠-酵母菌悬液。

6. 酵母细胞的固定化

将海藻酸钠-酵母菌悬液倒入漏斗装置（在 60 mL 漏斗尖口连接一段胶管，塞上一段大小合适的吸头，吸头口斜着截去一小块，使尖口适当增大，加快滴的速度），使悬液慢慢滴入 $CaCl_2$ 溶液中造粒，然后固化 3～4 h 使酵母充分固定化，备用。

7. 固定化酵母增殖培养

将固定化凝胶球用无菌水洗 2 次后，接种于增殖液中增殖培养。此过程酵母菌是需氧的，所以只用纱布封口便可，在 30℃，120 r/min 下摇床培养 24 h。

注意事项：在制作固定化颗粒时，漏斗尖口不能接近 $CaCl_2$ 溶液，应使下端尖口距离 $CaCl_2$ 溶液较远，加快固定颗粒成型，防止成团。

固定化酵母形状（见图 2-47-1）：

（1）正常为圆形凝胶珠，处于底部；

（2）处于中部的托尾凝胶珠，其原因在于，溶液太稀（酵母细胞浓度太低）或滴时吸头离氯化钙溶液的距离太近；

图 2-47-1　酵母固定化的形状

（3）漂浮的凝胶珠往往是由于混合不好，溶液中含有气泡。

五、实验结果与讨论

（1）固定化酵母细胞制作过程中应注意哪些问题？

（2）为什么要对固定化酵母细胞进行增殖培养？

实验 47(2)　甘蔗糖蜜预处理实验

一、实验目的

学习和掌握甘蔗糖蜜预处理的方法和操作过程。

二、实验原理

糖蜜,又称桔水,是甘蔗或甜菜糖厂的一种副产品,其含有较丰富的糖、含氮化合物和无机盐、维生素等,是微生物发酵工业物美价廉的原料。常用于酵母、酒精、丙酮丁醇、柠檬酸、谷氨酸等的发酵生产。

糖蜜(约 80～90 Bx)的成分一般为:糖分(30％～36％的蔗糖与 20％的转化糖),胶体物质(5％～12％),灰分(10％～12％)等。本实验以甘蔗糖蜜作为酒精发酵培养基,而原糖蜜里含有大量的灰分、胶体物质以及其他杂质,如在发酵前这些物质不被除去的话,会导致酒精发酵过程中出现酵母凝聚现象,使得发酵醪酒分降低,残糖升高,易感染杂菌,降低生产率和影响蒸馏操作,所以原糖蜜要经前处理后才能用于发酵。糖蜜发酵前预处理包括:稀释、酸化、灭菌、澄清、添加营养盐等过程。工业上常用的方法有:加酸通风沉淀法、加热加酸沉淀法和添加絮凝剂澄清处理法等。

原糖蜜先用水稀释至半稀糖蜜,然后加浓硫酸酸化,此时较低酸度起到杀菌、除灰、除胶体作用,沉淀后清糖蜜再用蒸馏水稀释到所需的稀浓度。另外,糖蜜发酵生产酒精过程中酵母的生长、繁殖需要添加合适配比的氮源、磷源,还要添加镁盐等营养盐。营养盐添加得过多过少,都会影响酵母的凝聚,而且过少还会使酵母处于营养不良的状态,进而使酵母变形,凝聚;氮源等营养盐添加过多会使酵母营养过剩,菌体繁殖过快,酵母老化快,也容易凝聚。但由于甘蔗原料和蔗糖工艺为甘蔗糖蜜带来了足够的磷源,所以本实验不需要添加磷源,只需添加氮源和镁盐。

三、材料、仪器设备与试剂

1. 材料

甘蔗糖蜜,安琪牌酿酒活性干酵母。

精密 pH 试纸(pH 2.7～4.7、3.8～5.4、0.5～5.0)。

2. 仪器设备

烧杯(250 mL),锥形瓶(250 mL),量筒(100 mL),可调电炉,石棉网,温度计(0～100℃),糖度计(0～30 Bx 和 30～60 Bx),玻璃棒等。

3. 试剂

浓硫酸(98％),NaOH(6 mol/L),硫酸铵,硫酸镁。

四、操作步骤

1. 原糖蜜的稀释

称取糖蜜 100 g 于 250 mL 的烧杯中,加入 50 mL 蒸馏水,搅拌均匀后,用 30～60 Bx 糖度计测其糖度并记录(稀释的糖蜜应在 50 Bx 左右)。此时稀释的糖蜜习惯称为半稀糖蜜。

2. 酸化、灭菌、澄清

半稀糖蜜边搅拌边滴加 98％的浓硫酸,调节 pH 到 3.0 左右,然后放置在有石棉网的电炉上加热,并不断搅拌,在 90～95℃保温 10 min。自然冷却后放置过夜(即静置约12 h)进行澄清处理。

3. 添加营养盐、调 pH

取上清液添加 0.10％～0.12％硫酸铵,0.04％～0.05％的硫酸镁(注:添加氮、镁源的用量以所用原糖蜜的质量来计算),搅拌使其溶解。然后加适量的水将其稀释至所需的糖度(25～35 Bx),再用 6 mol/L 的 NaOH 调 pH 至 4.5～5.0,作为酒精发酵 pH。调配好后量取 120 mL 加到 250 mL 锥形瓶中,作为糖蜜酒精发酵培养基。

五、结果分析与讨论

糖蜜预处理步骤中,稀释、酸化、灭菌、澄清、添加营养盐、调 pH 的目的分别是什么?

实验 47(3)　双酶法制备淀粉水解糖

一、实验目的

学习并掌握淀粉水解糖的制备原理及其制备工艺,了解双酶法制糖的操作工艺过程。掌握手持式折光仪测定糖含量的方法。

二、实验原理

工业生产上将淀粉水解为葡萄糖的过程称为淀粉的"糖化",所制得的糖液称为淀粉水解糖或糖化醪液。本实验采用双酶法糖化制备糖化醪液。糖化的目的是使淀粉在淀粉酶系的作用下水解为酵母能发酵的糖。糖化醪液中主要的糖类是葡萄糖。淀粉是由许多葡萄糖基团通过 α-1,4-糖苷键聚合而成或通过 α-1,6-糖苷键连接而成。α-淀粉酶(工业上称为液化酶)作用于淀粉时,可以从分子内部切开 α-1,4-糖苷键,产生糊精和还原糖。淀粉经 α-淀粉酶水解后,可迅速"液化"生成小分子糊精及少量葡萄糖和麦芽糖,再经糖化酶作用生成葡萄糖。淀粉水解速度主要与酶的用量、温度和 pH 有关。酶催化反应对适合的温度和 pH 要求很高。糖化醪液的含糖量可用手持式折光仪大致测定。测定原理如图 2-47-2 所示。

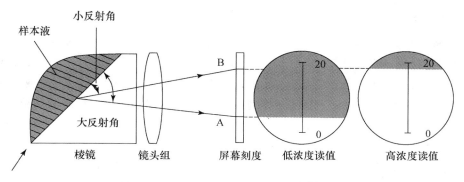

图 2-47-2　手持式折光仪测定含糖量的原理

手持式折光仪也称糖镜、手持式糖度计,该仪器的构造如图 2-47-3 所示。
通过手持式糖度计测含糖量,可快速了解淀粉水解制糖的进程。

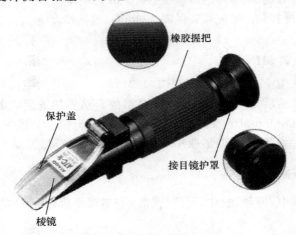

橡胶握把

保护盖

接目镜护罩

棱镜

图 2-47-3　手持式折光仪的构造

三、材料、仪器设备及试剂

1. 材料

木薯淀粉(100 g/组),耐高温 α-淀粉酶(广东环凯微生物科技有限公司,2000 U/g,适宜温度 60～85℃,pH 6.0～7.0),糖化酶(张家港市金源生物化工有限公司,10 万 U/g,58～60℃最佳,pH 4.0～4.2)。

2. 仪器设备

烧杯(500 mL),玻璃搅拌棒,精密 pH 试纸(pH 5.4～7.0、3.8～5.4),镜头纸,洗瓶,量筒(100 mL)。

可调电炉,红水温度计(0～100℃),手持糖量计(0～32%,0～80%),电子天平,恒温水浴锅。

3. 试剂

HCl(1 mol/L),NaOH(1 mol/L)。

四、操作步骤

(1) 将 100 g 木薯淀粉置于 500 mL 烧杯中,按 10 U/(g 淀粉)加入耐高温 α-淀粉酶 0.5 g,拌匀;接着以料水比 1∶3 加入 300 mL 蒸馏水,并加入 $CaCl_2$ 1.0 g;接着在电炉上或 90℃水浴中加热并不断搅拌,用 1 mol/L NaOH 或 HCl 调 pH 至 6.0;醪液 80℃左右维持 30 min,继续升温,在沸水浴中再蒸煮 30 min。注意用温度计测量醪液的温度以及开始时液面位置并随时补足由于水分的蒸发造成的液面降低。

(2) 降温,待醪液冷至 60℃,用 1 mol/L HCl 调节 pH 至 4.0～4.5,按 200 U/(g 淀粉)称取糖化酶 0.20 g 加入醪液中,搅拌均匀,60℃恒温水浴糖化 30 min 以上。然后将料液温度降至约 30℃,糖液 pH 调到 5.0 左右。用量筒测量糖化液总体积 $V_{糖总}$(mL)。各取 120 mL 糖化液于两个 250 mL 锥形瓶中作为游离酵母细胞和固定化酵母细胞发酵生产酒精的培养基,其余用于糖的定量分析。

（3）用手持糖量计在 20℃ 下测量糖化液的含糖量（图 2-47-4）。若温度不是 20℃,则进行温度修正。具体操作参见 WYT(0～32%)或 WYT(0～80%)手持糖量计说明书。

（1）打开保护盖　　　　（2）在菱镜上滴 1～2 滴样品液　　（3）盖上保护盖,水平对着光源,
　　　　　　　　　　　　　　　　　　　　　　　　　　　透过接目镜,读数

图 2-47-4　手持糖量计使用示意图

五、实验结果

记录手持糖量计测得的糖含量,参照说明书进行温度校正。如表中无测定时的温度,则可不进行校正。

六、思考题

（1）双酶水解制糖工艺中所选择的温度和 pH 的依据是什么？加入 $CaCl_2$ 有什么作用？

（2）目前常用的淀粉水解制糖的方法有哪几种？双酶法制糖的优缺点是什么？

（3）手持糖量计测定糖含量的原理是什么？使用时有哪些注意事项？

实验 47(4)　淀粉水解糖含量定量分析

一、实验目的

掌握还原糖和总糖的测定原理,复习用 3,5-二硝基水杨酸比色法测定还原糖的方法。

二、实验原理

3,5-二硝基水杨酸法（DNS 法）定糖原理:在 NaOH 和丙三醇存在下,3,5-二硝基水杨酸与还原糖共热后被还原生成氨基化合物。在过量的 NaOH 碱性溶液中此化合物呈橘红色,在 540 nm 波长处有最大吸收,在一定的浓度范围内,还原糖的量与光吸收值呈线性关系,利用比色法可测定样品中的含糖量。

三、材料、仪器设备及试剂

1. 材料

蓝色吸头盒,镜头纸。

2. 仪器设备

试管(18 mm×180 mm),小试管筐,铁夹,移液管(10 mL),锥形瓶(50 mL),容量瓶(250 mL),洗瓶,移液器(100~1000 μL),滴管,白瓷板,电磁炉,分光光度计。

3. 试剂

(1) 3,5-二硝基水杨酸(DNS)试剂:称取 DNS 6.5 g 溶于少量热蒸馏水中,溶解后移入 1000 mL 容量瓶中,加入 2 mol/L NaOH 溶液 325 mL,再加入 45 g 丙三醇,摇匀,冷却后定容至 1000 mL。

(2) 葡萄糖标准溶液(2.0 mg/mL):准确称取干燥恒重的葡萄糖 200 mg,加少量蒸馏水溶解后,以蒸馏水定容至 100 mL。

(3) HCl(6 mol/L):取浓 HCl(35%~38%)250 mL 用蒸馏水稀释到 500 mL。

(4) 碘-碘化钾溶液:称取碘 5 g,碘化钾 10 g 溶于 100 mL 蒸馏水中。

(5) NaOH(6 mol/L):称取 NaOH 120 g 溶于 500 mL 蒸馏水中。

(6) 1%或 0.1% 酚酞指示剂。

四、操作步骤

1. 葡萄糖标准曲线制作

取 12 支 18 mm×180 mm 试管,按表 2-47-1 加入 2.0 mg/mL 葡萄糖标准液和蒸馏水。

表 2-47-1　葡萄糖标准曲线的配制

管　号	葡萄糖标准液/mL	蒸馏水/mL	葡萄糖含量/$(mg \cdot mL^{-1})$	A_{540}
1,2	0	1	0	
3,4	0.2	0.8	0.4	
5,6	0.4	0.6	0.8	
7,8	0.6	0.4	1.2	
9,10	0.8	0.2	1.6	
11,12	1	0	2.0	

在上述试管中分别加入 DNS 试剂 2.0 mL,于沸水浴中加热 2 min 进行显色,取出后用流动水迅速冷却,各加入蒸馏水 9.0 mL,摇匀,在 540 nm 波长处测定 A_{540}。以葡萄糖含量(mg/mL)为横坐标,吸光度为纵坐标,绘制标准曲线。

2. 糖化液中含糖量的测定

在测糖化液的还原糖含量之前,先做预实验确定合适的稀释倍数(稀释倍数参考值:500 倍),再取稀释液 1 mL 测定。

在测糖化液总糖之前,要先将糖化液中非还原糖完全水解成还原糖。做法是取 0.5 mL糖化液于 50 mL 锥形瓶中,加入一定量的硫酸或盐酸(参考值:6 mol/L HCl 5 mL,蒸馏水 8 mL),置于沸水浴中加热 0.5 h。取出 1~2 滴置于白瓷板上,加 1 滴碘-碘化钾溶液检查水解是否完全。如已水解完全,则不呈现蓝色。水解毕,冷却至室温后加入 1 滴酚酞指示剂,以 6 mol/L NaOH 溶液中和至溶液呈微红色,定容到 250 mL,即为稀释 500 倍的总糖水解液,取 1 mL 用于总糖测定。

取 6 支 18 mm×180 mm 试管，分别按表 2-47-2 加入试剂：

图 2-47-2　还原糖和总糖浓度测定

试　剂	空　白		还原糖		总　糖	
	1	2	3	4	5	6
样品溶液/mL	0	0	1	1	1	1
DNS 试剂/mL	2	2	2	2	2	2
蒸馏水/mL	1	1	0	0	0	0

加完试剂后，于沸水浴中加热 2 min 进行显色，取出后用流动水迅速冷却，各加入蒸馏水 9.0 mL，摇匀，在 540 nm 波长处测定 A_{540}。扣除空白后，分别将还原糖和总糖的实际光吸收平均值代入标准方程求出相应的糖含量，糖含量乘以稀释倍数则为糖化液中还原糖和总糖的浓度。

五、实验结果

用 Excel 绘制葡萄糖标准曲线，显示方程和 R^2。

六、思考题

计算糖化液中还原糖和总糖的浓度，并与手持糖量计测定结果进行比较。分析影响双酶法制糖的因素有哪些？

实验 47(5)　游离酵母细胞和固定化酵母细胞发酵生产酒精

一、实验目的

学习和掌握酵母菌发酵糖产生酒精的方法，熟悉游离酵母细胞和固定化酵母细胞酒精生产过程和主要的工艺条件。

二、实验原理

在工业酒精和各种酒类的生产中，酒精发酵作用主要是由酵母菌完成的。酵母菌通过 EMP 途径分解己糖（如葡萄糖）生成丙酮酸，在厌氧条件和微酸性条件下，丙酮酸再由丙酮酸脱羧酶催化脱羧生成乙醛，并放出二氧化碳，所生成的乙醛在乙醇脱氢酶作用下成为受氢体，被还原生成乙醇。

三、材料、仪器设备及试剂

1. 材料

安琪牌酿酒活性干酵母。
牛皮纸和棉绳，保鲜膜或保鲜袋，纱布，剪刀。

2. 仪器设备

恒温培养箱，电子天平，吸管（10 mL），水浴锅，锥形瓶（150 mL）。

3. 试剂

2%蔗糖溶液。

四、操作步骤

1. 酵母活化

称取活性干酵母 2.0 g,加入装有 2%蔗糖水 60 mL 的 150 mL 锥形瓶中摇匀,然后在 30℃恒温培养箱中复水活化 1～2 h,即可做酒母使用。

2. 游离酵母细胞酒精发酵

分别将 30 mL 活化酒母接种于装有 120 mL 的淀粉糖化醪液和装有 120 mL 的甘蔗糖蜜酒精发酵培养基的锥形瓶中,然后盖上一块 10 层纱布(规格:12 cm×12 cm),纱布上再蒙上一层塑料薄膜,用绳扎好,然后在塑料薄膜上用棉签轻轻扎 5～6 个小眼。将接种后的锥形瓶放入恒温培养箱,30℃下发酵约 48 或 72 h。

3. 固定化酵母细胞酒精发酵

增殖培养好的固定化酵母细胞用无菌水冲洗 3 次,接种于一瓶装有 120 mL 的淀粉糖化醪液中,然后盖上一块 10 层纱布(规格:12 cm×12 cm),纱布上再蒙上一层塑料薄膜,用绳扎好,然后在塑料薄膜上用棉签轻轻扎 5～6 个小眼。将锥形瓶置于恒温培养箱中,30℃下发酵约 48 h。在发酵过程中注意观察,能够看到细小的气泡从固定化颗粒周围冒出。

五、实验结果

培养过程中注意观察锥形瓶中游离酵母细胞酒精发酵情况,对现象进行简单描述。
培养过程中注意观察锥形瓶中固定化酵母细胞酒精发酵情况,对现象进行简单描述。

六、思考题

(1) 在用酵母菌进行酒精发酵时,为什么必须将发酵液控制在微酸性条件下?
(2) 为什么要在纱布上蒙上一层塑料薄膜,并在塑料薄膜上用针尖轻轻扎几个小眼?

实验 47(6)　酒精蒸馏与酒精发酵液产物分析

一、实验目的

学习和掌握酒精蒸馏和发酵液产物分析及质量控制的方法,分析影响糖醇转化率的因素并能从原理上理解分析转化率的变化。

二、实验原理

发酵成熟醪进入蒸馏之前,对酸度、外观糖度、残余还原糖、残余总糖、酒精含量、挥发酸等项目进行分析,这些项目是反应发酵成熟醪质量水平的主要指标,能够正确反映生产的实际情况,对加强工艺管理、提高生产效率起着极其重要的作用。

酒精蒸馏原理：液体化合物受热时蒸气压随温度升高而不断加大，当蒸气压与外界大气压相等时，就会有大量气泡不断从液体内部逸出，液体开始沸腾，这时液体的温度就是该化合物的沸点。蒸馏就是将液体混合物加热至沸腾，使其气化，然后将其蒸汽冷凝为液体的过程。蒸馏是一种用来分离沸点相差较大的液体混合物的常用方法。酒精发酵醪中有大量的水及 10° 左右的乙醇，将其进行蒸馏时，沸点较低的乙醇会先汽化而蒸馏出来。

酒精度是指在 20℃ 时，酒精水溶液中所含乙醇的体积分数，以％表示。酒精度利用酒精计进行测定，同时校正为 20℃ 时的酒精体积分数。

酸度的定义是指 10 mL 发酵醪消耗 0.1 mol/L NaOH 溶液的毫升数。酸度利用酸碱中和法测定。

三、材料、仪器设备及试剂

1. 材料

发酵醪。

2. 仪器设备

电炉（带石棉网），蒸馏装置（每套包括 500 mL 平底蒸馏瓶、400 mm 球形冷凝管、弯头和尾接头、胶管 6 m），量筒（100 mL），锥形瓶（150 mL），铁架台（带夹子），酒精比重计（0～50％），碱式滴定管（10 mL），滴定管架。

3. 试剂

0.1％酚酞指示剂，NaOH 标准溶液（0.1 mol/L）。

四、操作步骤

（1）掀开锥形瓶纱布后，嗅闻有无酒精气味。用量筒测量发酵醪的总体积 $V_{发总}$（mL）。

（2）酸度的测量。吸取发酵醪 1 mL 于 150 mL 锥形瓶中，加入 10 mL 蒸馏水（以蒸馏水做空白试验减去误差）和 0.1％酚酞指示剂两滴，用 0.1 mol/L NaOH 溶液滴定。以消耗碱的体积（mL）乘以 10 即为酸度。

（3）发酵液中酒精含量的测定。取发酵醪 100 mL 放入 500 mL 平底烧瓶中（瓶内加几颗小玻璃珠），再加入蒸馏水 100 mL，接上冷凝管，在电炉上加热蒸馏，蒸出蒸气冷凝后滴入 100 mL 量筒或 250 mL 锥形瓶中。当蒸出液近 100 mL 时（注意不要超过 100 mL），关闭电炉，用水将液体体积补足至 100 mL，20℃ 下用酒度计直接读出酒精度。若温度不是 20℃，查酒精度-温度更正表，记下酒精度。（说明：蒸馏过程中乙醇蒸气的逃逸会严重影响测定结果的准确性，因此蒸馏前必须仔细检查仪器各连接处是否严密。）

五、实验结果

葡萄糖发酵生成乙醇的反应式：

$$C_6H_{12}O_6 \longrightarrow 2C_2H_5OH + 2CO_2$$

由于淀粉糖化液中几乎都是可发酵性糖，可按上式算出糖醇转化的理论值（即糖发酵率），即

$$糖发酵率 = \frac{实际发酵所得酒精量}{糖化液中还原糖理论上发酵应得酒精量} \times 100\%$$

酒精对糖或对淀粉的转化率是衡量酒精生产水平的一项重要指标,直接影响生产成本。它与酵母的活性及用量、发酵时间、温度、pH 及是否染上杂菌等许多因素有关,由于本实验没有最终获得酒精产品,所以,仅根据发酵醪体积和酒精含量估算转化率,即

$$淀粉出酒率 = \frac{发酵生产出的酒精总量}{商品淀粉中的纯淀粉量} \times 100\%$$

$$淀粉利用率 = \frac{发酵生产出的酒精总量}{淀粉出酒理论上应得到的酒精量} \times 100\%$$

上式中,发酵生产出的酒精总含量可根据发酵醪体积和酒精含量估算;一般商品淀粉中纯淀粉含量为 81.12%;以 400 g 商品淀粉发酵生产酒精,理论上应得到的酒精量,最后计算约为 184 g。

六、思考题

(1) 根据 DNS 法测量的淀粉还原糖浓度和发酵液酒精浓度,计算以木薯淀粉为原料进行酒精发酵的糖醇转化率(即糖发酵率)、淀粉出酒率和淀粉利用率。

(2) 什么是巴斯德效应?如何利用其指导酒精发酵?

(3) 酒精发酵液产物分析后,对比游离酵母细胞和固定化酵母细胞发酵生产酒精的实验结果,并对结果进行分析讨论。

(4) 将甘蔗糖蜜酒精发酵的结果与淀粉质原料酒精发酵的结果进行比较分析。

实验 48 米曲霉固态培养生产中性蛋白酶及产物分离纯化初步研究

一、实验目的

(1) 通过锥形瓶固态培养米曲霉,使学生掌握固态培养微生物的原理和技术,学会对微生物工艺条件进行初步的实验设计,掌握中性蛋白酶活性的分析方法。

(2) 通过双水相萃取或柱层析等方法对米曲霉中性蛋白酶进行分离纯化,掌握基本生物活性物质分离纯化的方法以及如何评价分离纯化效果。

二、实验原理

固态培养微生物是我国传统发酵工业的特色之一,具有悠久的历史,在白酒、黄酒、酱油、酱类等生产领域中广泛应用。固态培养微生物主要用于霉菌的培养,但细菌和酵母菌也可采用此法。其主要优点是节能,无废水污染,单位体积的生产效率较高。实验室固态培养主要采用锥形瓶或茄子瓶培养。固态培养方法主要有散曲法和块曲法,酱油米曲霉培养属散曲法。本实验所用的米曲霉(*Aspergillus oryzae*)属曲霉菌(*Aspergillus*),菌落初为白色、黄色,继而变为黄褐色或淡绿褐色,背面无色。

米曲霉产生的酶系有蛋白酶、淀粉酶、肽酶、谷氨酰胺酶、纤维分解酶和其他酶类。它

们在酱油酿制中都有不同的作用。蛋白酶又分碱性、中性和酸性，它们的最适 pH 分别为 9.5、7.2 和 3.5。这三种蛋白酶具有特殊的作用。

蛋白酶的活力测定方法以福林-酚法使用最广。福林-酚法测定蛋白酶活力的原理：根据福林试剂(磷钼酸与磷钨酸混合物)，在碱性情况下极不稳定，可被酚类化合物还原生成蓝色物质(钼蓝和钨蓝的混合物)。由于蛋白质分子中含有酚基的氨基酸(如酪氨酸、色氨酸及苯丙氨酸等)，它使蛋白质或其水解产物也呈现相同的反应，于是利用该原理可测定蛋白酶活力的强弱。整个测定过程为：以酪蛋白为作用底物，在一定 pH 与温度下，同酶液反应，经一定时间后，加入三氯乙酸，以终止酶反应，并使残余的酪蛋白沉淀，同水解产物分开，经过滤后取滤液(即含蛋白水解产物的三氯乙酸液)。将滤液用碳酸钠碱化，再加入福林试剂使之发色，用分光光度计测定吸光值。反应的强弱与三氯乙酸中蛋白水解产物的多少成正比，而水解产物的量与酶活力成正比例关系。因此，根据蓝色反应的强弱就可推测蛋白酶的活力。

为了评价分离纯化的效果，需要测定分离前后蛋白质含量和酶活力，采用的方法分别为考马斯亮蓝 G-250 染色法测定蛋白质含量和紫外分光光度法测定中性蛋白酶活力。

考马斯亮蓝 G-250(Coomassie brilliant blue G-250)测定蛋白质含量属于染料结合法的一种。考马斯亮蓝 G-250 在游离状态下呈红色，最大光吸收在 465 nm；当它与蛋白质结合后变为蓝色，蛋白质-色素结合物在 595 nm 波长下有最大光吸收。其吸光度与蛋白质含量成正比，因此可用于蛋白质的定量测定。蛋白质与考马斯亮蓝 G-250 结合在 2 min 左右的时间内达到平衡，完成反应十分迅速；其结合物在室温下 1 h 内保持稳定。该法是 1976 年 Bradford 建立，试剂配制简单，操作简便快捷，反应非常灵敏，灵敏度比 Lowry 法还高 4 倍，可测定微克级蛋白质含量，测定蛋白质浓度范围为 0~1000 μg/mL，是一种常用的微量蛋白质快速测定方法。

此方法干扰物少，研究表明：$NaCl$、KCl、$MgCl_2$、乙醇、$(NH_4)_2SO_4$ 不干扰测定。强碱性缓冲剂在测定中有一些颜色干扰，可以通过适当的缓冲液对照扣除其影响。Tris、乙酸、α-巯基乙醇、蔗糖、甘油、EDTA、微量的去污剂(如 Triton X-100，SDS)和玻璃去污剂均有少量颜色干扰，用适当的缓冲液对照很容易除掉。但是，大量去污剂的存在对颜色影响太大而不易消除。由于考马斯亮蓝 G-250 染色法简单、迅速、干扰物质少、灵敏度高，现已广泛应用于蛋白质含量测定。

紫外分光光度法测定中性蛋白酶活力原理：酶活性用底物蛋白质分解产物的增加值表示。蛋白质或多肽在 275 nm 具有最大吸收值，利用酶同酪蛋白底物反应前后在三氯乙酸中可溶物的紫外吸收增加值，则可表示酶活性的强弱。紫外分光光度法在双水相萃取法分离米曲霉中性蛋白酶研究中使用。该法步骤比福林-酚法简便，但灵敏度仅及后者的 1/10。

三、材料、仪器设备及试剂

1. 材料

实验室保藏的米曲霉菌种。

2. 仪器设备

涡轮混合器，灭菌锅，恒温培养箱，负压式超净工作台，水浴锅，UV-2000 型分光光度计,移液器(9100～1000 μL),石英比色皿,冰箱,烘箱等。

试管及试管架,移液管(0.1 mL,5 mL),锥形瓶(250 mL),烧杯(250 mL),研钵,玻璃漏斗,滤纸(6 cm,15 cm),铁架台,试管(ϕ18 mm×180 mm),试管(ϕ15 mm×100 mm),刻度试管(20 mL,25 mL),烧杯(1000 mL),量筒(20 mL,100 mL),蓝色吸头盒及蓝色吸头(1 mL)等。

3. 试剂

(1) 试管斜面培养基:马铃薯葡萄糖琼脂培养基(简称 PDA 培养基)。

(2) 米曲霉锥形瓶培养基制备:可提供的原料有麸皮,面粉,豆粕粉,花生粕粉,葡萄糖,可溶性淀粉,水等;装料厚度:约 1 cm;灭菌:121℃,30～60 min。

(3) 0.4 mol/L 的三氯乙酸(TCA)溶液:称取三氯乙酸 65.4 g,定容至 1000 mL。

(4) 0.4 mol/L 的 Na_2CO_3 溶液:称取 Na_2CO_3 42.4 g,定容至 1000 mL。

(5) 0.1 mol/L 磷酸缓冲液(pH 7.2):取 A 液 28 mL 和 B 液 72 mL,用蒸馏水稀释 1 倍,即为 0.1 mol/L pH 7.2 的磷酸缓冲液。

A 液:称取磷酸二氢钠($NaH_2PO_4 \cdot 2H_2O$)31.2 g,定容至 1000 mL,成 0.2 mol/L 溶液;

B 液:称取磷酸氢二钠($Na_2HPO_4 \cdot 12H_2O$)71.63 g,定容至 1000 mL,成 0.2 mol/L 溶液。

(6) 2％酪蛋白溶液:称取干酪素 2 g,加入 0.1 mol/L NaOH 20 mL,在水浴中加热使溶解(必要时用小火加热煮沸),然后用 pH 7.2 的磷酸缓冲液定容至 100 mL 即成。配制后应及时使用或放入冰箱内保存。否则极易繁殖细菌,导致变质。(实验前提前 1～2 天配。)

(7) 100 μg/mL 酪氨酸溶液:精确称取在 105℃烘箱中烘至恒重的酪氨酸 0.1 g,逐步加入 0.1 mol/L 盐酸使溶解,加蒸馏水定容至 100 mL,其浓度为 1000 μg/mL。再吸取此液 10 mL,以蒸馏水定容至 100 mL,即配成 100 μg/mL 酪氨酸溶液。此溶液配制后应及时使用或放入冰箱内保存,以免繁殖细菌而变质。(实验前提前 1～2 天配。)

(8) 福林-酚试剂:置于棕色瓶中保存,需现配现用。取购买的福林-酚试剂,按 1：2 (V/V)加蒸馏水配制而成。(实验前提前 1～2 天配。)

(9) 考马斯亮蓝试剂:考马斯亮蓝 G-250 100 mg 溶于 50 mL 95％乙醇中,加入 85％磷酸 100 mL,用蒸馏水稀释至 1000 mL,滤纸过滤。最终试剂中含 0.01％(m/V)考马斯亮蓝 G-250,4.7％(m/V)乙醇。此溶液在常温下可放置 1 个月。

(10) 牛血清白蛋白标准溶液的配制:准确称取牛血清白蛋白 100 mg,溶于 100 mL 蒸馏水中,即为 1000 μg/mL (即 1 mg/mL)的原液。

(11) 聚乙二醇 1000,$(NH_4)_2SO_4$,$MgSO_4$ 等。

四、操作步骤

1. 过程

实验室保藏的米曲霉菌种→接种 PDA 斜面,30℃恒温培养 3～4 天→将斜面菌种用无菌水制成孢子悬液→吸取一定量的孢子悬液接种到固态培养基(250 mL 锥形瓶装)中→30℃恒温培养 3～4 天成曲(每培养 1 天摇瓶 2 次)→米曲霉培养物提取制得粗酶液→

取粗酶制液进行蛋白酶活力的测定→结果与分析。

注：实验小组可以根据参考文献自行设计固态培养基的配方。选取活性高的粗酶液进行分离纯化研究。

查文献，根据实验室提供的条件设计实验方案，写出详细的实验步骤，提交方案给指导老师，讨论并修改→确定最后实验步骤，配制所需的实验试剂→进行米曲霉中性蛋白酶分离纯化研究；数据处理，结果分析与讨论→小组汇报。

2. 米曲霉蛋白酶活力的测定方法

（1）标准曲线的绘制：按表 2-48-1 配制各种不同浓度的酪氨酸溶液：

表 2-48-1　不同浓度酪氨酸溶液的配制

试剂/mL	试管编号					
	1	2	3	4	5	6
蒸馏水	10	8	6	4	2	0
100 μg/mL 酪氨酸溶液	0	2	4	6	8	10
酪氨酸最终溶液/($\mu g \cdot mL^{-1}$)	0	20	40	60	80	100

另取 18 支试管分别吸取不同浓度的酪氨酸 1 mL（每个浓度测 3 管，同时测），各加入 0.4 mol/L 的碳酸钠溶液 5 mL，再加入已稀释的福林-酚试剂 1 mL，摇匀置于水浴锅中，40℃保温发色 20 min，用分光光度计测定 A_{660}。扣除 1 号空白试验则得不同浓度下实际的 A_{660}。以实际 A_{660} 为纵坐标，酪氨酸溶液的浓度为横坐标，绘制成标准曲线。

（2）成曲酶活力测定：

① 成曲水分含量的测定。精确称取一定量充分研细的成曲于称量瓶中，置于 105℃干燥箱中烘至恒重（大约需 2 h），取出冷却后准确称量，计算出水分含量。

② 称取一定量充分研细的成曲，按加水比 1：20 加入蒸馏水，40℃水浴并间断搅拌 1 h，滤纸过滤，滤液即为粗酶液，用 0.1 mol/L pH 7.2 的磷酸缓冲液稀释一定的倍数后测酶活力。（稀释参考倍数：约 10 倍。）

③ 蛋白酶活力的测定。每份粗酶液取 ϕ15 mm×100 mm 试管 3 支，编号，每管先加入稀释的粗酶液 1 mL，40℃水浴中预热 2 min，再加入同样预热的酪蛋白 1 mL，精确保温 10 min。时间到后，各管立即加入 0.4 mol/L 的三氯乙酸 2 mL，以终止反应，继续置于水浴中保温 20 min，使残余蛋白质沉淀后过滤收集滤液于小试管中。另取 ϕ15 mm×150 mm 试管 3 支，编号，每管内加入滤液 1 mL，再加入 0.4 mol/L 的 Na_2CO_3 5 mL，已稀释的福林-酚试剂 1 mL，摇匀，40℃保温发色 20 min，用分光光度计测定 A_{660}。

空白试验也取试管 3 支，编号，测定方法同上，唯在加酪蛋白之前先加 0.4 mol/L 的三氯乙酸 2 mL，使酶失活，40℃保温 20 min 后再加入 1 mL 酪蛋白精确保温 10 min。

$$实际 A_{660}=样品的平均 A_{660}-空白的平均 A_{660}$$

（3）计算：

在 40℃下，每分钟（min）水解酪蛋白产生 1 μg 酪氨酸，定义为一个蛋白酶活力单位（U）。

$$样品蛋白酶活力单位（U/g 干基）=\frac{4VnA}{10m(1-W)}$$

式中，A：由样品测定吸光值查标准曲线得到的酪氨酸微克数，μg；V：粗酶液的体积，

mL;4：反应液体积；n：酶液稀释倍数；10：反应 10 min；W：样品水分含量，%；m：称取成曲的质量，g。

3. 考马斯亮蓝 G-250 染色法测定蛋白质含量

（1）标准曲线制作。取 12 支干净的 10 mL 具塞试管，分两组按表 2-48-2 平行操作。塞上塞子后，将各试管中溶液颠倒混合，放置 2 min 后用 1 cm 光径的比色杯在 595 nm 波长下比色，记录各管测定的吸收值 A_{595}，并做标准曲线。

表 2-48-2　0～100 μg/mL 标准曲线制作

试管编号	0	1	2	3	4	5
标准蛋白含量/μg	0	20	40	60	80	100
1 mg/mL 标准蛋白溶液/mL	0	0.02	0.04	0.06	0.08	0.10
蒸馏水/mL	1.00	0.98	0.96	0.94	0.92	0.90
考马斯亮蓝试剂/mL			5			
摇匀，1 h 内以 0 号试管为空白对照，在 595 nm 处比色						
A_{595}						

以 A_{595} 为纵坐标，标准蛋白含量为横坐标，绘制标准曲线。

（2）未知样品蛋白质浓度的测定。具体操作如下：取 4 支 10 mL 具塞试管，其中 2 支试管中分别吸取已用蒸馏水稀释合适倍数[①]待测蛋白液 1 mL，再加入 5 mL 考马斯亮蓝 G-250试剂，充分混合，放置 2 min 后用 1 cm 光径比色杯在 595 nm 下比色，记录 A_{595}。另 2 支试管做空白对照。注意：在测定双水相萃取蛋白酶上相或下相蛋白时，空白对照是 1 mL 稀释合适倍数不加酶液的双水相体系的上相或下相 ＋ 5 mL 考马斯亮蓝 G-250 试剂。粗酶液蛋白测定的空白对照为 1 mL 蒸馏水 ＋ 5 mL 考马斯亮蓝 G-250 试剂。

实际的 A_{595} ＝测定样液的 A_{595} 平均值－空白对照 A_{595} 平均值

实际的 A_{595} 控制在 0.1～0.5 之间为好。

根据实际的 A_{595} 值，在标准曲线上查出其相当于标准蛋白的量（μg），再乘以稀释倍数，从而计算出未知样品的蛋白质浓度（mg/mL）。

注意事项：

① 如果测定要求很严格，可以在试剂加入后的 5～20 min 内测定光吸收，因为在这段时间内颜色最稳定。

② 蛋白-染料复合物与石英比色皿可以产生强烈的结合，建议使用玻璃或塑料比色皿。测定中，蛋白-染料复合物仍会有少部分吸附于比色杯壁上，但此复合物的吸附量可以忽略。测定完后可用乙醇将蓝色的比色杯洗干净。

③ 制作标准曲线及测定样品时，要将各试管中溶液纵向倒转混合，其目的是使反应充分，并且使整个反应液均一，否则在比色测定时，结果会有较大偏差，使标准曲线的制作不标准，后续的测定结果不可靠。

④ 玻璃仪器要洗涤干净，干燥，避免温度变化。

⑤ 取量要准确。

⑥ 应按蛋白的浓度由低到高的顺序进行测定，测定过程连续进行，不要用蒸馏水清

① 粗酶液稀释参考倍数：10 倍；双水相体系的上或下相的稀释参考倍数：2～3 倍。

洗比色皿,因为水质会影响测定结果。用待测液润洗即可。

4. 紫外分光光度法测中性蛋白酶活力

（1）粗酶液或双水相萃取的上下相分别用 0.1 mol/L 磷酸缓冲液（pH 7.2）稀释一定的倍数后测酶活力。（粗酶液稀释参考倍数：10～20 倍；双水相萃取的上或下相稀释参考倍数：2～3 倍。）

（2）酶活力测定。取 1 mL 稀释样液于 40℃ 预热 2 min,再加入 40℃ 预热的 2% 酪蛋白 2 mL,精确保温 10 min。再加入 0.4 mol/L 三氯乙酸 3 mL 终止反应（空白对照先加 TCA,后加底物酪蛋白）。继续置于水浴中保温 20 min,使残余蛋白质沉淀后过滤收集滤液于小试管中,用紫外分光光度计测滤液 A_{275}。注意：比色皿用石英比色皿,不能用玻璃比色皿。

（3）计算。在 40℃,pH 7.2 条件下,每分钟水解酪蛋白释放出的三氯乙酸可溶物使 A_{275} 变化 0.01 定义为 1 个酶活力单位 U。

$$样液中性蛋白酶活力（U/mL）=\frac{样液的平均 A_{275}-空白对照的平均 A_{275}}{0.01\times10}\times稀释倍数$$

$$样液中性蛋白酶总酶活（U）=样液蛋白酶活力（U/mL）\times样液体积（mL）$$

$$样液中性蛋白酶比活力（U/mg）=\frac{样液蛋白酶总酶活}{样液总蛋白}$$

五、结果和讨论

根据实验数据计算结果,根据结果分析固态培养基配方对米曲霉产中性蛋白酶的影响,比较不同分离纯化方法对中性蛋白酶的分离效果。要求分析讨论有一定的深度。

实验 49　淀粉酶基因工程菌的构建及上罐流加发酵

耐高温 α-淀粉酶能分解淀粉（天然底物通常是 α-1,4 糖苷键）,产物为糊精、低聚糖和单糖类。近几年来,该酶的研究相当活跃,其具有：① 高温下具有最适酶活反应温度,节约或不用冷却水；② 降低淀粉醪黏度,减少输送时的动力消耗；③ 杂菌污染机会少；④ 热稳定性好,对钙离子的需求少等优点。因此,在许多生产领域,特别是酶法生产葡萄糖及果葡糖浆、酒精及味精等生产中,耐高温 α-淀粉酶正逐步取代常温 α-淀粉酶。目前工业化生产所使用的菌株大多是由野生菌株出发经多次诱变的突变株,但在诱变育种中发现了平台效应,进一步提高酶活性及改善生产条件受到了限制,分子生物学的发展为以上问题的解决开辟了一条新途径。地衣芽孢杆菌（*Bacillus licheniformis*）是产生具有重要工业生产价值的耐高温 α-淀粉酶（α-amyLase）的优良菌株。

本次生物工程综合大实验以地衣芽孢杆菌为出发菌株,在提取地衣芽孢杆菌基因组 DNA 基础上,通过 PCR 方法克隆耐高温 α-淀粉酶基因,并将目的基因在大肠杆菌细胞中表达,从而获得产耐高温 α-淀粉酶的基因工程菌,最后对此基因工程菌进行了摇床培养和上罐发酵。

综合大实验分上、下两部分：上半部分为地衣芽孢杆菌淀粉酶基因的克隆及在大肠杆菌中的表达；下半部分为淀粉酶基因工程菌上罐流加发酵实验。

上半部分技术路线如下：

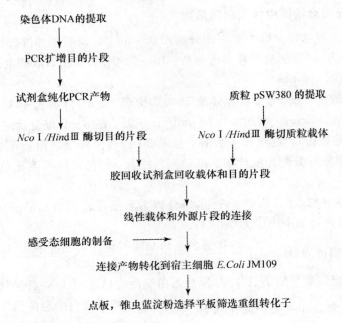

下半部分技术路线如下：

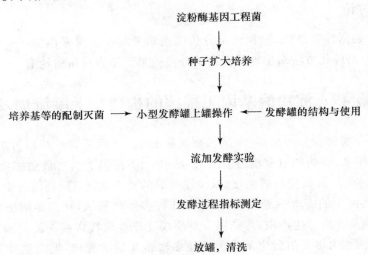

实验 49(1)　地衣芽孢杆菌染色体 DNA 的提取

一、实验目的

通过对革兰氏阳性细菌地衣芽孢杆菌 *Bacillus licheniformis* 的染色体 DNA 的提取、苯酚-氯仿抽提纯化、电泳检查三个步骤的实验使学生掌握提取染色体 DNA 的技术和整个操作。

二、实验原理

首先通过碱裂解法和石英砂作用将革兰氏阳性细菌细胞壁破坏,使原核生物的染色体 DNA 释放到缓冲液中。其次根据染色体 DNA 与其他大分子的带电性以及性状差异,使大部分杂质沉淀并离心去除。最后用乙醇将染色体 DNA 沉淀下来。

三、材料、仪器设备及试剂

1. 材料

过夜培养的地衣芽孢杆菌液体培养物。

2. 仪器设备及耗材

微量移液器,离心机,涡旋振荡器;EP 管,Tip 头,制胶板,水平电泳槽,电泳仪,水浴锅,摇床,培养箱。

3. 试剂

(1) 培养地衣芽孢杆菌用培养基(1000 mL):蛋白胨 10.0 g;酵母粉 5.0 g;NaCl 5.0 g;葡萄糖 10.0 g,蒸馏水 1000 mL;调 pH 至 7.0。20 min 高压蒸汽灭菌。

(2) $1 \times$ TE(超纯水配制):10 mmol/L Tris-HCl(pH 8.0),10 mmol/L EDTA(pH 8.0)。

(3) TE 缓冲液:50 mmol/L Tris-HCl(pH 8.0),10 mmol/L EDTA(pH 8.0)。

(4) 破菌缓冲液:2%(V/V) TritonX-100,1%(m/V) SDS,100 mmol/L NaCl,10 mmol/L Tris-HCl,1 mmol/L EDTA。

(5) 超纯水,无水乙醇,75%乙醇,Tris 饱和酚,氯仿,石英砂。

四、操作步骤

将 1.5 mL 过夜培养物转移到 EP 管中,室温 10 000 r/min 离心 3 min

↓

倾掉上清液,用 500 μL 双蒸水重悬菌体,室温下离心 5 s,倾掉上清液

↓

在涡旋器上快速振荡,细胞用 200 μL 破菌缓冲液重悬,加 0.3 g 石英砂及 200 μL 苯酚-氯仿,高速振荡 3 min

↓

加 TE 缓冲液 200 μL,快速振荡,8000 r/min 离心 10 min

↓

室温下将水相转移到一干净的 EP 管中,加入 RNase 5 μL,37℃水浴 20 min

↓

加入等体积的苯酚-氯仿,混匀,8000 r/min 离心 10 min,小心吸取上层水相

↓

用等体积氯仿抽提一次,小心吸取上层水相

↓

加入 2 倍体积预冷的无水乙醇,混匀

↓

12 000 r/min 离心 10 min

↓

沉淀用 75％的乙醇洗 1 次,12 000 r/min 离心 10 min

↓

沉淀自然干燥后,溶于 20 μL TE 缓冲液中

↓

取出 10 μL 用于电泳检查

五、注意事项

(1) 有机溶剂的操作必须在通风橱中进行。

(2) 带有有机溶剂溶液的离心转速限定在 10 000 r/min 以下。

(3) 吸取上清液时不要吸入沉淀。

(4) 必须等 DNA 完全干透才能加 TE 缓冲液溶解。

六、思考题

(1) 何谓细菌的染色体 DNA? 提取染色体 DNA 一般的用途是什么?

(2) 革兰氏阴性细菌和革兰氏阳性细菌细胞壁有何不同?

(3) 本次实验没有做好的主要原因是什么?

实验 49(2)　　DNA 琼脂糖凝胶电泳

一、实验目的

(1) 通过制胶、跑胶、染色三个步骤的实验使学生掌握分离和纯化 DNA 的最常用技术——琼脂糖凝胶电泳的操作。

(2) 掌握通过溴化乙锭(EB)染色观察 DNA 的操作。

二、实验原理

琼脂糖是线状高聚物,当融化后再凝固就会形成具有分子筛作用的凝胶。当 DNA 样品加入该介质并置于电场中时,带负电的 DNA 分子就可以在介质中向阳极移动,根据 DNA 分子的大小以及形状的不同,在相同的时间内移动的距离就不相同,因此可以分离分子大小不同的 DNA 片段。

在凝胶中分离的 DNA 片段必须经过溴化乙锭的染色在紫外光下才能观察到。

三、材料、仪器设备有试剂

1. 材料

实验 49(1)中地衣芽孢杆菌染色体 DNA,DNA 标准 marker λ\Hind Ⅲ。

EP 管,吸头,牛皮纸做的小纸盖。

2. 仪器设备

微量移液器,微波炉,小锥形瓶,制胶板,水平电泳槽,梳子,电泳仪,透射紫外灯。

3. 试剂

(1) 电泳用缓冲液 1×TAE:45 mmol/L Tris-HCl (pH 8.0),45 mmol/L 硼酸,1 mmol/L EDTA(pH 8.0)。

(2) 6×DNA 上样缓冲液:0.25% 溴酚蓝,0.25% 二甲苯蓝,20% Ficoll,100 mmol/L EDTA,1% SDS。

(3) DNA 标准 marker,EB 染色液,1×TAE 电泳缓冲液,琼脂糖,上样缓冲液。

四、操作步骤

1. 琼脂糖凝胶的制备

在小锥形瓶中称取适量的琼脂糖,并加入电泳缓冲液 TAE,使其终浓度为 0.7%

↓

锥形瓶上盖上小纸盖,在微波炉处理,将琼脂糖小心融化

琼脂糖溶液在室温冷却到约 60℃时,倾入对应的放有底板的制胶槽中,
插上合适的梳子

↓

当胶完全凝固,将胶和下面底板一起放入加有电泳缓冲液的电泳槽中,
使电泳液没过胶约 2 mm,然后小心将梳子拔出

2. 加样和跑胶

将样品与上样缓冲液混合(加样量一般约为 12 μL)

↓

用微量移液器将样品和 marker 分别加入到不同加样孔中,按电极标志方向盖上槽盖

↓

100~150V 电泳,直到溴酚蓝染料至胶的 2/3 处时停止

3. 染色和观察

取出跑完电泳的胶,将其放入 EB 染色液中染色约 20 min

↓

用自来水小心淋洗凝胶表面后放于紫外灯下观察试验结果

五、注意事项

(1) 注意电子分析天平的平衡校正。
(2) 从微波炉中取出锥形瓶时注意防止烫伤。
(3) 必须等胶凝固完全才能拔梳子。
(4) 电泳开始时注意电源的正负极。

(5) 凡是接触溴化乙锭的操作必须在指定地方戴手套进行。

六、思考题

(1) DNA 的分子结构有何特点？为什么 DNA 分子带负电荷？

(2) 电泳的基本原理是什么？琼脂糖凝胶电泳一般用于分离相对分子质量在多大范围的 DNA？

(3) 上样缓冲液的作用是什么？

(4) 本次实验没有做好的主要原因是什么？

实验 49(3)　聚合酶链式反应(PCR)

一、实验目的

通过对地衣芽孢杆菌染色体上的淀粉酶基因进行 PCR 扩增,使学生学习和掌握聚合酶链式反应(PCR)技术和具体操作过程。

二、实验原理

PCR 技术是在体外通过模板变性、引物退火、DNA 聚合三个步骤的 30 个左右的循环,模拟 DNA 在体内的复制过程,扩增位于染色体上的多数情况下为已知序列的 DNA 区段。

三、材料、仪器设备及试剂

1. 材料

实验 49(1)中地衣芽孢杆菌染色体 DNA。

EP 管,吸头。

2. 仪器设备

微量移液器,制胶板,水平电泳槽,电泳仪,透射紫外灯,PCR 仪,薄壁管。

3. 试剂

DNA 标准 Marker,EB 染色液,1×TAE 电泳缓冲液,琼脂糖,上样缓冲液,模板 DNA,dNTP,10×PCR 缓冲液,引物,Taq DNA 聚合酶。

四、实验步骤

在薄壁管中按顺序加入以下各反应组分

组　分	体积/μL
10×PCR 缓冲液	2.5
$MgCl_2$	2
dNTP 混合物(各 2.5 mmol/L)	0.5

续表

组 分	体积/μL
引物 1(10 μmol/L)	0.5
引物 2(10 μmol/L)	0.5
模板 DNA	1.0
ddH₂O	17.8
Taq DNA 聚合酶(5U/μL)	0.2
总体积	25.0

↓

在 PCR 仪上按以下条件进行 PCR 反应

循 环	温度和时间
1	95℃(2 min)
30	94℃(30 s),52.6℃(30 s),72℃(2 min)
1	72℃(10 min)

↓

反应结束后将 PCR 产物取出,进行电泳检查

五、注意事项

(1) 加完各组分后要注意将 EP 管盖盖紧。

(2) 酶要最后加,加酶后尽快上机,否则应置于冰上保存。

六、思考题

(1) 聚合酶链式反应的原理是什么?

(2) 聚合酶链式反应有哪些基本用途?

(3) 本次实验没有做好的主要原因是什么?

实验 49(4) 碱裂解法小量制备质粒 DNA

一、实验目的

通过将含有质粒 pSE 380 的大肠杆菌培养液进行小量提取质粒、琼脂糖凝胶电泳定量的具体操作过程,使学生掌握用碱裂解法小量制备质粒 DNA 的技术。

二、实验原理

质粒 DNA 是一种独立于染色体 DNA 之外的环状 DNA 小分子,通常只有数千个碱基对,它具有自行复制的能力。在生物技术的应用上,质粒是携带外源基因进入细菌中扩增或表达的重要媒介物,这种基因运载工具在基因工程中具有极广泛的应用价值,而质粒的分离与提取是最常用、最基本的实验技术。碱裂解法的原理是利用碱性试剂(溶液Ⅱ)处理质粒 DNA 及染色体 DNA,使 DNA 分子变性,双股打开呈单股状态,再加入酸(溶液Ⅲ)中和,使单股回复为双股 DNA,同时在急速中和反应中,染色体 DNA 与蛋白质、钾离子结合而被沉淀下来,经离心,染色体 DNA 复合物与细胞碎片一起沉淀出来,而留在上

清液中的质粒 DNA 则可通过乙醇或异丙醇沉淀出来。

三、材料、仪器设备及试剂

1. 材料

含有质粒 pSE380 的大肠杆菌培养液。

EP 管,吸头。

2. 仪器设备及耗材

微量移液器,离心机,制胶板,水平电泳槽,电泳仪,水浴锅,摇床,透射紫外灯,培养箱,指形瓶。

3. 试剂及溶液

(1) 培养 *E. Coli* 用培养基(LB)(1000 mL):蛋白胨 10.0 g,酵母粉 5.0 g,NaCl 5.0 g,调 pH 7.0。

(2) 溶液Ⅰ:10 mmol/L 葡萄糖,25 mmol/L Tris-HCl,10 mmol/L EDTA。

(3) 溶液Ⅱ:0.2 mol/L NaOH,1% SDS。

(4) 溶液Ⅲ:5 mol/L KAc,11.5% (V/V) 冰醋酸。

(5) 1×TE,超纯水,DNA 标准 Marker,无水乙醇,75%乙醇,EB 染色液,1×TAE 电泳缓冲液,琼脂糖,上样缓冲液,Tris 饱和酚,氯仿,100 mg/mL Amp 溶液。

四、实验步骤

在 5 mL LB 液体培养基中加入抗生素 Amp,使终浓度为 100 μg/mL

↓

将甘油保存的含有质粒 pSE380 的大肠杆菌接种到两个含 Amp 抗生素的 LB 液体培养基的指形瓶中

↓

将接种的培养物 37℃,220 r/min 培养过夜

↓

取菌液 1.5 mL,8000 r/min 离心 2 min 收集菌体,弃上清液

↓

加入溶液Ⅰ 100 μL,用微量移液器快速吹打,使其混匀

↓

加入溶液Ⅱ 200 μL,盖上管盖,轻轻颠倒数次混匀

↓

加入溶液Ⅲ 150 μL, 小心颠倒数次混匀

↓

12 000 r/min 离心 10 min,小心吸取上清液移到另一新的 EP 管中

↓

加入 RNase 5 μL ,37℃水浴 30 min

↓

加入等体积的苯酚-氯仿,混匀,8000 r/min 离心 10 min,小心吸取上层水相

↓

用等体积氯仿抽提一次,小心吸取上层水相

↓

加入 2 倍体积预冷的无水乙醇,混匀

↓

12 000 r/min 离心 10 min

↓

沉淀用 75% 的乙醇洗一次,12 000 r/min 离心 10 min

↓

沉淀自然干燥后,溶于 20 μL TE 缓冲液中

↓

取出 10 μL 用于电泳检查

五、注意事项

(1) 有机溶剂的操作必须在通风橱中进行。

(2) 带有有机溶剂溶液的离心转速限定在 10 000 r/min 以下。

(3) 吸取上清液时不要吸入沉淀。

(4) 必须等 DNA 完全干透才能加 TE 缓冲液溶解。

六、思考题

(1) 碱裂解法提取质粒过程中溶液Ⅰ、溶液Ⅱ、溶液Ⅲ的作用是什么?

(2) 本次试验没有做好的主要原因是什么?

实验 49(5)　质粒载体与外源 DNA 片段的连接

一、实验目的

通过本实验使学生掌握用 DNA 连接酶将具有匹配末端的外源片段和载体连接的操作。

二、实验原理

DNA 连接酶具有在体外将相互匹配的经外切核酸酶酶切的目标片段和载体连接的能力。

三、材料、仪器设备及试剂

1. 材料

经酶切并纯化好的载体和外源片段。

EP 管,吸头。

2. 仪器设备

微量移液器。

3. 试剂

超纯水，T_4 DNA 连接酶以及对应的缓冲液。

四、实验步骤

（1）在 EP 管中按顺序加入以下各反应组分：

组　分	体积/μL
10×Buffer	1
酶切的质粒载体	1
酶切的外源 DNA 片段	3
ddH$_2$O	4.5
T_4 DNA 连接酶	0.5
总体积	10

（2）之后，室温连接 2～4 h。

五、注意事项

（1）加完各组分后要注意将 EP 管盖紧。
（2）连接酶的缓冲液要溶解完全。
（3）连接酶要最后添加。

六、思考题

（1）何谓黏性末端和平端？
（2）简述 DNA 连接酶在基因工程中的主要用途。
（3）哪类连接反应最好对载体进行去磷酸化处理后再进行连接？为什么？

实验 49(6)　连接产物的化学转化

一、实验目的

通过将连接产物用热激法转化到 *E. Coli* JM109 感受态细胞的具体操作过程，使学生掌握 DNA 的化学转化方法和具体操作。

二、实验原理

通过短暂的热激和冷缩可以使黏附于细胞表面的一些 DNA 分子进入到细胞内。但是经过如此处理的细胞已经非常脆弱，需要立即进入营养丰富的培养基中，并经过 1 h 的培养使质粒抗生素的活性恢复后，才能将该连接转化的反应液涂布于筛选平板上。

三、材料、仪器设备及试剂

1. 材料

实验 49(5)中制备的连接产物,已制备好的感受态细胞。

EP 管,吸头,冰粒。

2. 仪器设备

微量移液器,微波炉,水浴锅,摇床,培养箱。

3. 试剂

(1) 转化后用 SOC 培养基(1000 mL):蛋白胨 20.0 g,酵母粉 5.0 g,NaCl 0.5 g,$MgCl_2$ 2.03 g,$MgSO_4$ 2.5 g,葡萄糖(低压灭菌后另外加入) 4.0 g,pH 7.0。高压灭菌后分装0.5 mL/EP 管,-20℃冷藏备用。

(2) SOC 培养基,100 mg/mL Amp 溶液,LA /Amp 培养基。

四、操作步骤

将连接反应液 10 μL 加入到感受态细胞中,混匀

↓

冰上放置 30 min

↓

42℃水浴中热激 90 s

↓

立即放置冰上 1~2 min

↓

加入已经预热到 37℃的 SOC 液体培养基 300 μL

↓

37℃摇床振荡培养 45 min

↓

用微波炉将固体 LA 培养基融化

↓

在培养基冷却到约 60℃时按终浓度为 100 μg/mL 加入 Amp 抗生素

↓

倒好平板

↓

取预培养物 200 μL 涂布于含有 Amp 的 LA/Amp 平板上

↓

37℃恒温箱倒置培养 14~16 h 即可观察结果

五、注意事项

(1) 转化过程中所有的操作时间和温度需严格按要求进行。

（2）从微波炉中取出刚融化好的培养基时注意避免烫伤。

六、思考题

（1）何谓感受态细胞？
（2）感受态细胞的主要用途是什么？
（3）观察时间过迟会出现什么样的结果？
（4）本次实验没有做好的主要原因是什么？

实验 49(7)　淀粉选择平板筛选重组转化子

一、实验目的

通过将连接转化子点板到淀粉锥虫蓝筛选平板上，平板 IPTG 诱导、氯仿熏蒸破胞来筛选含有淀粉酶基因的重组转化子的具体操作过程，使学生掌握利用选择平板来筛选获得含有目的基因的重组转化子的操作。

二、实验原理

锥虫蓝染料和淀粉由于静电非特异性吸附结合后使淀粉呈稳定的蓝色，当淀粉被淀粉酶水解后因分子变小吸附力减弱，而让锥虫蓝游离出来，游离的锥虫蓝被周围未水解的淀粉吸附而使颜色加深，淀粉水解区则形成无色、透明的水解圈。

三、材料、仪器设备及试剂

1. 材料

实验 49(6)中获得的连接转化子。
EP 管，吸头，牙签。

2. 仪器设备

微量移液器，微波炉，培养箱。

3. 试剂

（1）LB 培养基(1000 mL)：蛋白胨，10.0 g，酵母粉，5.0 g，NaCl，5.0 g，pH 7.0，琼脂2%。

（2）固体培养基(LA-淀粉-锥虫蓝)：在培养 *E.Coli* 用的 LB 培养基中加入已溶解好的 5%淀粉溶液和 0.01%(m/V)的锥虫蓝。

（3）氯仿，IPTG，锥虫蓝，淀粉，100 mg/mL Amp 溶液。

四、操作步骤

用微波炉将固体 LA-淀粉-锥虫蓝培养基融化

↓

在培养基冷却到约 60℃时按终浓度为 100 μg/mL 加入 Amp

↓

倒好平板

↓

用牙签将 LA-Amp 平板上的菌落转点到 LA-Amp-淀粉-锥虫蓝平板上
同时影印到 LA-Amp 平板上

↓

37℃培养箱倒置培养 10 h

↓

往 LA-Amp-淀粉-锥虫蓝平板上的菌落加 0.1 mol/L 的 IPTG 诱导 4~6 h

↓

用氯仿熏蒸破胞后,37℃中酶与底物淀粉反应 2~3 h

↓

观察平板,看是否有透明圈

五、注意事项

(1) 有机溶剂氯仿的操作必须在通风橱中进行。
(2) 从微波炉中取出刚融化好的培养基时注意避免烫伤。

六、思考题

(1) 何谓选择平板?
(2) 如何在平板上进行筛选重组菌株?
(3) 本次实验没有产生透明圈的主要原因是什么?

实验 49(8)　小型发酵罐的结构与使用

一、实验目的

(1) 了解小型发酵罐的基本结构、原理,测量发酵罐的主要结构并画图。
(2) 学习发酵罐的使用。

二、操作步骤

不同厂家生产的发酵罐会有所差别,但基本原理是相同的,基本结构是类似的。现以德国产 Micro DCU-Twin-system 小型机械搅拌通风式发酵罐为例,熟悉小型发酵罐的结构,学习发酵罐的操作。

小型发酵罐结构可分为罐体和控制器两部分,主要由罐体、搅拌器、轴封、空气分布器、传动装置和冷却管等组成。发酵罐的结构及几何尺寸已规范设计,视发酵种类、厂房条件、罐体和规模在一定范围内变动。发酵罐的几何尺寸比例规定为:$H/D=1.7\sim3.5$, $D_i/D=1/2\sim1/3$, $S/D_i=2\sim5$ 等。

1. 罐体

罐体为一硬质玻璃圆筒,顶端用不锈钢及橡胶垫圈密封构成,容积为 5 L。

　　顶盖上有多个孔口,分别是加料及接种口、补料口、溶氧电极口、放置温度电极口、放置 pH 电极口、放置取样管口、进气口、放置搅拌器及冷凝管口等(图 2-49-1)。

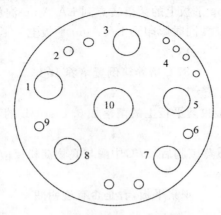

图 2-49-1　发酵罐顶盖,各指示孔口

1. 加料及接种口　2. 放置温度电极口　3. 放置 DO(溶解氧)电极口　4. 补料口
5. 冷凝管口　6. 取样口　7. 冷却器口　8. 放置 pH 电极口　9. 进气口　10. 放置搅拌器口

发酵罐放置在罐座上,罐座除支持发酵罐外,还有搅拌器转动装置、冷却装置等。

2. 控制器

控制器能够完成基本的控制功能,它由下列几部分构成:

(1) 主控制器:

① 参数输入及显示装置。用以输入控制发酵条件的各种参数及显示发酵过程中罐内培养液的温度、pH、DO(溶氧)的测定数值。

② 用以校正 pH 电极和 DO 电极等。

③ 自动或人工控制按钮。用以决定本控制器是处在自动控制(Auto)或人工控制(man)状态。

④ 报警按钮。在发酵过程中,若电路上发生故障或电极信号超出设定范围,如温度、转速或 DO 值超出本机的设定值,则显示屏上出现相应的提示信号,并发出"嘀、嘀"声。按"Enter"键则"嘀、嘀"声可暂时消除,但只有当故障排除,报警信号才能停止报警。

(2) 蠕动泵。用以向发酵罐加入酸液、碱液以调节培养液中的 pH;向发酵罐加入消泡剂,以消除发酵过程中产生的过多的泡沫;向发酵罐进行补料等。

(3) 搅拌装置。用以调节搅拌桨的转速,可自动也可手动调节。

(4) 电极电导连线。本机的连接导线用以连接控制发酵罐的 DO、pH、温度、泡沫、转速、电机启动、加热和冷却等。

(5) 空气调节装置。控制器的空气调节装置由进气口、出气口、空气减压阀、空气压力表、空气流量调节阀和空气流量计组成,用以调节进入发酵罐的空气流量及压力。进气管与空气压缩机相连;出气管与发酵罐之间接有空气过滤器,以滤除空气中的微生物,避免染菌。

3. 校正

在主控制器可以进行 pH 电极、DO 电极和蠕动泵等的校正,校正好的电极才能正常地测量出发酵过程中的检测参数,而蠕动泵才能根据主控制发出的命令行使正确的功能。

（1）pH 的校正：

① 按 Calibration 到 pH 菜单,将 Auto 改为 man,按 Enter 确认;将光标移到 Temp,输入校正温度（即缓冲液的温度）,按 Enter 确认。

② 将光标移到 Bufz,输入校正温度相对应的 pH,按 Enter 确认,将 pH 电极头部浸入 pH 7.0 缓冲液中,待 pH 稳定后按 Enter 确认。

③ 将光标移到 Bufz,输入校正温度相对应的 pH,按 Enter 确认,将 pH 电极头部浸入 pH 4.0 或 pH 9.0 缓冲液中,待 pH 稳定后按 Enter 确认。

（2）p_{O_2} 的校正

① 按 Calibration 两次到 p_{O_2} 菜单,将 Auto 改为 man,按 Enter 确认。

② 将光标移到 Temp,输入温度,按 Enter 确认。

③ 将光标移到 NITR,按 Enter 确认,通入 N_2,待 p_{O_2} 值稳定后按 Enter 确认;也可用 0.25 mol/L Na_2SO_3 溶液（内含 0.01 mol/L $CuSO_4$ 作催化剂）校正零点。

④ 将光标移到 AIR,按 Enter 确认,通入空气,待 p_{O_2} 值稳定后按 Enter 确认;以室温、常压下蒸馏水中氧的饱和值作为 100%。

（3）Acid,Base,Afoam,Level 蠕动泵的校正

① 将硅胶管夹入相应的泵中,入口处放置清水,将硅胶管中充满清水,并在出口处放一量筒或量杯。

② 按 Calibration 到相应的泵的校正菜单,按 ALTER 键将 Total 改为 Calib 后按 Enter确认,光标移至 Start,按 Enter 确认,变为 Stop,待液体达到一定量时按 Enter 确认。

③ 光标移至 Total,输入流过的液体的量,按 Enter 确认后,光标自动移至 Flow,并换算出该泵的流量。

4. 控制

在主控制器上可以进行温度、pH、p_{O_2}、转速、空气流量、消泡和补料等控制。如:

（1）温度的控制

① 按 Control Loop 至 Temp 菜单,将光标移至 Setp,输入设定温度值,按 Enter 确认。

② 将光标移至 mode,将 off 改为 auto,按 Enter 确认。

（2）pH 的控制

① 按 Control Loop 至 pH 菜单,将光标移至 Setp,输入设定 pH,按 Enter 确认。

② 将光标移至 mode,将 off 改为 auto,按 Enter 确认。

（3）p_{O_2} 的控制

① 按 Control Loop 至 p_{O_2} 菜单,将光标移至 Setp,输入设定 p_{O_2} 值,按 Enter 确认。

② 将光标移至 mode,按 Enter 确认后,光标移至 Stirr,根据实际需要选择控制方式后按 Enter 确认。

③ 将光标移至 mode,将 off 改为 auto,按 Enter 确认。

（4）转速的控制

① 按 Control Loop 至 Stirr 菜单,将光标移至 Setp,输入设定转速,按 Enter 确认。

② 将光标移至 mode,将 off 改为 auto,按 Enter 确认。

③ 当 p_{O_2} 控制方式为 Stirr 时,上述操作均不能进行。

④ 当 p_{O_2} 控制方式为 Stirr 时,为维持一定的转速或防止转速过高时,可通过以下步骤进行:

- 将光标移至 Para,输入 19 后按 Enter 进入下一级菜单;
- 光标移至 min,根据需要输入最低转速对应的百分率,按 Enter 确认;
- 光标移至 max,根据需要输入最高转速对应的百分率,按 Enter 确认。

5. 灭菌

(1) 从玻璃罐拔离与其相连的 LeveL、Foam、pH、p_{O_2} 电极线,同时取下搅拌电机;

(2) 检查 p_{O_2} 电极,pH 电极是否安装好;

(3) 用牛皮纸或锡箔纸包好进排气滤器口、电极接线孔,夹好硅胶管;

(4) 小心将玻璃罐放入高压锅灭菌;

(5) 高压灭菌后,待玻璃罐的温度降至常温后再提取出来。

6. 日常维护与保养

(1) 每次发酵结束应及时检查并清洗进气及排气过滤器。

(2) 定期检查 O 型圈并及时更换。

(3) pH 电极在不使用时应将电极头浸泡在电极液中保存。

(4) pH 电极应定期清洁。

(5) 在长期不用时就将 p_{O_2} 电极头中的电解液倒出,重新使用时再加入。

(6) 每月至少开机运行两次,每次不少于 1 h。

注意:仪器运行过程中必须保证水、电、空气的供应。

三、思考题

(1) 画出小型发酵罐的基本结构并标出基本尺寸;计算 $H/D, D_i/D, S/D_i$,说明是否符合规范设计?

(2) 画出主控制器的正面图。

(3) 写出主功能键 PROCESS VALUES、CALIBRATION 和 CONTROL LOOPS 的功能。

实验 49(9) 小型发酵罐上罐操作及流加发酵实验

一、目的和要求

(1) 学习生物培养工艺过程实验技术。

(2) 加深对流加发酵的认识,熟悉发酵过程参数的检测与控制。

(3) 熟练掌握菌体浓度的测定方法和 DNS 法测定淀粉酶活力的原理和方法。

二、基本原理

流加发酵又称为半连续培养或补料分批培养,是一种介于分批培养和连续培养之间的过渡培养方式,是在分批培养的过程中,间歇或连续地补加新鲜培养基的培养方法。流加培养同时兼有间歇培养和连续培养的某些特点,其优点是:可在发酵系统中维持很低的底物浓度,减少底物的抑制或其分解代谢物的阻遏作用,防止出现当某种培养基成分的浓度高时影响菌体得率和代谢产物生成速率的现象。流加培养的要求是控制底物浓度,因此,其核心问题是流加什么和怎样流加。从流加方式看,流加培养分为无反馈控制和有反馈控制,无反馈控制又分为定流量流加、断续流加、指数流加等方法。在有反馈控制的流加培养中,根据控制方式分为间接(取与过程密切相关的、可以测定的参数为控制指标,例如 pH、DO 等)和直接(连续或间断地测定培养液中流加的底物浓度,以此作为控制指标)两类。另外,根据控制流加底物浓度的情况,可分为保持一定浓度值(定值控制)和浓度随时间变化(程序控制)的控制方法。

菌体量(X)即生物量,是表征微生物生长状况的一项基本参数。对于发酵过程的监测控制、动力学研究及细胞成分分析,微生物菌体量的测定是十分重要的工作。菌体量的测定方法有比浊法和直接称重法等。本实验采用比浊法。比浊法是指当白色光通过光孔照射到菌体悬浮液时,会产生光散射和光的透射现象。通过测定样品的透射光率和散射光率,可确定菌体悬浮液的相对浓度。比浊法的优点是迅速,因此在实际发酵过程分析中常被采用。

淀粉酶活力大小可用其作用于淀粉生成的还原糖与 3,5-二硝基水杨酸的显色反应来测定。还原糖作用于黄色的 3,5-二硝基水杨酸生成棕红色的 3-氨基-5-硝基水杨酸,生成物颜色的深浅与还原糖的量成正比,可进行比色测定。本实验采用 3,5-二硝基水杨酸比色法测定酶活。

三、材料、仪器设备及试剂

1. 材料

淀粉酶基因工程菌(*E. Coli* JM109 ＋ pSE-amyLase),用甘油保存,存放于－20℃冰箱。

2. 仪器设备

micro DCU-Twin-system 型发酵罐,洁净工作台,恒温培养振荡器,烧杯,指形瓶等。

3. 试剂

(1) 种子培养基:LB 营养肉汤培养基 ＋ Amp(终浓度 100 μg/mL)。

(2) 发酵培养基:0.2% LB 营养肉汤培养基＋1.5% 淀粉＋Amp(终浓度 100 μg/mL);流加 4%可溶性淀粉控制底物浓度。

注意:Amp 试剂接种前再加入。

(3) 一级和二级种子培养基的配制:均为 LB 营养肉汤培养基。

(4) 发酵培养基配制:称取 LB 营养肉汤培养基 0.6 g,可溶性淀粉 4.5 g,在搪瓷杯或烧杯中先用少量水调匀,再徐徐倒入已沸腾的蒸馏水中,继续加热搅拌煮沸到透明,冷却后补水至 300 mL。调 pH 7.0,装入 500 mL 锥形瓶中。包扎好后放在灭菌锅中灭菌(121℃,20～30 min),灭菌后取出备用。配制总量根据实验安排着情准备。

（5）消泡剂：在两个指形瓶中各装入 8 mL 豆油，旋好盖后与发酵培养基一起灭菌。上罐发酵时，消泡剂一般按 0.2%～2% 加入发酵培养基中。

（6）补料用 4% 可溶性淀粉：称取可溶性淀粉 4 g 用少量蒸馏水调匀，徐徐倾倒于已沸腾的蒸馏水中，加热煮沸到透明，冷却后定容到 100 mL。500 mL 补料瓶中装液量 300 mL。

（7）Amp（氨苄青霉素）贮备液（50 mg/mL）：将 500 mg Amp 粉剂于超净工作台中溶解于装有 10 mL 灭菌蒸馏水的指形瓶中，配成 50 mg/mL 浓度，−20℃保存备用。

（8）5% 乳糖溶液：称取乳糖 5 g 于 250 mL 锥形瓶中，加 100 mL 蒸馏水。包扎好后与发酵培养基一起灭菌。（作为淀粉酶诱导剂。）

（9）3,5-二硝基水杨酸（DNS）试剂：称取 DNS 6.5 g 溶于少量热蒸馏水中，溶解后移入 1000 mL 容量瓶中，加入 2 mol/L NaOH 溶液 325 mL，再加入丙三醇 45 g，摇匀，冷却后定容至 1000 mL。

（10）葡萄糖标准溶液（2.0 mg/mL）：准确称取干燥恒重的葡萄糖 200 mg，加少量蒸馏水溶解后，以蒸馏水定容至 100 mL。

（11）碘-碘化钾溶液：称取碘 5 g，碘化钾 10 g 溶于 100 mL 蒸馏水中。

（12）Amp（氨苄青霉素）贮备液（50 mg/mL），4% 可溶性淀粉溶液。

四、操作步骤

1. 种子扩大培养

应根据发酵实验的规模确定种子培养的量。一般在菌体生长到对数末期时，为适宜的种子培养时间。细菌的接种量常采用种子培养液占发酵培养基的体积分数的计算方法，依菌种不同，接种量在 1%～10%，甚至更高一些。

在种子扩大培养前，先配制各级种子培养基。种子培养基的配方均为 LB＋Amp（终浓度 100 μg/mL）；一级种子培养基装液量为 5 mL/指形瓶，二级种子培养基装液量为 50 mL/250 mL 锥形瓶。

（1）一级种子培养（早上 8：00 接种）。一级种子培养基在接种前先加入 Amp 贮备液 10 μL。接着取甘油保存的菌株 50 μL 接种于指形瓶种子培养基中，混匀，在 37℃，220 r/min 摇床培养 12～14 h。

（2）二级种子培养（晚上 8：00 接种）。二级种子培养基在接种前先加入 Amp 贮备液 100 μL。接着取一级种以 1% 接种量即 500 μL 接种于锥形瓶种子培养基中，在 37℃，220 r/min 摇床培养过夜，第二天早上按 10% 的接种量接种于发酵罐中。

2. 上罐前的准备

（1）发酵罐的清洗。洗净发酵罐及各个部件，洗净各连接胶管。发酵罐内（可进行清洗的）任何部分都应认真清洗，否则都可能成为杂菌的滋生地。发酵前期引起染菌的主要原因是由于清洗不净。易被忽略而未能充分清洗的地方有轴封、罐顶、取样管和空气分布器等处。另外，还应充分注意发酵罐周围的附件设备，如加热电器、空气压缩机、电机的安全使用。

（2）上罐前的各项检查工作。检查空气源，排油；防油进空气过滤器造成堵塞。

检查管道阀门(加棉团吸油),校检空气减压阀,pH 电极,DO 电极,检查轴封。

流加培养前的准备工作:在培养罐中加入去离子水,将温度传感器、除菌过滤器安装好,pH 和溶氧电极标定后安装好,用硅橡胶管连接好取样口、流加液入口、pH 调节剂入口和消泡剂入口等,不需要的接口全部封好。橡胶管用弹簧夹夹住,排气口用一小段棉花塞好。确认所有连接没有问题后,打开通风排气系统,检查是否有漏气、阻塞现象(轻轻堵住排气口,看其他地方是否漏气),确认正常。

3. 上罐时的操作步骤

(1)把发酵罐置罐座上,无菌操作将灭菌的发酵培养基从接种口加入到已灭菌的空罐中,装液量约 3600 mL。密封接种口,用酒精棉球消毒。

(2)连接各电极导线。接通控制器、参数输入及显示装置、电极校正装置及罐座电源。

(3)按控制器、参数输入与显示装置上的 AUTO 键,使发酵罐处在自动控制状态。

(4)连接压缩空气管路,接通空气压缩机电源,通入压缩空气,调节空气流量计旋钮,使浮子悬浮在 200 L/h 处。

(5)调节搅拌转速为 200 r/min。校正 DO 至 100%。

(6)连接冷却水管路,打开自来水龙头,通入冷却水,或室内开空调进行冷却。

(7)输入各控制参数,本机自动控制发酵过程中的温度、pH 及显示 DO 值。控制参数的输入是通过参数输入及显示装置进行的。

(8)当发酵罐的温度达到 37℃时,按 10% 进行接种。

将蘸有酒精的棉花团置于接种口环的四周,点燃后迅速进行无菌接种,或点燃酒精灯在接种口附近,无菌接入种子(接种口附近用一块铁板或铝皮板挡,防止酒精火焰烧到邻近的电极和硅胶管)。密封接种口。接种后立即进行第一次取样。当菌体浓度 A_{600} 约为 0.6 时,加入乳糖诱导。此后,每隔 1~2 h 进行一次取样。取样后,进行还原糖浓度、菌体浓度等参数的测定。

4. 流加发酵

补料所用的淀粉等随发酵罐同时灭菌。培养罐取出后,开通冷却水进行冷却或自然冷却,同时开动搅拌器,通入无菌压缩空气以防产生负压,冷却到发酵温度 37℃。利用硅皮管将 4% 可溶性淀粉贮瓶连接蠕动泵和培养罐上的入口,再将贮瓶上的排气口塞上过滤器用弹簧夹夹住。如果传感器不能用蒸汽加压灭菌,可以在室温下把传感器在 75% 酒精中浸泡进行灭菌,然后用无菌水洗净,尽快安装在培养罐上。通气量保持在 200 L/h,搅拌转数 200 r/min。开动蠕动泵定期流加 4% 淀粉,以维持发酵罐内的淀粉浓度。

5. 流加发酵过程指标测定

定时取样监测发酵液 p_{O_2}、还原糖浓度(即测淀粉酶酶活)、生物量(即菌体量),定性检测淀粉的利用(在装有样液的六孔白瓷板上滴加碘-碘化钾溶液,记录显色情况)。取样口经常用 75% 的酒精浸泡以保持清洁。

(1)菌体量(X)即生物量的测定。生物量的测定方法有比浊法和直接称量法等。本实验采用比浊法。以蒸馏水作为空白,在 600 nm 处测定发酵液的吸光值 A_{600}。当菌体浓度大时,需用蒸馏水稀释合适的倍数。未接种前,取样测定初始发酵培养基的 A_{600}。

（2）还原糖的测定—DNS法。具体操作如下：首先取适当样液用蒸馏水进行适当的稀释，取 4 支 18 mm × 180 mm 试管，其中两支（空白管）加入如下试剂：蒸馏水 1 mL＋3,5-二硝基水杨酸试剂 2 mL；另两支（样液管）加入如下试剂：稀释的样液 1 mL ＋ 3,5-二硝基水杨酸试剂 2 mL。加完试剂后，于沸水浴中加热 2 min 进行显色，取出后用流动水迅速冷却，各加入蒸馏水 9.0 mL，摇匀，在 540 nm 波长下测定吸光度。

$$实际\ A_{540} ＝ 样品的平均\ A_{540} － 空白的平均\ A_{540}$$

将样品实际的 A_{540} 代入标准曲线即可求出稀释样液的糖含量，乘以稀释倍数则得取样液的糖含量。葡萄糖标准曲线的绘制参见实验 35。

6. 放罐

经过发酵 12 h 后，还原糖浓度稳定或呈下降趋势时，便可放罐。

7. 清洗

（1）放罐后，向发酵罐内加入 2500 mL 水。

（2）把取样管插入发酵罐内，固定。连同其他接触过微生物的容器和物品，置高压蒸汽灭菌锅中灭菌。

（3）灭菌后清洗干净，按要求存放。

五、实验结果与讨论

（1）整理计算实验数据，绘出 p_{O_2}、菌体浓度和还原糖浓度随培养时间的变化曲线，并对结果进行分析和讨论。

（2）上罐操作过程中有哪些注意事项？如操作不当对实验结果有何影响？

（3）列举 1～2 个采用流加补料工艺在发酵工业上应用的成功实例。

实验 49(10)　OxiTop IS6 BOD 测试仪的使用

一、实验目的

（1）掌握 OxiTop IS6 BOD 测试仪的使用方法。

（2）掌握利用 OxiTop IS6 BOD 测试仪测定工业废水或生活污水的方法。

二、实验原理

OxiTop IS6 BOD 测试仪由样品瓶、CO_2 吸收剂、无汞压力探头构成封闭的压力测量系统。当待测样品中的微生物进行有氧生化反应时，将消耗样品溶液中的溶解氧并释放 CO_2，样品瓶上方空气中的氧气不断补充水中消耗的溶解氧以达到新的平衡，而释放的 CO_2 被 CO_2 吸收剂所吸收。因此，该密封压力系统呈现负压状态。BOD 测定系统就是通过测量压力变化，计算出所消耗的氧量。

三、材料、仪器设备及试剂

1. 材料

污水样品，工业废水样品。

2. 设备

OxiTop IS6 BOD 测试仪器。

配件：棕色瓶（额定容量 510 mL），搅拌子，镊子（夹取搅拌子用），合适的溢流烧杯，橡胶套。

培养箱（20±1℃）。

3. 试剂

（1）NaOH 药丸；ATU 溶液（0.5 g/L 丙烯基硫脲）。

（2）0.5 mol/L 盐酸溶液：将浓盐酸 40 mL 溶于水中，稀释至 1000 mL。

（3）0.5 mol/L NaOH 溶液：将 NaOH 20 g 溶于水中，稀释至 1000 mL。

（4）盐溶液：

① 磷酸盐缓冲溶液：将 KH_2PO_4 8.5 g、K_2HPO_4 21.8 g、$Na_2HPO_4 \cdot 7H_2O$ 33.4 g 和 NH_4Cl 1.7 g 溶于 500 mL 水中，稀释至 1000 mL 并混合均匀，此缓冲溶液的 pH 应为 7.2。

② 硫酸镁溶液：将 $MgSO_4 \cdot 7H_2O$ 22.5 g 溶于水中，稀释至 1000 mL。

③ 氯化钙溶液：将无水 $CaCl_2$ 27.5 g 溶于水中，稀释至 1000 mL。

④ 氯化铁溶液：将 $FeCl_3 \cdot 6H_2O$ 0.25 g 溶于水中，稀释至 1000 mL。

四、操作步骤

1. 制样

（1）生活污水。通常民用废水没有毒性，不会抑制微生物的生长，相反地，它含有足够的营养物质和微生物，可以用 OxiTop 来直接测试，不必稀释。

（2）有毒工业废水。严重污染的工业废水不能直接用 OxiTop 来测试，只有经过稀释或者加入驯化接种液的废水才能用 OxiTop 来测试，所用的稀释水必须保证含有足够的营养物质和微生物。

废水的温度必须在 15～20℃ 范围内，温度高的水样必须冷却到室温后才测试，温度低的水样也应在室内放置至室温后测试。必须搅拌样品，使样品各成分混合均匀后再取样。如果样品的 pH 超出 6～9，用 HCl 或 NaOH 调节至 pH 近于 7。

对于一般工业废水，起硝化作用的细菌生长缓慢，5 日内硝化作用不显著，可以不加 ATU，当需要区别含碳物质的需氧量和含氮物质的需氧量时，可以加入 ATU 抑制硝化作用，在每升接种稀释水中加入 0.5 g/L ATU 2 mL。

2. 取样体积

污水取样体积与预估的测试值有关，可以按 BOD 值的 50% 作参考依据。

参见表 2-49-1 选择取样体积、测试范围和系数。

表 2-49-1　污水取样体积与测试范围的关系

取样体积/mL	测试范围/（mg·L^{-1}）	系　数
432	0～40	1
365	0～80	2

续表

取样体积/mL	测试范围/(mg·L^{-1})	系　数
250	0~200	5
164	0~400	10
97	0~800	20
43.5	0~2000	50
22.7	0~4000	100

3. 接种液

(1) 城市废水。取自污水管或没有明显工业污染的住宅区污水管。

(2) 取花园土壤 100 g 加入水 1 L,混合静置 10 min,取经过滤的上清液 10 mL,用蒸馏水稀释至 1000 mL。

(3) 含城市污水的河水或湖水。

(4) 污水处理厂出水。

4. 接种稀释水

在 5~10 L 细口玻璃瓶内装入 3 L 蒸馏水,控制水温约 20℃,经适当方法曝氧 8 h 以上。临用前加入 3 mL 试剂中的 4 种盐溶液和 15 mL 接种液,并充分混匀。

5. 测试

(1) 污水样品测试

① 用污水润洗溢流烧杯。

② 往溢流烧杯中添加污水。

③ 再把溢流烧杯中的污水添加到棕色瓶中。

④ 放入搅拌子。

⑤ 插入橡胶套。

⑥ 用镊子往橡胶套中加 2 粒 NaOH 药丸。

⑦ 把 OxiTop 旋入瓶子,注意要旋紧。

⑧ 同时按 M 和 S 键清零(S 键显示保存值,M 键显示当前值),3 s 后显示 0：0,启动测试。

⑨ 把瓶子放到搅拌底座上,再一起放入培养箱中。

⑩ 启动电磁搅拌。

⑪ 关上培养箱门。

⑫ 在 20±1℃的温度条件下培养 5 天。

⑬ 5 天后按 S 键,读取第 5 天的数值。

⑭ 把显示数值乘以系数计算 BA$_5$ 值。

(2) 做空白测定

① 分别用溢流烧杯往 2 个棕色瓶中添加 432 mL 空白水样(接种稀释水)。

② 把搅拌子放入棕色瓶中。

③ 套入橡胶套,用镊子往套子中加入 2 粒 NaOH 药丸。

④ 同时按 S 和 M 键清零,启动测试。

⑤ 把准备好的棕色瓶放到搅拌底座上。

⑥ 在培养箱恒温 $20\pm1°C$ 培养 5 天。

6. 计算

$$BOD_5 = \frac{FD_1 - D_0 f_2}{f_1}$$

式中，F：倍数（仪器中的倍数）；f_1：样品在水样中的体积倍数；f_2：稀释接种水在水样中的份数；D_1：样液显示值；D_0：空白显示值。

五、思考题

（1）写出目前 BOD 测定的各种方法和原理。

（2）加入 ATU 溶液的作用是什么？

（3）BOD 测定时对水样有什么要求？

附　　录

附录 A 实 验 室 须 知

　　实验室工作是科学实践的重要手段之一。只有严肃认真地进行实验,才能获得可靠的结果,并从中引出反映客观实际的规律来。因此,在进入实验室之前,请仔细阅读《实验须知》。应熟知实验室的规章制度、常识及安全知识等,小心使用玻璃器皿,掌握微量移液器(枪)的正确使用方法。每做一个实验时,都应养成"预习—操作—小结"的良好习惯。

　　(1)预习。预习是为了复习、巩固先前所学理论知识,并运用这些知识解释实验原理、实验现象。实验前必须认真预习,熟悉实验的目的、原理、操作步骤和方法。对于每步操行,不仅要知其然,更要知其所以然。每加一种试剂都应问一个"为什么",应注意实验中应掌握什么、了解什么、注意什么等等,做到心中有数,有备而行,为实验成功打好基础。

　　(2)操作。透彻地理解实验操作及其依据有助于实验的顺利进行,而且还能节省大量时间。严格遵守实验室操作的各项规章制度,按照实验进程和指导老师要求有条不紊地进行实验操作,详细记录实验中每一细小变化,记录有关现象,在实验记录表上如实地记下数据,不弄虚作假,养成严谨的科学态度。

　　(3)小结。实验报告的格式可因指导老师的风格而有所差异,但基本点都应该是书写工整、项目齐全、内容翔实、表述清晰、分析得体、文字流畅等。

一、实验室规章制度

　　(1)自觉遵守课堂纪律,不迟到,不早退;完成实验后将实验记录本(表)交给指导教师签字后,方可离开。

　　(2)实验室保持肃静,不许喧哗、打闹,创造整洁、安静、有序的实验环境。

　　(3)实验台面保持整洁,书包等物品不可放在试验台上,按规定的位置放置。药品摆放整齐、有序,公用试剂用毕应立即盖严,物归原处,勿将试剂、药品洒在实验台面和地上。取出的试剂和标准溶液,如未用尽,切勿倒回瓶内,以免带入杂质。实验结束后,要把台面收拾干净,彻底清洗试管、烧杯等实验用品,并整齐排放好。实验废弃物(如滤纸、一次性手套等)、毒害性实验材料应倾倒在指定地点,统一处理,不得随意乱丢。

　　(4)课前认真预习,切忌盲目,做好准备,提高效率。实验过程中要听从指导老师的安排,严肃认真地按操作规程进行实验,并把实验结果和数据及时、如实记录在实验记录本(表)上,文字要简练、准确。吸头、滴管专用专放,要保证一种溶液换一支新的,防止交叉污染。使用微量移液器时,必须熟读"使用方法",玻璃器皿轻拿轻放。

　　(5)注意节约药品、试剂、各种耗材和水电。洗涤和使用玻璃等耗材时,应小心仔细,防止损坏。如意外损坏时,应如实向指导老师报告,并填写损坏登记表,然后补领。

　　(6)爱护器材、设备,面对未知仪器,须在教师的指导下使用;使用仪器特别是贵重精密仪器时,应严格遵守操作规程,发现故障或损坏须立即报告指导老师,不得擅自动手检修。凡非正常使用造成的实验设备损坏按有关规定赔偿。

（7）实验室内的一切物品,未经实验室负责老师批准,严禁携带出室外,借物品必须办理登记手续。

（8）保证实验室安全。不能在实验室内饮食,以免误食和吸入有害物质。电泳染色用的溴化乙锭及其所接触的任何物品,应戴手套操作,并在指定地点,按指定要求进行。实验室内严禁吸烟,电炉等加热设备应随用随关。乙醇、丙酮等易燃品不能直接加热,并要远离火源操作和放置。实验完毕,应立即关好仪器开关和水龙头,拉下电闸。实验完毕,清洁卫生,离开实验室以前应认真、负责地进行检查,关好门、窗、水、电等,严防发生安全事故。

二、实验室常识

（1）凡挥发性、有烟雾、有毒和有异味气体的实验,均应在通风橱内进行,用后试剂严密封口,尽量缩短操作时间,减少外泄,操作者最好戴口罩、手套。

（2）洗净的仪器要放在架上或干净纱布上晾干,不能用抹布擦拭。更不能用抹布擦拭仪器内壁。挪动干净玻璃仪器时,勿使手指接触仪器内部。

（3）量瓶是量器,不要用量瓶作盛器。量瓶等带有磨口玻璃塞的仪器,其塞子不要盖错。带玻璃塞的仪器和玻璃瓶等,如果暂时不使用,要用纸条把瓶塞和瓶口隔开。

（4）除微生物实验操作要求外,不要用棉花代替橡皮塞或木塞堵瓶口或试管口。

（5）不要用滤纸称量药品,更不能用滤纸作记录。

（6）标签纸的大小应与容器相称,或用大小相当的白纸,绝对不能用滤纸。标签上要写明物质的名称、规格和浓度、配制的日期及配制人。标签应贴在试剂瓶或烧杯的 2/3 处,试管等细长形容器则贴在上部。

（7）使用铅笔写标记时,要在玻璃仪器的磨砂玻璃处。如用玻璃蜡笔或水不溶性油漆笔,则写在玻璃容器的光滑面上。

（8）一般容量仪器的容积都是在 20℃ 下校准的。使用时如温度差异在 5℃ 以内,容积改变不大,可以忽略不计。

三、实验室安全

在实验室中,经常与毒性很强、有腐蚀性、易燃烧和具有爆炸性的化学药品直接接触,常常使用易碎的玻璃和瓷质器皿以及在煤气、水、电等高温电热设备的环境下进行着紧张而细致的工作,因此,必须十分重视安全工作。

（1）进入实验室开始工作前应了解煤气总阀门、水阀门及电闸所在处。离开实验室时,一定要将室内检查一遍,应将水、电、煤气的开关关好,门窗锁好。

（2）使用煤气灯时,应先将火柴点燃,一手执火柴紧靠近灯口,一手慢开煤气门。不能先开煤气门,后燃火柴。灯焰大小和火力强弱,应根据实验的需要来调节。用火时,应做到火着人在,人走火灭。

（3）使用电器设备(如烘箱、恒温水浴、离心机、电炉等)时,严防触电;绝不可用湿手或在眼睛旁视时开关电闸和电器开关。经常用试电笔检查电器设备是否漏电,凡是漏电的仪器,一律不能使用。

（4）使用浓酸、浓碱,必须极为小心地操作,防止溅出。用移液管量取这些试剂时,必须使用橡皮球,绝对不能用口吸取。若不慎溅在实验台上或地面,必须及时用湿抹布擦洗干净。如果触及皮肤,应立即治疗。

(5)使用可燃物,特别是易燃物(如乙醚、丙酮、乙醇、苯、金属钠等)时,应特别小心。不要大量放在桌上,更不要在靠近火焰处。只有在远离火源时,或将火焰熄灭后,才可大量倾倒易燃液体。低沸点的有机溶剂不准在火上直接加热,只能在水浴上利用回流冷凝管加热或蒸馏。

(6)如果不慎倾出了相当量的易燃液体,则应按下法处理:

① 立即关闭室内所有的火源和电加热器。

② 关门,开启小窗及窗户。

③ 用毛巾或抹布擦拭洒出的液体,并将其拧到大的容器中,再倒入带塞玻璃瓶中。

(7)用油浴操作时,应小心加热,不断用温度计测量,不要使温度超过油的燃烧温度。

(8)易燃和易爆炸物质的残渣(如金属钠、白磷、火柴头)不得倒入污物桶或水槽中,应收集在指定的容器内。

(9)废液,特别是强酸和强碱不能直接倒在水槽中,应先稀释,然后倒入水槽,再用大量自来水冲洗水槽及下水道。

(10)毒物应按实验室的规定办理审批手续后领取,使用时严格操作,用后妥善处理。

四、实验室急救

在实验过程中不慎发生受伤事故,应立即采取适当的急救措施。

(1)受玻璃割伤及其他机械损伤。首先必须检查伤口内有无玻璃或金属等物碎片,如有则应先将碎片从伤处挑出,然后用硼酸水洗净,再擦碘酒或紫药水,必要时撒些消炎粉或敷些消炎膏,用无菌纱布或绷带包扎。若伤口较大或过深而大量出血,应迅速在伤口上部和下部扎紧血管止血,立即到医院诊治。

(2)烫伤。一般用浓的(90%～95%)酒精消毒后,涂上苦味酸软膏。如果伤处红痛或红肿(一级灼伤),可用橄榄油或用棉花沾酒精敷盖伤处;若皮肤起泡(二级灼伤),不要弄破水泡,防止感染;若伤处皮肤呈棕色或黑色(三级灼伤),应用干燥而无菌的消毒纱布轻轻包扎好,急送医院治疗。

(3)眼睛灼伤或掉进异物。此时应立即用大量清水冲洗 15 min,不可用稀酸或者稀碱。若有玻璃碎片崩进眼,不可自取,不可转动眼球。可任其流泪,如无效则用纱布轻轻包住眼部急送医院。其他异物可由他人翻开眼睑用消毒棉签取出。

(4)被酸腐蚀致伤。先用大量水冲洗,再用饱和碳酸氢钠溶液(或稀氨水、肥皂水)洗,最后再用水冲洗。如果酸液溅崩进眼中,用大量水冲洗后,送医院诊治。但浓硫酸溅到皮肤时不能直接用水洗,因为会有大量的热量产生,烧伤皮肤。应该先用硼酸,再用碳酸氢钠溶液处理,严重的应处理后尽快就医。

(5)被碱(如氢氧化钠,氢氧化钾)、钠、钾等腐蚀致伤。此时先用大量水冲洗,再用2%醋酸溶液或饱和硼酸溶液洗,最后再用水冲洗。如果碱溅入眼中,用硼酸溶液洗。

(6)苯酚、氯仿溅到皮肤,应立即用大量水冲洗,用肥皂和水洗涤,忌用乙醇,并用棉花沾甘油涂抹,将腐蚀物吸收出来;若苯酚、氯仿溅入眼睛,立即报告老师,进行必要处理。

(7)电泳染色用的溴化乙锭如果接触到皮肤,应立即用大量水冲洗。

(8) 被溴腐蚀致伤。用苯或甘油洗濯伤口,再用水洗。

(9) 被磷灼伤。应迅速用大量清水冲洗,然后用浸透 1‰CuSO₄ 的纱布敷盖局部,以使残留磷生成黑色二磷化三铜,然后再冲去。也可以用浸透 25‰碳酸氢钠溶液的纱布敷盖 2 h,使磷氧化为磷酐,冲洗后,再用干纱布包扎。需要提醒的是,禁止用油纱布局部包扎,因为磷溶于油类,促使机体吸收而易造成全身中毒。

(10) 吸入刺激性或有毒气体。对呈酸性气体可用 5‰NaHCO₃ 溶液雾化吸入;呈碱性气体用 3‰硼酸溶液雾化吸入,送医治疗;吸入氯气、氯化氢气体时,可吸入少量酒精和乙醚的混合蒸气使之解毒;吸入硫化氢或一氧化碳气体而感不适时,应立即到室外呼吸新鲜空气。但应注意氯气、溴中毒不可进行人工呼吸;一氧化碳中毒不可施用兴奋剂。若煤气中毒时,应到室外呼吸新鲜空气,若严重时应立即到医院诊治。

(11) 水银容易由呼吸道进入人体,也可以经皮肤直接吸收而引起积累性中毒。严重中毒的征象是口中有金属气味,呼出气体也有气味;流睡液,牙床及嘴唇上有硫化汞的黑色;淋巴结及唾液腺肿大。若不慎中毒时,应送医院急救。急性中毒时,通常用碳粉或呕吐剂彻底洗胃,或者食入蛋白(如 1 升牛奶加 3 个鸡蛋清)或蓖麻油解毒并使之呕吐。

(12) 毒物入口:将 5~10 mL 稀 CuSO₄ 溶液加入一杯温水中,内服后,用手指伸入咽喉部,促使呕吐,吐出毒物,然后立即送医院。

(13) 苯中毒时,轻度患者表现乏力、头痛、头晕、咽干、咳嗽、恶心、呕吐、幻觉等;中度表现为酒醉状、嗜睡、意识障碍甚至昏倒;重度中毒可使意识丧失、呼吸麻痹死亡。急救时应立即转移患者到空气新鲜处,换去被污染的衣服,及时清洗被污染的皮肤。吸氧及注射肌肉呼吸兴奋剂。禁用肾上腺素,及时送医院抢救。

(14) 触电:触电时可按下述方法之一切断电路:

① 关闭电源;

② 用干木棍使导线与被害者分开;

③ 使被害者和土地分离。急救者需做好防止触电的安全措施,手或脚必须绝缘。

五、移液器的使用与维护方法

在进行分析测试方面的研究时,一般采用移液器量取少量或微量的液体。对于移液器的正确使用方法及其一些细节操作,很多人都会忽略,现在分几个方面详细叙述。

1. 量程的调节

在调节量程时,用拇指和食指旋转取液器上部的旋钮。如果要从大体积调为小体积,则按照正常的调节方法,逆时针旋转旋钮即可;但如果要从小体积调为大体积时,则可先顺时针旋转刻度旋钮至超过量程的刻度,再回调至设定体积以保证量取的最高精确度。在该过程中,切勿将按钮旋出量程,否则会卡住内部机械装置而损坏了移液器。

2. 移液器吸头(枪头)的装配

对于单道移液器,将移液器端垂直插入吸头,稍微用力左右微微转动即可使其紧密结合。如果是多道(如 8 道或 12 道)移液器,则可以将移液器的第一道对准第一个吸头,然后倾斜地插入,往前后方向摇动即可卡紧。吸头卡紧的标志是略为超过 O 型环,并可以看到连接部分形成清晰的密封圈。特别提示用移液器反复撞击吸头,使劲地在吸头盒子上敲几下来上紧的方法是非常不可取的,长期这样操作,会导致移液器中的内部配件(如弹簧)因强烈撞击而松散,严重的情况会导致调节刻度的旋钮卡住。

图 A-1　移液器吸头装配的方法

3. 吸液和放液

移液之前,要保证移液器、吸头和液体处于相同温度。吸取液体时,四指并拢握住移液器上部,用拇指按住柱塞杆顶端的按钮,移液器保持竖直状态,将吸头尖端插入液面下 2～3 mm,缓慢松开按钮,吸入液体,并停留 1～2 s(黏性大的溶液可加长停留时间),将吸头沿器壁滑出容器,排液时吸头接触倾斜的器壁。在吸液之前,可以先吸放几次液体以润湿吸液嘴(尤其是要吸取黏稠或密度与水不同的液体时)。最后按下除吸头推杆,将吸头推入废物缸。

吸液的方法有两种:

(1) 前进移液法(正向吸液法)。操作时用大拇指将按钮按下至第一停点,然后慢慢松开按钮回原点;放液时将按钮按至第一停点排出液体,稍停片刻继续按按钮至第二停点吹出残余的液体;最后松开按钮。

图 A-2　用移液器吸液的方法

"×"吸液时,移液器倾斜吸液　"√"垂直吸液

(2) 反向移液法(反向吸液法)。此法一般用于转移甘油等高黏液体、生物活性液体、易起泡液体或极微量的液体,其原理就是先吸入多于设置量程的液体,转移液体的时候不用吹出残余的液体,多吸入的液体可以补偿吸头内部的表面吸附。先按下按钮至第二停点,慢慢松开按钮至原点。放液时将按钮按至第一停点排出设置好量程的液体,继续保持按住按钮位于第一停点(千万别再往下按),取下有残留液体的吸头,弃之。

4. 移液器的正确放置

使用完毕,可以将其竖直挂在移液器架上,但要小心别掉下来。当移液器吸头里有液体时,切勿将移液器水平放置或倒置,以免液体倒流腐蚀活塞弹簧。

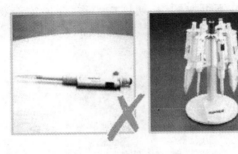

图 A-3　移液器的放置

"×"吸头内含有未打出的液体时,移液器平置于桌面
"√"将移液器垂直挂在移液器支架上

移液器使用注意事项:

(1) 吸取液体时一定要缓慢平稳地松开拇指,绝不允许突然松开,以防将溶液吸入过快而冲入取液器内腐蚀柱塞而造成漏气。

(2) 为获得较高的精度,正式移液前吸头需预先吸取一次样品溶液。因为吸取血清蛋白质溶液或有机溶剂时,吸头内壁会残留一层"液膜",造成排液量偏小而产生误差。

(3) 浓度和黏度大的液体,会产生误差,为消除其误差的补偿量,可由试验确定,补偿量可用调节旋钮改变读数窗的读数来进行设定。

(4) 可用分析天平称量所取纯水的质量并进行计算的方法,来校正取液器,1 mL 蒸馏水 20℃时质量为 0.9982 g。

(5) 移液器未装吸头时,切莫移液。

(6) 在设置量程时,请注意所设量程在移液器量程范围内,不要将按钮旋出量程,否则会卡住机械装置,损坏了移液器。旋转到所需量程,数字清清楚楚在显示窗中。

(7) 移液器严禁吸取有强挥发性、强腐蚀性的液体(如浓酸、浓碱、有机物等)。

(8) 严禁使用移液器吹打混匀液体。

(9) 不要用大量程的移液器移取小体积的液体,以免影响准确度。同时,如果需要移取量程范围以外较大量的液体,请使用移液管进行操作。

(10) 如不使用,要把移液器的量程调至最大值的刻度,使弹簧处于松弛状态以保护弹簧。

(11) 定期清洗移液器,先用肥皂水或 60% 的异丙醇,再用蒸馏水清洗,自然晾干。

(12) 高温消毒之前,要确保移液器能适应高温。

(13) 校准是可以在 20～25℃ 环境中,通过重复几次称量蒸馏水的方法来进行。

(14) 使用时要检查是否有漏液现象。方法是吸取液体后悬空垂直放置几秒,看看液面是否下降。如果漏液,原因大致有以下几方面:① 吸头是否匹配;② 弹簧活塞是否正常;③ 如果是易挥发的液体(许多有机溶剂都如此),则可能是饱和蒸气压的问题。可以先吸放几次液体,然后再移液。

附录 B 常用参数

一、法定计量单位

表 B-1 国际单位制的基本单位

量的名称	单位名称	单位符号
长度	米	m
质量	千克(公斤)	kg
时间	秒	s
电流	安[培]	A
热力学温度	开[尔文]	K
物质的量	摩[尔]	mol

表 B-2 国际单位制中具有专门名称的导出单位

量的名称	单位名称	单位符号
频率	赫[兹]	Hz
力,重力	牛[顿]	N
压力,压强,应力	帕[斯卡]	Pa
能量,功,热	焦[耳]	J
电荷量	库[仑]	C
电阻	欧[姆]	Ω
摄氏温度	摄氏度	℃

表 B-3 国家选定的非国际单位制单位

量的名称	单位名称	单位符号	换算关系
时间	分	min	1 min＝60 s
	[小]时	h	1 h＝60 min＝3600 s
	日,(天)	d	1 d＝24 h＝86400 s
旋转速度	转/每分	r/min	1 r/min＝$(1/60)s^{-1}$
体积	升	L(l)	1 L＝1 dm^3＝10^{-3} m^3

二、化学试剂纯度分级表

规格	一级试剂	二级试剂	三级试剂	四级试剂
标准	保证试剂 GR (绿色标签)	分析纯 AR (红色标签)	化学纯 CP (蓝色标签)	实验试剂 LR
用途	纯度最高,杂质最少。适用于最精确的分析和研究。	纯度较高,杂质较少。适用于精确的微量分析。	质量略低于二级试剂,适用于一般的微量分析。	纯度较低,用于一般的定性检验。

附录 C　酒精度与温度校正表

溶液温度/(℃)	酒精计示值										
	0	0.5	1.0	1.5	2.0	2.5	3.0	3.5	4.0	4.5	5.0
	温度20℃时用体积分数表示的酒精浓度/(%)										
0	0.8	1.3	1.8	2.3	2.8	3.3	3.9	4.4	4.9	5.5	6.0
1	0.8	1.3	1.8	2.4	2.9	3.4	3.9	4.4	5.0	5.5	6.1
2	0.8	1.4	1.9	2.4	2.9	3.4	4.0	4.5	5.0	5.6	6.1
3	0.9	1.4	1.9	2.4	3.0	3.5	4.0	4.5	5.0	5.6	6.1
4	0.9	1.4	1.9	2.4	3.0	3.5	4.0	4.5	5.1	5.6	6.2
5	0.9	1.4	2.0	2.5	3.0	3.5	4.0	4.6	5.1	5.6	6.2
6	0.9	1.4	2.0	2.5	3.0	3.5	4.0	4.6	5.1	5.6	6.2
7	0.9	1.4	1.9	2.4	3.0	3.5	4.0	4.5	5.1	5.6	6.1
8	0.9	1.4	1.9	2.4	2.9	3.4	4.0	4.5	5.0	5.6	6.1
9	0.9	1.4	1.9	2.4	2.9	3.4	4.0	4.5	5.0	5.5	6.0
10	0.8	1.3	1.8	2.4	2.9	3.4	3.9	4.4	5.0	5.5	6.0
11	0.8	1.3	1.8	2.3	2.8	3.3	3.9	4.4	4.9	5.4	6.0
12	0.7	1.2	1.7	2.2	2.8	3.3	3.8	4.3	4.8	5.4	5.9
13	0.7	1.2	1.7	2.2	2.7	3.2	3.7	4.2	4.8	5.3	5.8
14	0.6	1.1	1.6	2.1	2.6	3.1	3.6	4.2	4.7	5.2	5.7
15	0.5	1.0	1.5	2.0	2.5	3.0	3.6	4.1	4.6	5.1	5.6
16	0.4	0.9	1.4	1.9	2.4	2.9	3.4	4.0	4.5	5.0	5.5
17	0.3	0.8	1.3	1.8	2.3	2.8	3.4	3.9	4.4	4.9	5.4
18	0.2	0.7	1.2	1.7	2.2	2.7	3.2	3.7	4.2	4.8	5.3
19	0.1	0.6	1.1	1.6	2.1	2.6	3.1	3.6	4.1	4.6	5.1
20	0.0	0.5	1.0	1.5	2.0	2.5	3.0	3.5	4.0	4.5	5.0
21		0.4	0.9	1.4	1.9	2.4	2.9	3.4	3.9	4.4	4.8
22		0.2	0.7	1.2	1.7	2.2	2.7	3.2	3.7	4.2	4.7
23		0.1	0.6	1.1	1.6	2.1	2.6	3.1	3.6	4.1	4.6
24		0.0	0.4	0.9	1.4	1.9	2.4	2.9	3.4	3.9	4.4
25			0.3	0.8	1.3	1.8	2.3	2.8	3.2	3.7	4.2
26			0.1	0.6	1.1	1.6	2.1	2.6	3.1	3.6	4.0
27			0.0	0.4	1.0	1.4	1.9	2.4	2.9	3.4	3.9
28				0.3	0.8	1.3	1.8	2.2	2.7	3.2	3.7
29				0.2	0.6	1.1	1.6	2.1	2.5	3.0	3.6
30				0.1	0.4	0.9	1.4	1.9	2.4	2.8	3.3

溶液温度/℃	酒精计示值									
	5.5	6.0	6.5	7.0	7.5	8.0	8.5	9.0	9.5	10.0
	温度 20℃时用体积分数表示的酒精浓度/(%)									
0	6.6	7.2	7.8	8.4	9.0	9.6	10.2	10.8	11.4	12.0
1	6.6	7.2	7.8	8.4	9.0	9.6	10.2	10.8	11.4	12.0
2	6.7	7.2	7.8	8.4	9.0	9.6	10.2	10.8	11.4	12.0
3	6.7	7.3	7.8	8.4	9.0	9.6	10.2	10.8	11.4	12.0
4	6.7	7.3	7.8	8.4	9.0	9.6	10.2	10.7	11.3	11.9
5	6.7	7.3	7.8	8.4	9.0	9.6	10.1	10.7	11.3	11.8
6	6.7	7.3	7.8	8.4	8.9	9.5	10.1	10.6	11.2	11.8
7	6.7	7.2	7.8	8.4	8.9	9.5	10.0	10.6	11.2	11.7
8	6.6	7.2	7.7	8.3	8.8	9.4	10.0	10.5	11.1	11.6
9	6.6	7.1	7.7	8.2	8.8	9.3	9.9	10.4	11.0	11.5
10	6.5	7.1	7.6	8.2	8.7	9.3	9.8	10.3	10.9	11.4
11	6.5	7.0	7.6	8.1	8.6	9.2	9.7	10.2	10.8	11.3
12	6.4	6.9	7.5	8.0	8.5	9.1	9.6	10.1	10.7	11.2
13	6.3	6.8	7.4	7.9	8.4	9.0	9.5	10.0	10.6	11.1
14	6.2	6.7	7.3	7.8	8.3	8.9	9.4	9.9	10.4	11.0
15	6.1	6.6	7.2	7.7	8.2	8.8	9.3	9.8	10.3	10.8
16	6.0	6.5	7.0	7.6	8.1	8.6	9.1	9.6	10.2	10.7
17	5.9	6.4	6.9	7.4	8.0	8.5	9.0	9.5	10.0	10.5
18	5.8	6.3	6.8	7.3	7.8	8.3	8.8	9.3	9.8	10.4
19	5.6	6.1	6.6	7.2	7.6	8.2	8.7	9.2	9.7	10.2
20	5.5	6.0	6.5	7.0	7.5	8.0	8.5	9.0	9.5	10.0
21	5.4	5.8	6.3	6.8	7.3	7.8	8.3	8.8	9.3	9.8
22	5.2	5.7	6.2	6.7	7.2	7.7	8.2	8.6	9.1	9.6
23	5.0	5.5	6.0	6.5	7.0	7.5	8.0	8.4	8.9	9.4
24	4.9	5.4	5.8	6.3	6.8	7.3	7.8	8.3	8.8	9.2
25	4.7	5.2	5.7	6.2	6.6	7.1	7.6	8.1	8.6	9.0
26	4.5	5.0	5.5	6.0	6.4	6.9	7.4	7.9	8.3	8.8
27	4.3	4.8	5.3	5.8	6.3	6.7	7.2	7.7	8.1	8.6
28	4.2	4.6	5.1	5.6	6.1	6.5	7.0	7.5	7.9	8.4
29	4.0	4.4	4.9	5.4	5.8	6.3	6.8	7.2	7.7	8.2
30	3.8	4.2	4.7	5.2	5.6	6.1	6.6	7.0	7.5	7.9

溶液温度/℃	酒精计示值									
	10.5	11.0	11.5	12.0	12.5	13.0	13.5	14.0	14.5	15.0
	温度20℃时用体积分数表示的酒精浓度/(%)									
0	12.7	13.3	14.0	14.6	15.3	16.0	16.7	17.5	18.2	19.0
1	12.6	13.3	13.9	14.6	15.3	15.9	16.6	17.3	18.1	18.8
2	12.6	13.2	13.9	14.5	15.2	15.9	16.6	17.2	17.9	18.6
3	12.6	13.2	13.8	14.5	15.1	15.8	16.4	17.1	17.8	18.5
4	12.5	13.1	13.8	14.4	15.0	15.7	16.3	17.0	17.7	18.3
5	12.4	13.0	13.7	14.3	14.9	15.6	16.2	16.8	17.5	18.2
6	12.4	13.0	13.6	14.2	14.8	15.4	16.1	16.7	17.3	18.0
7	12.3	12.9	13.5	14.1	14.7	15.3	15.9	16.5	17.2	17.8
8	12.2	12.8	13.4	14.0	14.6	15.2	15.8	16.4	17.0	17.6
9	12.1	12.7	13.2	13.8	14.4	15.0	15.6	16.2	16.8	17.4
10	12.0	12.6	13.1	13.7	14.3	14.9	15.4	16.0	16.6	17.2
11	11.9	12.4	13.0	13.6	14.1	14.7	15.3	15.8	16.4	17.0
12	11.8	12.3	12.8	13.4	14.0	14.5	15.1	15.7	16.2	16.8
13	11.6	12.2	12.7	13.2	13.8	14.4	14.9	15.5	16.0	16.6
14	11.5	12.0	12.5	13.1	13.6	14.2	14.7	15.3	15.8	16.4
15	11.3	11.9	12.4	12.9	13.5	14.0	14.5	15.1	15.6	16.2
16	11.2	11.7	12.2	12.8	13.3	13.8	14.3	14.9	15.4	15.9
17	11.0	11.5	12.1	12.6	13.1	13.6	14.1	14.7	15.2	15.7
18	10.9	11.4	11.9	12.4	12.9	13.4	13.9	14.4	15.0	15.5
19	10.7	11.2	11.7	12.2	12.7	13.2	13.7	14.2	14.7	15.2
20	10.5	11.0	11.5	12.0	12.5	13.0	13.5	14.0	14.5	15.0
21	10.3	10.8	11.3	11.8	12.3	12.8	13.3	13.8	14.3	14.8
22	10.1	10.6	11.1	11.6	12.1	12.6	13.1	13.6	14.0	14.5
23	9.9	10.4	10.9	11.4	11.8	12.3	12.8	13.3	13.8	14.3
24	9.7	10.2	10.7	11.2	11.6	12.1	12.6	13.1	13.5	14.0
25	9.5	10.0	10.4	10.9	11.4	11.9	12.4	12.8	13.3	13.8
26	9.3	9.8	10.2	10.7	11.2	11.7	12.1	12.6	13.0	13.5
27	9.1	9.5	10.0	10.5	10.9	11.4	11.9	12.3	12.8	13.2
28	8.9	9.3	9.8	10.3	10.7	11.2	11.6	12.1	12.6	13.0
29	8.6	9.1	9.5	10.0	10.5	10.9	11.4	11.8	12.3	12.7
30	8.4	8.9	9.3	9.8	10.2	10.7	11.1	11.6	12.0	12.5

参 考 文 献

1. Hen Z Y, Ouyang F, and Cao Z A. Biochemical Engineering: Marching Toward the Century of Biotechnology. Volume 1-2. Beijing: Tsinghua University Press, 1997.

2. Hen H Z, Li Z H. Gas dual-dynamic solid state fermentation technique and apparatus: USA 10/34 956[P], 2003-01-14.

3. Kamoshita Y, Ohoshi R, Czekaj P, et al. Improvement of filtration performance of stirred ceramic membrance reactor and its application to rapid fermentation of lactic acid by dense cell culture of lactococcuslactis. Ferment and Bioeng, 85(4): 422-427, 1998.

4. Melzoch K, Rychtera M, et al. Application of a membrane recycle bioreactor for continuous ethanol production. Appl Microbiol Biotechnol, 34(4): 469-471, 1991.

5. Sambrook J, Rassell D W. Molecular Cloning. Cold Spring Harbor Laboratory Press, 1992.

6. 曹栋,裘爱泳,王兴国. 超临界流体分离大豆磷脂酰胆碱. 中国油脂,27(3): 72-73,2002.

7. 曹黎明,陈欢林. 酶的定向固定化方法及其对酶生物活性的影响. 中国生物工程杂志,2003.

8. 常景玲. 生物工程实验技术. 北京: 科学出版社,2012.

9. 岑沛霖. 生物工程导论. 北京: 化学工业出版社,2004.

10. 陈代杰,朱宝全. 工业微生物菌种选育与发酵控制技术. 上海: 上海科学技术文献出版社,1995.

11. 陈代杰,朱宝泉. 工业微生物菌种选育与发酵控制技术. 上海: 上海科学技术文献出版社,1995.

12. 陈洪章. 生物过程工程与设备. 北京: 化学工业出版社,2004.

13. 陈天寿. 微生物培养基的制造与应用. 北京: 中国农业出版社,1995.

14. 陈雪峰,刘爱香. 超临界流体萃取大蒜油的工艺研究. 食品与发酵工业,28(8): 78-80,2002.

15. 陈均辉. 生物化学实验. 北京: 科学出版社,2004.

16. 崔福德. 药剂学实验. 北京: 人民卫生出版社,2004.

17. 陈坚. 发酵工程实验技术. 2版. 北京: 化学工业出版社,2009.

18. 陈蕴. 固稀发酵及多菌种混合发酵法生产酱油技术的研究. 无锡: 江南大学硕士论文,2001.

19. 储矩,李友荣,陈玲. 葡萄糖氧化酶的膜透析发酵工艺研究. 华东理工大学学报,20(5): 606-610,1994.

20. 代天宇. 复制生命——人类与克隆. 北京: 科学普及出版社,1999.

21. 邓靖,林亲录,赵谋明,等.米曲霉 M3 产蛋白酶特性研究.中国调味品,1：16-20，2005.

22. 邓静,吴华昌,赵树进.双水相技术在酶分离纯化中的应用.氨基酸和生物资源，26：72-75,2004.

23. 丁勇,吴乃虎.基因工程与农业. 北京：科学技术文献出版社,1994.

24. D. L. 斯佩克特. 细胞实验指南（上、下）. 黄培堂等译. 北京：科学出版社，2001.

25. 高向东.生物制药工艺学实验与指导.北京：中国医药科技出版社,2008.

26. 国家药典委员会.中华人民共和国药典 2005 版（一部）.北京：化学工业出版社,2005.

27. 郭葆玉. 细胞分子生物学实验操作指南. 上海：第二军医大学出版社,1998.

28. 郭勇.现代生化技术.广州：华南理工大学出版社,1998.

29. 郭勇.酶的生产与应用.北京：化学工业出版社,2003.

30. 郭勇.酶工程. 2 版. 北京：科学技术出版社,2004.

31. 邰金荣,叶林柏.分子生物学习题及解答.武汉：武汉大学出版社,2002.

32. 管敦仪.啤酒工业手册(修订版).北京：中国轻工业出版社,1998.

33. 顾国贤.酿造酒工艺学. 2 版. 北京：中国轻工业出版社,1996.

34. 何华纲,朱姗颖. 分子生物学与基因工程实验教程. 北京：中国轻工业出版社, 2011.

35. 贺淹才.简明基因工程原理. 北京：科学出版社,1998.

36. 胡卫军,胡绍海.超临界 CO_2 萃取去除蛋黄粉中胆固醇和甘油三酯的研究.生命科学研究,2：186-188,2001.

37. 贺稚非,高兆建,杨光伟.超临界 CO_2 萃取法制备蛋黄卵磷脂的研究.西南农业大学学报,4：283-286,2003.

38. 黄翠芬.遗传工程理论与方法. 北京：科学出版社,1987.

39. 贾士儒. 生物工程专业实验. 2 版. 北京：中国轻工业出版社, 2010.

40. 贾士儒. 生物工艺与工程实验技术.北京：中国轻工业出版社,2002.

41. ［美］J. 萨姆布鲁克.分子克隆实验指南. 黄培堂译. 北京：科学出版社,1998.

42. 静国忠.基因工程及其分子生物学基础. 北京：北京大学出版社,1999.

43. 杰里米·里夫金.生物技术世纪.上海：上海科技教育出版社,2000.

44. 康明宫.白酒工业手册.北京：中国轻工业出版社,1996.

45. 康明宫.葡萄酒生产技术及饮用指南.北京：化学工业出版社,1999.

46. 粟桂娇,阎欲晓.生物工程专业设计性实验的探索与实践.广西大学学报（自然科学版）,37(增刊)：236-239,2010.

47. 粟桂娇,莫祺红,阎欲晓,等.生物工程综合实验独立设课及教学改革,实验室研究与探索,27(7)：107-110,2008.

48. 粟桂娇,杨洋. 改革生物工程实验教学体系,培养学生工程素质.广西大学学报（哲社版）,(增刊)：110-111,2005.

49. 粟桂娇,阎欲晓.把握生物高科技 深化生物工程教育改革 .广西大学学报（哲学社会科学版),(3):105-108,2004.

    50. 李立家,肖庚富. 基因工程. 北京:科学出版社,2004.

    51. 李建武.生物化学实验原理与方法.北京:北京大学出版社,1994.

    52. 李国珍. 染色体及其研究方法. 北京:科学出版社,1985.

    53. 李元宗.生化分析. 北京:高等教育出版社,2003.

    54. 李伟,柴金玲,谷学新.新型萃取技术——双水相萃取.化学教育,3:7-12,2005.

    55. 李全红,闫红.超临界流体萃取南瓜籽有油的质量研究.食品科学,23(5):74-78,2002.

    56. 李书国,陈辉.超临界 CO_2 流体萃取小麦胚芽油工艺研究.食品科学,23(8):151-153,2002.

    57. 李荣秀,李平作.酶工程制药.北京:化学工业出版社,2004.

    58. 李越中. 药物微生物技术. 北京:化学工业出版社,2004.

    59. 李志勇. 细胞工程实验. 北京:高等教育出版社,2010.

    60. 梁世中. 生物工程设备.北京:中国轻工业出版社,2002.

    61. 林万明.PCR 技术操作和应用指南. 北京:人民军医出版社,1993.

    62. 刘鼎新. 细胞生物学研究方法与技术. 2 版. 北京:北医/协和医大联合出版社,1997.

    63. 刘国诠.生物工程下游技术.2 版.北京:化学工业出版社,2003.

    64. 刘如林.微生物工程概论.天津:南开大学出版社,1995.

    65. 刘伟民,马海乐,季国文.超临界流体萃取连续浓缩鱼油 EPA 和 DHA 的研究.农业工程学报,19(2):167-170,2003.

    66. 刘晓晴. 生物技术综合实验. 北京:科学出版社,2009.

    67. 刘耘,赵继伦. 微生物工程工艺原理实验讲义. 华南理工大学,1996.

    68. 刘友平. 中药综合性和设计性实验.北京:科学出版社,2008.

    69. 卢圣栋.现代分子生物学实验技术. 北京:中国协和医科大学出版社,1999.

    70. 栾雨时,包永明主编. 生物工程实验技术手册. 北京:化学工业出版社,2005.

    71. 米俊晨,王小菁.酶的分子设计,改造与工程应用.中国生物工程杂志,2004.

    72. [英]P.F.斯坦伯里,A.惠特克.发酵工艺学原理. 周光遄,陈仪杰,译. 北京:中国医药科技出版社,1992.

    73. 裴月湖. 天然药物化学实验.北京:人民卫生出版社,2005.

    74. 彭志英. 食品生物技术. 北京:中国轻工业出版社,1999.

    75. 齐香君. 现代生物制药工艺学. 北京:化学工业出版社,2003.

    76. 齐义鹏.基因及其操作原理.武汉:武汉大学出版社,1998.

    77. 戚以政,夏杰.生物反应工程.北京:化学工业出版社,2004.

    78. 瞿礼嘉,顾红雅.现代生物技术导论.北京:高等教育出版社 & 施普林格出版社,1998.

    79. 瞿礼嘉.现代生物技术导论.北京:高等教育出版社 & 施普林格出版社,1998.

    80. R.W.奥尔德,S.B.普里姆罗斯.基因操作原理. 吴乃虎等译. 中国科学技术翻译出版社,1985.

81. 沈萍.微生物学.北京：高等教育出版社,2000.

82. 施巧琴.酶工程.北京：科学技术出版社,2005.

83. 宋欣.微生物酶转化技术.北京：化学工业出版社,2004.

84. 宋曙辉,武兴德,向洪巨.超临界 CO_2 萃取胡萝卜中胡萝卜素的研究.现代仪器, 2：19-20,2004.

85. 孙新虎,李伟.超临界流体萃取技术在番茄红素提取中的应用.中国食品添加剂, 1：69-72,2003.

86. 孙俊良.发酵工艺.北京：中国农业出版社,2002.

87. 孙汶生,曹英林,马春红.基因工程学.北京：科学出版社,2004.

88. 孙新虎,李伟.超临界流体萃取技术在番茄红素提取中的应用.中国食品添加剂, 2003,1：69-72.

89. 孙志贤.现代生物化学理论与研究技术.北京：军事医学科学出版社,1995.

90. 谭骏,刘昕.基因工程原理及实验操作技术.北京：科学技术文献出版社,1994.

91. 唐涌濂,张雪洪,胡洪波.生物工程单元操作实验.上海：上海交通大学出版社,2004.

92. ［日］太田次郎.图解基因工程入门.吴政安译.北京：科学出版社,1987.

93. 王方.国际通用离子交换技术手册.北京：科学技术文献出版社,2000.

94. 汪江波.发酵工业中膜分离技术.中国酿造,1999.

95. 王联结.生物化学与分子生物学.北京：科学出版社,2004.

96. 王金发.分子生物学与基因工程习题集.北京：科学出版社,2000.

97. 王晶珊,王爱华.细胞工程实验教程.北京：高等教育出版社,2011.

98. 王文仲.应用微生物——现代生物技术.北京：中国医药科技出版社,1996.

99. 魏群.生物工程技术实验指导.北京：高等教育出版社,2002.

100. 吴乃虎,基因工程原理.2版.北京：科学出版社,2005.

101. 吴梧桐.生物制药工艺学.北京：中国医药科技出版社,2001.

102. 无锡轻工大学生物工程学院.生物工程综合实验讲义,1999.

103. 夏其昌.蛋白质化学研究技术与进展.北京：科技出版社,1999.

104. 谢有菊.遗传工程概论.北京：北京农业大学出版社,1990.

105. 熊宋贵.发酵工艺原理.北京：中国医药科技出版社,2001.

106. 熊宗贵.发酵工艺原理.北京：中国医药科技出版社,1995.

107. 徐坚,梁崇真.离子交换树脂对钩锇吻总生物碱提取分离的研究.药学学报,23 (6)：34,1998.

108. 杨安钢,毛积芳,药立波.生物化学与分子生物学实验技术.北京：高等教育出版社,2001.

109. 杨汉民.细胞生物学实验.2版.北京：高等教育出版社,1997.

110. 杨世平,邱德全.米曲霉产中性蛋白酶的适宜条件.湛江海洋大学学报,25(3)：47-51,2005.

111. 阳东升,陈良才,刘根凡.用超临界 CO_2 萃取技术制备蛋黄卵磷脂的几种工艺研究.现代化工,10：46-49,2003.

112. 杨歧生.分子生物学基础.杭州:浙江大学出版社,1994.

113. 姚淑琴,郭满栋.模拟酶研究进展.理工检验·化学分册,2004.

114. 姚汝华.微生物工程工艺原理.广州华南理工大学出版社,1996.

115. 尹光琳.发酵工业全书.北京:中国医药科技出版社,1992.

116. 余红英,孙远明,王炜军.双水相萃取直接从枯草芽孢杆菌发酵液中提取 β-甘露聚糖酶.化学世界,11:569-574,2003.

117. 俞俊棠,唐孝宣.生物工艺学.上海:华东化工学院出版社,1991.

118. 袁勤生.现代酶学.上海:华东理工大学出版社,2001.

119. 俞俊棠,唐孝宣.新编生物工艺学(上册).北京:化学工业出版社,2003.

120. 曾健青,张镜澄.液态及 CO_2 萃取八角茴香油的研究.广州化工,2:30-33,1997.

121. 张兰威,陈一,韩雪,等.双水相萃取法从风干香肠中分离提取蛋白酶.分析化学,36(7):900-904,2008.

122. 张铭.细胞工程实验教程.北京:高等教育出版社,2010.

123. 张树政.酶制剂工业(下册).北京:科学出版社,1984.

124. 张西平,王鄂生.核酸与基因表达调控.武汉:武汉大学出版社,2002.

125. 章克昌.酒精与蒸馏酒工艺学.北京:中国轻工业出版社,1995.

126. 赵玉索.超临界流体萃取技术在香精香料工业中的应用.江西化工,1:20-22,2000.

127. 赵永芳.生物化学技术原理及应用.3版.北京:科学出版社,2002.

128. 赵永芳.生物化学技术原理与应用.北京:科学出版社,2004.

129. 赵刚,刘建中.医学细胞生物学实验与习题.北京:科学出版社,2002.

130. 赵汝鹏,陈碧坚.发酵工程设备实验指导书.华南理工大学教材供应中心,2001.

131. 赵龙飞,徐亚军.米曲霉的应用研究进展.中国酿造,3:8-10,2006.

132. 邹福强.基因操作技术.广州:广东科技出版社,1987.

133. 周爱儒.医学生物化学.北京:北京医科大学出版社,1997.

134. 朱彬华.超滤法浓缩 α-淀粉酶的研究.膜科学与技术,(3):15-20,1988.

135. 朱玉贤,李毅.现代分子生物学.北京:高等教育出版社,1997.

136. 诸葛健,王正祥.工业微生物实验技术手册.北京:中国轻工业出版社,1994.

137. 朱素贞.微生物制药工艺.北京:中国医药科技出版社,2000.

138. 朱自强,关怡心,李冕.双水相分配技术提取生物小分子的进展.化工进展,4:29-34,1996.

139. 卓超,沈永嘉.制药工程专业实验.北京:高等教育出版社,2007.